무선설비(산업)기사 대비를 위한

무선통신기기 & 안테나공학(개론)

박승환 著

PREFACE

최근 들어 무선통신 기술의 비약적인 발전으로 휴대용 통신장치의 강력한 이동성이 주는 편리성과 함께 다양한 분야에서 차세대 통신 서비스의 새로운 전기가 마련되어 가고 있다. 즉 장소와 행동에 제약을 받지 않고, 어느 곳에서나 대부분의 개인용 통신장치가 무선으로 연결되어 있는 것이다. 아울러, 21세기 들어서 무선전파기술 분야는 매우 큰 도전 기술을 거듭 요구하고 있다. 자신의 정보를 집단적 공유를 통해 이익을 창출하려는 소셜(social)네트워크 기술이 점차 정착되어 가면서 새로운 기술의 탄생을 예고하고 있다. 지난 100년의 무선전파기술이 단순히 주파수를 상향 변환, 혹은 광대역 화하여 사용되는 기술적 흐름이 주류였지만, 현재는 무선전파의 쓰임 범주가 달라지는 새로운 개념의 기술이 등장하고 있는 것이다. 원거리 통신에 의존하던 통신방송기술은 RFID, 자기장통신, 무선전력 전송기술의 등장으로 원거리 영역에서 근거리 영역으로 통신기기 및 안테나의 쓰이는 범주와 양상이 변화하고 있다. 현재 우리나라가 이룩한 통신기기 산업의 고성장은 민간부문의 과감한 투자, 정부의 정책적 지원, 그리고 세계 통신기기 시장의 확대라는 외부환경이 결합됨으로써 얻어진 결실이라 볼 수 있다. 앞으로 미래의 무선통신산업은 스마트기술(Smart technology)에서 벗어나 소셜기술(Social technology)를 구현하는 방향으로 발전되어 가고 있어, 새로운 시장과 수요창출이 예상된다.

그러나 세계시장에 나아가 선진국 정보통신 시장의 성숙에 따른 어려움을 이겨내고 제품경쟁력을 강화하며 세계시장의 점유율을 높여 나가기 위해서 가장 중요한 것은 통신기기 분야의 산업적 특성에 맞는 우수한 인력양성 없이는 불가능 한 것이다. 정부도 이와 같은 추세에 맞춰 통신 분야를 국책사업으로 채택하여 지원을 아끼지 않고 있다. 특히 이상에서 언급한 통신기기 분야의 산업인력양성의 중요성에 비추어 통신기기를 다루는 인력 양성과 기술 향상을 위한 제도는 그 어느 때 보다도 중요한 시점에 있으며, 이에 한

국방송통신전파진흥원에서는 무선설비(산업)기사 자격제도를 시행하여 정보통신 분야에 많은 기여를 하고 있다. 최근 무선통신기기 및 안테나 관련 전문 인력의 수요는 급증하고 있는 현 상황 속에서, 취업을 앞둔 학생들과 이 분야에 전공지식을 쌓으려는 관련학과 학생에게 조금이나마 보탬이 되고자, 그동안의 저자의 강의 경험을 토대로 이 책을 편찬하게 되었다. 아무쪼록 본서가 무선통신기기 및 안테나 분야의 전공지식을 함양하고 취업을 앞둔 학생들이 통신기기 기술을 쉽게 이해할 수 있는 기회로 주어진다면 더한 기쁨이 아닐까 한다. 본서를 통해서 공부하게 되는 학생 여러분들의 실력이 향상되어 취업 및 국가 기술 자격시험 등 합격의 길에 이르고, 더 나아가 자격취득을 통해 현장 실무에 응용할 때 본서가 큰 역할을 하게 되기를 기원하며, 본서를 출간할 수 있도록 큰 도움을 주신 21세기사 사장님을 비롯한 편집 및 기획부 직원들 모두에게 진심어린 감사를 드린다. 앞으로 끊임없는 노력으로 보다 유익한 책으로서 여러분께 보답하고, 계속해서 미비한 점들을 보충해 나갈 예정이다.

저자

※ 본 서에는 일부 잘못된 부분이 있을 수 있으며, 잘못된 부분에 대해서는 발견 시 gksrl@daum.net으로 보내주시면 수정・보완하도록 하겠습니다.
감사합니다.

CONTENTS

CHAPTER 02 급전선 이론 249

CHAPTER 03 안테나 이론 297

PART 1

무선통신기기

CHAPTER 1

무선통신 방식

1 변조(Modulation)
2 진폭변조(Amplitude Modulation : AM)
3 SSB 통신 특징(DSB 방식과 비교)
4 무선 전신 방식
5 잡음(Noise) : 증폭기가 종속 접속된 경우
6 한계레벨(Threshold Level)

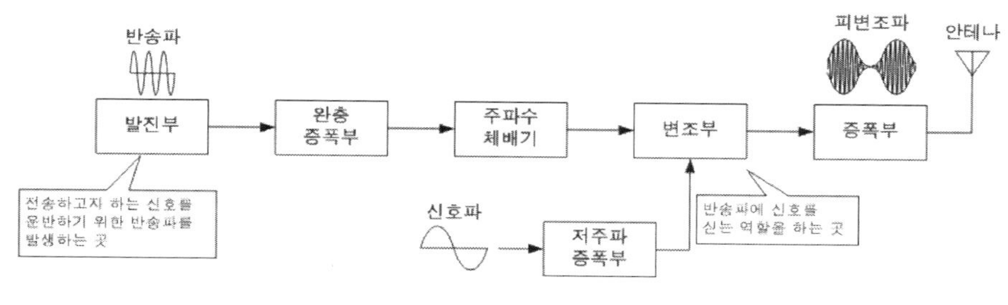

[송신 장치의 기본 구성]

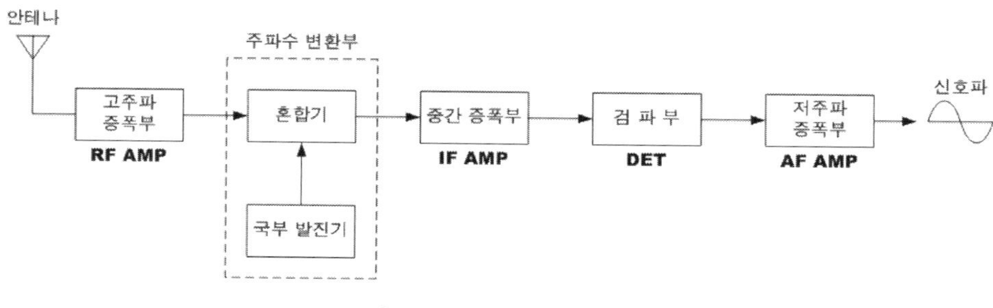

[수신 장치의 기본 구성]

1 변조(Modulation)

변조(Modulation)란 보내고자하는 정보신호를 전송로에 보내기 알맞은 신호형태로 변환하는 과정을 말하며 신호파(signal)를 반송파(carrier)의 진폭, 주파수, 위상 등에 실어 보내는 것을 의미한다.

Analog 변조 방식		Digital 변조 방식	
신호파형		신호파형	1 0 1 0 1 1
AM		ASK	
FM		FSK	
PM		PSK	

1.1 변조의 목적

① 원거리 전송을 위하여

② 송・수신 Antenna의 길이 문제를 해결하여 효과적인 방사 또는 수신을 위하여

③ 각종 잡음, 혼신, 간섭으로부터 정보를 보호하기 위하여

④ 주파수 분할 다중화(FDM)를 행하여 다중통신을 할 수 있다.

reference **Filter(여파기)의 종류**

① LPF(Low Pass Filter): 저역 여파기
② HPF(High Pass Filter): 고역 여파기
③ BPF(Band Pass Filter): 대역 여파기
BPF(Band Pass Filter) 사용 또는 설계상 주의 점★
㉠ 삽입손실이 적어야 한다.
⇒ 통과 대역의 감쇠 량이 적어야 한다.
㉡ 차단 특성이 예리해야 한다.
⇒ 저지대역에서의 신호는 완전히 차단되어야 한다.
④ BEF(Band Elimination Filter): 대역 소거 여파기

1.2 변조의 종류★

1.2.1 연속변조(반송파가 sine, cosine파와 같은 연속함수인 경우)

종류 \ 구분	아날로그(Analog) 변조	디지털(Digital) 변조
진폭 변조	DSB(양측파대 변조) SSB(단측파대 변조) VSB(잔류측파대 변조)	ASK(진폭 변이변조)
각도 변조	FM(주파수 변조)	FSK(주파수 편이변조)
	PM(위상 변조)	PSK(위상 편이 변조) DPSK(차동 위상 편이변조) MSK(Minimum Shift Keying)
복합 변조	AM・PM(진폭 위상 변조)	APSK(진폭 위상 편이변조) QAM(직교 진폭 변조)

① **Analog 변조(신호파가 Analog 신호인 경우)**

- AM(진폭 변조) : Analog 신호파를 연속함수 형태를 갖는 반송파의 진폭(Amplitude)에 실어 보내는 변조 방식
- FM(주파수 변조) : Analog 신호파를 연속함수 형태를 갖는 반송파의 주파수(Frequency)에 실어 보내는 변조 방식
- PM(위상 변조) : Analog 신호파를 연속함수 형태를 갖는 반송파의 위상(Phase)에 실어 보내는 변조 방식

② **Digital 변조(신호파가 Digital 신호인 경우)**

- ASK(진폭편이 변조) : Digital 신호파를 연속함수 형태를 갖는 반송파의 진폭(Amplitude)에 실어 보내는 변조 방식
- FSK(주파수편이 변조) : Digital 신호파를 연속함수 형태를 갖는 반송파의 주파수(Frequency)에 실어 보내는 변조 방식
- PSK(위상편이 변조) : Digital 신호파를 연속함수 형태를 갖는 반송파의 위상(Phase)에 실어 보내는 변조 방식
- QAM(직교진폭변조) : Digital 신호파를 연속함수 형태를 갖는 반송파의 진폭(Amplitude)과 위상(Phase)에 실어 보내는 변조 방식

1.2.2 펄스변조(반송파가 pulse열인 경우)

<table>
<tr><th>구분
종류</th><th colspan="2">아날로그(Analog) 변조</th><th>디지털(Digital) 변조</th></tr>
<tr><td rowspan="2">펄스 파라미터 변조</td><td>진폭 변조</td><td>PAM(펄스 진폭 변조)</td><td></td></tr>
<tr><td>펄스시 변조
PTM</td><td>PWM(펄스 폭 변조)
PFM(펄스 주파수 변조)
PPM(펄스 위치 변조)</td><td>PNM(펄스 수 변조)</td></tr>
<tr><td>펄스 부호 변조</td><td colspan="2"></td><td>PCM(펄스 부호 변조)
DM(Delta Modulation)
DPCM(차분 펄스 부호 변조)</td></tr>
</table>

아날로그		입력신호		9.4 / 14.3 / 12.0 / 6.1 / 3.0 / 4.2
펄스 변조 방식의 종류			변조하는 파라미터	
	기호	명칭		
아날로그변조	PAM	펄스 진폭 변조 Pulse Amplitude Modulation	진폭	A=9.4 / 14.3 / 12.0 / 6.1 / 3.0 / 4.2
	PWM (PDM)	펄스 폭 변조 Pulse Width Modulation Pulse Duration Modulation	펄스의 폭	W=9.4 / 14.3 / 12.0 / 6.1 / 3.0 / 4.2
	PPM (PPM)	펄스 위상 변조 Pulse Phase Modulation 펄스 위치 변조 Pulse Position Modulation	위상	9.4 / 14.3 / 12.0 / 6.1 / 3.0 / 4.2
	PFM	펄스 주파수 변조 Pulse Frequency Modulation	주파수	
	PTM	펄스 시 변조 Pulse Time Modulation	신호파의 진폭에 따라 펄스의 시간적 위치를 변동시키는 변조 방식 지금은 거의 사용되지 않는다.	
디지털변조	PNM	펄스 수 변조 Pulse Number Modulation	펄스 수	9 / 14 / 12 / 6 / 3 / 4
	PCM	펄스 부호 변조 Pulse Code Modulation	부호화	1001 / 1110 / 1100 / 0110 / 0011 / 0100

① **Analog 변조(신호파가 Analog 신호인 경우)**

- PAM(Pulse Amplitude Modulation) : Analog 신호를 pulse의 크기로 변화시키는 변조방식
- PWM(Pulse Width Modulation) : Analog 신호를 pulse의 폭으로 변화시키는 변조방식
- PPM(Pulse Position Modulation) : Analog 신호를 pulse의 위치로 변화시키는 변조방식

② **Digital 변조(신호파가 Digital 신호인 경우)**

- PCM(Pulse Code Modulation) : Analog 신호를 표본화를 하여 PAM파로 만든 다음 양자화, 부호화를 거쳐 digital 신호로 만들어 전송하는 변조방식
- PNM(Pulse Number Modulation) : Analog 신호를 pulse의 수로 변화시키는 변조방식
- DM(Delta Modulation) : Analog 신호를 표본화, 양자화, 부호화를 거쳐 digital 신호로 만들어 전송하는 변조방식 중 1bit 양자화를 행하여 정보량을 줄이는 방식

2 진폭변조(Amplitude Modulation : AM)

신호 파의 크기에 따라 반송파의 진폭을 변화시키는 변조방식을 진폭변조라 한다.

반송파의 진폭을 V_c, 각속도를 $\omega_c(2\pi f_c)$ 라 하면 반송파의 전압 e_c는

$$e_c = V_c \cos \omega_c t \qquad \text{[식 1]}$$

가 된다. 그리고 신호파의 진폭을 V_s라 하고 그 각속도를 $\omega_s(2\pi f_s)$ 라고 하면 신호파 전압 e_s는

$$e_s = V_s \cos \omega_s t \qquad \text{[식 2]}$$

가 된다.

AM은 신호 파를 반송파에 실어 진폭을 변화시키는 것이므로 변조파의 크기 e_{AM}은 다음 식과 같다.

$$\begin{aligned} e_{AM} &= (V_c + V_s \cos \omega_s t) \cos \omega_c t \\ &= V_c(1 + \frac{V_s}{V_c} \cos \omega_s t) \cos \omega_c t \end{aligned} \qquad \text{[식 3]}$$

여기서 $\dfrac{V_s}{V_c}$를 m(변조도)이라 하면

$$e_{AM} = (V_c + m \cos \omega_s t) \cos \omega_c t \qquad \text{[식 4]}$$

여기서 m은 변조도(Modulation Index)라 하며 그 백분율을 변조율이라 한다.

$$e_{AM} = V_c(1 + m \cos \omega_s t) \cos \omega_c t = V_c \cos \omega_c t + m V_c \cos \omega_s t \cos \omega_c t$$

$$= V_c \cos \omega_c t + \frac{m V_c}{2} \cos(\omega_c + \omega_s)t + \frac{m V_c}{2} \cos(\omega_c - \omega_s)t \qquad \text{[식 5]}$$

제1항(반송파) 제2항(상측파대) 제3항(하측파대)

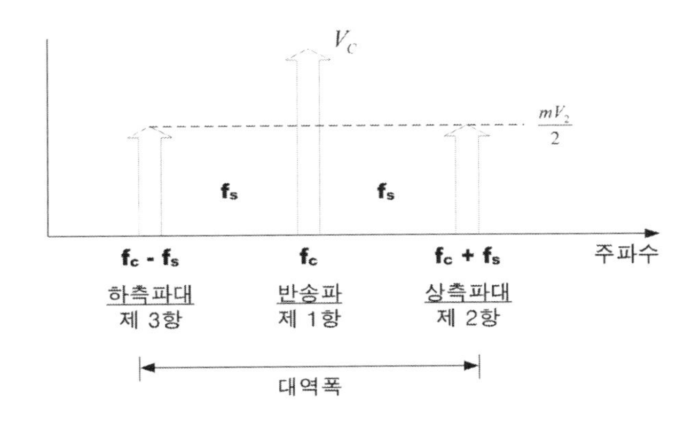

(a) 단일파

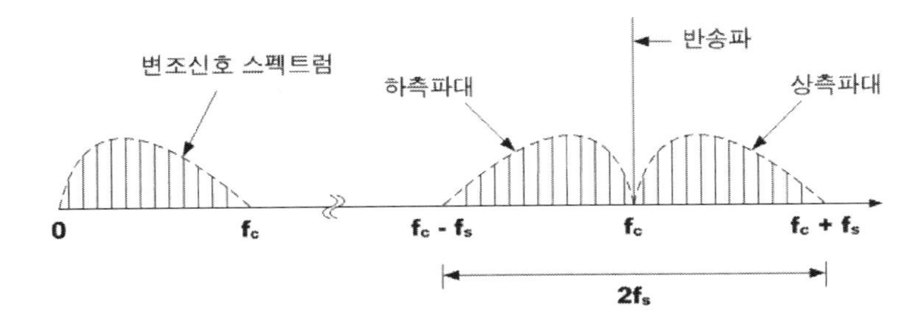

(b) 진폭변조 주파수 스펙트럼

(1) AM 파의 전력

① **반송파 전력** $P_c = \dfrac{(V_c/\sqrt{2})^2}{R} = \dfrac{V_c^2}{2R}$

② **상측파대 전력** $P_u = \left(\dfrac{mV_c/2}{\sqrt{2}}\right)^2 \cdot \dfrac{1}{R} = \dfrac{m^2 V_c^2}{8R} = \dfrac{m^2}{4} \cdot \dfrac{V_c^2}{2R} = \dfrac{m^2}{4} P_c$

③ **하측파대 전력** $P_l = \left(\dfrac{mV_c/2}{\sqrt{2}}\right)^2 \cdot \dfrac{1}{R} = \dfrac{m^2 V_c^2}{8R} = \dfrac{m^2}{4} \cdot \dfrac{V_c^2}{2R} = \dfrac{m^2}{4} P_c$

④ **피변조파 전력** $P_m = P_c + P_u + P_l = P_c\left(1 + \dfrac{m^2}{4} + \dfrac{m^2}{4}\right) = P_c\left(1 + \dfrac{m^2}{2}\right)$

(2) 변조도(m)

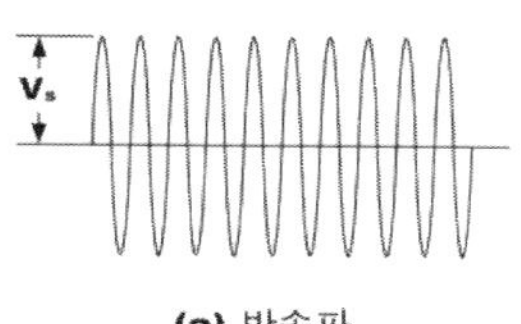

(a) 반송파

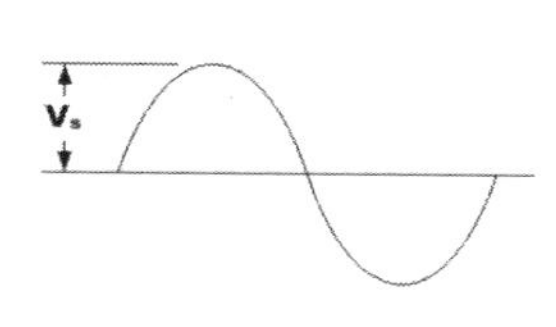

(b) 신호파

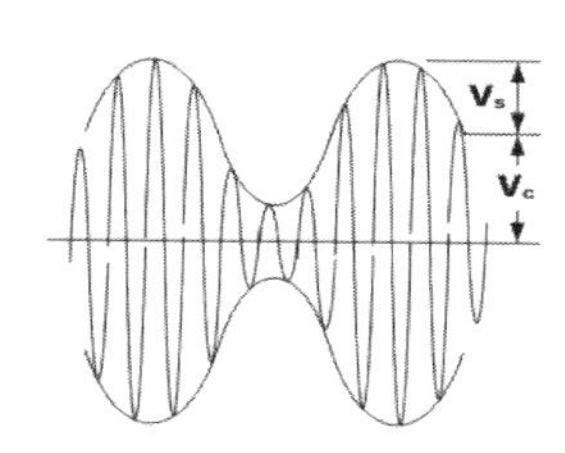

(c) 피변조파**(m<1(100%** 미만**))**

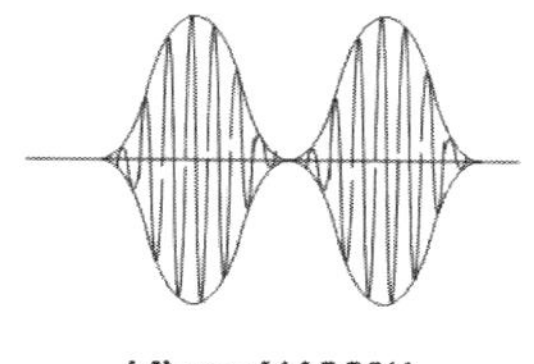

(d) m=1(100%)

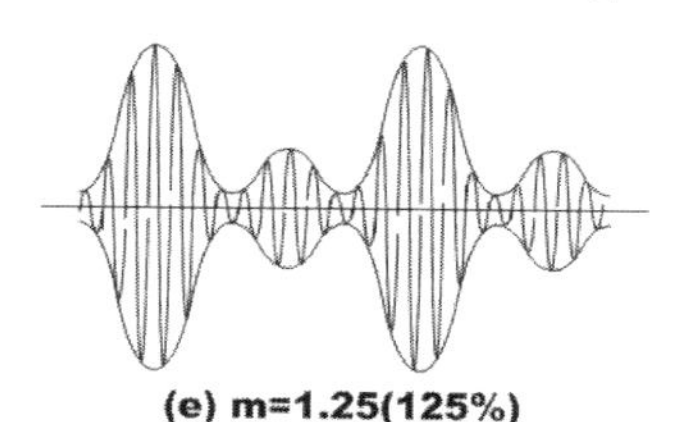

(e) m=1.25(125%)

① 변조도$(m) = \dfrac{\text{신호파 전압}(V_s)}{\text{반송파 전압}(V_c)}$, 변조율$(m) = \dfrac{V_s}{V_c} \times 100\%$

② $m > 1$(과변조) : $V_c < V_s$ 인 경우 ⇒ 변조 도를 깊게 했다고 표현하며 원신호 회복이 어려우며 수신음이 찌그러지는 현상이 발생한다.

③ $m < 1$(부족변조) : $V_c > V_s$ 인 경우 ⇒ 전력낭비가 발생한다.

④ $m = 1$(최적변조) : $V_c = V_s$ 인 경우 ⇒ 전력낭비가 없고 가장 이상적이다.

3 SSB 통신 특징(DSB 방식과 비교)★★

① 점유주파수 대폭이 1/2로 되어 주파수 이용률이 좋아진다.

② 저 전력으로 양질의 통신이 가능하다.

③ 선택성 fading의 영향이 적어 S/N가 개선된다.

④ 비화성이 있다.

⑤ 수신기에 동기용 국부발진기가 필요하다.(단점)

⑥ 반송파가 없어 AGC, AVC 회로 부가가 어렵다.(단점)

⑦ 송・수신기 회로가 복잡하고 비싸다.(단점)

페이딩(fading) 방지 대책

페이딩이란 수신 전계강도가 시간에 따라 변동되는 현상을 말한다.
① 다이버시티(diversity : 합성법)기술을 사용한다.
② 수신단에 AGC 또는 AVC를 설치한다.
③ 적응형 등화기를 사용한다.
④ 직접 확산 방식이나 주파수 도약과 같은 대역 확산 기술을 사용한다.

4 무선 전신 방식

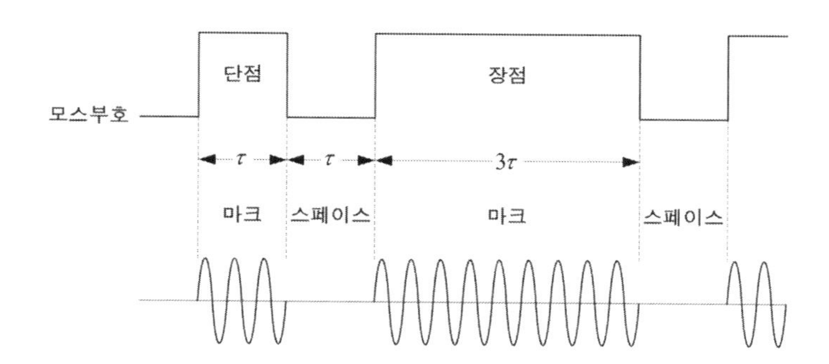

4.1 AM전신방식과 비교한 FS 전신방식의 특징

① 오자율이 적으며 Key Click의 방해가 적어, AM전신방식에 비해 S/N비가 개선된다.

② 적은 전력으로 양질의 통신이 가능하다.

③ C급 증폭이 가능하므로 양극 효율이 높다.

④ AGC 및 공간 다이버시티(Space Diversity)를 사용할 수 있다.

⑤ 고속의 다중통신에 적합하다.

⑥ 높은 주파수 안정도가 요구된다.

⑦ 통신 속도가 빠를 경우 AM보다 측파대가 넓어지지 않는다.

5 잡음(Noise) : 증폭기가 종속 접속된 경우★★★

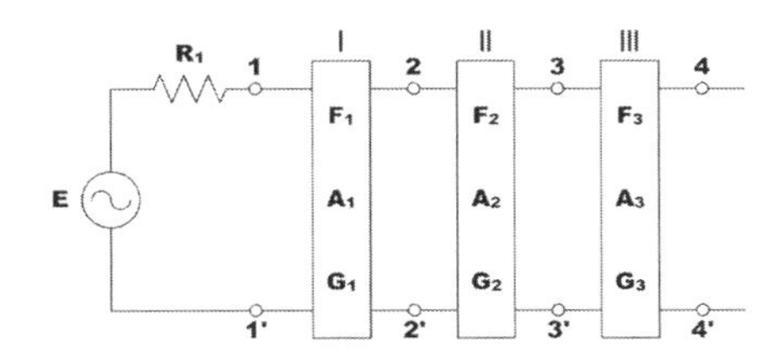

5.1 잡음지수 NF(noise figure) : F

$F=\dfrac{S_i/N_i}{S_0/N_0}=\dfrac{S_i}{S_0}\cdot\dfrac{N_0}{N_i}$ 여기서, 유능 잡음전력 $N_i=kTB$이므로 $F=\dfrac{S_iN_0}{S_0N_i}=\dfrac{S_i}{S_0}\times\dfrac{N_0}{kTB}$

가 된다.

① 무잡음 이상 증폭기의 잡음지수는 1이다.($F=1$)

② 실제 증폭기에서는 내부 잡음이 있기 때문에 $F>1$이다.

③ 다단 증폭기의 종합잡음지수 F는

종합 잡음 지수$(F)=F_1+\dfrac{F_2-1}{G_1}+\dfrac{F_3-1}{G_1G_2}+\ \cdots$

(F : 잡음지수, A : 증폭기, G : 이득)

가 된다.

즉, 종합 잡음지수는 초단증폭기의 잡음지수 F_1이 가장 큰 영향을 미친다.

6 한계레벨(Threshold Level)★

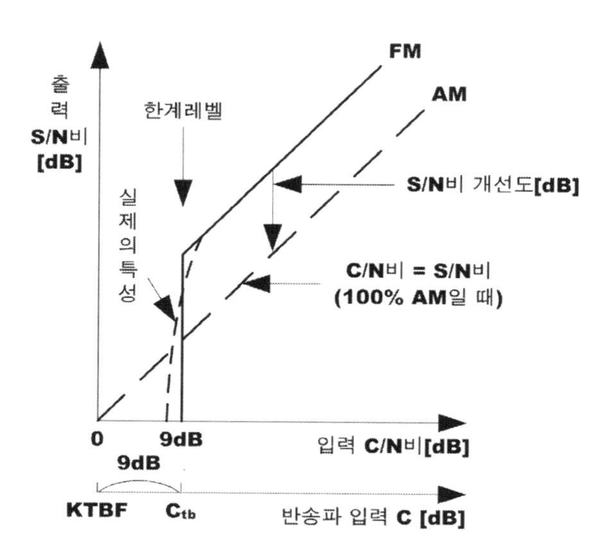

AM방식과 FM방식의 입력 C/N와 출력 S/N의 관계를 나타낸 그래프로 감도면 에서는 AM방식이 FM방식 보다 우수하며 S/N면에서는 FM방식이 더 우수하다.

핵심기출문제

1. 무선 통신용 송신기에서 입력신호를 변조(Modulation)하는 가장 타당한 이유는?

가. 전송매개체와 신호를 정합(Matching)시키기 위해
나. 주파수를 높이기 위해
다. 수신기에서 받는 신호를 변환할 필요가 없기 때문에
라. 실제 구현시 회로가 간단하기 때문에

해설
변조(Modulation)란 보내고자하는 정보신호를 전송로에 보내기 알맞은 신호형태로 변환하는 과정을 말하며 전송매개체와 신호를 정합(Matching)시키기 위한 것을 의미한다.

2. 무선통신 시스템에서 변 · 복조를 하는 이유 중 타당성이 적은 것은?★

가. 통신로의 효율적 이용
나. 잡음과 간섭억제
다. 근접거리의 선로 전송에 유리
라. 신호의 다중화

3. 다음 중 변조의 필요성에 해당되지 않은 것은?★

가. 전송채널에서 간섭과 잡음을 줄이기 위함이다.
나. 다중통신을 하기 위함이다.
다. 원거리 통신을 하기 위함이다.
라. 좀 더 긴 파장의 신호를 만들기 위함이다.

4. 진폭변조에서 변조 도에 대한 설명으로 틀린 것은?★

가. 신호파의 최대값을 반송파의 최대값으로 나눈 값이다.
나. 반송파의 크기와 신호파의 크기에 따라 정해진다.
다. 최대주파수편이와 신호주파수와의 비이다.
라. 진폭변화의 정도를 나타낸다.

5. 진폭이 12[V]이고 주파수가 1[㎒]인 반송파를 진폭이 10[V], 주파수 3[㎑]의 변조파로 진폭 변조하였을 때 변조 도는 약 몇 [%]인가?

가. 50[%] 나. 75[%]
다. 83[%] 라. 92[%]

6. AM에서 과변조가 발생하였을 때 일어나는 현상과 관계가 없는 것은?

가. 피변조파에 많은 고조파가 발생한다.
나. 점유대역폭이 넓어지므로 다른 통신에 혼선을 준다.
다. 명료도가 개선되어 자기진동이 일어난다.
라. 송신기에 과부하가 걸린다.

7. AM 무선 송신기가 과변조 되었을 때 수신측에 나타나는 현상으로 맞는 것은?

가. 수신전파의 측파대 폭이 좁아진다.
나. 수신음이 찌그러진다.
다. 수신음의 신호 대 잡음비가 커진다.
라. 수신기 공중선의 동조 잡기가 힘들어 진다.

8. 진폭변조(AM)에서 과변조가 발생한 경우 일어나는 현상이 아닌 것은?

가. 피변조파에 많은 고조파가 포함된다.
나. 점유 주파수 대역폭이 넓어지게 된다.
다. 다른 통신에 혼신을 준다.
라. 수신기에 과부하가 걸린다.

정답 1. 가 2. 다 3. 라 4. 다 5. 다 6. 다 7. 나 8. 라

핵심기출문제

9. 출력 500W의 J_3E 송신에서 무변조시 공중선 전력은 몇[W]인가?★

가. 1[W] 나. 707[W]
다. 500[W] 라. 0[W]

해설
J_3E는 SSB 송신기에서 사용하는 전파형식이므로 무변조(m=0)시 공중선전력(P_m)= $\frac{m^2}{4}P_c = \frac{0^2}{4}P_c = 0[W]$

10. 진폭 변조 송신기 출력이 100[%] 변조 시에 150[W]이었다면 80[%] 변조 시에는 얼마인가?★★★★★

가. 164[W] 나. 100[W]
다. 132[W] 라. 180[W]

11. 진폭 변조 회로에서 반송파 전력이 100[W]일 때 변조율을 60[%]라고 하면 상측파대의 전력은?

가. 8[W] 나. 9[W]
다. 10[W] 라. 12[W]

12. AM 무선송신기의 변조율이 50%이고, 반송파 전력 이 40W 일 때 피변조파의 전력은 몇 W 인가?★

가. 35 나. 40
다. 45 라. 50

13. AM 송신기에서 단일 주파수로 50[%] 변조를 하였을 때의 반송파와 상 측대파와의 전력비는?

가. $1 : \frac{1}{2}$ 나. $1 : \frac{1}{4}$
다. $1 : \frac{1}{8}$ 라. $1 : \frac{1}{16}$

14. AM 송신기에서 변조도 60[%], 피변조기의 컬렉터 손실이 300[W], 컬렉터 효율이 90[%]이다. 이 때 피변조파의 전력은 몇 [㎾] 인가?
(단, 변조주파수는 단일 정현파이며, 출력회로 등의 손실은 무시한다.)

가. 1.8[㎾] 나. 2.7[㎾]
다. 3[㎾] 라. 4[㎾]

15. 다음 중 진폭변조(AM) 방식에 해당되는 것은?★

가. 주파수편이변조(FSK)
나. 위상편이변조(PSK)
다. 펄스폭변조(PWM)
라. 잔류측파대변조(VSB)

16. 다음 변조방식에서 비트에러확률의 성능이 좋은 순서대로 된 것은? (단, SNR은 동일하다.)

가. ASK > FSK > PSK
나. FSK > ASK > PSK
다. PSK > FSK > ASK
라. PSK > ASK > FSK

17. 16진 PSK의 대역폭 효율은 QPSK 대역폭 효율의 몇 배인가?

가. 2배 나. 4배
다. 8배 라. 16배

18. 다음의 디지털 변조방식 중 오류확률이 가장 낮은 것은?

가. 2진 ASK 나. 2진 FSK
다. 2진 DPSK 라. 2진 PSK

정답 9. 라 10. 다 11. 나 12. 다 13. 라 14. 나 15. 라 16. 다 17. 가 18. 라

19. ASK와 비교하여 FSK방식의 특징이 아닌 것은?

가. 신호와 진폭이 일정하다.
나. 대역폭이 넓다.
다. 잡음 및 레벨변동에 강하다.
라. AFC회로가 필요 없다.

해설 FSK(Frequency Shift Keying : 주파수 편이 변조)
반송파의 주파수 변화를 이용하여 변조하는 방식으로 진폭이 일정하며 ASK에 비하여 각종 잡음 및 레벨 변동에 강한 방식으로 대역폭이 넓다. 또한 주파수 조절장치인 AFC(Automatic Frequency Control)가 필요하다.

20. 다음 중 PCM의 주요 과정에 속하지 않는 것은?

가. 증폭　　나. 표본화
다. 양자화　　라. 부호화

21. 다음 중 전송부호가 가져야 하는 조건으로 적합하지 않은 것은?

가. DC 성분이 포함되어야 한다.
나. 동기(Timing) 정보가 충분히 포함되어야 한다.
다. 전송부호의 코딩효율이 양호해야 한다.
라. 전송 도중에 발생하는 에러의 검출과 교정이 가능해야 한다.

22. FS통신 방식은 다음 중 어느 것인가?

가. 일종의 PM방식이다.
나. 일종의 FM방식이다.
다. 일종의 링변조방식이다.
라. 일종의 SSB방식이다.

해설 FS 전신 방식의 특징(AM전신 방식과 비교)
① 오자율이 적다.
② FM 방식의 일종으로 S/N가 우수하다.
③ AGC 및 공간 diversity를 사용할 수 있다.
④ 저 전력으로 양질의 통신 가능하다.
⑤ 고속도 및 다중 통신 가능하다.

23. FSK 방식의 특징이 아닌 것은?

가. 비교적 회로가 간단하다.
나. ASK에 비하여 대역폭이 넓다.
다. 잡음 및 레벨 변동에 강하다.
라. AFC회로가 필요 없다.

해설 FSK(Frequency Shift Keying: 주파수 편이 변조)
정보신호에 따라 반송파의 주파수를 변화시키는 방식으로 각종 잡음 및 레벨변동에 강하나 대역폭이 넓어진다는 단점이 있다. 또한 안정된 반송파를 만들기 위해서 AFC 회로가 필요하다.

24. FS 전신방식을 AM전신 방식과 비교할 때 FS 전신의 특징이 아닌 것은?

가. S/N 비가 크게 개선된다.
나. 고속통신 및 다중통신에 적합하다.
다. 오차율이 적다.
라. AGC 및 Space diversity를 사용할 수 없다.

25. FS 다중 통신 방식의 종류에 해당되지 않는 것은?

가. 2주파 다이플렉스 방식
나. 시분할 다중 전신방식
다. 4주파 다이플렉스 방식
라. 주파수 분할 다중 전신방식

26. FM수신기에서 2단 증폭기의 초단 증폭기의 이득이 15[dB], 잡음지수가 1.2[dB]이고, 후단 증폭기 이득이 10[dB], 잡음지수 1.6[dB]일 때 수신기의 종합 잡음지수는?

가. 1.34[dB]　　나. 1.24[dB]
다. 1.14[dB]　　라. 1.04[dB]

정답 19. 라　20. 가　21. 가　22. 나　23. 라　24. 라　25. 가　26. 나

해설 다단 증폭기의 종합잡음지수(F)

$$F = F_1(\text{초단 잡음지수}) + \frac{F_2(\text{후단 잡음지수}) - 1}{G_1(\text{초단 증폭기 이득})} = 1.2 + \frac{1.6-1}{15} = 1.24[dB]$$

27. 잡음지수에 대한 설명 중 틀린 것은?

가. 무잡음 이상증폭기의 잡음지수는 1이다.
나. 실제 증폭기의 잡음지수는 1보다 크다.
다. 증폭기의 입·출력 단에서의 잡음지수 = $\frac{\text{입력}S/N}{\text{출력}S/N}$이다.
라. 다단 증폭기의 종합 잡음지수는 각단 잡음지수의 합이다.

해설 잡음지수 NF(noise figure)

$$F \Rightarrow F = \frac{S_i/N_i}{S_0/N_0} = \frac{S_i}{S_0} \cdot \frac{N_0}{N_i}$$

여기서, 유능 잡음전력 $N_i = kTB$이므로

$$F = \frac{S_i N_0}{S_0 N_i} = \frac{S_i}{S_0} \times \frac{N_0}{kTB}$$ 가 된다.

① 무잡음 이상 증폭기의 잡음지수는 1이다.($F=1$)
② 실제 증폭기에서는 내부 잡음이 있기 때문에 $F>1$이다.
③ 다단 증폭기의 종합잡음지수 F는

$$F = F_1 + \frac{F_2 - 1}{G_1} + \frac{F_3 - 1}{G_1 G_2} + \cdots$$

즉, 종합 잡음지수는 초단 증폭기의 이득과 초단증폭기의 잡음지수 F1이 가장 큰 영향을 미친다.

28. 수신기의 잡음지수(NF:Noise Figure)와 관계없는 것은?(단, 첨자 i : 입력, o : 출력, k : 볼츠만 상수, T: 절대온도, B : 등가잡음 대역폭)

가. 잡음지수 : $F = \frac{S_i/N_i}{S_o/N_o}$
나. 잡음지수 : $F = \frac{S_i \cdot N_o}{S_o \cdot N_i}$
다. 잡음지수 : $F = \frac{S_i}{S_o} \times \frac{N_o}{kTB}$
라. 잡음지수 : $F = kTB + \frac{S_o}{N_o}$

해설 잡음지수 NF(noise figure)

$$F \Rightarrow F = \frac{S_i/N_i}{S_0/N_0} = \frac{S_i}{S_0} \cdot \frac{N_0}{N_i}$$

여기서, 유능 잡음전력 $N_i = kTB$ 이므로

$$F = \frac{S_i N_0}{S_0 N_i} = \frac{S_i}{S_0} \times \frac{N_0}{kTB}$$ 가 된다.

29. 일반적으로 잡음이 있는 수신기의 잡음지수 F의 크기로 가장 적합한 것은?

가. $F=1$　　나. $F<1$
다. $F>1$　　라. $F \leq 1$

30. FM 수신기에서 수신입력 레벨을 감소시켜 가면 어떤 값에서 출력의 S/N이 급격히 감소하는 현상이 나타난다. 이때의 수신레벨을 무엇이라고 하는가?

가. 한계레벨(threshold level)
나. 피크레벨(peak level)
다. 신호레벨(signal level)
라. 잡음레벨(noise level)

31. 수신한계 레벨이 가장 낮은 것은?

가. 대역폭이 넓고 수신기 잡음지수(NF)가 큰 것
나. 대역폭이 좁고 수신기 잡음지수(NF)가 작은 것
다. 대역폭이 넓고 수신기 잡음지수(NF)가 작은 것
라. 대역폭이 좁고 수신기 잡음지수(NF)가 큰 것

정답 27. 라　28. 라　29. 다　30. 가　31. 나

CHAPTER 2

AM 송신기

1 송·수신기용 발진기가 갖추어야 할 조건
2 LC 발진기
3 LC 발진기의 이상현상
4 이상 발진기에서의 발진주파수
5 수정 발진기
6 완충증폭기(buffer amplifier)의 특성
7 주파수 체배기
8 결합회로 조정방법
9 Spurious 발사

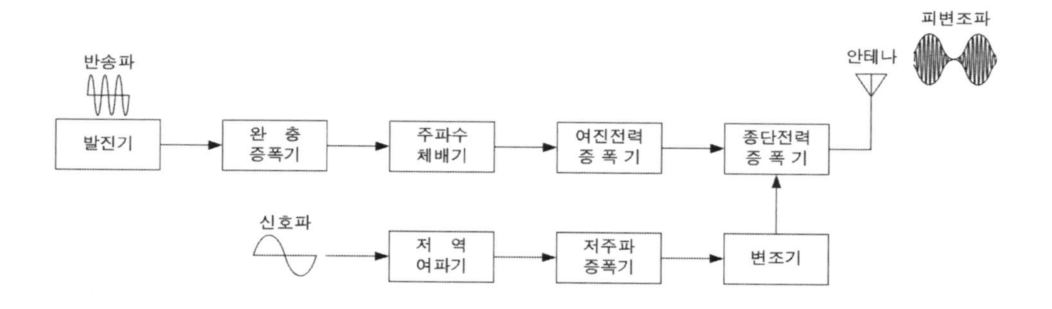

1 송 · 수신기용 발진기가 갖추어야 할 조건★

① 주파수의 안정도가 우수할 것

⇒ 안정도가 높은 수정발진기를 많이 사용한다.

② 전원 전압이나 온도 및 습도의 변화에 대해서 발진출력이 안정할 것

⇒ 항온조를 사용하여 온도 및 습도의 변화에 의한 발진주파수 변동을 막는다.

③ 고조파가 적을 것

④ 주파수의 미조정(세밀 조정)이 용이할 것

⑤ 부하 변동에 영향을 받지 않을 것

⇒ 발진기 다음 단에 완충증폭기를 설치하여 부하변동에 따른 발진주파수의 변동을 방지한다.

⑥ 후단에 연결되는 증폭부를 여진 하는데 필요한 출력을 가질 것

⑦ 주파수를 변환 조작이 간단하고, 신속 확실 할 것

대역폭(Band Width)의 종류

① 3[dB]대역폭(실용대역폭)
② 6[dB]대역폭
③ 쌍봉대역폭
④ 3점 대역폭

점유 주파수 대역폭★

발사 전파에 의해 점유하는 전 에너지 중에서 상한(f_2)과 하한(f_1)에서 각각 0.5%씩을 제외한 나머지 99%의 에너지가 포함되어 있는 주파수 대역폭(f_2-f_1)을 점유 주파수 대역폭이라 한다.

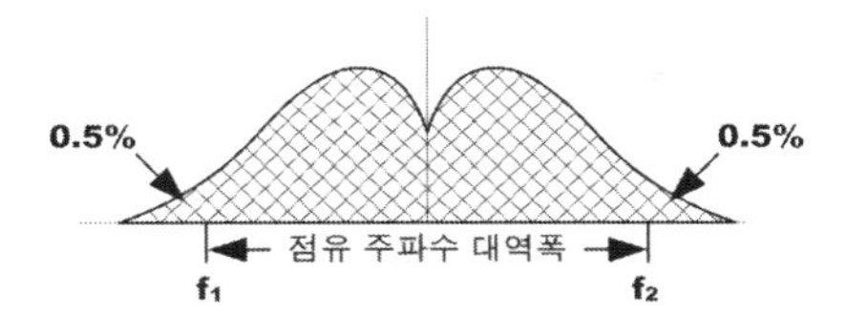

2 LC 발진기

2.1 3소자 발진기의 발진조건★★

발진 주파수를 결정하는 요소로서 LC공진을 이용한 것으로 정현파에 가까운 깨끗한 파형을 얻을 수 있으며, 수십㎑~수㎓까지 비교적 높은 주파수 발진에 많이 사용되는 발진기이다.

대표적인 LC발진기로는 동조형 발진기와 3소자 발진기가 있으며, 동조형 발진기로는 컬렉터(Collector) 동조형과 베이스(Base) 동조형, 이미터(Emitter) 동조형 발진기가 있으며, 3소자 발진기로는 하틀리(Hartley) 발진기와 콜피츠(Colpitts) 발진기가 있다.

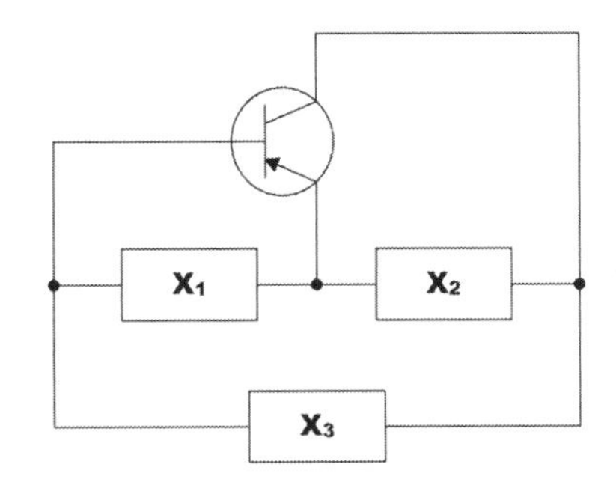

① $X_1 = X_2$ (같은소자), X_3(다른소자)

② X_1, X_2 〉 0 (유도성), X_3 〈 0 (용량성) ⇒ Hartley 발진기

③ X_1, X_2 〈 0 (용량성), X_3 〉 0 (유도성) ⇒ Colpitts 발진기

$X_1 : B-E$(베이스 – 이미터),$X_2 : C-E$(컬렉터 – 이미터)

$X_3 : C-B$(컬렉터 – 베이스)

④ 각 LC 발진기 회로의 발진 주파수는 다음과 같다.

$$f = \frac{1}{2\pi\sqrt{LC}}$$

단, 콜피츠(Colpitts) 발진기 : $C = \dfrac{C_1 C_2}{C_1 + C_2}$

하틀리(Hartley) 발진기 : $L = (L_1 + L_2 + 2M)$

2.2 LC 발진기 주파수 변동원인과 대책 ★★★★

① 전원의 안정도를 높인다.

(전원전압 변동 ⇒ 정전압 회로)

② 주위 온도 변화에 따른 주파수 변동을 막기위해 항온조를 사용한다.

(온도변화 ⇒ 항온조)

③ 발진기와 출력 단 사이에 완충증폭기를 넣는다.

(부하변동, 진동, 충격 ⇒ 완충 증폭기)

④ 발진기의 동조회로에 Q가 높은 부품을 선택한다.

⑤ 발진기와 코일과 콘덴서의 온도계수를 상쇄하도록 부품을 선택한다.

(부품 불량 ⇒ 교체)

⑥ 동조점 불안정 ⇒ 동조 점을 약간 벗어나게 선택

3 LC 발진기의 이상현상

(1) 인입현상

LC 발진기와 동일 전원을 다른 발진부가 사용하고 있을 경우 LC 발진기의 발진주파수가 끌려가는 현상

(2) 블록킹(blocking) 발진

(3) 기생진동

회로내의 L과 C등에 의해 정규 발진부 이외 부분에서 발진 조건이 충족되어 원하지 않는 발진이 일어나는 현상★

기생진동 방지대책★

① 증폭단을 완전 차폐한다.
② 회로의 배선을 가급적 짧게 한다.
③ 중화회로를 사용한다.
중화회로(Neutralizing Circuit)★ : 자기발진(Self Oscillation)방지회로 : TR의 Base와 Collector 극간 용량(Co)를 통해 출력의 일부가 입력으로 귀환되어 자기 발진을 방지하여 증폭 주파수에 가까운 주파수로 발진한다. 중화에 사용되는 콘덴서를 중화 콘덴서라 한다.
④ 부품등에 필요한 접지를 확실히 한다.

4 이상 발진기에서의 발진주파수

이상 발진기는 CR적분회로에 의한 위상지연을 이용한 발진기로서 CR회로를 여러 단으로 연결하고 각 CR쌍에서 60° 씩 이상(Phase Shift)되어 전체적인 위상은 180°의 위상차를 궤환시켜 발진하는 회로로 병렬 저항형(병렬 R형)과 병렬 콘덴서형(병렬 C형)이 있다.

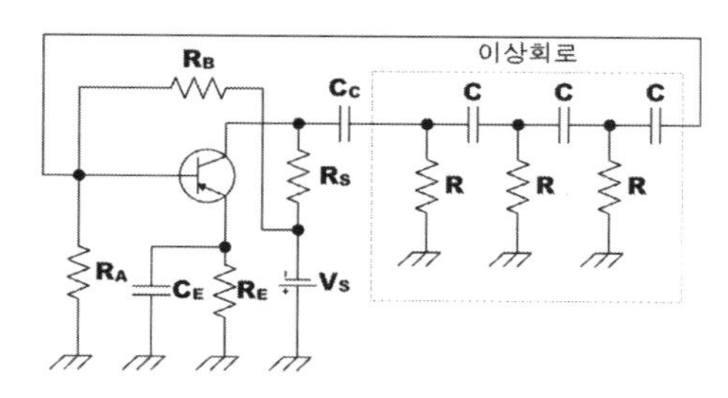

(a) 병렬 저항형 이상 발진기

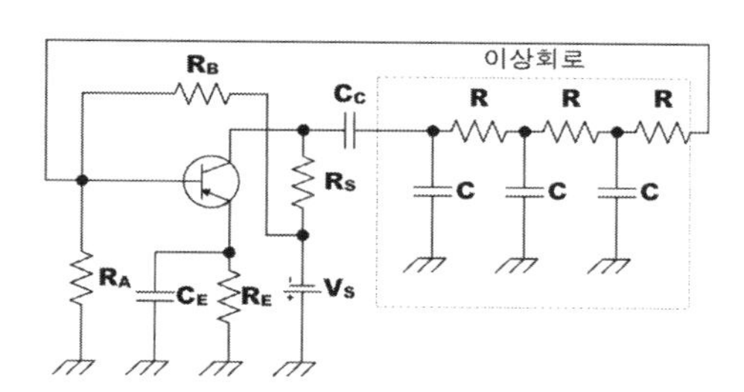

(b) 병렬 콘덴서형 이상 발진기

- 병렬 R형 : $f = \dfrac{1}{2\pi\sqrt{6}\,RC}[Hz]$
- 병렬 C형(병렬 콘덴서형) : $f = \dfrac{\sqrt{6}}{2\pi CR}[Hz]$

5 수정 발진기★★

수정 결정의 압전현상(壓電現象)을 이용한 수정진동자를 발진주파수의 제어소자로 사용하여 안정도가 다른 발진기에 비해 매우 높은 발진주파수를 얻을 수 있는 발진기로서 규칙적인 기준 신호를 생성해 내어 보다 안정된 주파수를 유지할 수 있다.

대표적인 수정발진기 회로로는 피어스 BE형 회로와 피어스 BC형 회로가 있다.

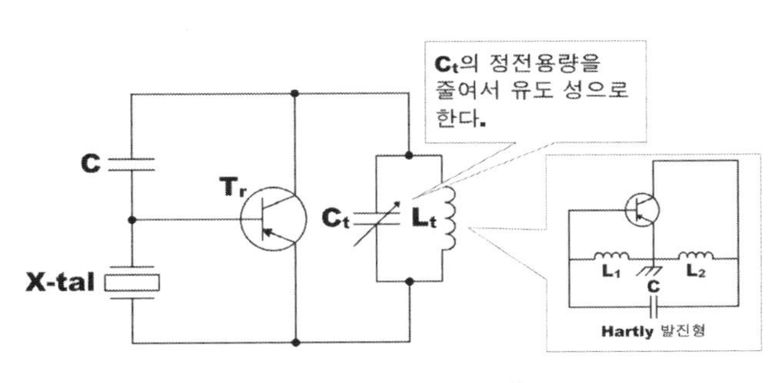

[피어스 BE형 발진회로]

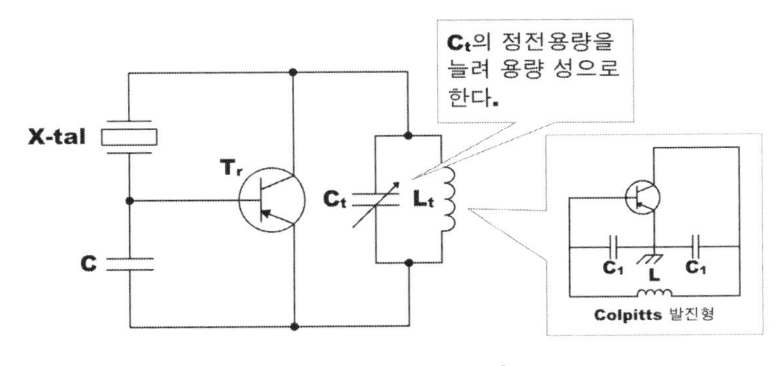

[피어스 BC형 발진회로]

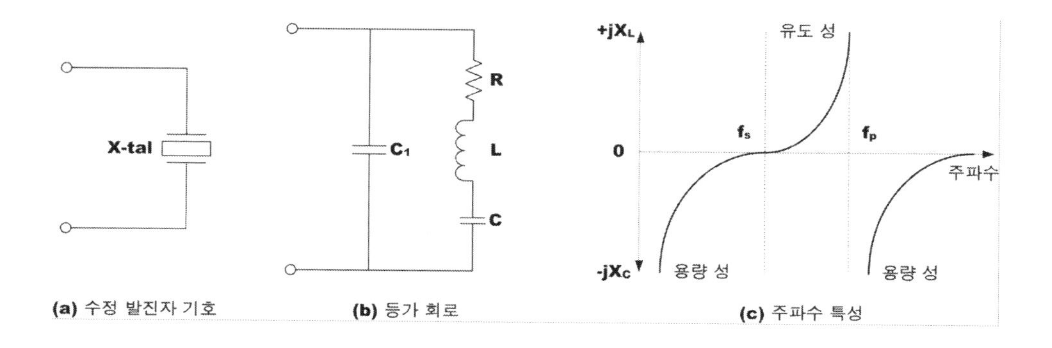

(a) 수정 발진자 기호 (b) 등가 회로 (c) 주파수 특성

① 주파수 안정도가 매우 높다.

② Q(선택도)가 높다

③ 발진구간 : f_s(직렬공진주파수) < f < f_p(병렬공진주파수)인 유도성 구간에서 발진한다.

④ 발진구간이 좁을수록 안정도가 우수하다.

⑤ 압전기 효과(피에조 효과)를 이용한다.

6 완충증폭기(buffer amplifier)의 특성★★★★★

① **위치** : 발진기 다음 단에 설치

② **목적** : 부하변동에 따른 발진주파수의 변동을 방지하기 위하여

③ **증폭 방식** : 증폭 목적이 아니기 때문에 A급 증폭 방식을 사용

④ 인입현상을 방지하기 위하여 독립된 전원을 사용

7 주파수 체배기

수정편 고유 주파수 이상의 주파수를 얻기 위해서 기본파 주파수의 제2, 제3고조파로 2 체배, 3체배 한 후 C급 증폭한다.

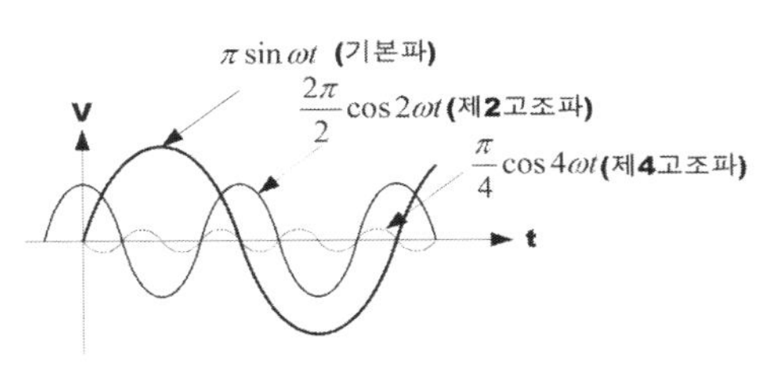

(a) 주파수 체배회로

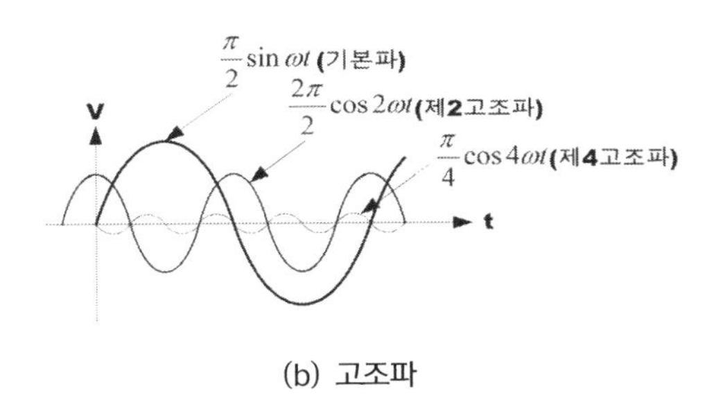

(b) 고조파

8 결합회로 조정방법

8.1 M형

① 공중선을 끊는다.

② A_1이 최소가 되도록 C_P를 조정한다.

③ 공중선을 연결한 뒤 A_2가 최대가 되도록 C_A 조정

④ 재차 ②~③과정 반복

⑤ 결합도(M)을 조정 공중선 전류 규정값 유지

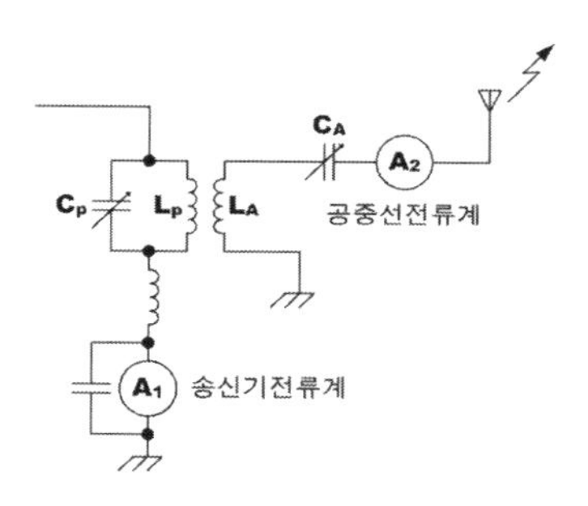

8.2 π형

① 공중선을 끊는다.

② A_1이 최소가 되도록 C_1조정한다.

③ 공중선을 연결한 뒤 A_2 최대 되도록 C_2조정

④ A_1이 최소가 되도록 C_1 재조정

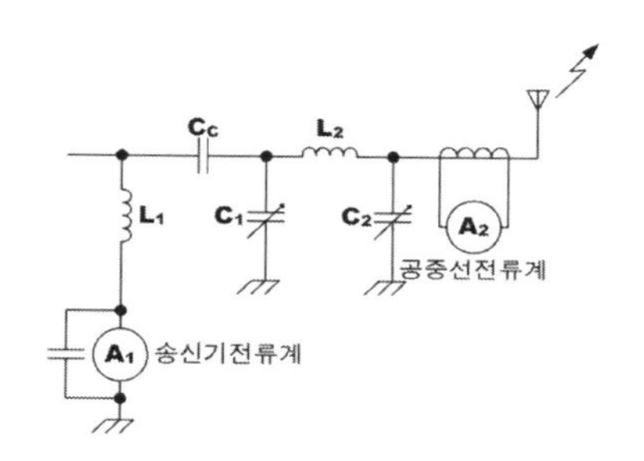

reference **π형 결합회로의 특징**

① 효율이 좋다.
② LPF 역할로 Spurious를 방지할 수 있다.
③ 설계가 용이하다.
④ 조정이 간단하다.
⑤ 불평형 회로로 접지 공중선에만 적용(단점)

9 Spurious 발사

송신기의 출력에는 기본파 이외에 고조파 성분이나 저조파 성분 또는 기생진동 성분 등이 포함되어 불요 전파로서 방사되는데 이를 스퓨리어스 방사라 한다.

9.1 고조파

기본파의 정수배가 되는 주파수로 증폭기가 비직진성 일그러짐이 생기면 기본파의 정수배인 제2, 제3 고조파의 함유율이 높게 된다. 그러므로 이들의 고조파 성분을 제거하기 위하여 양극 동조 회로의 Q를 높게 하거나 출력 결합 단에 π형 결합기를 사용 또는 Trap 회로 등을 사용한다.

$$\text{고조파 왜율(K)} = \frac{\sqrt{\text{제2고조파}^2 + \text{제3고조파}^2 + \cdots}}{\text{기본파}} \times 100\%$$

9.2 Spurious 방사 대책★★★★★

① 공중선 회로의 결합에 π형 결합회로를 사용한다.

⇒ π형 결합회로는 자체 LPF 기능을 가지고 있다.

② 전력 증폭부를 B급 Push-Pull 증폭기를 사용

⇒ Push-pull 전력증폭기를 사용하면 우수 고조파가 자동으로 상쇄되기 때문 출력파형의 찌그러짐이 작아지고 전원전압에 포함되어 있는 hum이 줄어든다.

③ 급전선에 저역 여파기나 트랩을 설치한다.

④ 전력 증폭단의 여진 전압을 가급적 적게 한다. 즉, 전력 증폭단의 bias를 너무 깊게 취하지 않는다.

⇒ 필요이상 높게 취하면 고조파 성분이 많아진다.

⑤ 종단증폭부 공진회로의 Q(선택도)를 높게 한다.

핵심기출문제

1. 다음 중 AM 송신기의 구성요소에 속하지 않는 것은?

가. IDC 회로　　나. 발진 회로
다. 전력 증폭 회로　　라. 변조 회로

2. 다음 중 AM 송신기의 구성요소로서 맞지 않는 것은?

가. 발진회로　　나. 변조회로
다. 복조회로　　라. 증폭회로

3. 송신기의 부속 장치와 관계가 먼 것은?

가. 냉각장치　　나. 제어장치
다. 감시 장치　　라. 변조장치

4. AM무선 송신기에서 사용하지 않는 회로는?★★★

가. 발진 회로　　나. 완충 증폭 회로
다. 전력 증폭 회로　　라. AVC 회로

5. AM 송신기의 조건으로 타당하지 않은 것은?

가. 점유주파수 대폭이 가능한 최대일 것
나. 발사전파의 주파수 안정도가 높을 것
다. 전력증폭기 효율이 높을 것
라. 출력전력의 변동이 없을 것

6. 다음 중 송신기의 조건으로 맞지 않는 것은?

가. 출력전력이 높을 것
나. 발사 주파수의 안정도가 좋을 것
다. 점유주파수대폭이 필요 최소한 일 것
라. 전력효율이 높을 것

7. 다음 중 송신기용 발진기의 구비조건으로 적합하지 않은 것은?★★★★★

가. 주파수 안정도가 낮을 것
나. 발진출력 변화가 적을 것
다. 고조파 발생이 적을 것
라. 부하 변동에 의한 영향이 적을 것

8. 무선송신기의 발진기의 조건으로 맞지 않는 것은?

가. 주파수 안정도가 높을 것
나. 고조파가 발생이 적을 것
다. 부하의 변동에 영향이 클 것
라. 주파수의 미세조정이 용이할 것

9. 무선송신기에 사용되는 발진기의 조건과 거리가 먼 것은?

가. 고조파 발생이 많을 것
나. 주파수의 미조정이 용이할 것
다. 온도 변화에 발진출력이 일정할 것
라. 주파수 안정도가 높을 것

10. 무선송신기의 송신주파수 변동을 줄이기 위한 대책이 아닌 것은?

가. 발진기와 출력 단 사이에 완충증폭기를 넣는다.
나. 발진기와 코일과 콘덴서의 온도계수를 상쇄하도록 부품을 선택한다.
다. 전원의 안정도를 높인다.
라. 발진기의 동조회로에 Q가 낮은 부품을 선택한다.

정답 1. 가　2. 다　3. 라　4. 라　5. 가　6. 가　7. 가　8. 다　9. 가　10. 라

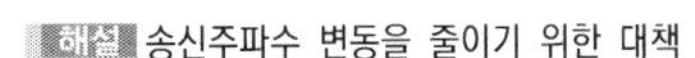

해설 송신주파수 변동을 줄이기 위한 대책

① 전원의 안정도를 높인다.(전원전압 변동 ⇒ 정전압 회로)
② 주위 온도 변화에 따른 주파수 변동을 막기위해 항온조를 사용한다.
③ 발진기와 출력 단 사이에 완충증폭기를 넣는다.(부하변동, 진동, 충격 ⇒ 완충 증폭기)
④ 발진기의 동조회로에 Q가 높은 부품을 선택한다.
⑤ 발진기와 코일과 콘덴서의 온도계수를 상쇄하도록 부품을 선택한다.(부품 불량 ⇒ 교체)

11. 다음 중 발진기의 주파수 안정화 기법이 아닌 것은?

가. 항온조 시설을 한다.
나. 정전압 회로를 이용한다.
다. 주파수를 체배한다.
라. 완충 증폭기를 사용한다.

해설 발진기의 주파수 변동원인과 대책

① 전원전압 변동 ⇒ 정전압 회로
② 주위 온도 변화 ⇒ 항온조
③ 부하변동 ⇒ 완충 증폭기
④ 동조점 불안전 ⇒ 동조점을 약간 벗어나게 조정
⑤ 진동, 충격 ⇒ 완충장치
⑥ 부품 불량 ⇒ 교체

12. 발진 주파수를 안정시키는 방법이 아닌 것은?

가. 항온조 시설을 한다.
나. 체배 증폭단을 둔다.
다. 완충 증폭단을 둔다.
라. 정전압 안정회로를 설치한다.

13. 무선 송 · 수신기에 사용되는 발진기의 주파수 변동원인과 그에 대한 대책으로 적합하지 않은 것은?

가. 온도의 변화 → 항온조 사용
나. 전원 전압의 변동 → 정전압 회로 사용
다. 부하의 변동 → 완충 증폭기 사용
라. 동조점 불안정 → 높은 주파수 사용

14. 수정발진기의 발진주파수 변동을 방지하기 위한 대책으로 틀리는 것은?

가. 온도계수가 큰 수정 공진자를 사용한다.
나. Q가 높은 수정 공진자를 사용한다.
다. 부하와의 사이에 완충증폭기를 사용한다.
라. 정전압회로를 사용한다.

해설 수정발진기의 발진주파수 변동 방지 대책

① 수정 공진자를 항온조 내에 둔다.
② 정전압 회로를 사용한다.
③ 부하와의 사이에 완충 증폭기를 사용한다.
④ Q가 높은 수정 공진자를 사용한다.
⑤ 온도계수가 낮은 수정 공진자를 사용한다.
⑥ 발진부의 전원은 별도로 사용한다.

15. 수정 발진자의 직렬공진 주파수를 f_s, 병렬공진주파수를 f_p라 할 때 안정된 발진을 하기 위한 동작주파수 f의 범위로 가장 적합한 것은?

가. $f_s < f < f_p$　　나. $f_s > f$
다. $f_p < f < f_s$　　라. $f_p < f$

16. 수정 발진기의 일반적인 특성 중 잘못 설명한 것은?

가. 수정 전동자가 기계적, 물리적으로 안정하다.
나. 수정편의 Q가 매우 높다.
다. 부하 변동의 영향을 전혀 받지 않는다.
라. 유도성 주파수 폭이 매우 좁다.

정답 11. 다　12. 나　13. 라　14. 가　15. 가　16. 다

핵심기출문제

17. 무선송신기에 수정진동자를 사용하는 이유로 가장 타당한 것은?★

가. 일그러짐이 적은 파형을 얻기 위해서이다.
나. 발진주파수를 쉽게 변동할 수 있기 때문이다.
다. 발진주파수가 안정하기 때문이다.
라. 고조파를 쉽게 얻을 수 있기 때문이다.

18. 수정발진기의 주파수 안정도가 높은 이유로 가장 타당한 것은?

가. 수정진동자에는 압전효과가 있기 때문
나. 수정진동자는 Q가 매우 높기 때문
다. 수정발진기는 출력이 적기 때문
라. 수정진동자의 진동수는 전원전압의 변화와 관계없기 때문

19. 수정 발진기의 발진 주파수(f) 범위 및 안정도에 대한 설명으로 가장 적합한 것은?(단, 직렬 공진 주파수 : f_s 병렬 공진 주파수 : f_p)★

가. $f_p < f < f_s$이며 좁을수록 안정도가 좋다.
나. $f_s < f < f_p$이며 넓을수록 안정도가 좋다.
다. $f_s < f < f_p$이며 좁을수록 안정도가 좋다.
라. $f_p < f < f_s$이며 넓을수록 안정도가 좋다.

20. 다음은 수정발진기의 발진주파수 변동원인과 대책이다. 이 중 적합하지 않은 것은?★

가. 주위 온도의 변화 : 수정 진동자, 트랜지스터 등의 부품은 온도계수가 적은 것을 사용
나. 부하의 변동 : 다음 단과의 결합을 밀 하게 함
다. 전원 전압의 변동 : 정전압 회로를 사용
라. 회로 소자의 변동 : 부품에 대한 방습 및 방진장치 사용

21. AM 송신기에서 반송파 발진기로 가장 많이 사용되는 발진기는?

가. RC 발진기
나. 수정 및 LC 발진기
다. SAW 발진기
라. 유전체 공진기 발진기

22. 무선 송신기에서 기생진동(Parasitic Oscillation)과 관계가 적은 것은?

가. 증폭회로 나. 전원주파수
다. 회로의 배선 라. 부품의 접지

해설

• 기생진동

회로내의 L과 C등에 의해 정규 발진부 이외 부분에서 발진 조건이 충족되어 원하지 않는 발진이 일어나는 현상

• 기생진동 방지대책

① 증폭단을 완전 차폐한다.
② 회로의 배선을 가급적 짧게 한다.
③ 중화회로를 사용한다.
④ 부품등에 필요한 접지를 확실히 한다.

23. 기생진동이 발생되면 나타나는 현상과 가장 관계가 적은 것은?

가. 출력파형의 왜곡
나. 출력이 변동하여 동조점이 일치하지 않음
다. 통신대역폭이 좁아짐
라. 불필요한 전력이 소비됨

정답 17. 다 18. 나 19. 다 20. 나 21. 나 22. 나 23. 다

24. 하아틀리(Hartley)형 발진회로에서 콜렉터(Collector)와 에미터(Emitter)간의 리액턴스(reactance)는 어떻게 되어야 하는가?

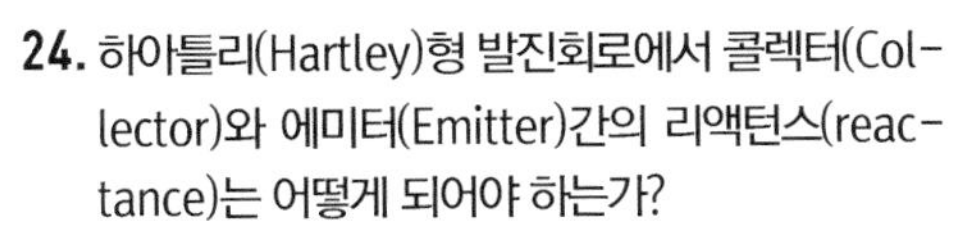

가. 용량성　　　　나. 유도성

다. 저항성　　　　라. 유도성 또는 용량성

해설 LC 발진기 ⇒ 3소자 발진기의 발진조건

① $X_1 = X_2$(같은소자), X_3(다른소자)

② X_1, $X_2 > 0$(유도성), $X_3〈0$(용량성) ⇒ Hartley 발진기

③ X_1, $X_2 > 0$(용량성), $X_3 > 0$(유도성) ⇒ Colpitts 발진기

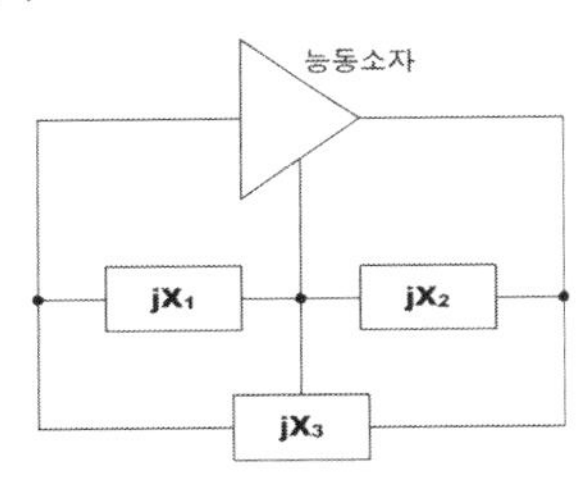

$X_1 : B-E$(베이스 − 이미터),
$X_2 : C-E$(컬렉터 − 이미터)
$X_3 : C-B$(컬렉터 − 베이스)

25. 그림과 같은 회로가 발진하기위한 조건은?★

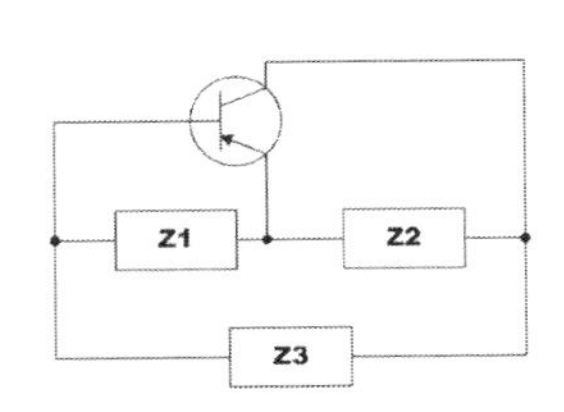

가. Z_1: 유도성, Z_2: 용량성, Z_3:용량성

나. Z_1: 유도성, Z_2: 용량성, Z_3:유도성

다. Z_1: 용량성, Z_2: 유도성, Z_3:유도성

라. Z_1: 용량성, Z_2: 용량성, Z_3:유도성

해설 LC 발진기 ⇒ 3소자 발진기의 발진조건

① $X_1 = X_2$(같은소자), X_3(다른소자)

② X_1, $X_2 > 0$(유도성), $X_3 < 0$(용량성) ⇒ Hartley 발진기

③ X_1, $X_2 < 0$(용량성), $X_3 > 0$(유도성) ⇒ Colpitts 발진기

26. 그림과 같은 이상형 CR발진기에서 C=0.05[㎌], R=1[㏀]일 때 발진주파수는 얼마인가?

가. 약 130[㎐]　　　　나. 약 318.5[㎐]

다. 약 1300[㎐]　　　　라. 약 3185[㎐]

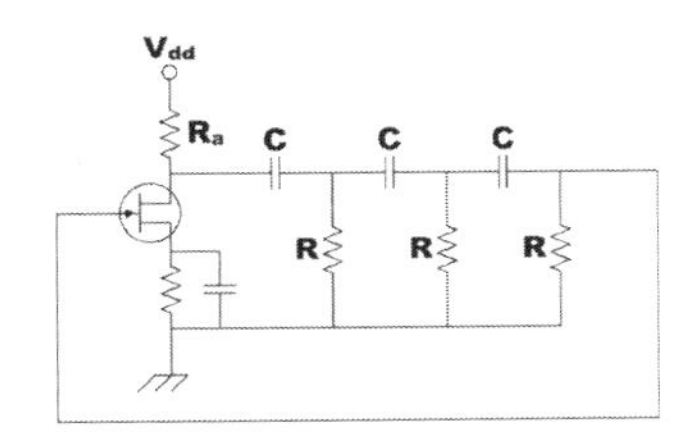

해설 이상 발진기에서의 발진주파수(병렬 R형)

$$f = \frac{1}{2\pi\sqrt{6}\,RC}$$

$$= \frac{1}{2\pi\sqrt{6} \times 0.05 \times 10^{-6} \times 10^{3}} = 1300[Hz]$$

27. 수정 발진회로에서 수정진동자의 전기적 직렬 공진 주파수를 fs, 병렬 공진 주파수를 fp라 하면 안정한 발진을 하기 위한 동작 출력 주파수 fo는 아래 어느 것인가?

가. fs<fo>fp　　　　나. fs<fo<fp

다. fs>fo>fp　　　　라. fo=fs

정답 24. 나　25. 라　26. 다　27. 나

핵심기출문제

해설 수정 발진기

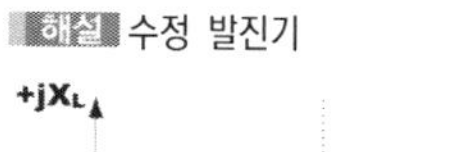

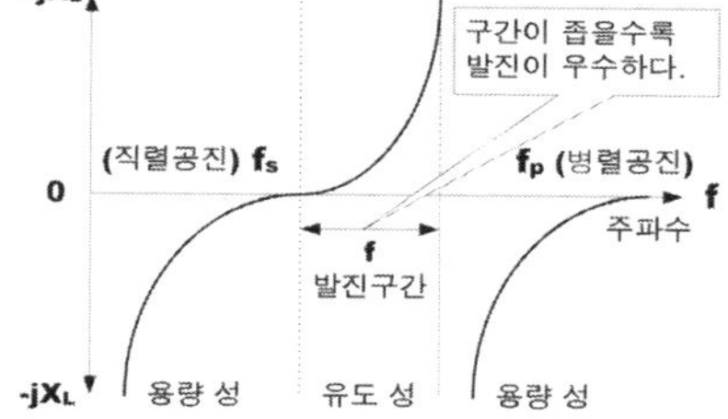

(주파수 특성)
발진구간 : fs<f<fp으로 유도성이며 좁을수록 안정도가 우수하다.

28. 무선 송신기에서 사용되는 완충 증폭기에 대한 설명이 맞지 않는 것은?

가. 증폭방식은 주로 A급이다.
나. 발진회로와 부하간을 격리하기 위하여 사용되는 증폭기다.
다. 발진기의 안정도를 높이기 위하여 사용된다.
라. 주파수 대역폭을 높이기 위하여 사용된다.

해설 완충증폭기(buffer amplifier)의 특성
① 위치 : 발진기 다음 단에 설치
② 목적 : 부하변동에 따른 발진주파수의 변동을 방지하기 위하여
③ 증폭 방식 : 증폭 목적이 아니기 때문에 A급 증폭 방식을 사용
④ 인입현상을 방지하기 위하여 독립된 전원을 사용

29. 무선 송신기에서의 완충 증폭기와 관계없는 것은?

가. 발진부 다음 단에 두는 것으로 발진주파수를 부하의 변동으로부터 보호해준다.
나. 증폭이 목적이 아니므로 증폭 방식은 A급 혹은 AB급을 사용하여 안정하게 동작 시킨다.
다. 다른 증폭부의 전원을 공동으로 사용한다.
라. 발진부와 완충증폭기의 결합은 안정된 발진을 할 수 있도록 소결합한다.

해설 인입현상을 방지하기 위하여 독립된 전원을 사용한다.

30. 후단 회로의 동작 상태가 변화하여 발진 주파수의 변동이 생기는 것을 방지할 목적으로 설치하는 증폭기는?

가. 완충증폭기　　나. 저 잡음 증폭기
다. C급 증폭기　　라. 종단 전력 증폭기

해설 완충증폭기(buffer amplifier)
부하변동에 따른 발진주파수의 변동을 방지하기 위하여 발진기 다음 단에 설치한다.

31. 무선송신기에 사용되는 완충증폭기에 대한 설명으로 적합하지 않은 것은?

가. 완충증폭기의 바이어스는 주로 A급 또는 AB급이다.
나. 광대역의 주파수 대역폭이 요구된다.
다. 발진기의 안정도를 높이기 위하여 사용된다.
라. 발진회로와 부하 간을 격리하기 위하여 사용되는 증폭기이다.

32. 주파수 체배 증폭기의 증폭방식으로 가장 적당한 것은?

가. A 급　　나. B 급
다. AB 급　　라. C 급

해설 주파수 체배기
수정편 고유 주파수 이상의 주파수를 얻기 위해서 기본파 주파수의 제2, 제3고조파로 2체배, 3체배 한 후 C급 증폭한다.

정답 28. 라　29. 다　30. 가　31. 나　32. 라

33. 다음 중에서 증폭이 목적이 아닐 경우, 효율이 낮은 A급 또는 AB급 증폭기로 안정하게 동작시키기 위하여 사용하는 증폭기는?

가. 완충 증폭기　　나. 전력 증폭기
다. 연산 증폭기　　라. 동조 증폭기

34. 주파수 체배기에서 주로 사용하는 바이어스 방법은?

가. A급　　나. AB급
다. B급　　라. C급

35. 무선 송신기 20㎒의 크리스털 발진기와 주파수 체배계수가 2, 3, 3인 주파수 체배기를 사용한다. 송신기의 출력 주파수 범위를 계산하면 다음 중 어느 것인가? (단, 크리스털의 안정도는 ±200[ppm]이다.)

가. 120㎒ ±1.296㎒　　나. 120㎒ ±0.024㎒
다. 360㎒ ±8.642㎒　　라. 360㎒ ±1.296㎒

해설 PPM(Part Per Milion)

어떤 기준 값의 백만분의 1에 해당하는 비율을 의미하며 크리스털에서 ppm은 주파수 안정도를 규제할 때 사용된다. ⇒20[㎒]의 1ppm은 $(20\times10^6)/10^6 = 20[\text{Hz}]$가 된다. 그러므로 20[㎒]의 $\pm 200ppm$은 $20[\text{Hz}]\times(\pm 200) = \pm 4000[\text{Hz}]$가 된다. 만약 체배된 주파수가 $20[\text{MHz}]\times 2\times 3\times 3 = 360[\text{MHz}]$가 된다면 주파수 허용 편차는 $\pm 3600ppm$이 되므로 다시 주파수로 환산하면 $(360[\text{Hz}]/ppm)\times 3600ppm = 1.296[\text{MHz}]$가 된다.

36. 무선 송신기에서 발생하는 스퓨리어스를 적게 하는 방법이 아닌 것은?

가. 트랩(trap)회로를 삽입한다.
나. 출력 결합회로의 Q를 높인다.
다. 푸시풀 증폭으로 하여 기수차 고조파를 작게 한다.
라. 송신기와 급전선의 사이에 BPF를 삽입한다.

해설 Spurious 방사 대책

① 전력증폭기의 여진 전압을 가급적 적게 한다. ⇒ 필요이상 높게 취하면 고조파 성분이 많아진다.
② 전력 증폭부를 B급 Push-Pull 증폭기를 사용 ⇒ 우수고조파가 자동으로 상쇄된다.
③ 공중선 회로의 결합에 π형 결합회로를 사용한다. ⇒ π형 결합회로는 자체 LPF 기능을 가지고 있다.
④ 공진회로의 Q(선택도)를 높게 한다.
⑤ 급전선에 저역 여파기나 트랩(Trap)을 설치한다.

37. 스퓨리어스(Spurious)복사의 방지방법이 아닌 것은?

가. 전력 증폭단의 여진전압을 높인다.
나. 국부발진기의 출력에 포함된 고조파를 적게 한다.
다. 동조회로의 Q를 높게 한다.
라. 급전선에 트랩을 설치한다.

해설

전력증폭기의 여진 전압을 가급적 적게 한다. ⇒ 필요이상 높게 취하면 고조파 성분이 많아진다.

38. 송신기에서 스프리어스(Spurious) 발사를 억제하기 위한 대책으로 부적합한 것은?

가. 전력증폭단을 C급으로 바이어스한다.
나. 공진회로의 Q를 높인다.
다. 전력증폭단과 공중선회로에 π 형 결합회로를 사용한다.
라. 급전선에 트랩(Trap)을 설치한다.

해설

전력증폭기의 여진 전압을 가급적 적게 한다.
⇒ 전력증폭단을 C급으로 바이어스하면 Spurious 방사가 증가된다.

정답 33. 가　34. 라　35. 라　36. 다　37. 가　38. 가

핵심기출문제

39. 무선송신기에서 발생하는 스퓨리어스 복사의 감소 대책이 아닌 것은?

가. 급전선에 트랩을 설치한다.
나. π형 회로를 사용하여 고조파의 불요파를 제거한다.
다. 전력 증폭단의 바이러스전압을 얕게 하거나 여진전압을 가급적 적게 한다.
라. 전력 증폭단과 기타공진회로의 Q를 작게 하여 불요 주파수를 제거하도록 한다.

해설
Spurious 방사를 감소시키려면 공진회로의 Q(선택도)를 높게 한다.

40. 무선송신기에서 발생하는 고조파의 방지대책 중 잘못된 것은?

가. 출력결합단에 π형 결합기를 사용한다.
나. 푸시풀 증폭기를 사용한다.
다. 동조회로의 Q를 될 수 있는 한 작게 한다.
라. 급전선에 트랩을 설치한다.

해설
Spurious 방사를 감소시키려면 동조회로의 Q(선택도)를 높게 한다.

41. 다음 중 고조파 발사를 억제하는 방법으로 적합하지 않은 것은?

가. 송신기와 급전선 사이에 LPF를 삽입한다.
나. 전력증폭기 출력 결합회로의 Q를 크게 한다.
다. 전력증폭기의 유통각을 작게 한다.
라. 우수차 고조파를 작게 하기위하여 푸시풀 증폭기를 사용한다.

해설
Spurious 방사를 감소시키려면 전력증폭기의 유통각을 크게 한다.

42. 다음 중 송신기의 스퓨리어스 발사를 줄이는 방법으로 적합하지 않은 것은?

가. 전력 증폭기의 동작각을 크게 한다.
나. 출력결합회로의 Q를 높인다.
다. 저조파에 대한 트랩(Trap)회로를 삽입한다.
라. 송신기와 급전선 사이에 HPF를 삽입하여 고조파를 제거한다.

43. 송신시스템에서 발생하는 스퓨리어스(Spu rious)의 발생 원인과 거리가 먼 것은?

가. push pull 증폭기
나. 주파수체배
다. 상호변조
라. 증폭기의 비 직선 성

44. 송신 공중선으로 부터 1[㎞] 떨어진 지점이 4개 방향에서 각각 95,100,100, 105[㎶/m]의 스퓨리어스 발사의 전계 강도가 있고, 그 지점에서 기본파의 강도는 50[㎷/m]이라 한다. 감쇠비는 몇[dB]이며, 또 5[㎞] 떨어진 지점에서의 스퓨리어스 강도는 몇[㎶/m]인가?

가. 37[dB], 20[㎶/m]　나. 37[dB], 40[㎶/m]
다. 54[dB], 20[㎶/m]　라. 74[dB], 20[㎶/m]

해설
스퓨리어스 발사의 전계 강도가 4개 방향에서 95, 100, 100, 105[㎶/m]이므로 평균값은 100[㎶/m]이다. 기본파의 전계강도가 50[㎶/m]이므로 감쇠 비는
$감쇠비 = 20\log\frac{100\times10^{-6}}{50\times10^{-3}} = -54[dB]$ 이며 전계강도는 거리에 반비례하므로 5[㎞] 떨어진 지점에서의 스퓨리어스 강도는 1[㎞]떨어진 지점에서의 스퓨리어스 강도의 $\frac{1}{5}$인 $\frac{100}{5} = 20[\mu V/m]$가 된다.

정답 39. 라　40. 다　41. 다　42. 라　43. 가　44. 다

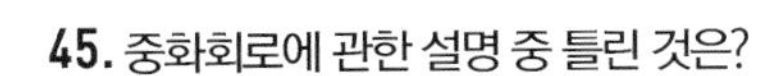

45. 중화회로에 관한 설명 중 틀린 것은?

가. 자기발진을 방지한다.
나. 부귀환 회로방식을 이용한 것이다.
다. 회로소자를 단일 방향화 하는 회로이다.
라. 주로 코일을 통하여 귀환하여 기생발진을 방지한다.

해설 중화회로(Neutralizing Circuit)

자기발진(Self Oscillation)방지회로 : TR의 Base와 Collector 극간 용량(Co)를 통해 출력의 일부가 입력으로 귀환되어 자기 발진을 방지하여 증폭 주파수에 가까운 주파수로 발진한다.
중화에 사용되는 콘덴서를 중화 콘덴서라 한다.

46. 기본파의 진폭이 10[mA]이고, 제2 고조파와 제3 고조파의 진폭이 각각 2[mA], 1[mA]일 때 왜율은?

가. 약 15.8[%]　　나. 약 7.5[%]
다. 약 14.3[%]　　라. 약 22.4[%]

해설 송신기의 왜율(K)

$$K = \frac{\sqrt{V_2^{\,2} + V_3^{\,2} + \cdot}}{V_1} \times 100$$

$$= \frac{\sqrt{2^2 + 1^2}}{10} \times 100 = 22.4[\%]$$

V_1 : 피변조파의 기본진폭
V_2 : 제2고조파 진폭
V_3 : 제3고조파 진폭

47. 기본주파수 Level은 감쇠기(ATT)를 -40[dB]로 놓고 출력 전압을 측정하였더니 0.775[V]이었고, 제2고조파 성분의 Level은 감쇠기(ATT)를 -20[dB]로 놓았을 때 출력 전압이 0.775[V]이었다. 이때의 왜율은 몇 %인가?

가. 3　　나. 5
다. 10　　라. 20

해설 송신기의 왜율(K) 측정

⇒ 주어진 조건을 이용 기본파 전압(V_1)과 제2고조파 전압(V_2)을 우선 구한다. $-40[dB] = 20\log\frac{0.775}{V_1}$에서 $V_1 = 77.5[V]$, $-20[dB] = 20\log\frac{0.775}{V_2}$에서 $V_2 = 7.75[V]$가 된다. 그러므로 왜율(K)는

$$K = \frac{\sqrt{V_2^{\,2} + V_3^{\,2} + \cdot\ \cdot}}{V_1} \times 100$$

$$= \frac{\sqrt{7.75^2}}{77.5} \times 100 = 10[\%]$$

V_1 : 피변조파의 기본진폭
V_2 : 제2고조파 진폭
V_3 : 제3고조파 진폭
.
가 된다.

48. Push - pull 전력증폭기에서 출력파형의 찌그러짐이 작아지는 이유는 무엇인가?

가. 직류성분이 없어지기 때문
나. 기수차 및 우수차 고조파가 상쇄되기 때문
다. 우수차 고조파가 상쇄되기 때문
라. 기수차 고조파가 상쇄되기 때문

해설

Push-pull 전력증폭기에서 출력파형의 찌그러짐이 작아지는 이유는 전원전압에 포함되어 있는 hum 과 우수 고조파가 상쇄되기 때문이다.

49. AM 방송국은 보통 540[㎑]에서 1600[㎑]의 주파수 범위를 사용하고 있으며 대역폭은 10[㎑]이다. AM 라디오 수신기의 RF필터의 최소 대역폭은 얼마인가?

가. 1600[㎑]　　나. 540[㎑]
다. 2140[㎑]　　라. 10[㎑]

해설

AM 한 채널의 대역폭이 10[㎑]이면 그 수신기의 RF필터의 최소 대역폭 또한 10[㎑]로 같다.

정답 45. 라　46. 라　47. 다　48. 다　49. 라

핵심기출문제

50. 점유주파수 대역폭을 바르게 설명한 것은?

가. 송신기에서 방출되는 전체 에너지의 99[%]를 차지하는 대역폭
나. 송신기에서 방출되는 전체 에너지의 100[%]를 차지하는 대역폭
다. 송신기에서 방출되는 전체 에너지의 0.5[%]를 차지하는 대역폭
라. 송신기에서 방출되는 전체 에너지의 50[%]를 차지하는 대역폭

해설 점유주파수 대역폭

송신기에서 방출되는 전체 에너지의 99%를 차지하는 대역폭을 말한다.

51. 정상적으로 동작하던 송신기가 갑자기 반사파 전력이 많이 발생하였다. 그 원인 중 가장 타당한 것은?

가. 변조회로의 불량
나. 전원 전압의 급락
다. 종단 전력 증폭관의 불량
라. 공중선회로의 불량 또는 공중선의 단선

해설

정상으로 동작하던 송신기가 갑자기 반사파 전력이 많이 발생되는 현상이 생겼다면 우선 공중선이 단선되었는지 또는 공중선 회로가 불량이 있는지를 확인해 보아야 한다. 공중선이 단선 또는 공중선회로가 불량하여 임피던스의 불균등 등의 문제로 송신기에 반사파가 갑자기 커지는 현상이 있을 수 있다.

52. 다음은 전원장치의 구비조건이다. 맞지 않는 것은?

가. 연속적으로 확실한 전원을 공급해야 한다.
나. 전원전압의 변동이 가급적 적어야 한다.
다. 취급이 용이하고 경제적이어야 한다.
라. 전원의 전류량을 쉽게 증가시킬 수 있어야 한다.

53. 통신에서 등화기(equalizer)에 대한 설명으로 가장 옳은 것은?

가. 등화기는 채널에 의한 심볼간 간섭 및 간섭 특성을 개선하기 위해 사용한다.
나. 등화기의 성능은 아이패턴으로 관찰하기가 곤란하다.
다. 채널특성이 시간에 따라 변한다면 등화기를 사용하기 곤란하다.
라. 디지털 등화기의 기본개념은 가입자가 보내는 신호를 미리 알고 있어야 한다.

54. AM 송신기의 RF 전력증폭기 기능으로 가장 옳은 것은?

가. AM 변조기에서 신호 파를 증폭한다.
나. AM 변조기에서 반송신호를 증폭한다.
다. 필요한 RF 출력 전력을 얻기 위하여 이용된다.
라. 부하의 변동이 발진기에 미치는 영향을 방지한다.

55. 무선 송신기의 종합 특성을 나타내는 용어로 적합하지 않은 것은?

가. 점유주파수대폭
나. 스퓨리어스 발사 강도
다. 주파수 안정도
라. 영상주파수 선택도

정답 50. 가　51. 라　52. 라　53. 가　54. 다　55. 라

CHAPTER 3

AM 수신기

1 수신기 양부판정 기준★★★★★

① **감도(Sensitivity)**

⇒ 미약한 전파 수신정도(주로 종합 이득과 내부 잡음에 의해 결정)

② **선택도(selectivity)**

⇒ 희망 신호 이외의 신호의 분리 정도

③ **충실도(Fidelity)**

⇒ 전파된 통신 내용을 수신, 본래의 신호로 재생 정도

④ **안정도(Stability)★**

⇒ 재조정을 하지 않고, 장시간 일정 출력을 얻는 정도를 의미하는 것으로 국부 발진기 및 증폭기 등의 안정도에 의해 결정되며 부품의 노후화 또한 큰 영향을 미친다.

2 싱글 슈퍼헤테로다인 수신기

현재 가장 많이 사용하는 방식으로 안테나 회로에 유기된 고주파 신호 중 필요한 주파수만을 동조 회로로 선택한 다음, 고주파 증폭부에서 증폭시켜 국부 발진기에서 발진한 고주파 신호와 주파수 변환부에서 혼합하여 증폭하기 적합한 중간 주파수로 바꾼 다음 충분히 증폭(IF : 455[㎑])하고, 다시 검파하여 얻은 신호 파를 저주파 증폭부에서 증폭시켜 출력하는 수신기이다.

2.1 슈퍼헤테로다인 수신기의 특징★★

(1) 장점

- 수신 주파수에 관계없이 감도와 선택도가 거의 일정하다.
- 이득이 크고 근접 주파수 선택도가 양호하다.

- 단일 조정법을 사용할 수 있다.
- 수신기의 출력 변화가 적다.
- 감도가 양호하다.
- 충실도가 높다.

(2) 단점

- 주파수 변환에 따른 혼신 방해와 잡음이 많다.
- 높은 주파수대에서는 국부 발진기의 주파수 안정도가 낮아진다.
- 영상 혼신을 받기 쉽다.
- 회로가 복잡하고 조정이 어렵다.

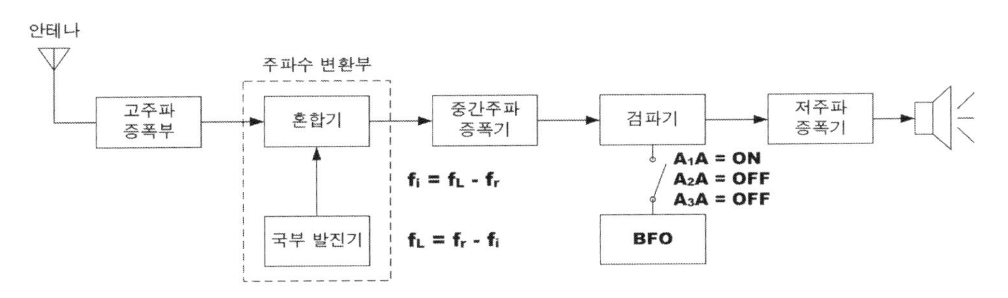

[Single Super-Heterodyne 수신기의 구성도]

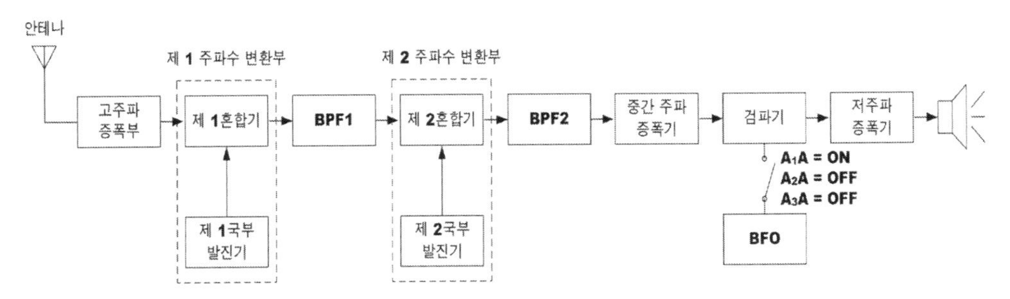

[Double Super-Heterodyne 수신기의 구성도]

※ 수신기 순서로는 ① 수신 안테나 ② 입력회로(입력정합회로) ③ 고주파 증폭(전치 증폭기) ④ 주파수 변환부 ⑤ BPF(대역통과필터) ⑥ 중간주파증폭 ⑦ 검파기 ⑧ 저주파 증폭 ⑨ 스피커 순으로 되어 있다.★★

※ 헤테로다인 주파수계는 입력되는 주파수와 기준 주파수와의 차를 이용하여 주파수를 측정하는 방식이며 동축형 파장계, 레헤르(Lecher)선 주파수계, 공동형 파장계 모두 공진현상을 이용하여 주파수를 측정하는 방식이다.★

3 영상주파수 방해(혼신)(Image Frequency Interference)★

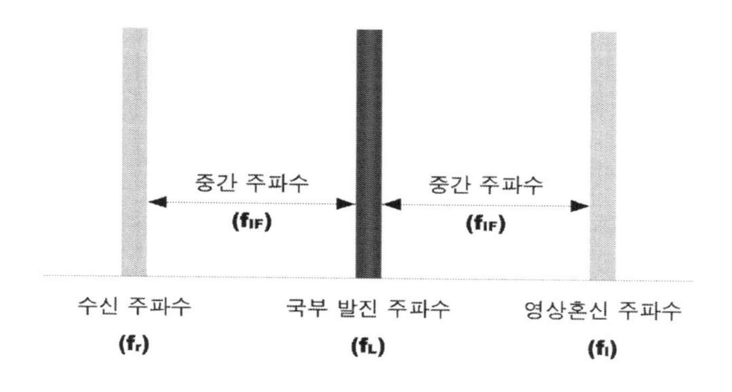

고주파 증폭기를 통한 수신 주파수를 f_r, 국부발진 주파수를 f_L이라고 하면 중간 주파수(f_{IF})는 $f_{IF} = f_L - f_r$ 이 된다. 만일 수신 안테나에 $f_r + 2f_{IF}$ 전파와 $f_r - 2f_{IF}$ 의 전파가 동시에 수신되었다면 두 주파수의 중간 주파수가 동일하여 원하는 수신신호 f_r을 수신하는데 방해를 주게 된다. 이때 $f_r + 2f_{IF}$, $f_r - 2f_{IF}$ 를 영상 주파수라 하고, 이에 의한 혼신을 영상 주파수 혼신 또는 영상 주파수 방해라고 한다.

- 영상혼신 주파수(f_I)=수신 신호주파수(f_r)+2×중간주파수(f_i)
- 국부발진 주파수(f_L) : $f_L = f_r + f_i$

4 영상주파수 혼신 경감법

① 중간 주파수를 높게 선정한다.

② 동조회로의 Q(선택도)를 높인다.

③ 고주파 증폭단을 두거나 증설한다.

④ 공중선회로에 특정 영상주파수를 제거할 수 있는 trap회로를 설치한다.

⑤ 2중 헤테로다인 방식 채택

⑥ 고주파 증폭부, 주파수 변환부를 차폐(shield)시킨다.

5 고주파 증폭기(RF Amp : Radio Frequency Amplifier)의 설치 목적★★★

① 영상 주파수 선택도 개선

② 공중선 회로와 정합

③ 불요전파 방사 억압

④ 수신기 감도 향상

⑤ 수신기 전체의 S/N비의 개선

⑥ 국부발진기에 의한 전파가 공중선에 복사되는 것을 방지(스퓨리어스 발사 억제)

6 주파수 변환부(Frequency Converter)

① **목적** : 증폭과 선택작용을 용이하게 하기 위해서(높은 주파수로는 충분한 증폭을 할 수 없기 때문)

※ 단일조정(Tracking), 3점 조정 : 가변 콘덴서의 회전각에서 항상 중간주파수와 일정한 주파수차를 갖도록 조정하는 것. (수신주파수와 국부 발진주파수의 차가 항상 중간주파수가 되도록 하기 위해)

⇒ AM 수신기에 단일조정(Tracking)이 무너지면 이득이 감소하고 충실도가 저하되며 잡음 및 혼신 등이 증가 된다.★★★

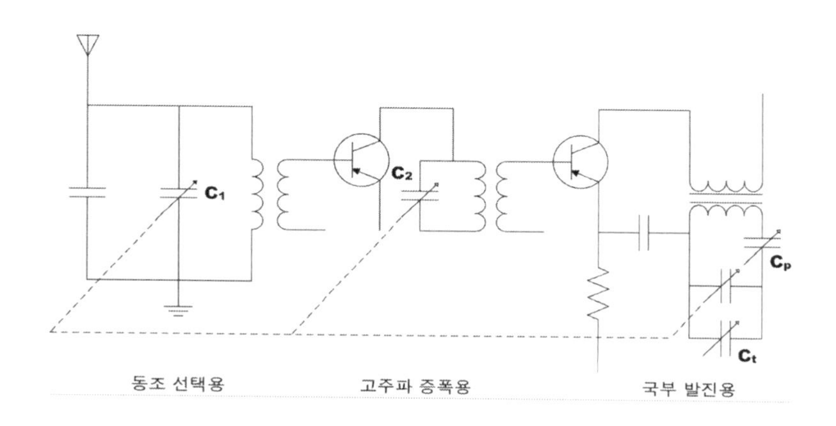

※ 중간주파수를 선정할 때는 이득, 감도, 안정도, 충실도, 인입현상, 영상주파수 선택도, 근접 주파수 선택도 등을 고려해야 한다.

중간주파수가 높을 때	중간주파수가 낮을 때
① 인입현상 개선	① 근접주파수 선택도 개선
② 영상주파수 관계 개선	② 감도 및 안정도 개선
③ 충실도 개선(주파수 특성개선)	③ 단일조정이 용이

7 검파기(DET : Detector)★★★★

피변조파로부터 원래의 신호를 검출해내는 것을 검파(Detection) 또는 복조라고 하며, 슈퍼헤테로다인 방식에서는 반도체 다이오드를 이용한 직선검파기가 사용된다.

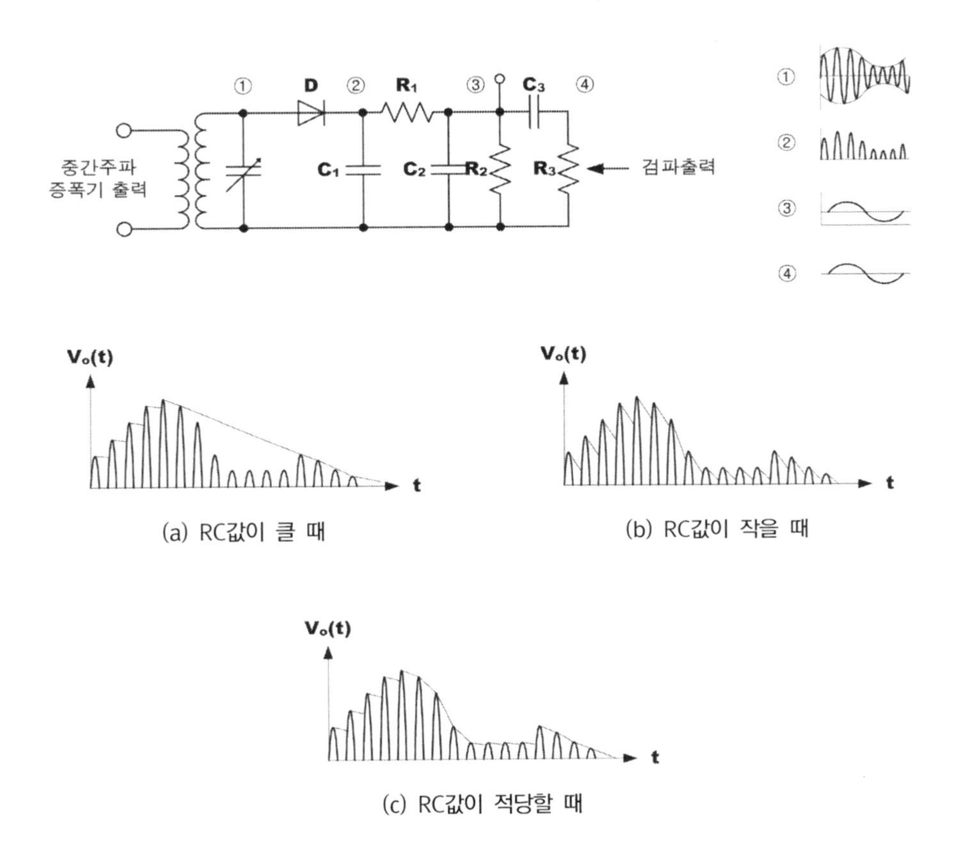

(a) RC값이 클 때

(b) RC값이 작을 때

(c) RC값이 적당할 때

※ Diagonal Clipping : 포락선 검파기에서 방전 시정수[τ(시정수) = RC]가 너무 커서 입력신호 변화를 추적하지 못함으로 발생되는 현상

※ Negative Peak Clipping Distortion : 검파기에서 부하의 값이 직류시와 교류시에 상이한 값 때문에 왜곡이 발생되는 현상

8 수신기 보조회로★★★★★

① **자동 이득 제어회로**(AGC: Automatic Gain Control) : 수신 전계강도 변화에 증폭기 이득을 제어하여 수신기 출력을 일정하게 유지.★★

② **지연 이득 제어회로**(DAGC: Delay Automatic Gain Control) : 일정한 Level 이상의 전파에서만 AGC가 동작.

③ **자동 주파수 제어회로**(AFC: Automatic Frequency Control) : 발진 주파수 편차를 검출하여 발진 주파수를 일정하게 유지시킨다. AFC는 송・수신기에 모두 이용되며 온도 영향을 받지 않기 위하여 기준 주파수와의 비교 발진기는 항온조에 수용한다.★

④ **자동 선택도 제어회로**(ASC) : 수신전파가 약할 때 선택도를 높게 하여 혼신을 적게 하는 회로.

⑤ **자동잡음 억제회로**(ANL: Automatic Noise Limiter) : AM 수신기 보조회로로 불규칙한 특성을 갖는 충격성 잡음 등을 억제하는데 주로 사용된다.★★

⑥ **비트 주파 발진기**(BFO: Beat Frequency Oscillator)

9 비트 주파 발진기(BFO: Beat Frequency Oscillator)

※ A_1A 전파를 포락선 검파기로 수신하고자 할 때 가청 beat 주파수를 삽입하여 청취 가능하게 하는 것

핵심기출문제

1. 무선 수신기의 구성요소가 아닌 것은?

가. 발진기　　나. 변조기
다. 증폭기　　라. 전원부

2. 수신기의 양부를 판정하는 기준이 아닌 것은?★★★★★

가. 감도　　나. 선택도
다. 충실도　　라. 상호 변조적 왜곡

해설 수신기 양부판정 기준

- 감도(Sensitivity) : 미약한 전파 수신정도(주로 종합 이득과 내부 잡음에 의해 결정)
- 선택도(selectivity) : 희망 신호 이외의 신호의 분리 정도
- 충실도(Fidelity) : 전파된 통신 내용을 수신, 본래의 신호로 재생 정도
- 안정도(Stability) : 재조정을 하지 않고, 장시간 일정 출력을 얻는 정도

3. 다음 중 수신기의 전기적 성능을 판단하는 항목으로 옳게 짝지어진 것은?

가. 감도, 선택도, 안정도, 충실도
나. 감도, 선택도, 공중선 전력, 충실도
다. 변조도, 공중선 전력, 좌우 분리도, 전력효율
라. 변조도, 좌우 분리도, 안정도, 전력효율

4. 수신기에서 증폭도와 내부 잡음에 의하여 영향을 가장 많이 받는 것은?

가. 감도특성 측정　　나. 선택도의 측정
다. 충실도의 측정　　라. 안정도의 측정

5. 수신 감도 (Sensitivity)를 향상시키는 방법에 대해 잘못 설명 된 것은?★

가. 고주파 증폭 부는 내부 잡음이 적은 소자를 사용한다.
나. 고주파 동조 회로 Q를 크게 한다.
다. IF 대역폭을 가능한 넓게 취한다.
라. 내부 잡음이 적은 주파수 변환기를 사용한다.

6. 다음 중 수신기 감도를 향상시키는 방법으로 적합하지 않은 것은?

가. 고주파 동조회로의 Q를 크게 한다.
나. IF 대역폭을 가능한 한 넓게 취한다.
다. 내부 잡음이 적은 주파수 변환기를 사용한다.
라. 고주파 증폭 부는 내부 잡음이 적은 것을 사용한다.

7. 단파 AM 수신기의 감도를 향상시키는 방법으로 적합하지 않는 것은?

가. 초단 증폭기에는 내부 잡음이 적은 증폭소자를 사용한다.
나. Tracking 조정에 오차가 없도록 가변미세 조정 콘덴서를 사용한다.
다. 공중선 및 그 결합 회로와 각 증폭부 등의 이득이 충분해야 한다.
라. 중간주파증폭기의 대역폭을 가급적 넓게 하는 것이 좋다.

8. 원하는 신호에 근접한 주파수의 방해가 있는 경우 수신기의 감도가 저하되는 현상은?

가. 혼변조
나. 상호변조
다. 감도억압효과
라. 스퓨리어스 저하효과

정답 1. 나　2. 라　3. 가　4. 가　5. 다　6. 나　7. 라　8. 다

핵심기출문제

9. 다음 중 수신기의 감도에 영향이 가장 적은 것은?

가. 음성주파수의 왜율
나. 고주파 증폭부의 잡음
다. IF 증폭기의 이득
라. 주파수 변환부의 잡음

10. 다음 중 AM 수신기의 감도측정에 필요치 않는 것은?

가. 가변감쇠기　　나. 저주파발진기
다. 의사공중선　　라. 표준신호발생기

11. 수신기의 종합특성 중 희망신호 이외의 신호를 어느 정도 분리할 수 있느냐의 분리 능력을 나타내는 것은?

가. 감도(Sensitivity)　　나. 선택도(Selectivity)
다. 충실도(Fidelity)　　라. 안정도(Stability)

해설 선택도(selectivity)
희망 신호 이외의 신호의 분리 정도

12. AM수신기에서 선택도를 향상시키기 위한 조치로 가장 적절한 것은?

가. 중간 주파수는 높은 것을 선정한다.
나. 고주파 증폭 단을 둔다.
다. 중간 주파증폭기의 대역은 넓게 취한다.
라. 동조회로의 Q를 낮게 한다.

13. 다음 중 무선수신기에서 선택도를 높이는 방법으로 적합하지 않은 것은?

가. 리미터회로를 부가한다.
나. 동조 회로의 Q를 높인다.
다. 슈퍼헤테로다인 수신방식을 사용한다.
라. 중간주파 증폭 단수를 증가한다.

14. 무선 수신기에서 희망 수신 주파수에 근접한 강한 주파수가 존재할 경우 이를 줄이기 위한 대책으로 가장 적합한 것은?

가. 중간주파 증폭기의 통과 대역폭을 좁힘
나. 고주파 증폭기의 이득을 높임
다. 고주파 증폭기의 통과 대역을 넓힘
라. 중간주파 증폭기의 통과 대역폭을 넓힘

15. 무선 수신기에서 선택도를 높이는 방법으로 틀린 것은?

가. 리미터(Limitter)회로를 부가한다.
나. 동조 코일의 Q를 높인다.
다. 슈퍼헤테로다인 수신방식을 사용한다.
라. 중간주파 증폭 단수를 증가한다.

16. 무선 수신기에서 전기적 특성과 전기 음향적 특성으로 구분하여 측정하는 것은?

가. 감도　　나. 선택도
다. 충실도　　라. 안정도

17. AM수신기의 충실도와 관계가 적은 것은?

가. 검파왜곡　　나. 주파수 특성
다. 위상왜곡　　라. 맥동률

18. 다음 중 무선 수신기의 전기적 측정시험이 아닌 것은?

가. 안정도의 측정　　나. 충실도의 측정
다. 변조도의 측정　　라. 감도의 측정

정답 9. 가　10. 가　11. 나　12. 나　13. 가　14. 가　15. 가　16. 다　17. 라　18. 다

19. AM수신기의 종합 특성 중 신호파와 방해파의 근접도에 따라 영향을 가장 많이 받는 것은?

가. 감도　　나. 선택도
다. 충실도　　라. 안정도

해설 감도(Sensitivity)

미약한 전파 수신정도(주로 종합 이득과 내부 잡음에 의해 결정)

20. 수신기의 종합 특성 측정에 속하지 않는 것은?

가. 감도 측정　　나. 충실도 측정
다. 선택도 측정　　라. 전력 측정

해설 수신기 양부판정 기준

① 감도(Sensitivity), ②선택도(selectivity)
③ 충실도(Fidelity), ④안정도(Stability)

21. 무선 수신기의 일반적인 조건 중 틀린 것은?

가. 감도가 우수할 것　나. 선택도가 높을 것
다. 안정도가 좋을 것　라. 왜곡이 많을 것

22. 다음 중 2신호(실효) 선택도에 해당되지 않는 것은?

가. 감도억압효과　　나. 상호변조 특성
다. 혼변조 특성　　라. 근접주파수 선택도

23. 다음중 수신기의 안정도에 영향을 주는 사항 중 가장 적은 영향을 주는 것은?

가. 국부 발진회로　　나. 증폭회로
다. 부품의 노후　　라. 주파수 특성

해설 안정도(Stability)

재조정을 하지 않고, 장시간 일정 출력을 얻는 정도를 의미하는 것으로 국부 발진기 및 증폭기 등의 안정도에 의해 결정되며 부품의 노후화 또한 큰 영향을 미친다.

24. 다음은 Superheterodyne 수신기의 구성 요소이다. 어떤 순서로 구성해야 하는가?★
(A. 중간 주파 증폭부 B. 고주파 증폭부 C. 저주파 증폭부 D. 주파수 변환부 E. 검파부 F. 안테나)

가. F-B-A-E-D-C　　나. F-B-D-E-A-C
다. F-B-D-A-E-C　　라. B-E-F-A-D-C

25. 수퍼헤테로다인 수신기에서 단일 조정은 왜 필요한가?

가. 중간주파수를 일정히 하기 위하여
나. 발진주파수의 변동을 막기 위하여
다. 안정된 고주파 증폭을 위하여
라. 중간주파수 대역을 넓게 취하기 위하여

해설 단일조정(Tracking), 3점 조정

가변 콘덴서의 회전각에서 항상 중간주파수와 일정한 주파수차를 갖도록 조정하는 것. (수신주파수와 국부발진주파수의 차가 항상 중간주파수가 되도록 하여 안정된 고주파 증폭을 위하여)

26. 슈퍼헤테로다인 수신기에 입력회로를 삽입하는 목적이 아닌 것은?

가. 스퓨리어스 레스폰스에 의한 방해를 경감하기 위함
나. 근접 주파수 혼신을 줄이기 위함
다. 외부 잡음을 감소시키기 위함
라. 부차적으로 복사되는 전파를 주파수 선택 작용에 의하여 감소시키기 위함

27. 다음 중 슈퍼헤테로다인 수신기에서 수신 주파수와 국부 발진 주파수의 차가 항상 중간 주파수가 되도록 조정하는 회로는?

가. 트래킹 회로　　나. 디엠퍼시스 회로
다. AGC 회로　　라. 주파수 변별기 회로

정답 19. 가　20. 라　21. 라　22. 라　23. 라　24. 다　25. 다　26. 라　27. 가

핵심기출문제

28. 슈퍼헤테로다인 수신기에 있어서 고주파 증폭회로의 역할이 아닌 것은?

가. S/N 개선　　나. 주파수 안정
다. 불요방사의 억제　　라. 수신기의 감도 향상

29. 슈퍼헤테로다인 수신기에서 스퓨리어스 응답의 주된 원인이 있는 부분은?

가. 고주파 증폭 부　　나. 저주파 증폭 부
다. 중간주파 증폭 부　　라. 국부발진 부

30. 다음 중 무선수신기에 고주파 증폭기를 사용하는 목적으로 적합하지 않은 것은?

가. 이득을 높인다.
나. 선택도를 좋게 한다.
다. 페이딩을 방지한다.
라. 신호 대 잡음비를 높인다.

31. 수신 주파수와 국부발진 주파수를 동시에 변동시켜 일정한 중간주파수를 얻도록 조정하는 방식이 Tracking인데, 만일Tracking이 정확하지 않으면 어떤 현상이 초래되는가?

가. 이득 증가
나. 충실도 저하
다. 신호대 잡음비 개선
라. 간섭과 방해 신호의 감소

해설 단일조정(Tracking), 3점 조정

가변 콘덴서의 회전각에서 항상 중간주파수와 일정한 주파수차를 갖도록 조정하는 것. (수신주파수와 국부발진주파수의 차가 항상 중간주파수가 되도록 하기 위해)

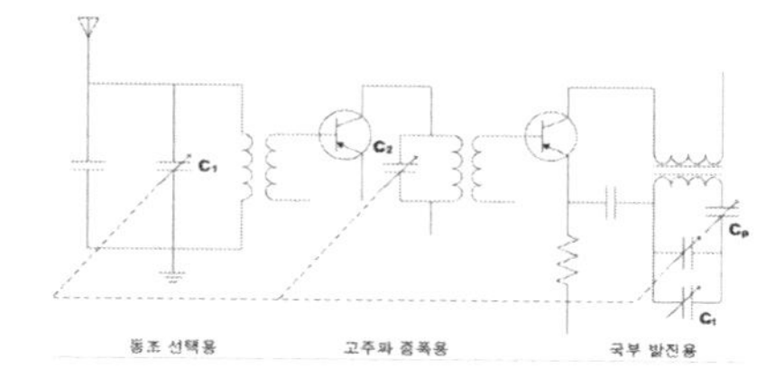

〈트래킹(Tracking)의 구성〉

⇒ 단일조정이 정확하지 않으면 이득과 충실도가 감소되고 잡음 및 혼신이 증가 된다.

32. 다음 중 슈퍼헤테로다인 수신기에서 단일조정에 대한 설명으로 가장 적합한 것은?

가. DAGC 회로를 부가시킨다.
나. 반송파 주파수 변화에 관계없이 항상 중간주파수를 일정하게 얻도록 조정하는 것이다.
다. AFC 장치를 한 것이다.
라. 중간 주파수를 변화시키는 것이다.

33. 무선 수신기의 중간주파 증폭기의 안정도와 관계가 없는 것은?

가. 전원전압의 변동
나. 온도에 의한 회로소자의 변동
다. 컬렉터전압의 변동
라. 컬렉터전류의 변동

34. 대역폭이 6㎑인 수퍼 헤테로다인 수신기가 650㎑를 수신하고 있을 때 영상 혼신 주파수는? (단, 중간 주파수는 455㎑ 임)

가. 1560 [㎑]　　나. 1755 [㎑]
다. 1111 [㎑]　　라. 916 [㎑]

정답 28. 나　29. 라　30. 다　31. 나3　2. 나　33. 라　34. 가

해설 영상주파수 방해(Image Frequency Interference)
영상혼신 주파수(f_I)=수신 신호주파수(f_r)+2×중간주파수(f_i)=650[KHz]+2×455[KHz]=1,560[KHz]

35. 중간 주파수 455[㎑]인 슈퍼헤테로다인 수신기에서 1000[㎑]에 대한 영상주파수는 얼마인가?★★★

가. 1455[㎑] 나. 1545[㎑]
다. 1910[㎑] 라. 545[㎑]

36. 슈퍼헤테로다인 수신기에서 수신신호파가 800[Khz] 국부발진 주파수가 1255[Khz]이라면 영상주파수는?

가. 455[Khz] 나. 1427[Khz]
다. 1710[Khz] 라. 3310[Khz]

37. 슈퍼헤테로다인 수신기에서 영상혼신을 경감시키는 방법이 아닌 것은?

가. 고주파 증폭단의 선택도를 높인다.
나. 동조회로의 Q를 낮춘다.
다. 중간 주파수를 높게 선정한다.
라. 이중 슈퍼헤테로다인 방식으로 한다.

38. 슈퍼헤테로다인 수신기의 특징 중 장점이 아닌 것은?

가. 이득을 크게 할 수 있다.
나. 전파형식에 따라 통과 대역폭을 변화시킬 수 있다.
다. 비트 방해를 받는 일이 있다.
라. 단일 조정을 할 수 있다.

39. 그림과 같은 수퍼헤테로다인 수신기에서 제1 중간 주파수가 10[MHz]이고 제2 중간주파수가 500 [KHz]라고 할때 30[MHz]의 입력신호를 수신 하려면 A와 B의 발진 주파수는?

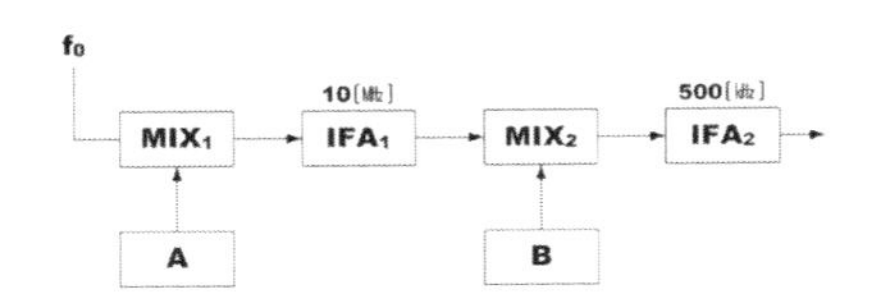

가. A : 20[MHz], B : 9.5[MHz]
나. A : 20[MHz], B : 20.5[MHz]
다. A : 30[MHz], B : 10[MHz]
라. A : 20[MHz], B : 500[MHz]

해설
국부발진주파수(f_L)=f_0(수신주파수)−f_{if}(중간주파수)이므로 A의 발진주파수는 30[MHz]−10[MHz]=20[MHz], B의 발진주파수는 10[MHz]−500[KHz]=9.5[MHz]가 된다.

40. 슈퍼헤테로다인 수신기의 중간 주파수(IF)를 선정할 때 고려되는 사항으로 틀린 것은?

가. 안정도 : 중간주파수(IF)가 낮은 것이 좋다.
나. 지연특성 : 중간주파수(IF)가 높을수록 좋다.
다. 근접 주파수 선택도 : 중간주파수(IF)가 높을수록 좋다.
라. 영상 혼신 : 중간주파수(IF)가 높을수록 좋다.

해설
중간주파수를 선정할 때는 이득, 감도, 안정도, 충실도, 인입현상, 영상주파수 선택도, 근접 주파수 선택도 등을 고려해야 한다.

중간주파수가 높을 때	중간주파수가 낮을 때
① 인입현상 개선	① 근접주파수 선택도 개선
② 영상주파수 관계 개선	② 감도, 안정도 개선
③ 충실도 개선 (주파수 특성개선)	③ 단일조정 용이

정답 35. 다 36. 다 37. 나 38. 다 39. 가 40. 다

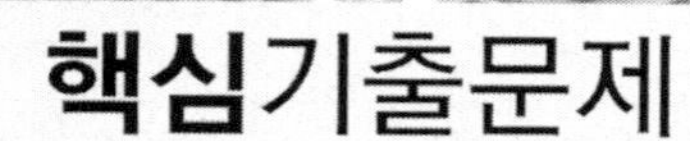

핵심기출문제

41. 슈퍼 헤테로다인 수신기에서 중간 주파수의 선정에 있어 고려될 필요가 없는 것은?

가. 국부 발진기의 주파수 안정도
나. 영상 주파수 방해
다. 초고주파에 의한 방해
라. 단일 조정의 용이성

해설
중간주파수를 선정할 때는 이득, 감도, 안정도, 충실도, 인입현상, 영상주파수 선택도, 근접 주파수 선택도 등을 고려해야 한다.

42. 다음은 AM 수신기의 중간주파수를 낮게 선정하면 개선되는 것이다. 맞지 않은 것은?

가. 영상주파수 관계 개선
나. 근접 주파수 선택도 개선
다. 이득 및 안정도 개선
라. 단일조정을 쉽게 하기 위하여

43. AM 수신기에서 중간 주파수의 선정시 고려사항으로 관계가 적은 것은?★

가. 이득 및 안정도　　나. 지연특성
다. 인입현상　　라. 초고주파의 방해

해설
중간주파수를 선정할 때는 이득, 감도, 안정도, 충실도, 인입현상, 영상주파수 선택도, 근접 주파수 선택도, 주파수특성(지연특성과 같은) 등을 고려해야 한다.

44. 일반적인 수신기 구성 중 수신안테나로부터 가장 멀리 떨어져 있는 회로는?

가. 입력정합회로　　나. 전치증폭기
다. 대역통과필터　　라. 검파기

해설
다음은 싱글 슈퍼헤테로다인 수신기의 구성도이다.

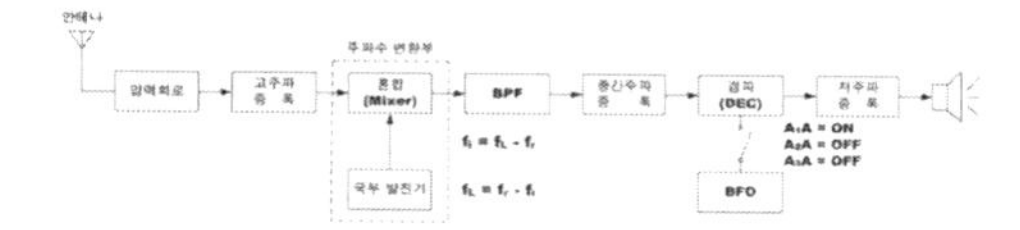

수신기 순서로는 ①수신 안테나 ②입력회로(입력정합회로) ③고주파 증폭(전치 증폭기) ④주파수 변환부 ⑤BPF(대역통과필터) ⑥중간주파증폭 ⑦검파기 ⑧저주파 증폭 ⑨스피커 순으로 되어 있다.

45. 스트레이트 수신기에 비해 슈퍼헤테로다인 수신기 의 특징 중 틀린 것은?

가. 넓은 주파수대에 걸쳐 조정을 바꿀 필요는 없다.
나. 수신 주파수에 관계없이 수신 감도와 선택도가 거의 일정하다.
다. 높은 주파수대에서 국부발진기의 주파수 안정도가 낮아진다.
라. 회로가 간단하게 되고 조정이 쉽다.

해설 슈퍼 헤테로다인 수신기
입력 주파수와 국부 발진주파수를 혼합하여 증폭하기 적합한 주파수인 중간 주파수를 만들어 증폭한 후 검파하는 방식의 수신기로 스트레이트 수신기에 비해 선택도와 안정도가 우수하나 회로가 복잡하고 영상주파수 방해라는 잡음을 발생한다.

46. 슈퍼헤테로다인 수신기의 특징 중 잘못된 것은?

가. 선택도가 좋다.　　나. 안정도가 좋다.
다. 감도가 좋다.　　라. 영상혼신이 없다.

해설 슈퍼 헤테로다인 수신기의 특징
장점) ① 선택도가 좋다. ② 안정도가 좋다. ③ 감도가 좋다. ④ 충실도가 좋다. ⑤ S/N가 좋다.
단점) ⑥ 영상주파수 혼신이 존재한다. ⑦ 회로가 복잡하고 조정이 비교적 어렵다.

정답 41. 다　42. 가　43. 라　44. 라　45. 다　46. 라

47. super-hetrodyne 수신기에서 중간주파수를 높게 할수록 수신기의 특성이 나빠지는 것은?

가. 영상주파수 선택도

나. 인입현상

다. 감도 및 안정도

라. 전송대역 주파수 특성

해설

중간주파수를 선정할 때는 이득, 감도, 안정도, 충실도, 인입현상, 영상주파수 선택도, 근접 주파수 선택도 등을 고려해야 한다.

중간주파수가 높을 때	중간주파수가 낮을 때
① 인입현상 개선	① 근접주파수 선택도 개선
② 영상주파수 관계 개선	② 감도, 안정도 개선
③ 충실도 개선 (주파수 특성개선)	③ 단일조정 용이

48. 수신기의 입력회로의 역할이 아닌 것은?

가. 임피던스 정합

나. 희망 주파수의 선택

다. 근접 주파수 입력이 제거

라. 회부잡음의 감소

해설 수신기의 입력회로의 역할

① 수신기에 최대 수신 전압을 얻기 위해 임피던스를 정합시킨다.

② 입력회로를 조정하여 외부잡음을 감소시켜 희망 주파수의 선택도를 높인다.

49. 다음 중 슈퍼헤테로다인 수신기에서 고주파 증폭기의 역할이 아닌 것은?

가. 수신기의 S/N비를 개선시킨다.

나. 영상주파수 선택도를 개선시킨다.

다. 수신기의 이득을 감소시킨다.

라. 불요 전파가 수신 안테나를 통해 복사되는 것을 억제한다.

해설 고주파 증폭기의 설치 목적

① 영상 주파수 선택도 개선

② 공중선 회로와 정합

③ 불요전파 방사 억압

④ 수신기 감도 향상

⑤ 수신기 전체의 S/N비의 개선

⑥ 국부발진기에 의한 전파가 공중선에 복사되는 것을 방지(스퓨리어스 발사 억제)

50. 다음 중 무선수신기에 고주파증폭기를 사용하는 목적이 아닌 것은?

가. 신호대 잡음비를 개선한다.

나. 페이딩을 방지한다.

다. 수신기 이득을 증대시킨다.

라. 선택도를 개선한다.

51. 수신기의 고주파증폭부의 역할로 적절치 않은 것은?

가. 영상주파수 선택도의 개선

나. 공중선회로와 정합이 용이

다. 불요전파 복사의 촉진

라. 감도의 향상

해설

고주파 증폭기(Radio Frequency Amplifier)의 설치 목적 불요전파 방사 억압에 있다.

52. 고주파 증폭기의 이득이 30[dB], 변환이득이 -3[dB]인 슈퍼헤테로다인 수신기의 입력에 50[μV]의 고주파 전압을걸어 검파기 입력단에서 0.5[V]를 얻었다면 중간 주파 증폭기의 이득은?

가. 53 [dB]　　나. 27 [dB]

다. 15 [dB]　　라. 0.5 [dB]

정답 47. 다　48. 다　49. 다　50. 나　51. 다　52. 가

핵심기출문제

해설 수신기의 이득

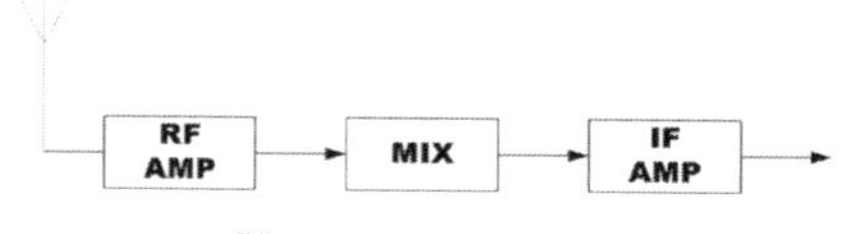

$dB = 20\log_{10}\frac{V_0}{V_i}[dB]$ = 고주파 증폭이득 + 변환이득 + 중간주파증폭기이득 이므로

$20\log_{10}\frac{0.5}{50\times10^{-6}} = 80[dB]$

$= 30[dB] - 3[dB] +$ 중간주파증폭기이득

∴ 중간주파증폭기 이득 = $53[dB]$가 된다.

53. 고주파 증폭기 이득이 22[dB], 중간 주파 증폭기 이득이 61[dB]인 슈퍼헤테로다인 수신기 입력에 전압 20[㎶]인 고주파전압을 걸었을 때 검파기 입력에서 0.2[V] 전압의 파를 얻었다면 주파수 변화기의 이득은?

가. -1[dB]　　나. -2[dB]
다. -3[dB]　　라. -4[dB]

해설 수신기의 이득

$dB = 20\log_{10}\frac{V_0}{V_i}[dB]$ (수신기 전체 이득)= 고주파 증폭이득 + 주파수 변환이득 + 중간주파 증폭기이득 이므로

$20\log_{10}\frac{0.2}{20\times10^{-6}} = 80[dB]$

$= 22[dB] + x[dB] + 61[dB]$

∴ 주파수 변환 이득 = $-3[dB]$가 된다.

54. 고주파 증폭기의 이득이 30[dB],변환이득이 -3[dB]인 수신기에 5[㎶]의 고주파 전압을 가하였더니 검파기 입력에 0.5[V]를 얻었다. 중간 주파 증폭기의 이득은?★

가. 67[dB]　　나. 73[dB]
다. 83[dB]　　라. 130[dB]

55. 고주파 증폭기의 이득이 30[dB], 변환이득이 -3[dB]인 슈퍼헤테로다인 수신기의 입력에 50[㎶]의 고주파 전압을 걸었던바 검파기 입력에 0.5[V]를 얻었다면 중간 주파 증폭기의 이득은 몇 [dB]인가?

가. 27　　나. 53
다. 77　　라. 80

56. 어느 수신기의 입력에 20㎶의 전압을 가했더니 출력 전압이 20V이었다. 이 때 이 수신기의 감도는 몇 dB인가?

가. 60dB　　나. 80dB
다. 100dB　　라. 120dB

57. 직선 검파기에서 Diagonal clipping현상이 발생하는 이유는?★★

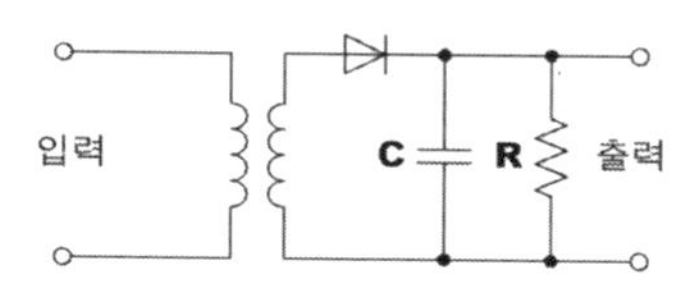

가. 입력 전압이 크기 때문에
나. 입력 전압이 작기 때문에
다. 시정수 R.C가 클 때
라. 시정수 R.C가 작을 때

해설
Diagonal Clipping : 포락선 검파기에서 방전 시정수 [τ(시정수) $= RC$]가 너무 클 때 발생

정답 53. 다　54. 나　55. 나　56. 라　57. 다

58. Diagonal clipping에 대한 설명이 맞는 것은?

가. 시정수가 과도하게 커서 검파출력이 포락선의 변화를 따르지 못해 발생하는 왜곡현상
나. Fading 등에 의한 수신 level과 출력 변동으로 인해 통신의 질이 저하되는 현상
다. 신호파 전류의 진폭이 직류 성분전류보다 커져서 포락선 밑부분이 잘리는 왜곡현상
라. 단파의 원거리 통신에 있어서 fading으로 인한 진폭과 파형이 변형되는 현상

해설 Diagonal Clipping
포락선 검파기에서 방전 시정수[τ(시정수) = RC]가 너무 클 때 발생

59. 직선 검파기에서 Diagonal clipping이 발생하는 이유는?

가. 직선 검파 외의 출력이 너무 커서
나. 평균 검파기는 부하에 저항만 접속되어서
다. 검파 회로 시정수가 너무 커서
라. 직선 검파기의 출력 측에는 직류 성분이 포함되어서

60. 검파기의 부하회로에서 소자의 시정수의 부적합으로 인하여 발생되는 파형왜곡은?

가. Q curve clipping
나. negative peak clipping
다. positive peak clipping
라. diagonal clipping

61. 검파기의 부하가 직류와 교류의 시정수가 상이해짐으로서 발생되는 파형왜곡은?★

가. Negative Peak Clipping
나. 포락선 왜곡
다. Diagonal Clipping
라. 하강 경사 왜곡

해설
- Diagonal Clipping : 포락선 검파기에서 방전 시정수가 너무 클 때 발생
- Negative Peak Clipping : 검파기에서 부하의 값이 직류시와 교류시에 상이한 값 때문에 왜곡이 발생

62. 검파기의 교류부하가 직류부하보다 작은 경우에 포락선의 부(-)의 첨두 부분이 절단되는 파형왜곡은?

가. Negative Peak Clipping
나. Diagonal Clipping
다. 포락선 왜곡
라. 하강 경사 왜곡

63. 다음 중 수신기의 보조(부속)회로가 아닌 것은?

가. 주파수변환부 회로
나. 뮤팅회로
다. 자동이득 제어회로
라. 자동주파수 제어회로

해설 수신기 보조(부속)회로
① 자동 이득 조절 회로(AGC)
② 지연 이득 조절 회로(DAGC)
③ 자동 주파수 조절 회로(AFC)
④ 비트 주파 발진기(BFO)
⑤ 뮤팅회로(squelch 회로)
⑥ 진폭제한기(Limiter 회로)
⑦ 단일 조정(tracking)회로 등

64. 다음 중 수신기의 직선성을 보호하고 출력 레벨을 거의 일정하게 하는 수신기의 보조회로는?

가. AGC　　나. ATC
다. BFC　　라. AFC

정답 58. 가　59. 다　60. 라　61. 가　62. 가　63. 가　64. 가

핵심기출문제

해설 자동 이득 제어회로(AGC)
수신 전계강도 변화에 증폭기 이득을 제어하여 수신기 출력을 일정하게 유지시켜주는 수신기 보조회로이다.

65. 다음 AM수신기의 보조회로중 수신기의 직선 성을 보호하고 출력신호 레벨을 일정하게 유지하여 통신의 질 저하를 막아주는 회로로 가장 적당한 것은?

가. 자동이득조절(AGC)
나. 자동선택도조절(ASC)
다. 자동주파수조절(AFC)
라. 자동잡음억제회로(ANL)

66. 단파 수신기에서 페이딩(Fading)에 의한 수신 전계강도 변화에 의한 수신기 감도를 안정시키기 위한 회로로 가장 타당한 것은?

가. 자동주파수 제어회로(AFC)
나. 자동이득 조정회로(AGC)
다. 자동잡은 제어회로(ANC)
라. 자동전력 제어회로(APC)

67. 무선수신기의 AGC 회로에서 CR의 값이 지나치게 크면 어떻게 되는가?

가. 수신감도가 높아진다.
나. 잡음이 작아진다.
다. 신호의 처음 부분만 동작한다.
라. 신호의 처음 부분만 동작한다.

68. AM수신기에서 수신입력전압(전계강도)이 작을 때에는 동작하지 않고 수신입력전압이 어떤 값 이상 되면 동작하는 회로는?

가. AGC　　나. AFC
다. DAGC　　라. limiter

해설 수신기 보조회로
① 자동 이득 제어회로(AGC) : 수신 전계강도 변화에 증폭기 이득을 제어하여 수신기 출력을 일정하게 유지.
② 지연 이득 제어회로(Delayed AGC) : 일정한 Level 이상의 전파에서만 AGC가 동작.
③ 자동 주파수 제어회로(AFC) : 발진 주파수 편차를 검출하여 발질 주파수를 일정하게 유지.
④ Limiter (진폭제한기) : 잡음이나 혼신 등으로 인해 본래의 FM파 이외의 성분을 제거.

69. 위성시스템 설계시 전파가 빗방울에 부딪치면 산란되면서 전력이 감쇠되는데 이러한 영향은 10GHz에서 현저하다. 이러한 현상을 막기위해 사용하는 회로로 가장 적합한 것은?

가. 스크램블러회로　　나. 디스크램블러회로
다. 전파보상회로　　라. AGC 회로

해설
위성통신에서 전파가 빗방울에 부딪치게 되면 신호가 감쇠되어 수신 전력에 변화를 일으키게 된다. 이를 방지하기 위해 수신기에 전계강도 변화에 증폭기 이득을 제어하여 수신기 출력을 일정하게 유지하여주는 자동 이득 제어회로(AGC)를 설치한다.

70. 자동잡음 억제회로(ANL)는 다음 중 어느 잡음에 대하여 억제효과가 있는가?

가. 백색 잡음　　나. 필터 잡음
다. 충격성 잡음　　라. Gauss 잡음

해설
자동잡음 억제회로(ANL: Automatic Noise Limiter)는 AM 수신기 보조회로로 불규칙한 특성을 갖는 충격성 잡음 등을 억제하는데 주로 사용된다.

정답 65. 가 66. 나 67. 다 68. 다 69. 라 70. 다

71. 자동 주파수 제어기에 대한 설명 중 잘못된 것은?

가. 발진 주파수를 자동적으로 조정하여 항상 일정 주파수로 유지시키는 것이다.

나. 기준 주파수와의 비교 발진기는 항온조에 수용된다.

다. 송신기와 수신기 어느 장치에도 사용된다.

라. 자동이득 제어기능을 갖고 있다.

해설

- 자동 주파수 제어회로(AFC) : 발진 주파수 편차를 검출하여 발진 주파수를 일정하게 유지시킨다.
- AFC는 송・수신기에 모두 이용되며 온도 영향을 받지 않기 위하여 기준 주파수와의 비교 발진기는 항온조에 수용한다.
- 자동 이득 제어회로(AGC) : 수신 전계강도 변화에 증폭기 이득을 제어하여 수신기 출력을 일정하게 유지.

정답 71. 라

CHAPTER 4

SSB 송 · 수신기

1 SSB 통신 특징(DSB 방식과 비교)
2 Ring 변조기(평형변조기)의 특징
3 다단변조 : 동일 신호파를 2회 이상 변조하는 것
4 전력 비교
5 SSB 수신기 구성

SSB 통신 방식은 진폭 변조에 생긴 상측파대와 하측파대 중 어느 한쪽 측파대만을 이용하는 통신방식으로 반송파와 신호 파를 평형 변조기(Balanced Modulator)에 넣어 출력측에 나타나는 상・하측파대 중 대역 통과 필터를 통해 한쪽 측파대만을 빼내면 SSB파가 된다.

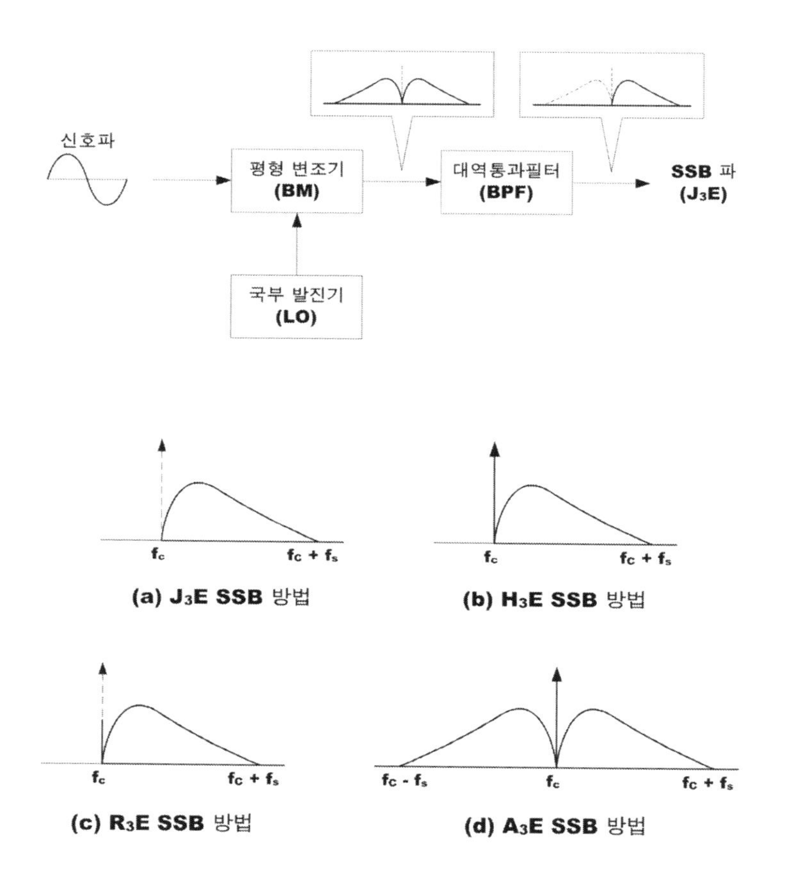

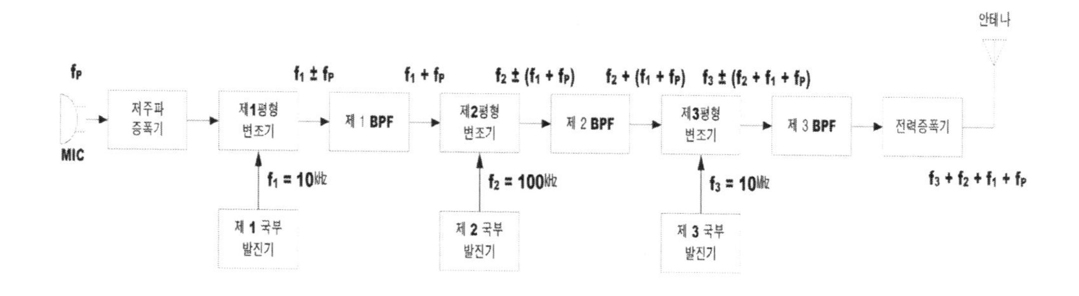

1 SSB 통신 특징(DSB 방식과 비교)★★

① 점유주파수 대폭이 1/2로 되어 주파수 이용률이 좋아진다.

② 저 전력으로 양질의 통신이 가능하다.

③ 선택성 fading의 영향이 적어 S/N가 개선된다.

④ 비화성이 있다.

⑤ 수신기에 동기용 국부발진기가 필요하다.(단점)

⑥ 반송파가 없어 AGC, AVC 회로 부가가 어렵다.(단점)

⑦ 송・수신기 회로가 복잡하고 비싸다.(단점)

2 Ring 변조기(평형변조기)의 특징★★★

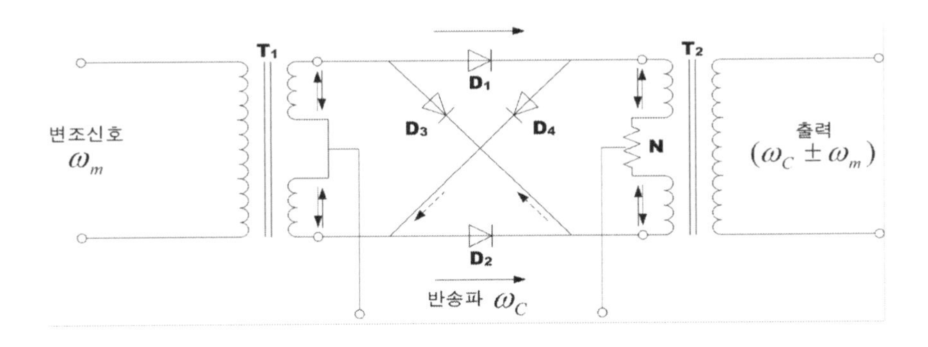

① 반송파와 신호파를 동시에 인가했을 때만 출력이 나온다. (신호파만 혹은 반송파만 인가하면 출력이 나오지 않는다.)

② 변조기 출력에는 반송파가 제거되어 상・하 측파대만 나온다.

③ 신호파 입력대신 중간주파수를 이용하여 역동작 시키면 복조기로도 사용할 수 있다.

④ 저전압으로 동작하여 소비전력이 적다.

⑤ 가격이 저렴하다.

⑥ 고이득을 얻을 수 있다.

⑦ 온도에 의한 특성 변화가 매우 크다.

⑧ 증폭소자가 없다.

⑨ 출력 신호가 낮다.(후단 : 증폭소자 설치)

⑩ 소자 구성이 간단하여 경제적이며, 소형이다.

3 다단변조 : 동일 신호파를 2회 이상 변조하는 것

※ 다단 변조를 하는 이유 - 측파대 분리를 용이하게 하기 위해

※ 동일한 단일 동조 증폭 단을 n단 접속한 다단 증폭기의 대역폭(Bn)은 $\sqrt{2^{1/n}-1}$ · B(단, B: 각 증폭단의 대역폭)가 된다.★

4 전력 비교

① DSB $P_m = P_c\left(1+\frac{m^2}{4}+\frac{m^2}{4}\right)=P_c\left(1+\frac{m^2}{2}\right)$

100% 변조시 $(m=1)$ $\therefore P_m = 1.5P_c$

② SSB $P_m = P_c \cdot \frac{m^2}{4}$

100% 변조시 $(m=1)$ $\therefore P_m = 0.25P_c \Rightarrow \therefore \frac{1}{6}$ 배 감소

reference 평균전력 비교

$$\frac{P_m}{P_S}=\frac{P_c\left(1+\frac{m^2}{2}\right)}{\frac{m^2}{4}P_c}=\frac{2(2+m^2)}{m^2}$$

∴ 100[%]변조시를 가정하여 m=1로 하면 DSB 방식은 SSB방식에 비해 6배의 전력 전력이 필요로 하게 된다. 그러나 보통 SSB송신기에서는 첨두전력으로 표시하고 DSB 송신기는 반송파 전력으로 표시하므로 각 송신기의 공칭전력을 비교하면 SSB 송신기는 이것의 4배의 출력을 가진 DSB송신기에 해당한다. 즉 100[W]의 SSB송신기와 400[W]의 DSB 송신기는 동일한 역할을 한다.

예제 J_3E는 SSB 송신기에서 사용하는 전파형식으로 무 변조(m=0)시 공중선전력(P_m)은 $\frac{m^2}{4}P_c=\frac{0^2}{4}P_c=0$[W]가 된다.

5 SSB 수신기 구성

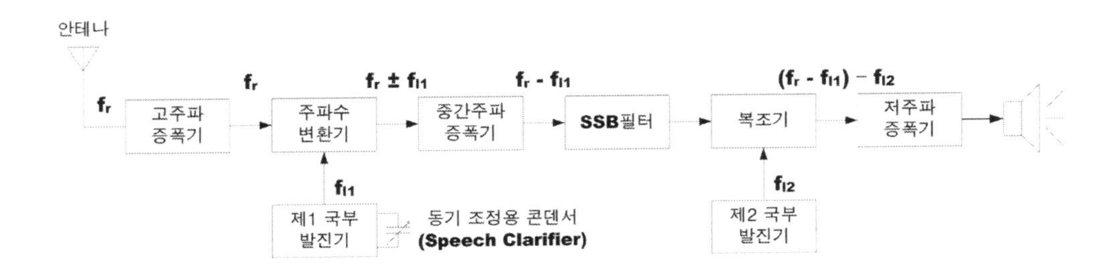

※ Speech Clarifier ⇒ 국부 발진 주파수와의 편차를 줄이기 위해.

※ 린컴펙스 방식(lincompex system)★

⇒ 주로 단파대 전화 회선에 사용되는 전송 방식으로 페이딩의 영향을 감소시키기 위하여 고안된 SSB통신 방식이다. 송신 측에서 음성을 주파수 부분과 억양 부분의 2개 성분으로 분리하여, 주파수 부분은 단측파대(SSB)로 변조하고, 억양 부분은 주파수를 변조한 후, 이 2개의 신호를 복합하여 송신한다. 수신 측에서 복합된 신호를 분리하여 SSB 신호에서는 억양이 없는 음성이 복조되며, 주파수를 변조한 신호에 억양을 갖게 하여 충실도가 높은 음성을 재현한다. 이 방식은 평상시 최대 공중선 전력이 송신되는 것과 무 통화 시 잡음이 소거되는 것, 압축기와 신장기를 이용하기 때문에 S/N이 개선되는 것 등의 장점이 있다.

핵심기출문제

1. DSB 통신방식과 비교하였을 때 SSB 통신방식의 특징 중 틀린 것은?★

가. 송・수신기의 회로구성이 복잡하다.
나. 높은 주파수 안정도를 필요로 한다.
다. 신호대 잡음비가 나빠진다.
라. 가격이 고가이다.

해설 SSB 통신 특징(DSB 방식과 비교)

① 점유주파수 대폭이 1/2로 되어 주파수 이용률이 좋아진다.
② 저 전력으로 양질의 통신이 가능하다.
③ 선택성 fading의 영향이 적어 S/N가 개선된다.
④ 비화성이 있다.
⑤ 수신기에 동기용 국부발진기가 필요하다.(단점)
⑥ 반송파가 없어 AGC, AVC 회로 부가가 어렵다.(단점)
⑦ 송・수신기 회로가 복잡하고 비싸다.(단점)

2. DSB 통신방식과 비교하여 SSB 통신방식의 결점이 아닌 것은?

가. 송수신기의 회로 구성이 복잡하다.
나. 높은 주파수 안정도가 요구된다.
다. 가격이 비싸다.
라. 잡음이 많다.

3. SSB통신 방식을 DSB통신 방식과 비교할 때 틀린 것은?

가. 통신 비밀이 상당히 보장된다.
나. S/N 비가 양호하다.
다. 동일 통신 내용을 전송할 때는 점유 주파수대가 반감된다.
라. 선택성 페이딩에 의한 일그러짐이 증대된다.

4. DSB와 비교하여 SSB(단측파대) 통신방식의 특징 중 틀린 것은?

가. 어느 정도 비밀성이 있다.
나. 소비 전력이 크다.
다. 점유주파수 대역폭이 반 이하가 되어 다중통신에 적합하다.
라. 신호 대 잡음비(S/N)가 좋아진다.

5. SSB 송신방식은 DSB 에 비하여 더욱 소형화되었다. 다음 특징 중 가장 타당한 이유에 해당되는 것은?

가. 점유주파수 대폭이 증가되었다.
나. 비화성을 유지할 수 있다.
다. 적은 송신전력으로 양질의 통신이 가능하다.
라. 선택성 페이딩의 영향이 적다.

6. 다음은 SSB 통신방식을 DSB 방식과 비교 설명한 것이다. 이중 틀리는 것은?

가. SSB 방식은 DSB 방식에 비해서 점유주파수 대역폭이 1/2 이하이다.
나. 동일전력인 경우 SSB는 DSB보다 전체적으로 S/N가 대략 10~12㏈ 개선된다.
다. 대전력 송신기의 경우 SSB는 회로가 복잡 하므로 DSB보다 소비전력이 훨씬 많이 든다.
라. SSB 방식은 DSB 방식에 비해서 선택성 페이딩의 영향이 적다.

정답 1. 다 2. 라 3. 라 4. 나 5. 다 6. 다

핵심기출문제

7. SSB와 DSB 통신방식에 대한 장단점의 비교 설명 중 틀린 것은?

가. SSB의 점유주파수 대역폭은 DSB의 1/2이다.
나. 변조율이 100%인 경우에는 SSB 송신기의 소비전 력은 DSB 송신기 소비전력의 약 30% 이다.
다. SSB는 DSB에 비해 선택성 페이딩에 강하다.
라. SSB는 DSB에 비해 회로가 간단하다.

8. SSB 통신방식에 관한 설명 중 맞지 않은 것은?

가. DSB에 비해 회로구성이 간단하다.
나. 일반적으로 대역통과 여파기(BPF)를 이용하여 원하는 측파대를 만든다.
다. S/N비가 DSB에 비해 개선된다.
라. DSB의 상하측파대 중 한 측파대만을 통신에 이용한다.

9. 다음 SSB 통신방식에 관한 설명 중 옳지 않은 것은? (단, Δf는 상.하측파대의 간격이다.)★

가. S/N비가 DSB에 비해 개선된다.
나. 다단변조로 비대역(Δf/fc)을 높인다.
다. DSB에 비해 회로구성이 복잡하다.
라. 고역통과 여파기(HPF)를 이용하여 원한는 측파대를 만든다.

해설
SSB 통신방식에서는 대역통과 여파기(BPF)를 이용하여 원한는 측파대를 만든다.

10. SSB전송방식과 관계없는 것은?

가. 다단 변조를 행한다.
나. 여파기(Filter)로서 양측파대를 취한다.
다. DSB에 비해 점유 주파수 대폭이 좁다.
라. 평형 변조기에 의해 반송파를 제거한다.

11. SSB 수신기가 AGC의 사용이 어려운 이유는?

가. 반송파가 거의 발사되지 않으므로
나. 측파대가 없기 때문에
다. 송신 출력이 적기 때문에
라. 신호 주파수가 적으므로

12. SSB 점유 주파수 대역폭은 DSB에 비해 몇 배인가?

가. 1/4배 나. 1/2배
다. 2배 라. 4배

13. DSB통신 방식에서 반송파 전력이 100[W]일 때 SSB통신 방식을 쓰면 전력이 몇[W] 이면 되는가? (단, 변조 도는 1이다.)

가. 100 나. 75
다. 50 라. 25

14. 다음은 Ring 변조기의 동작원리를 설명한 것이다. 잘못 표현된 것은?

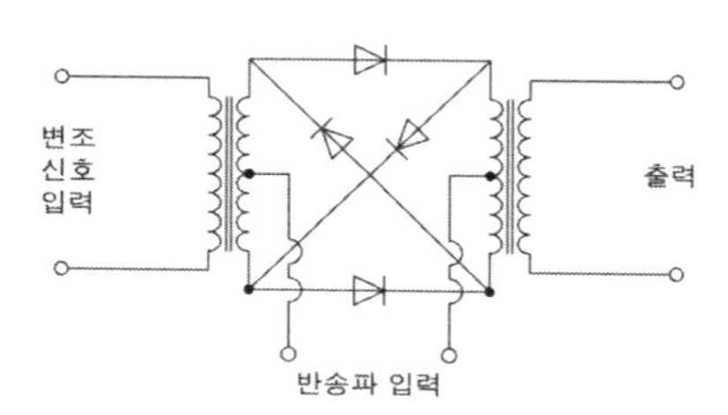

가. 변조기 출력에는 반송파가 제거되고 상,하 측대파만 나온다.

정답 7. 라 8. 가 9. 라 10. 나 11. 가 12. 나 13. 라 14. 나

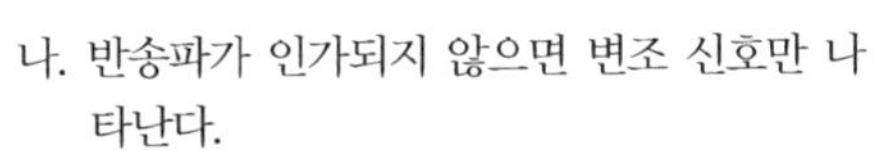

나. 반송파가 인가되지 않으면 변조 신호만 나타난다.

다. Ring변조기를 복조기로도 사용할 수 있다.

라. 반송파만 인가되면 출력에는 아무것도 나타나지 않는다.

해설 평형변조기(Ring 변조기)

① 반송파와 신호파를 동시에 인가했을 때만 출력이 나온다. (신호파만 혹은 반송파만 인가하면 출력이 나오지 않는다.)
② 변조기 출력에는 반송파가 제거되어 상·하 측파대만 나온다.
③ 신호파 입력대신 중간주파수를 이용하여 역동작 시키면 복조기로도 사용할 수 있다.

15. 링 변조기(Ring modulator)의 설명 중 틀린 것은?

가. 다이오드는 반송파 극성에 따른 switch 구실을 한다.

나. 반송파와 신호파가 각각 입력단에 가해질 때 출력 이 나온다.

다. 입력단에 반송파만 가할 때 변조된 출력이 나온다.

라. 입력단에 신호파만이 가해질 때에는 변조된 출력이 나오지 않는다.

해설

평형변조기(Ring 변조기)은 반송파와 신호파를 동시에 인가했을 때만 출력이 나온다. 즉, 신호파만 혹은 반송파만 인가하면 출력이 나오지 않는다.

16. IC 평형변조기의 특징이 아닌 것은?

가. 저전압으로 동작하여 소비전력이 적다.

나. 가격이 저렴하다.

다. 저이득을 얻을 수 있다.

라. 온도에 의한 특성 변화가 매우 크다.

해설 평형변조기(Ring 변조기)

① 반송파와 신호파를 동시에 인가했을 때만 출력이 나온다. (신호파만 혹은 반송파만 인가하면 출력이 나오지 않는다.)
② 변조기 출력에는 반송파가 제거되어 상·하 측파대만 나온다.
③ 신호파 입력대신 중간주파수를 이용하여 역동작 시키면 복조기로도 사용할 수 있다.
④ 저전압으로 동작하여 소비전력이 적다.
⑤ 가격이 저렴하다.
⑥ 고이득을 얻을 수 있다.
⑦ 온도에 의한 특성 변화가 매우 크다.

17. 동일한 단일 동조 증폭단을 n단 접속한 다단 증폭기의 대역폭 Bn은 얼마인가?(단, 각 증폭단의 대역폭은B이다.)

가. $B/\sqrt{2^{1/n}-1}$　　나. $\sqrt{2^{1/n}-1}\cdot B$

다. $\sqrt{2^{n}-1}\cdot B$　　라. $B/\sqrt{2^{n}-1}$

해설

동일한 단일 동조 증폭 단을 n단 접속한 다단 증폭기의 대역폭(Bn)은 $\sqrt{2^{1/n}-1}\cdot B$(단, B: 각 증폭단의 대역폭)가 된다.

18. 다음은 SSB송신기 계통도이다. 음성대역신호 주파수 대역폭을 5KHz로 하고 제1 국부발진 주파수를 10KHz라고 할 때 상측파대를 사용하려면 제1 BPF의 통과주파수 대역은 얼마인가?

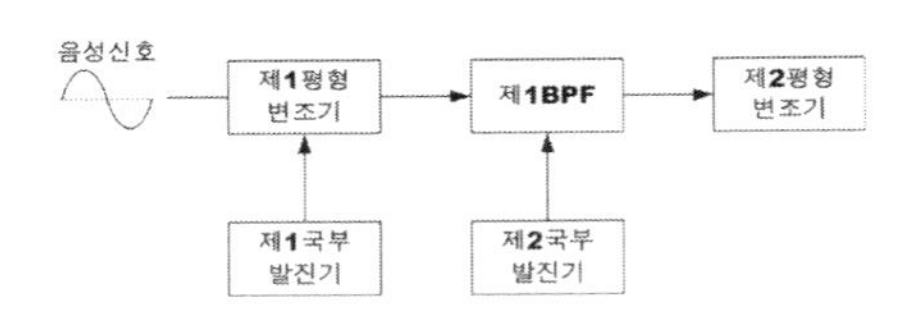

가. 5KHz~15KHz　　나. 10KHz~15KHz

다. 15KHz~25KHz　　라. 30KHz~35KHz

정답 15. 다　16. 다　17. 나　18. 나

핵심기출문제

해설
제 1국부 발진기에서 발생되는 주파수(f_{LO})가 10[KHz]이고 주파수 대역폭(f_i)이 5[KHz]이므로 제 1평형변조기에서 출력되는 상측파대($f_{LO}+f_i$)는 10[KHz]~15[KHz]가 된다.

19. 린콤팩스(LINCOMPEX: linked compr and ex-pander) 통신방식은 특징이 아닌 것은?

가. 음성신호가 주파수변화 정보만으로 변환되어 전송되기 때문에 페이딩 영향이 적다.
나. 압축기와 신장기를 이용하기 때문에S/N이 향상된다.
다. 단파대에서 페이딩의 영향을 감소시키기 위하여 고안된 SSB통신방식이다.
라. 진폭변화 성분과 주파수성분은 페이딩 영향을 거의 받지 않기 때문에 다른 변환과정을 행할 필요가 없다.

해설 린컴펙스 방식(lincompex system)
주로 단파대 전화 회선에 사용되는 전송 방식으로 페이딩의 영향을 감소시키기 위하여 고안된 SSB통신 방식이다. 송신 측에서 음성을 주파수 부분과 억양 부분의 2개 성분으로 분리하여, 주파수 부분은 단측파대(SSB)로 변조하고, 억양 부분은 주파수를 변조한 후, 이 2개의 신호를 복합하여 송신한다. 수신 측에서 복합된 신호를 분리하여 SSB 신호에서는 억양이 없는 음성이 복조되며, 주파수를 변조한 신호에 억양을 갖게 하여 충실도가 높은 음성을 재현한다. 이 방식은 평상시 최대 공중선 전력이 송신되는 것과 무 통화 시 잡음이 소거되는 것, 압축기와 신장기를 이용하기 때문에 S/N이 개선되는 것 등의 장점이 있다.

20. SSB 신호를 발생하는 방법에 해당되지 않는 것은?

가. 포스터-실리법　　나. 위상천이 방법
다. 피터법　　라. Weaver법

해설
Foster-Seely 형과 ratio 형은 FM 검파기이다.

21. 이상법에 의한 SSB송신기에 가장 적합한 이상회로는?

가. 30° 이상기　　나. 45° 이상기
다. 60° 이상기　　라. 90° 이상기

22. SSB 수신기에서 동기 조정(Speech cla rifier)을 행하는 목적으로 가장 타당한 것은?

가. 링 복조를 하기 때문에
나. 주파수 편차를 줄이기 위하여
다. 전 반송파 방식만을 수신하기 위하여
라. 상하 측파대를 동시에 수신하기 위하여

23. SSB 수신기에서 동기조정(speech clari fier)을 행하는 목적은?

가. 링(ring) 복조를 하기 위하여
나. SSB 반송파만을 수신하기 위하여
다. 송·수신 주파수 편차를 줄이기 위하여
라. 상, 하 양측파대를 동시에 수신하기 위하여

24. 다음 중 전리층 반사파를 이용하여 원거리통신이 가능한 단파대(HF)에서 주로 사용되고 있는 통신방식은?

가. DSB　　나. SSB
다. VSB　　라. FM

25. 다음 중 SSB 검파기의 종류에 속하지 않는 것은?

가. 링 검파기
나. 승적 검파기
다. 비 검파기
라. 싱크로다인(직선) 검파기

정답 19. 라　20. 가　21. 라　22. 나　23. 다　24. 나　25. 다

CHAPTER 5

FM 송 · 수신기

1 FM 송신기 특징
2 변조지수
3 대역폭(Band Width)
4 송신기 보조회로
5 FM 수신기 구성
6 FM 수신기의 특징(AM 수신기와의 차이점)
7 FM 검파기 = FM변별기 = FM복조기 (Demodulator)
8 주파수 변별기의 특성
9 위상제어회로(PLL: Phase Look Loop)

FM 송신기는 음성 신호를 주파수 변조하여 송출시키는 장치로서 발진기, 완충증폭기, 주파수 체배기, 전력 증폭기 등은 AM 송신기와 거의 비슷하다.

FM 변조 방법에는 가변 리액턴스 소자를 이용하여 신호파에 따라 발진 주파수를 직접 변화시키는 직접 FM방식과 PM파를 전치 보상기(Pre-Distortor)를 이용하여 등가 FM으로 만드는 간접 FM방식이 있다.

1 FM 송신기 특징

※ AM 통신방식과 비교한 FM 통신방식의 특징★★★

① S/N가 좋다.

② 잡음 및 레벨 변동의 영향이 적다.

③ 수신 주파수대역이 넓다.(단점)

1.1 직접 FM 변조 방식

※ 자려발진기에 가변 리액턴스소자(가변용량 Diode, 리액턴스 등)를 접속하고, 신호파에 따라 인덕턴스를 변화시켜 발진 주파수를 직접 변화시키는 방식.

① 주파수 안정도가 나쁘다 → LC발진기 사용

② 주파수 체배단이 적다

③ AFC 회로가 필요하다

④ 높은 주파수 편이(Δf)를 얻을 수 있다.

⑤ Spurious 발사가 적다.

1.2 간접 FM 변조방식★

간접 FM이란 음성신호를 위상변조한 후 전치보상기(Pre-distorter)를 통과시켜 등가적인 FM파를 얻는 변조 방식이다.

① 주파수 안정도가 좋다. → X-tal 발진기 사용

② 많은 주파수 체배단 필요

③ AFC가 필요 없다.

④ 주파수 편이(Δf)가 낮다. → 직선성이 나빠서

⑤ Spurious 발사가 많다.

⑥ Pre-distortor (전치보상기) 필요 → PM에서 FM을 얻기 위해

※ FM 변조 방식의 종류★★

	직접 FM 방식	간접 FM 방식
발진기	LC발진기	수정발진기
변조기종류	① Hartley 발진기 ② 가변 리액턴스를 이용한 변조기 ③ Varactor diode를 이용한 변조기 ④ 반사형 클라이스트론을 이용한 변조기	① Amstrong 발진기 ② 이상법 변조기 ③ Vector 합성법에 의한 방법 ④ Serasoid 변조기

2 변조지수★★★★★

$$m_f = \frac{\Delta f}{f_m}$$

$\left\{ \begin{array}{l} f_m : \text{신호파} \\ m_f : \text{변조지수} \\ \Delta f : \text{최대주파수편이} \end{array} \right.$

3 대역폭(Band Width)★★★★★

$BW = 2(f_s + \Delta f) = 2f_s(1 + m_f)$

4 송신기 보조회로★★★★★

(1) Pre-distortor (전치보상기)★★

① 적분회로.

② PM파로서 등가적인 FM파를 얻기 위하여 위상변조기 전단에 사용하는 회로

③ 입출력 신호 사이에는 90° 위상차를 갖는다.

(2) Pre-emphasis★★★★★

① 송신 신호 중 특정 주파수 이상의 주파수 신호가 이득이 현저하게 떨어지는 현상 때문에 송신측에서 변조하기 전 신호파의 특정 주파수 이상의 주파수에서 이득을 크게 해주는 회로이다. (미분회로)

② 높은 주파수에 대한 S/N비 개선

$\tau = CR_1 [\sec]$★

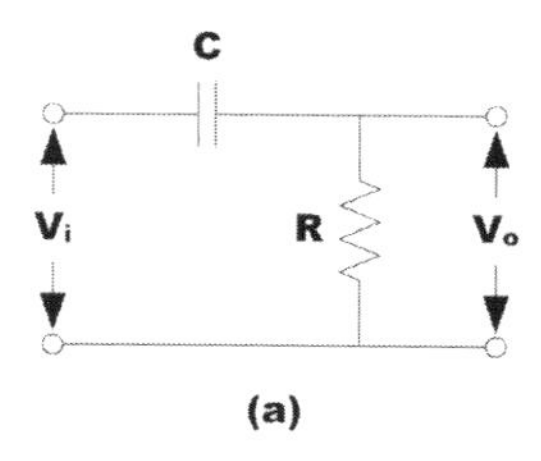

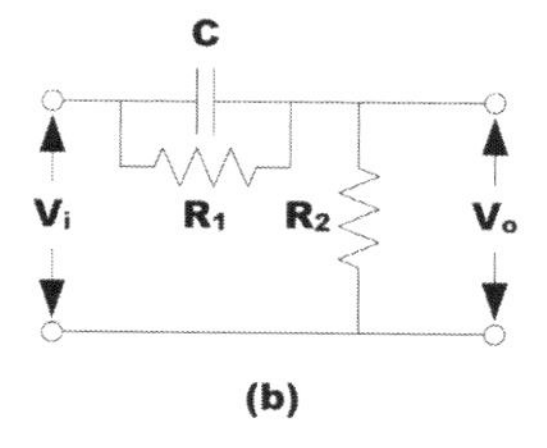

(3) 순시편이제어회로(IDC: Instantaneous Deviation Control)

FM 변조에서 최대 주파수 편이가 규정 값을 넘지 않도록 하는 회로★

(4) 주파수 안정회로

① PLL(Phase-Locked-Loop), AFC(Automatic Frequency control), APC(Automatic Phase control)

5 FM 수신기 구성

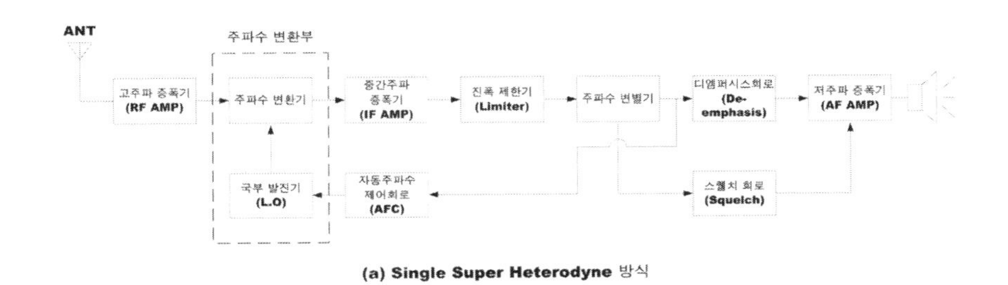

(a) Single Super Heterodyne 방식

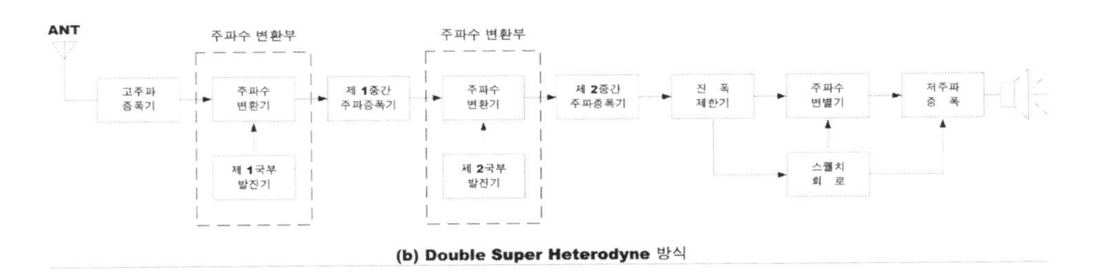

(b) Double Super Heterodyne 방식

(1) 수신기의 이득★★

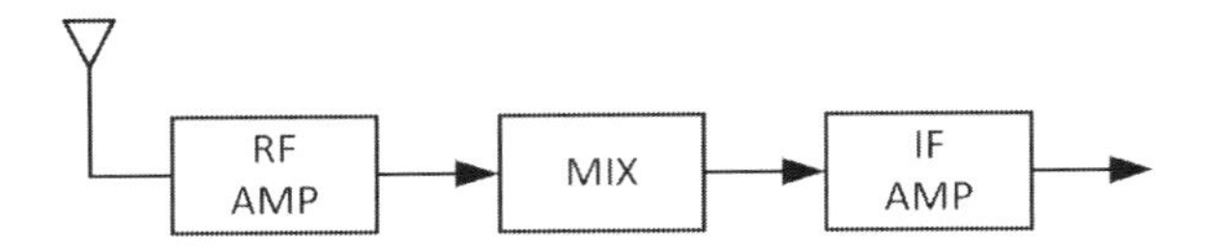

$[dB] = 20\log_{10}\frac{V_0}{V_i}[dB]$=고주파 증폭이득+변환이득+중간주파증폭기이득

(V_o : 출력전압, V_i : 입력전압)

(2) 국부발진주파수 계산★★

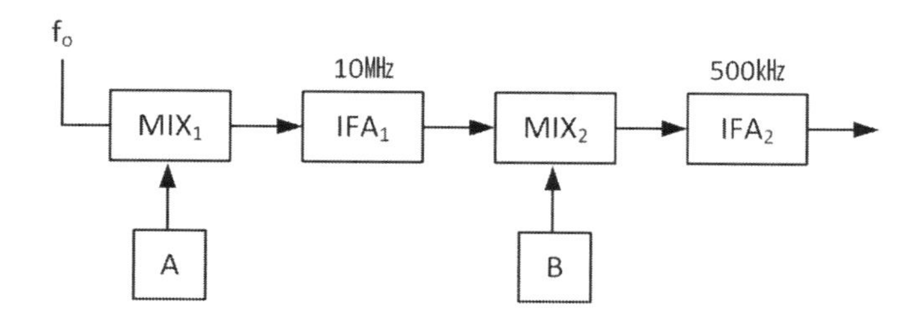

국부발진주파수(f_L) = f_0(수신주파수) − f_{if}(중간주파수)이므로 A의 발진주파수는 30[MHz]-10[MHz]=20[MHz], B의 발진주파수는 10[MHz]-500[kHz]=9.5[MHz]가 된다.

6 FM 수신기의 특징(AM 수신기와의 차이점)★★★

(1) S/N가 좋다.

(2) 수신 주파수대역이 넓다.(단점)

(3) 보조회로의 종류

① Limiter (진폭제한기)★★★★★

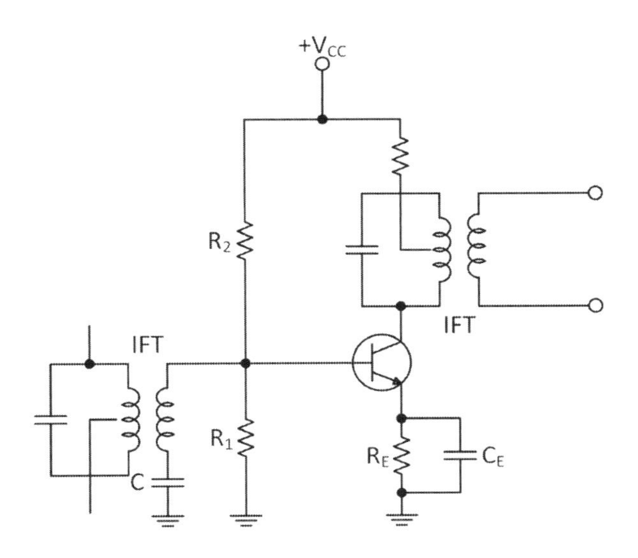

트랜지스터를 이용한 리미터(Limitter) 회로 특징

① 컬렉터의 바이어스 전압을 가능한 낮게 설정해야 출력포화로 인한 진폭 제한의 기능을 잘 수행한다.
② R1을 크게 하면 V_{be}가 증가되어 트랜지스터의 컬렉터 전류가 증가하게 됨으로써 우수한 진폭제한기의 기능을 수행 수 없게 된다.
③ 콘덴서 C는 IF 이외의 높은 주파수의 잡음 신호를 제거하는 기능을 한다.
④ RE 값을 적게 하면 출력신호의 포화가 빨리 일어나 진폭제한기의 기능을 한다.

- 용도: 잡음이나 혼신 등으로 인해 본래의 FM파 이외의 성분을 제거.
- 위치: 중간주파증폭기 뒷단에 위치
- 특성곡선

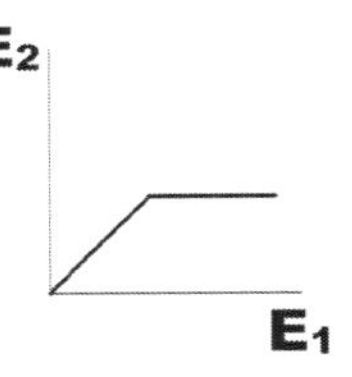

② 주파수 변별기(Frequency Discriminator)

FM파의 주기 변화를 진폭변화(AM파)로 바꾸는 회로(Foster-Seely형, Ratio 형)

③ Squelch(=Muting)회로★★★★★

FM 수신기는 입력된 신호가 없을 때 Limiter가 동작하지 않아 큰 잡음이 발생하므로 입력된 신호가 없을 때는 저주파 증폭단의 입력을 차단하고 입력된 신호가 있을 때는 저주파 증폭단의 입력을 개방시켜주는 잡음 억제회로를 squelch 회로라 한다.

⇒ 입력신호가 없거나, 잡음 Level이 신호 Level보다 클 경우 AF(저주파 증폭기)를 차단하여 내부 잡음을 억제시키는 회로이다.

④ De-emphasis : 고주파 신호 Level을 억제(적분회로: LPF)★

FM무선통신에서 낮은 주파수에서는 잡음 전력이 작으나 주파수가 높아짐에 따라 잡음 전력이 현저히 증가하게 된다. 따라서 송신 쪽에서 변조하기 전 신호파의 특정 주파수 이상의 주파수에서 이득을 강하게 하는 회로가 필요 하는데 이를 Pre-emphasis라 한고 수신 쪽에서는 다시 원상태로 되돌리기 위하여 고주파 신호 Level을 억제하는 회로가 필요 하는데 이를 De-emphasis 라 한다.

⑤ AFC(Automatic Frequency Control)회로

수신기에 수신된 주파수는 국부 발진기의 발진 주파수의 변동으로 인해 중간 주파수가 변하게 되는데 이런 경우 수신측에서 수신이 전혀 되지 않는 경우가 발생하게 된다. 따라서 이를 방지하기 위해 중간 주파수의 변화에 따라 변화하는 FM 검파 회로의 전압 변동 분을 국부 발진기 측으로 궤환시켜 국부 발진 주파수를 보정하여 안정된 중간주파수를 유지하게 된다. 이렇게 자동으로 주파수 보정을 해주는 회로를 AFC(Automatic Frequency Control)라 한다.

7 FM 검파기 = FM변별기 = FM복조기 (Demodulator)

(1) 포스터-실리(Foster-Seeley) 검파기★

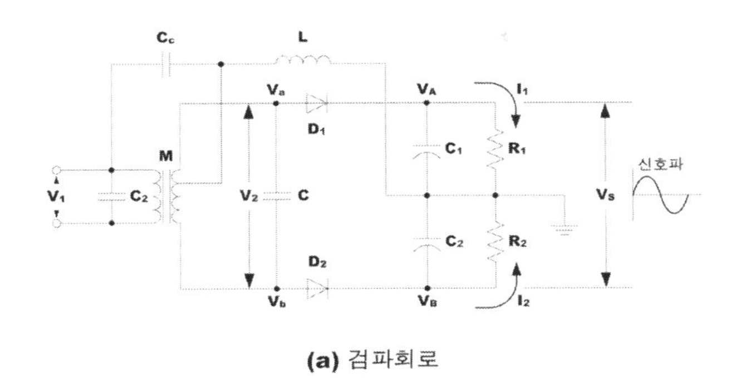

(a) 검파회로

① 1차측 동조회로 L_1, C_1 및 2차측 동조회로 L_2, C_2는 FM파의 중심주파수에 동조되어야 함.

② 1차측 동조회로의 코일 L_1과 2차측 동조회로 L_2는 유도결합 되어 있으며, 결합계수는 크지 않음.

③ 무선주파 쵸크 L_3는 고주파에서 개방, 신호주파수 에서는 단락상태가 될 수 있도록 선정함.

④ 1차측 전압 V_1과 2차측 전압 V_2는 FM파의 중심 주파수 f_i에서 90[도]의 위상차가 되도록 하여 검파출력이 0이 되게 함.

(2) Ratio 형의 특징(Foster-Seely형 과 다른 점)

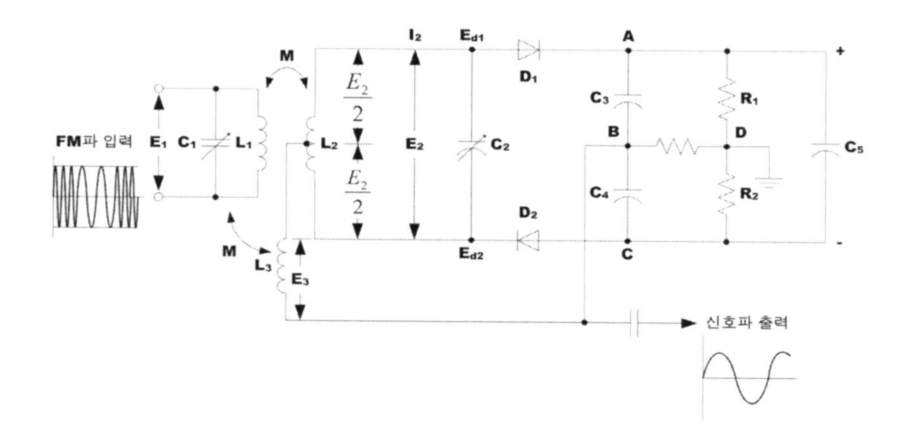

① 비 검파기는 부하 저항과 병렬로 대용량 콘덴서가 접속된다.

② 비 검파기는 감도가 약하여 Limiter 단수를 적게 할 수 있다.

③ 출력 감도는 포스트 실리형이 비 검파기에 비해 2배로 크다.

④ 비 검파기는 진폭 제한 기능이 있다.

⑤ 다이오드 접속 방향이 다르다.

⑥ 출력 단자가 다르다.

8 주파수 변별기의 특성

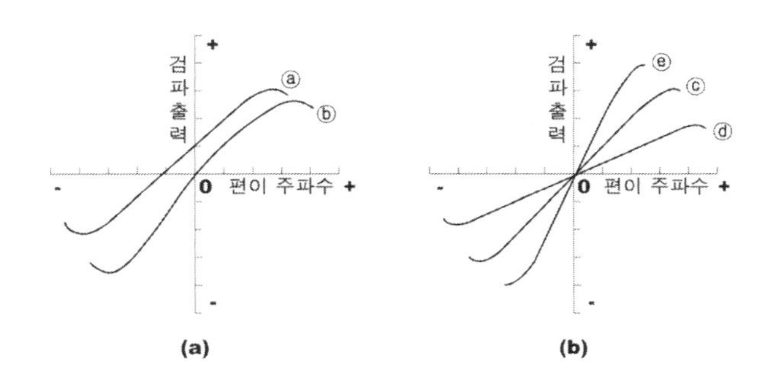

(1) S 특성 곡선의 분류

ⓐ 곡선

- 원인 : 동조 회로의 동조가 벗어났을 때
- 대책 : C_1과 C_2를 조정하여 중심 주파수에서 출력이 0이 되도록 정확히 동조를 잡는다.

ⓑ 곡선

- 원인 : L_2의 중성점이 벗어났을 때
- 대책 : 탭(Tab)의 위치를 정확히 중성점에 위치하도록 조정한다.

ⓒ 곡선

가장 이상적인 경우의 곡선으로 직선 부분이 대칭적이며 길수록 이상적이다.

ⓓ 곡선

- 원인 : L_1과 L_2가 소결합(Loose Coupling)일 경우
- 특징 : 경사가 완만하며 직선성도 길고 주파수 편이를 넓게 잡을 수 있어 좋지만 상대적으로 출력이 적어진다.

ⓔ **곡선**

- 원인 : L_1과 L_2가 밀결합(Close Coupling)일 경우
- 특징 : 감도는 좋지만 주파수 편이가 좁고, 직선 범위가 짧아 왜곡이 발생하기 쉽다.

(2) FM파의 복조용 회로 중 주파수 변화를 진폭변화로 바꾸어 검파하는 방법★★

① 경사형(Slope) 검파기

② 스태커 동조형 판별기

③ Foster-Seeley 검파기

④ 비검파기(Ratio 검파기) 등이 있다.

⇒ Quadrature 검파기 : 수신신호를 동위상(inphase)성분 및 직교위상(quadrature) 성분으로 분리하여 출력하는 직교검파기이다.

9 위상제어회로(PLL: Phase Look Loop)★★★★★

FM 입력 신호와 전압 제어 발진기(VCO)의 위상과 주파수가 위상비교기(Phase Comparator)에 의해 비교되어 그 오차에 비례한 직류전압이 발생하게 되는데 이 오차 전압은 저역통과필터(LPF)를 거쳐 증폭되고 전압 제어 발진기(VCO)의 발진 주파수 및 위상차를 저감시키는 방향으로 전압 제어 발진기의 주파수를 변화시켜 FM 신호를 검파하게 된다.

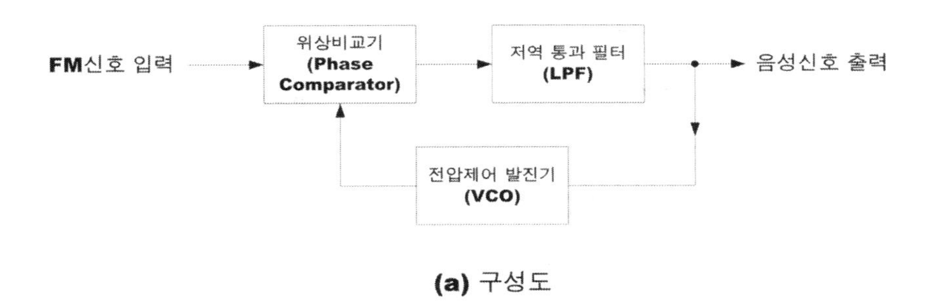

(a) 구성도

① 위상비교기(Phase Comparator)

② 루프필터(Loop Filter) 귀환시스템

③ 전압제어발진기(Voltage Controlled Oscillator)

④ 용도 → AM송신기, AM복조, FM복조, 주파수 합성기, 동기회로

(1) 주파수 합성기(Synthesizer)★

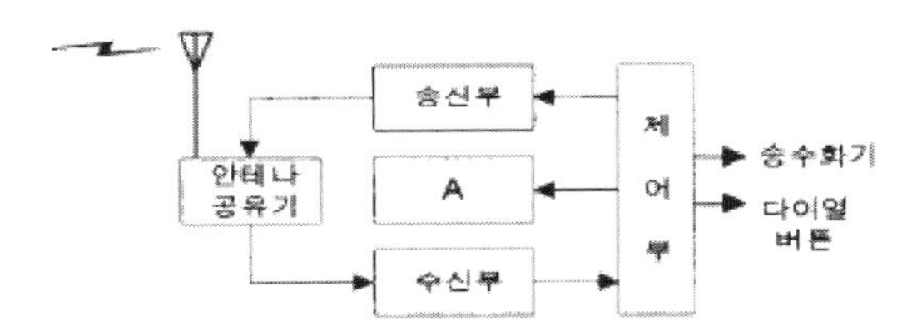

PLL 방식을 사용하여 수신주파수와 VCO(전압 제어 발진기)에서 발생시킨 발진주파수와의 차이를 이용 출력 주파수를 결정하는 장치.

PLL주파수 합성방식에는 직접 방식, 주파수 혼합 방식, 고정 프리스케일러(Prescaler)방식 등이 있다.★

핵심기출문제

FM 송신기

1. 다음 중 FM 무선 송신기의 구성요소로서 적합하지 않는 것은?

가. 충전기　　나. 발진기
다. 증폭기　　라. 변조기

2. 다음 그림은 통상 사용되는 FM송신기의 구성도이다. 빈 곳 A에 들어갈 수 없는 회로는?

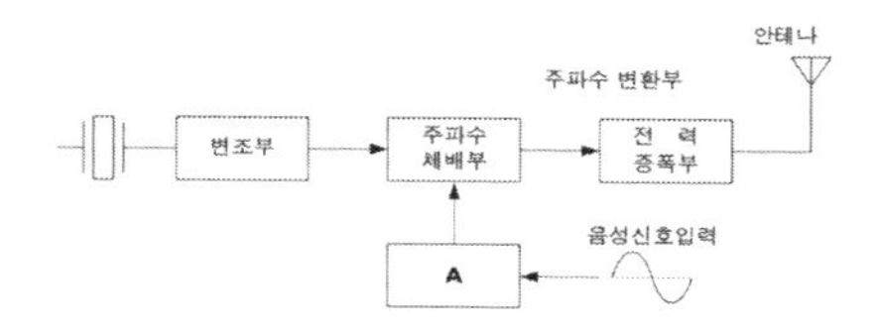

가. muting 회로
나. 가청주파 증폭기 회로
다. Pre-emphasis
라. 순시편이제어 회로

3. 다음 중 FM 송신기의 구성부로 적합하지 않은 것은?

가. 변조 부　　나. 전력증폭 부
다. 진폭 제한 부　　라. 주파수 체배 부

4. 주파수 변조를 진폭 변조와 비교할 경우 다음 중 틀린 것은?

가. 신호대 잡음비(S/N비)가 좋아진다.
나. 초단파대 통신에 적합하다.
다. 에코의 영향이 많아진다.
라. 주파수 대역폭이 넓다.

해설
FM은 AM방식에 비해 거의 모든 잡음에 유리한 변조방식이나 변조방식이 복잡하며 대역폭이 넓어진다는 단점을 갖는다.

5. FM변조 방식중 간접 FM변조 방식이 아닌 것은?

가. 이상법에 의한 변조 방법
나. 벡터 합성법에 의한 변조방법
다. 반사형 크라이스트론을 이용한 변조방법
라. 펄스 위치변조를 이용한 변조방법

해설

	직접 FM 방식	간접 FM 방식
발진기	LC발진기	수정발진기
변조기 종류	① Hartley 발진기 ② 가변 리액턴스를 이용한 변조기 ③ Varactor diode를 이용한 변조기 ④ 반사형 클라이스트론을 이용한 변조기	① Amstrong 발진기 ② 이상법 변조기 ③ Vector 합성법에 의한 방법 ④ Serasoid 변조기

6. FM 변조 방식 중 직접 FM 변조 방식인 것은?

가. 세라소이드 변조를 이용한 변조 방법
나. 가변용량 다이오드를 이용하는 변조 방법
다. 이상 법에 의한 변조 방법
라. 벡터 합성법에 의한 변조 방법

7. 주파수 변조(FM) 중 직접 FM 방식에 속하지 않는 것은?

가. VCO 를 사용한 FM 회로
나. 브리지형 위상변조방식
다. 리액턴스 FET를 사용한 회로
라. PLL을 이용한 FM 회로

정답 1. 가　2. 가　3. 다　4. 다　5. 다　6. 나　7. 나

8. **다음의 주파수 변조 중에서 직접 FM 방식에 속하지 않는 것은?**

가. 리액턴스관 변조회로
나. Vector 합성법에 의한 방법
다. 반사형 Klystron을 사용한 변조회로
라. 가변용량 다이오드를 사용한 변조회로

해설
Vector 합성법에 의한 방법는 간접 FM 방식이다.

9. **다음 중 간접 FM 변조회로에서 변조용으로 사용되는 다이오드는?**

가. 바랙터 다이오드　나. 터널 다이오드
다. 제너 다이오드　라. 쇼트키 다이오드

10. **위상 피변조파로부터 진폭 피변조파를 만드는 가변위상변조 방식은?**

가. Doherty 변조회로
나. Serrasoid 변조방식
다. Chirex 변조회로
라. Armstrong 변조회로

11. **다음은 벡터 합성법에 의한 FM송신기에 대한 설명이다. 합당치 않은 것은 어느 것인가?**

가. 리액턴스관을 사용하여 주파수 안정도가 매우 좋다.
나. 자동주파수 제어회로가 불필요하다.
다. IDC회로에서 일정 입력 레벨로 증폭을 제한한다.
라. 위상 변조로 등가 FM파를 얻으려면 전치보상기 회로가 필요하다.

해설
(1) 직접 FM 변조 방식
① 주파수 안정도가 나쁘다 → LC발진기 사용
② 주파수 체배단이 적다
③ AFC 회로가 필요하다
④ 높은 주파수 편이(Δf)를 얻을 수 있다. ⑤ Spurious 발사가 적다.

(2) 간접 FM 변조방식
① 주파수 안정도가 좋다. → X-tal 발진기 사용
② 많은 주파수 체배단 필요
③ AFC가 필요 없다.
④ 주파수 편이(Δf)가 낮다. → 직선성이 나빠서
⑤ Spurious 발사가 많다.
⑥ Pre-distortor (전치보상기) 필요 → PM에서 FM을 얻기 위해
※ 벡터 합성법은 간접 FM 변조방식으로 수정발진기를 사용하여 주파수 안정도가 매우 높다. 가변 리액턴스를 이용한 변조기는 직접 FM 변조 방식에 속한다.

12. **자려발진기를 사용한 직접FM변조와 비교하여 수정 발진기를 사용한 간접FM변조의 특징 중 틀린 것은?**

가. 자동주파수제어가 필요하다.
나. 주파수안정도가 높다.
다. 전치 보상기회로가 필요하다.
라. 큰 주파수 편이를 요하는 송신기는 주파수 체배가 필요하다.

해설 간접 FM 변조방식
Pre-distotor (전치보상회로)를 통해 신호파를 PM 변조기에 가하여 FM파를 얻는 방법.
① 주파수 안정도가 좋다. → X-tal 발진기 사용
② 많은 주파수 체배단 필요
③ AFC가 필요 없다.
④ 주파수 편이(Δf)가 낮다. → 직선성이 나빠서
⑤ Spurious 발사가 많다.
⑥ Pre-distortor (전치보상기) 필요 → PM에서 FM을 얻기 위해

정답 8. 나　9. 나　10. 다　11. 가　12. 가

핵심기출문제

13. 간접 FM방식의 특징인 것은?

가. 수정발진기를 사용하기 때문에 주파수 안정도가 높아 AFC회로가 불필요.
나. 기기가 복잡함.
다. 깊은 변조를 할 수 있음.
라. 필요한 주파수를 얻기 위해서는 체배 수를 증가시켜야하므로 스퓨리어스 복사가 적다.

14. 100㎒의 반송파를 최대 주파수편이 50㎑로 하고 10㎑의 신호파를 FM변조하였다. 변조지수 mf 와 대역폭 B는 각각 얼마인가?★★★★★

가. mf =10, B =10㎑
나. mf =5, B =50㎑
다. mf =10, B =100㎑
라. mf =5, B =120㎑

해설 변조지수(m_f)

$$m_f = \frac{\Delta f}{f_m} = \frac{50[\text{kHz}]}{10[\text{kHz}]} = 5,$$

f_m : 신호파
m_f : 변조지수
Δf : 최대주파수 편이

대역폭(Band Width)

$$BW = 2(f_m + \Delta f) = 2(10[\text{kHz}] + 50[\text{kHz}]) = 120[\text{kHz}]$$

15. FM 송신기의 반송파와 최대주파수 편이를 측정하였더니 각각 80MHz 와 50KHz 이었다. 이 송신기에 10KHz 의 신호파로 변조한다면 점유 주파수 대역폭(B)과 변조지수(mf)는 얼마인가?

가. B=110[KHz], mf =5
나. B=110[KHz], mf =6
다. B=120[KHz], mf =5
라. B=120[KHz], mf =6

해설 변조지수(m_f)

$$m_f = \frac{\Delta f}{f_m} = \frac{50[\text{kHz}]}{10[\text{kHz}]} = 5,$$

f_m : 신호파
m_f : 변조지수
Δf : 최대주파수 편이

대역폭(Band Width)

$$BW = 2(f_m + \Delta f) = 2(10[\text{kHz}] + 50[\text{kHz}]) = 120[\text{kHz}]$$

16. FM신호의 변조 주파수(fp)가 15㎑이고, 변조지수 (mf)가 5일 때 FM 수신기의 필요 주파수 대역폭은?

가. 15㎑ 나. 30㎑
다. 75㎑ 라. 180㎑

해설 변조지수(m_f)=5

$$m_f = \frac{\Delta f}{f_p} \Rightarrow \Delta f = m_f \cdot f_p$$

f_p : 신호파
m_f : 변조지수
Δf : 최대주파수 편이

※ 대역폭(Band Width)

$$BW = 2(f_p + \Delta f) = 2(f_p + m_f f_p) = 2(15 + 5 \times 15) = 180[\text{kHz}]$$

17. 반송파 20[MHz]를 신호파 10[KHz]로 FM 변조 할 경우 주파수 변조지수와 점유 주파수 대역폭은 각각 얼마인가? (단, 최대 주파수 편이는 80[KHz]이다.)

가. 4, 180[㎑] 나. 8, 180[㎑]
다. 4, 200[㎑] 라. 8, 200[㎑]

해설 변조지수(m_f)

$$m_f = \frac{\Delta f}{f_p} = \frac{80}{10} = 8,$$

f_p : 신호파
m_f : 변조지수
Δf : 최대주파수 편이

대역폭(Band Width)

$$BW = 2(f_p + \Delta f) = 2(10 + 80) = 180[\text{kHz}]$$

정답 13. 가 14. 라 15. 다 16. 라 17. 나

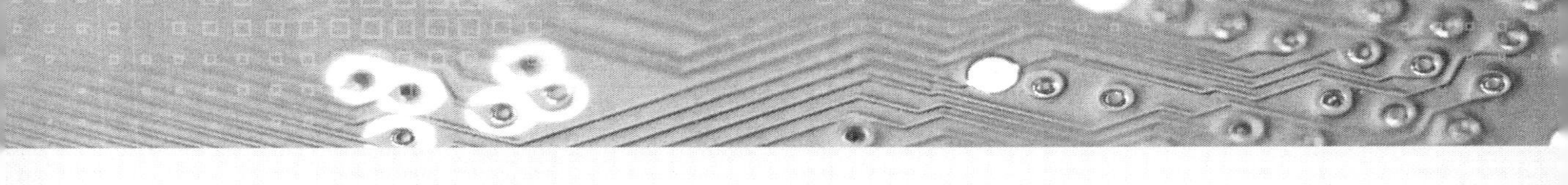

18. FM에서 최대주파수편이 $\triangle f$ =15㎑, 변조주파수 fp =3000Hz일 때 변조지수 mf는 얼마인가?

가. 1　　　나. 2
다. 3　　　라. 5

해설 변조지수(m_f)

$$m_f = \frac{\Delta f}{f_p} = \frac{15 \times 10^3}{3000} = 5,$$

f_p : 신호파
m_f : 변조지수
Δf : 최대주파수편이

19. FM송신기에서 최대 주파수 편이 Δf = 100(㎑)이고, 변조신호 주파수가 4(㎑)인 경우 대역폭은 얼마인가?

가. 100[㎑]　　　나. 208[㎑]
다. 400[㎑]　　　라. 800[㎑]

해설 대역폭(Band Width)

$$BW = 2(f_m + \Delta f)$$
$$= 2(4[\text{kHz}] + 100[\text{kHz}]) = 208[\text{kHz}]$$

f_m : 신호 주파수
Δf : 최대 주파수 편이

20. 200[㎒] FM송신기의 5[㎒]발진기에서 4000[Hz]의 변조 신호로 200[Hz]의 주파수 편이를 걸때 송신기의 변조지수는 얼마인가?

가. 2　　　나. 4
다. 8　　　라. 0.05

해설

FM 송신기의 변조지수는 $m_f = \frac{\Delta f}{f_m}$ 이며 5[㎒]의 발진기로 200[㎒] FM 송신기에 사용하기 위해서는 40배의 변조도가 필요하다.

$$\therefore m_f = n\frac{\Delta f}{f_m} = 40\frac{200}{4000} = 2,$$

f_m : 신호파
m_f : 변조지수
Δf : 최대주파수편이

21. 광대역 FM 변조에서 최대 주파수 편이가 30㎑이고, 변조 주파수가 5㎑일 때 FM 신호의 대역폭은 약 몇 ㎑ 인가?

가. 10　　　나. 35
다. 70　　　라. 100

22. 주파수 변조에서 주파수 편이는 무엇에 비례하는가?

가. 변조파의 진폭
나. 반송파의 진폭
다. 변조파의 주파수
라. 반송파의 주파수

23. FM 송신기에서 주파수 편이는 변조지수와 어떤 관계가 있는가? (단, 변조주파수는 일정)

가. 변조지수와 반비례
나. 변조지수와 비례
다. 변조지수의 제곱에 비례
라. 변조지수의 제곱에 반비례

24. 다음은 FM 송신기 블록도의 일부이다. 3체배한 후 최대 주파수 편이가 ±6[㎑]이면, FM 변조한 뒤(3체배하기전)의 최대 주파수 편이 $\triangle f$ 는 얼마인가?

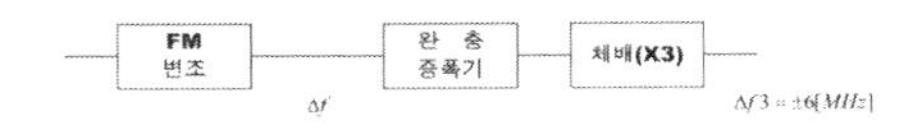

가. $\triangle f = \pm 1$[㎑]　　　나. $\triangle f = \pm 2$[㎑]
다. $\triangle f = \pm 6$[㎑]　　　라. $\triangle f = \pm 12$[㎑]

정답 18. 라　19. 나　20. 가　21. 다　22. 가　23. 나　24. 나

핵심기출문제

25. PM을 등가 FM으로 만들기 위하여 사용되는 회로는?★

가. pre-emphasis회로 나. pre-distorter회로
다. de-emphasis회로 라. IDC회로

해설 Pre-distortor (전치보상기)
- 적분회로.
- PM을 등가 FM으로 만드는 회로

26. 간접 FM방식에서 사용되는 전치보상회로(pre-distorter)의 설명중 틀린 것은?

가. 신호 주파수에 반비례하는 회로이다.
나. 미분회로의 일종이다.
다. PM을 FM으로 만드는데 쓰인다.
라. 입출력 위상차는 90°이다.

해설 Pre-distortor (전치보상기)
- 적분회로.
- PM을 등가 FM으로 만드는 회로.
- 입출력 신호 사이에는 90° 위상차를 갖는다.

27. 주파수 변조에서 IDC회로를 사용하는 이유는?

가. 반송파 주파수를 일정하게 유지하기 위해서
나. 최대 주파수 편이가 규정치를 넘지 않게 하기위해서
다. 주파수 체배를 정확하게 하기 위해서
라. 주파수 변조 특성을 좋게 하기 위해서

28. FM송신기에서 최대 주파수편이가 규정치를 넘지 않도록 음성신호 등의 진폭을 일정하게 제한하는 회로는?★

가. A.F.C 회로
나. I.D.C 회로
다. 스켈치(Squelch)회로
라. 리미터(Limiter)회로

29. 다음 중 IDC 회로를 사용하는 목적으로 가장 적합한 것은?★

가. 주파수 체배를 정확하게 하기 위하여
나. 최대 주파수 편이가 규정치를 넘지 않게 하기 위하여
다. 반송파 진폭을 일정하게 하여 주파수 편이를 좋게 하기 위하여
라. 반송파 주파수를 일정하게 하기 위하여

30. FM송신기에서 사용되는 pre – empha sis회로에 관한 설명 중 맞는 것은?

가. 변조신호의 높은 주파수 성분을 낮게 하여 변조한다.
나. 선택도가 개선된다.
다. 전력 증폭기의 효율을 높이기 위하여 사용한다.
라. S/N비를 향상시키는 효과가 있다.

해설 Pre-emphasis
- 변조하기 전 신호파의 특정 주파수 이상의 주파수에서 이득을 강하게 하는 회로. (미분회로)
- 높은 주파수에 대한 S/N비 개선
  $\tau = CR$[sec]

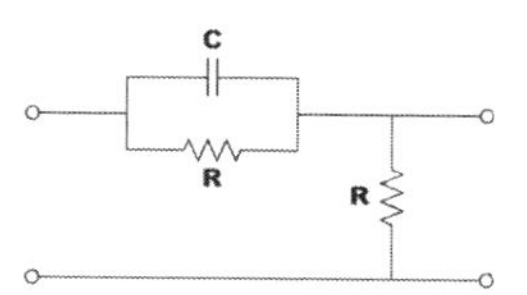

정답 25. 나 26. 나 27. 나 28. 나 29. 나 30. 라

31. FM 통신기기에서 사용되는 다음 회로에 대한 설명 중 틀린 것은?

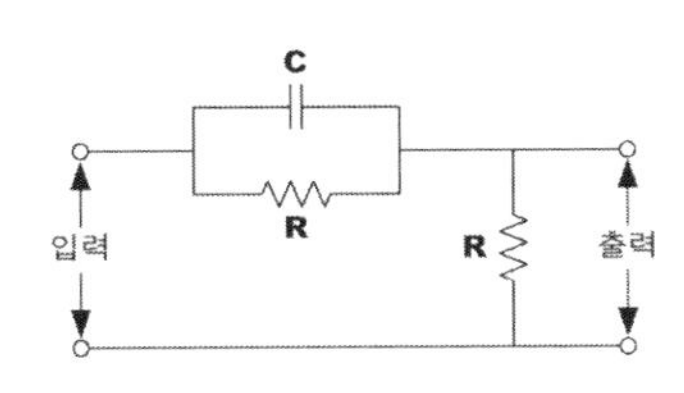

가. 입력파형의 고역주파수에 대한 출력전압을 강화한다.
나. pre - emphasis 회로의 일종이다.
다. FM 송신기에 사용되는 회로이다.
라. 적분회로의 일종이다.

32. 그림과 같은 pre-emphasis회로에 시정수가 75[㎲] 가 되도록 하려면 C의 값을 얼마로 하면 되는가?

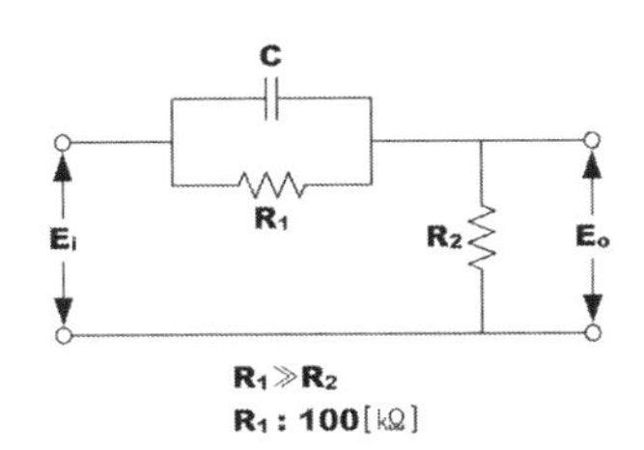

가. 7500[pF]　　나. 750[pF]
다. 75[pF]　　라. 7.5[pF]

해설
프리엠파시스(pre-emphasis)에서
시정수(τ)= $R_1 \cdot C$이다.

$$\therefore\ C = \frac{\tau}{R_1} = \frac{75 \times 10^{-6}}{100 \times 10^{3}} = 750 \times 10^{-12} = 750[\mathrm{pF}]$$

33. FM 송신기에서 프리엠퍼시스(pre-em phasis) 회로를 사용하는 목적은?★

가. 신호의 크기를 증가시킨다.
나. 전송 효율을 높인다.
다. 신호대 잡음비(S/N)를 향상시킨다.
라. 주파수 대역폭을 좁힌다.

해설 Pre-emphasis
- 송신 신호 중 특정 주파수 이상의 주파수 신호가 이득이 현저하게 떨어지는 현상 때문에 송신측에서 변조하기 전 신호파의 특정 주파수 이상의 주파수에서 이득을 크게 해주는 회로이다. (미분회로)
- 높은 주파수에 대한 S/N비 개선

34. FM 무선 통신에서는 송신 및 수신기에 각각 Pre-emphasis와 De-emphasis 회로를 사용하고 있다. 다음 중 이들 회로를 사용하는 이유로 가장 타당한 것은?

가. 저주파 특성 개선
나. 고주파 특성 개선
다. 과변조방지
라. 반송 주파수 안정

해설
FM무선통신에서 낮은 주파수에서는 잡음 전력이 작으나 주파수가 높아짐에 따라 잡음 전력이 현저히 증가하게 된다. 따라서 송신 쪽에서 변조하기 전 신호파의 특정 주파수 이상의 주파수에서 이득을 강하게 하는 회로가 필요 하는데 이를 Pre-emphasis 라 한고 수신 쪽에서는 다시 원상태로 되돌리기 위하여 고주파 신호 Level을 억제하는 회로가 필요 하는데 이를 De-emphasis 라 한다.

정답 31. 라　32. 나　33. 다　34. 나

핵심기출문제

35. FM송신기에서 신호주파수의 높은 쪽을 강하게 변조하여 시스템 S/N비를 개선하는데 사용되는 회로는?★

가. Limiter　　나. IDC
다. Pre-emphasis　　라. APC

해설 Pre-emphasis
- 변조하기 전 신호파의 특정 주파수 이상의 주파수에서 이득을 강하게 하는 회로. (미분회로)
- 높은 주파수에 대한 S/N비 개선

36. FM 송수신기에서 엠파시스회로를 사용하는 이유는?

가. S/N비를 개선한다.
나. 주파수 선택도를 개선한다.
다. 전송 효율을 높인다.
라. 신호 왜곡을 감소한다.

37. VHF대에서 FM 통신 방식이 많이 사용되는 이유는?

가. 고속 통신에 적합하기 때문에
나. 변조가 쉽게 이루어지므로
다. 주파수 대역이 넓게 취해지므로
라. 비화성이 있기 때문에

38. 아래의 회로 중 설명이 잘못된 것은?

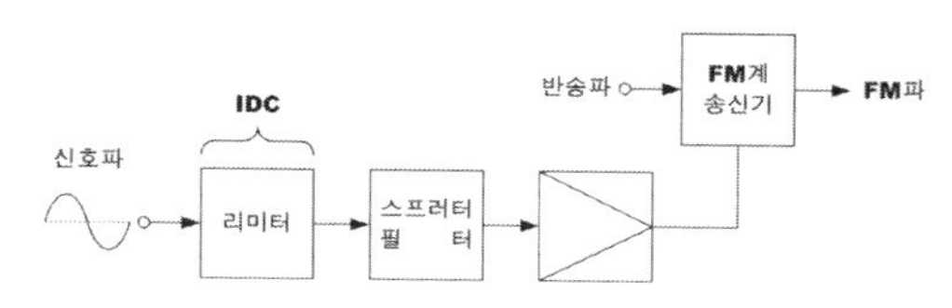

가. IDC회로의 리미터에서 신호가 클리프(clip)된 경우에 발생되는 고조파를 억압한다.
나. 신호의 주파수 대역을 제한한다.
다. IDC회로는 송신전력 스펙트럼의 확산을 일정치 이하로 제한한다.
라. 직접 FM송신기로 구성하려면 반드시 전치보상회로를 사용해야 한다.

해설
간접 FM이란 신호파를 전치보상회로(IDC)를 이용해 적분한 다음 PM파를 얻은 후 다시 FM파를 얻는 방식을 말한다.

39. 무선 송신기에서 사용하지 않는 회로는?

가. 변조회로　　나. 뮤팅(Muting)회로
다. 완충증폭회로　　라. 전력 증폭회로

해설
Squelch(=Muting)회로 : 입력신호가 없거나, 잡음 Level이 신호 Level보다 클 경우 AF(저주파 증폭기) 차단시키는 회로로 FM 수신기에서 사용된다.

FM 수신기

1. FM 수신기에서 진폭제한기에 대한 설명 중 틀린 것은?

가. 진폭제한기는 중간 주파증폭기의 앞단에 접속된다.
나. 충격성 잡음의 영향을 경감할 수 있다.
다. 일정한 레벨이상이 되면 그 이상의 레벨을 제한 한다.
라. 진폭제한기를 종속접속하면 그 효과가 크다.

정답 35. 다　36. 가　37. 다　38. 라　39. 나　**FM 수신기** 1. 가

2. 그림은 FM수신기의 리미터 특성을 측정하기 위한 구성도와 전압계로 입력과 출력단의 전압을 측정한 경우의 E1- E2 관계특성을 보이고 있다. 리미터의 적합한 특성은?

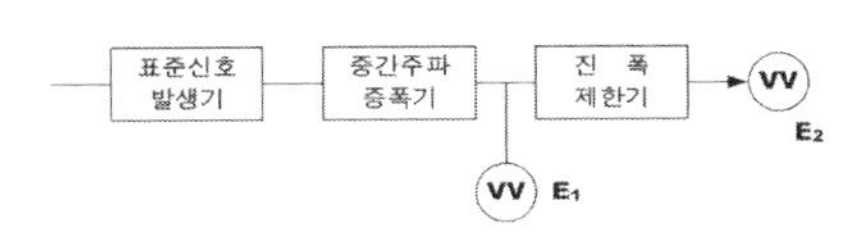

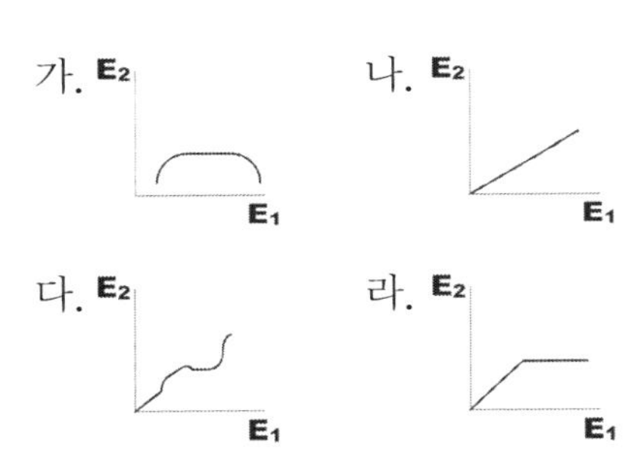

3. FM수신기에 사용된 리미터의 용도는?

가. 기생 진동을 방지하기 위해서
나. 충격성 잡음을 방지하기 위해서
다. 전원 전압의 변동을 방지하기 위해서
라. 고조파에 의한 찌그러짐을 방지하기 위해서

4. FM수신기에서 Limiter 회로역할로 가장 타당한 것은?

가. 주파수의 변화에 따른 출력 전압의 변화를 검출
나. 잡음지수를 증가시키는 역할
다. 수신신호의 진폭을 일정하게 만드는 역할
라. 송신측에서 강조되어 보내진 높은 주파수 신호를 수신 단에서 억제하는 역할

5. FM 통신방식이 AM 방식에 비해서 신호 대 잡음비가 좋은 이유로 가장 타당한 것은?★

가. 레벨변동이 크므로
나. 진폭제한기를 사용하므로
다. 점유주파수 대폭이 넓기 때문에
라. 송신장치가 간단하기 때문에

6. 다음 회로는 트랜지스터를 이용한 리미터(Limitter) 회로이다. 회로에 관한 다음 설명중 틀린 것은?

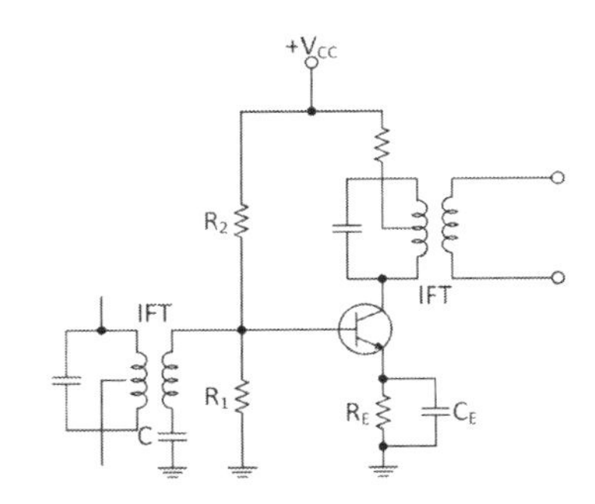

가. 컬렉터의 바이어스 전압을 가능한 낮게 설정해야 출력포화로 인한 진폭 제한의 기능을 잘 수행한다.
나. R1을 크게 하면 우수한 진폭제한기의 기능을 수행 한다.
다. 콘덴서 C는 IF 이외의 높은 주파수의 잡음 신호를 제거하는 기능을 한다.
라. RE 값을 적게하면 출력신호의 포화가 빨리 일어나 진폭제한기의 기능을 한다.

해설 트랜지스터를 이용한 리미터(Limitter) 회로 특징
① 컬렉터의 바이어스 전압을 가능한 낮게 설정해야 출력포화로 인한 진폭 제한의 기능을 잘 수행한다.

정답 2. 라 3. 나 4. 다 5. 나 6. 나

핵심기출문제

② R1을 크게 하면 V_{be}가 증가되어 트랜지스터의 컬렉터 전류가 증가하게 됨으로써 우수한 진폭제한기의 기능을 수행 수 없게 된다.
③ 콘덴서 C는 IF 이외의 높은 주파수의 잡음 신호를 제거하는 기능을 한다.
④ RE 값을 적게 하면 출력신호의 포화가 빨리 일어나 진폭제한기의 기능을 한다.

7. 포스터-실리 검파기가 주로 하는 기능으로 가장 적합한 것은?

가. FM 신호의 진폭을 제한한다.
나. FM 신호의 중간주파 신호를 증폭한다.
다. 복조된 신호 파에서 고주파 성분을 제거한다.
라. FM 신호의 주파수 변화를 진폭변화로 변환하여 신호 파를 재생한다.

8. FM 수신기의 주파수 변별기의 특성을 측정하는 방법은 어느 것인가?★

가. 입력 전압의 변화에 대한 직류 출력 전압의 변화
나. 입력 주파수 변화에 대한 직류 출력 전압의 변화
다. 입력 전압의 변화에 대한 출력 주파수의 변화
라. 입력 주파수 변화에 대한 출력 주파수의 변화

9. FM 수신기 복조기에서 Foster - Seely 형과 Ratio - Detector 형에서 검파감도의 비는?★

가. 1 : 1　　나. 2 : 1
다. 1 : 2　　라. 4 : 1

10. 비 검파기에 대한 설명 중 적합하지 않은 것은?

가. 대용량의 콘덴서를 사용한다.
나. 출력은 Foster-Seeley의 2배이다.
다. 순시 편이 주파수와 출력전압과의 관계는 S자 특성을 갖는다.
라. 진폭제한 작용을 갖기 때문에 앞단의 리미터를 단순화할 수 있다.

11. 다음 중 포스터 실리 검파기와 비교한 비 검파기에 대한 설명으로 적합하지 않은 것은?

가. 검파 감도가 둔하다.
나. 진폭 제한 작용을 가지고 있다.
다. 다이오드의 접속 방향이 동일하다.
라. 포스터 실리 검파기의 개량 형으로 볼 수 있다.

12. 다음 중 FM 검파기의 종류에 해당되지 않는 것은?

가. Cascode 형　　나. Foster-Seeley 형
다. 비 검파기형　　라. 복 동조형

13. limiter 작용을 겸한 FM 검파기는?

가. Ratio-detector형　　나. foster-seely형
다. round-travis형　　라. stagger 동조형

14. 다음 중 FM 수신기에서 입력 진폭 변화에 대한 영향이 가장 적은 검파기는?

가. 다이오드 직선 검파기
나. 경사 형 검파기
다. 포스터 실리(Foster-Seeley)형 검파기
라. 비 검파기(Ratio-Detecter)

정답 7. 라　8. 나　9. 나　10. 나　11. 다　12. 가　13. 가　14. 라

15. 아래의 회로는 포스터-실리(Foster-See ley) 검파기이다. 회로의 구성 상태 중 잘못 설명한 것은?

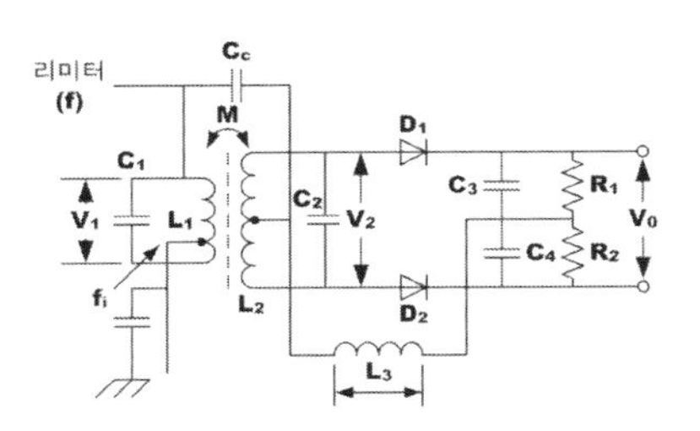

가. 1차측 동조회로 L1, C1 및 2차측 동조회로 L2,C2는 FM파의 중심주파수에 동조되어야 함.

나. 1차측 동조회로의 코일 L1과 2차측 동조회로 L2는 유도결합 되어 있으며, 결합계수는 크지 않음.

다. 무선주파 쵸크 L3는 고주파에서 개방, 신호주파수 에서는 단락상태가 될 수 있도록 선정함.

라. 1차측 전압 V1과 2차측 전압 V2는 FM파의 중심 주파수 fi에서 180[도]의 위상차가 되도록 함.

해설 포스터-실리(Foster-Seeley) 검파기

① 1차측 동조회로 L1, C1 및 2차측 동조회로 L2,C2는 FM파의 중심주파수에 동조되어야 함.
② 1차측 동조회로의 코일 L1과 2차측 동조회로 L2는 유도결합 되어 있으며, 결합계수는 크지 않음.
③ 무선주파 쵸크 L3는 고주파에서 개방, 신호주파수에서는 단락상태가 될 수 있도록 선정함.
④ 1차측 전압 V1과 2차측 전압 V2는 FM파의 중심 주파수 fi에서 90[도]의 위상차가 되도록 하여 검파 출력이 0이 되게 함.

16. 주파수변별기와 주파수검파기가 하는 기능은?

가. FM 주파수 편차를 위상편차로 변환한다.
나. FM 신호의 진폭을 제한한다.
다. FM 주파수 편차를 신호파로 변환한다.
라. 복구된 신호 파에서 FM합 주파수 성분을 제거한다.

17. FM수신기에서 주파수 변별기의 주파수편이에 따른 출력전압의 변화특성을 보인 그림이다. 동조가 벗어난 경우에 나타나는 특성은?

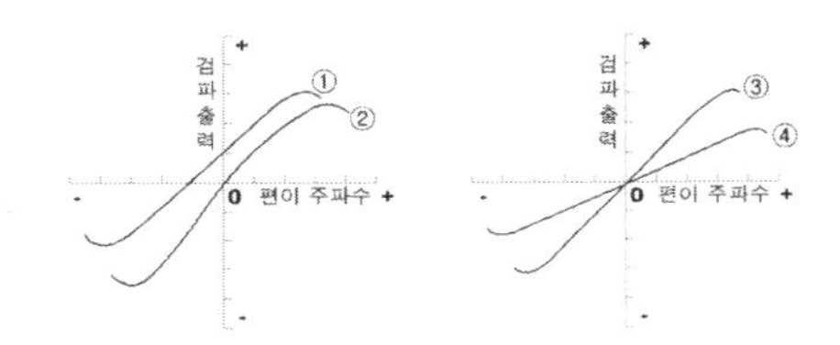

가. ①　　　나. ②
다. ③　　　라. ④

18. FM 수신기에서 주파수 변별기의 주파수 특성곡선(frequency response)의 설명 중 적합하지 않은 것은?★

가. 중심 주파수 fo에 대하여 대칭적인 것
나. 중심 주파수 fo 부근에서 경사가 될 수 있는 한 완만할 것
다. 직선부분이 길 것
라. 중심 주파수 fo에서는 출력 전압이 0(기준값)일 것

정답 15. 라　16. 다　17. 가　18. 나

핵심기출문제

19. FM 검파기의 특성인 S 커브의 상태가 직선이 아니면 어떤 상태인가?

가. 동조가 벗어났다.
나. 출력이 적어진다.
다. 복조감도가 나쁘다.
라. 잡음이 감소한다.

20. FM 복조에 PLL 회로가 많이 사용되고 있다. 다음 중 PLL의 기본적인 구성요소가 아닌 것은?

가. 전압제어발진기(VCO) 회로
나. 위상 비교기(PC) 회로
다. 샘플링(sampling) 회로
라. 저역통과필터(LPF) 회로

21. FM 복조에 PLL 회로가 많이 사용되고 있다. 다음 중 PLL 의 기본적인 구성 요소가 아닌 것은?

가. 전압제어발진기(VCO) 회로
나. 위상 비교기 (PC) 회로
다. 샘플링(Sampling) 회로
라. 저역통과필터(LPF)

22. 아래 그림은 FM의 복조에 사용되는 회로의 블록도이다. 이 회로를 무엇이라 하는가?

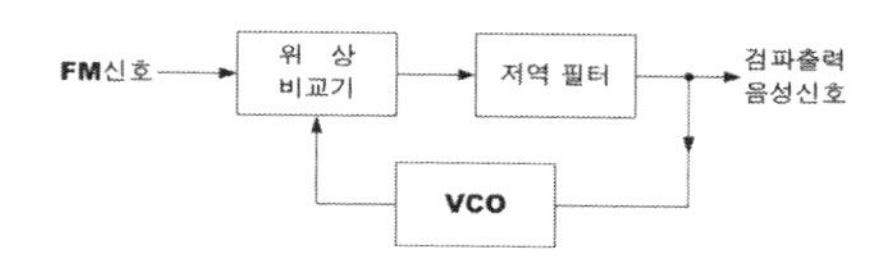

가. PLL회로　　나. BFO회로
다. 스켈치회로　　라. 디엠파시스회로

23. 다음 중 PLL주파수 합성기의 분류가 아닌 것은?

가. 간접방식
나. 주파수 혼합방식
다. Prescaler방식
라. Pulse swallow방식

해설
- 전치 분주기(prescaler) : 주파수계나 PLL 회로 등에서 고속 회로 부분과 저속 회로 부분과의 주파수 정합을 위하여 주파수를 분주하는 회로.
- PLL주파수 합성방식에는 직접 방식, 주파수 혼합 방식, 고정 프리스케일러(Prescaler)방식 등이 있다.

24. PLL 주파수 합성기의 기본구성 요소와 거리가 먼 것은?

가. 전압제어발진기　　나. 주파수 변별기
다. 저역통과 필터　　라. 위상검출기

해설 위상제어회로(PLL: Phase Look Loop) 구성도

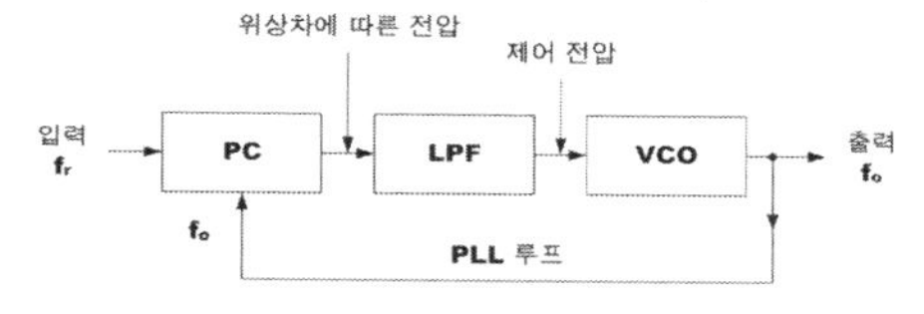

PC : 위상 비교기(**Phase Comparator**)
LPF : 저역 필터(루프 필터라고도 한다.)
VCO : 전압 제어 발진기
f_r : 기준 주파수
f_o : 발진 주파수

25. FM검파기의 분류 중 주파수 변화에 따르는 VCO의 제어 신호를 검출하는 방법에 해당되는 것은?

가. PLL 검파기
나. Foster-seeley 검파기
다. Ratio 검파기
라. Quadrature 검파기

해설
FM검파기의 분류 중 주파수 변화에 따르는 VCO의 제어 신호를 검출하는 방법에는 PLL 검파가 있다.

정답 19. 다　20. 다　21. 다　22. 가　23. 가　24. 나　25. 가

26. 송수신기의 발진방식으로 널리 사용되고 있는 방식중 PLL(Phase Locked Loop)은 외부로부터 입력 되는 신호의 위상을 추적하여 안정된 위상관계를 유지하는 신호를 얻는 회로이다. 다음 중 PLL 회로 구성에 반드시 필요한 회로는?

가. 전압제어발진회로　나. 샘플링회로
다. 주파수체배회로　라. 적분회로

27. PLL회로 구성과 가장 관계 깊은 회로는?

가. VCO회로　나. Sampling회로
다. 적분회로　라. 주파수 체배회로

28. FM 수신기에서 입력 신호가 없을 때 잡음이 대단히 크며 이를 방지하기 위해 저주파 증폭 부를 자동적으로 정지 시키도록 동작하는 회로는?

가. 스켈치 회로　나. AFC 회로
다. IDC 회로　라. 리미터 회로

29. FM수신기에 있는 스켈치(Squelch)회로의 사용 목적은?

가. 도래하는 전파를 증폭한다.
나. 도래하는 전파의 잡음을 제거한다.
다. 도래하는 전파의 주파수변동을 자동으로 조정하여 신호 대 잡음비를 개선한다.
라. 잡음 전력이 수준 이상으로 커졌을 때 가청주파 증폭 단을 차단시킨다.

30. FM수신기에서 저주파 잡음을 차단하는 역할을 하는 것은?

가. 주파수 변별기　나. 리미터
다. 국부 발진기　라. 스켈치 회로

31. FM 수신기에서 입력신호가 없을 때 잡음발생을 방지하기위해 저주파 증폭 부를 자동적으로 정지 시키도록 동작하는 회로는?

가. 스켈치 회로　나. AFC 회로
다. IDC 회로　라. 리미터 회로

32. FM 수신기에서 스켈치 회로가 사용되는 이유는?

가. 수신기 감도를 향상시키기 위해서
나. 선택도를 높이기 위해서
다. 자동 주파수를 조정하기 위해서
라. 수신 신호가 없을 때 내부 잡음을 억제하기 위해서

해설
- Squelch(=Muting)회로 : 입력신호가 없거나, 잡음 Level이 신호 Level보다 클 경우 AF(저주파 증폭기) 차단하여 내부 잡음을 억제시키는 회로이다.

33. 스켈치(Squelch)회로의 입력은 어느 단에서 얻는가?

가. 고주파 증폭단　나. 중간주파 증폭단
다. 저주파 증폭단　라. 주파수 변별기

해설 FM 수신기 구성

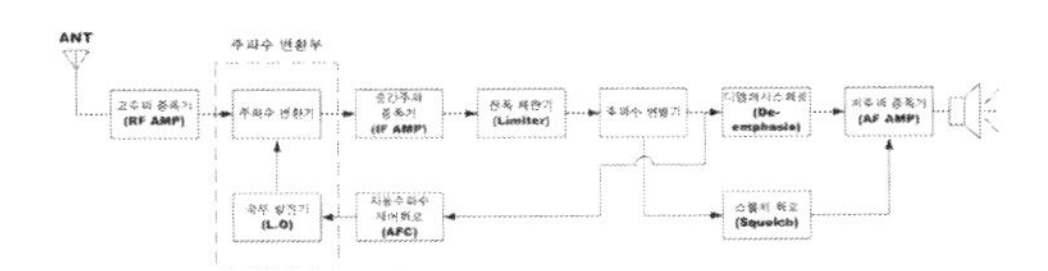

(Single Super Heterodyne 방식)

⇒ FM 수신기는 입력된 신호가 없을 때 Limiter가 동작하지 않아 큰 잡음이 발생하므로 입력된 신호가 없을 때는 저주파 증폭단의 입력을 차단하고 입력된 신호가 있을 때는 저주파 증폭단의 입력을 개방시켜주는 잡음 억제회로를 squelch 회로라 한다.

정답 26. 가　27. 가　28. 가　29. 라　30. 라　31. 가　32. 라　33. 라

핵심기출문제

34. 다음 설명 중 FM수신기의 스켈치(SQUEL CH)회로의 설명이 맞지 않는 것은?

가. 수신 신호가 약하거나 없을 때 잡음 출력이 커지는 것을 방지한다.
나. 잡음이 커지면 자동적으로 가청주파 증폭기 기능을 정지한다.
다. 잡음 증폭과 잡음 정류 기능을 갖추고 있다.
라. 수신기 감도를 향상시켜 준다.

해설
- Squelch(=Muting)회로: 입력신호가 없거나, 잡음 Level이 신호 Level보다 클 경우 AF(저주파 증폭기) 차단하여 잡음 출력을 억제하는 회로이다.

35. FM 수신기는 신호파의 입력이 없으면 큰 잡음이 발생한다. 이를 제거하기 위해 신호파가 없을 경우 저주파증폭기의 출력을 차단하는 기법을 사용하는데 이 회로의 명칭은 무엇인가?

가. 리미터(Limiter)
나. 스켈치(Squelch) 회로
다. 주파수변별기(Discrimination)
라. De-emphasis

해설
- Squelch(=Muting)회로 : 입력신호가 없거나, 잡음 Level이 신호 Level보다 클 경우 AF(저주파 증폭기) 차단하여 내부 잡음을 억제시키는 회로이다.

36. FM 수신기의 스켈치(Squelch) 회로에 대한 설명 중 맞지 않는 것은?

가. 잡음 증폭과 잡음 정류 기능을 갖추고 있다.
나. 수신기 감도 및 이득을 향상시켜 준다.
다. 잡음이 커지면 자동적으로 가청 주파수 증폭기 기능을 정지한다.
라. 수신 신호가 약하거나 없을 때, 잡음 출력이 커질 때 이를 방지 한다.

해설
- Squelch(=Muting)회로 : 입력신호가 없거나, 잡음 Level이 신호 Level보다 클 경우 AF(저주파 증폭기) 차단하여 내부 잡음을 억제시키는 회로이다.

37. 다음 중 주파수변조(FM) 수신기를 구성하는 장치(회로)가 아닌 것은?

가. 프리엠퍼시스 회로
나. 진폭제한기
다. 비검파기
라. 주파수 변환회로

해설 FM 수신기의 특징
① S/N가 좋다.
② 수신 주파수대역이 넓다.(단점)
③ 보조회로의 종류
 ㉠ Limiter(진폭제한기)
 ㉡ 주파수 변별기(Frequency Discriminator)
 ㉢ Squelch(=Muting)회로
 ㉣ De-emphasis(디엠파시스)
- Pre-emphasis : FM 송신기 보조 회로로 변조하기 전 신호파의 특정 주파수 이상의 주파수에서 이득을 강하게 하는 방식으로 높은 주파수에 대한 S/N비 개선 방법으로 쓰인다.

38. 다음 중 FM 송신기의 보조회로가 아닌 것은?

가. 순시주파수편이 제어회로(IDC)
나. Pre-emphasis 회로
다. 진폭제한기
라. 자동 주파수제어회로(AFC)

해설
Limiter (진폭제한기)는 FM 수신기에 사용되는 회로이다.
- 용도: 잡음이나 혼신 등으로 인해 본래의 FM파 이외의 성분을 제거
- 위치: 중간주파증폭기 뒷단에 위치

정답 34. 라 35. 나 36. 나 37. 가 38. 다

• 특성곡선

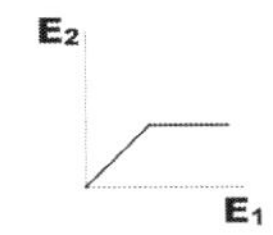

39. 다음 중 AM 수신기와 비교하여 FM 수신기의 특징이 아닌 것은?

가. 수신 주파수 대역이 넓다.
나. 수퍼 헤테로다인 방식을 사용한다.
다. 주파수 변별회로가 있다.
라. 진폭제한 회로가 있다.

해설 AM 수신기와 비교한 FM수신기의 차이점

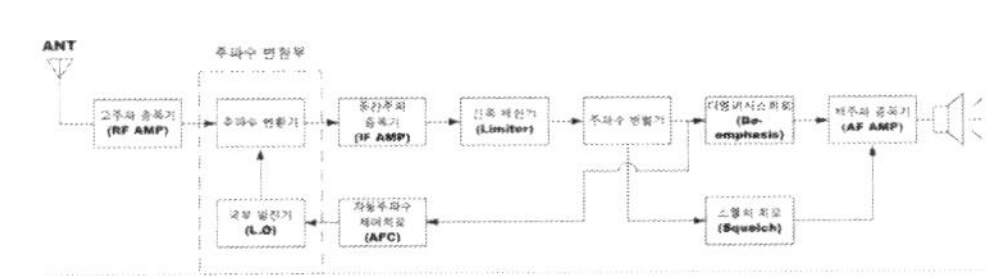

(Single Super Heterodyne 방식)

1. 구성상 차이점
① Limiter (진폭제한기): 잡음이나 혼신 등으로 인해 본래의 FM파 이외의 성분을 제거.
② 주파수 변별기(Frequency Discriminator): FM파의 주기 변화를 진폭변화(AM파)로 바꾸는 회로
③ Squelch(=Muting)회로: 입력신호가 없거나, 잡음 Level이 신호 Level보다 클 경우 AF(저주파 증폭기) 차단
④ De-emphasis: 고주파 신호 Level을 억제(적분회로 : LPF)
2. 특징상 차이점
FM은 AM방식에 비해 거의 모든 잡음에 유리한 변조방식으로 S/N가 좋으나 변조방식이 복잡하며 대역폭이 넓어진다는 단점을 갖는다.

40. AFC에 대한 설명으로 잘못된 것은?

가. 송신기와 수신기에 사용된다.
나. 기준 주파수로 사용되는 발진기는 주로 수정발진기를 사용한다.
다. 발진기의 발진 주파수를 자동적으로 조정하여 항상 일정 주파수로 유지시킨다.
라. AFC 장치는 간접 FM 송신기에 많이 사용된다.

해설 AFC(Automatic Frequency Control)
직접 FM 방식에서 LC 발진기를 사용하므로 발진주파수가 불안정하여 주로 사용되는 자동 주파수 조절 장치이다.

41. 다음 중 FM수신기에서 주로 사용되는 잡음억제회로 가 아닌 것은?

가. Limiter 회로　　나. Squelch 회로
다. Muting 회로　　라. Eliminator 회로

해설
① Limiter (진폭제한기) : 잡음이나 혼신 등으로 인해 본래의 FM파 이외의 성분을 제거.
② Squelch회로 및 Muting 회로 : 입력신호가 없거나, 잡음 Level이 신호 Level보다 클 경우 AF(저주파 증폭기) 차단시킴으로써 FM수신기 출력에 잡음이 나타나는 것을 방지한다.

42. AM 통신방식과 비교한 FM 통신방식의 특징 중 틀린 것은?

가. 신호 대 잡음비가 개선된다.
나. 수신 입력 레벨 변동의 영향이 적다.
다. 수신 신호가 매우 낮은 통신에 적합하다.
라. 넓은 점유주파수 대역폭이 요구된다.

해설 AM 통신방식과 비교한 FM 통신방식의 특징
① S/N가 좋다.
② 잡음 및 레벨 변동의 영향이 적다.
③ 수신 주파수대역이 넓다.(단점)

정답 39. 나　40. 라　41. 라　42. 다

핵심기출문제

43. 수신기의 감도를 나타내는 방법 중 잡음억압방식에 관한 설명으로 옳지 않은 것은?

가. FM 수신기의 감도를 나타내는데 사용한다.
나. 측정할 때는 무변조 반송파만을 사용한다.
다. 감도는 잡음이 20dB 억압되는 수신기 입력을 말한다.
라. 스켈치는 ON 상태로 측정한다.

해설
- Squelch(=Muting)회로 : 입력신호가 없거나, 잡음 Level이 신호 Level보다 클 경우 AF(저주파 증폭기) 차단하여 내부 잡음을 억제시키는 회로이다.
- 감도(感度, sensitivity) : 어떤 규정된 유효출력을 얻을 수 있는 최소의 입력으로 나타낸다. 증폭기나 수신기에 미약한 신호입력이 있을 경우에, 잡음 이상으로 분명히 신호라고 인정되는 출력값을 규정하고, 그러한 출력을 주는 입력값으로 감도를 나타낸다. 이 값이 작을수록 감도가 높다고 한다. 하지만 Squelch(=Muting)회로가 ON 상태인 경우에는 이를 측정할 수 없게된다.

44. FM통신방식에 대한 설명 중 옳지 않은 것은?

가. 주파수 대역폭이 AM방식보다 넓다.
나. 수신기 입력전압이 한계레벨 보다 작은 경우에는 AM방식이 오히려 잡음이 적다.
다. 진폭 제한기에 의해 진폭성분의 잡음을 감소시킬 수 있다.
라. 통신하는 동일 주파수와 동일 수준의 전력 레벨에 의한 혼신을 받을 경우에도 양호한 통신이 가능하다.

해설
- 수신기 입력전압이 한계레벨 보다 작은 경우에는 AM 방식이 오히려 감도(미약한 전파 수신정도)가 좋다.
  ⇒ FM통신방식은 동일 주파수나 동일 수준의 전력 레벨에 의한 혼신방해에 약하다.

45. FM통신방식이 AM방식에 비해 신호 대 잡음비가 좋은 이유는?

가. 리미터를 사용하므로
나. 클라리파이어를 사용하므로
다. AGC회로를 사용하므로
라. 깊은 변조를 할 수 있으므로

해설 Limiter (진폭제한기)

FM통신 방식에서 수신부의 중간주파증폭기 뒷단에 위치하여 잡음이나 혼신 등으로 인한 본래의 FM파 이외의 성분(잡음)을 제거하며 신호 대 잡음을 개선한다.

46. FM검파회로 중 주파수 변화를 진폭변화로 바꾸어 검파하는 방법이 아닌 것은?

가. Slope 검파기
나. Foster-seely 검파기
다. Ratio 검파기
라. Quadrature 검파기

해설

FM파의 복조용 회로 중 주파수 변화를 진폭변화로 바꾸어 검파하는 방법에는 경사형(Slope) 검파기, 스태거 동조형 판별기, Foster-Seeley 검파기, 비검파기(Ratio 검파기) 등이 있다.
⇒ Quadrature 검파기 : 수신신호를 동위상(inphase) 성분 및 직교위상(quadrature)성분으로 분리하여 출력하는 직교검파기이다.

47. 순시 주파수 편이제어(Instantaueous De viation Countrol)회로를 사용하는 목적은?

가. AM변조에서 반송파 주파수를 일정하게 하기 위해서
나. FM변조에서 반송파 주파수를 일정하게 하기 위해서

정답 43. 라 44. 라 45. 가 46. 라 47. 라

다. AM변조에서 최대 주파수 편이가 규정치를 넘지 않게 하기 위해서
라. FM변조에서 최대 주파수 편이가 규정치를 넘지 않게 하기 위해서

해설

- 순시편이제어회로(IDC: Instantaueous Devia tion Control) : FM 변조에서 최대 주파수 편이가 규정값을 넘지 않도록 하는 회로

48. 아래 그림은 이동전화용 단말기의 일반적 구조이다. 빈칸 A 에 알맞는 기능은?

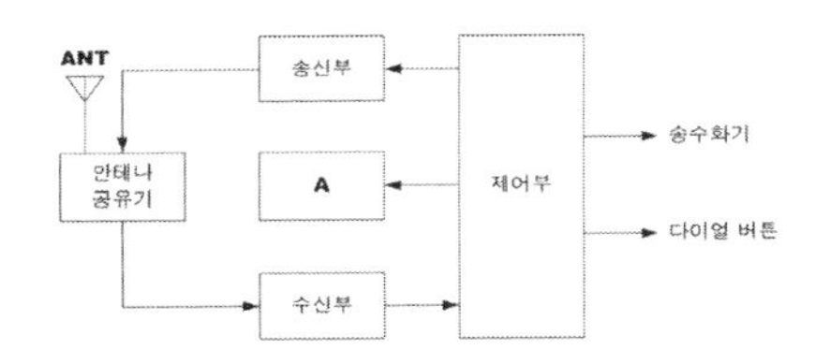

가. 변 · 복조기(Mod/Demodulation)
나. 주파수 합성기(Synthesizer)
다. 전원부(Power Supply)
라. IF 증폭기(IF Amplifier)

해설 주파수 합성기(Synthesizer)
PLL 방식을 사용하여 수신주파수와 VCO(전압 제어 발진기)에서 발생시킨 발진주파수와의 차이를 이용 출력 주파수를 결정하는 장치.

49. FM수신기의 특징과 관계 적은 것은?

가. 수신 주파수대역이 넓다.
나. 진폭제한회로가 필요하다.
다. 주파수 변별회로가 있다.
라. ANL회로를 사용한다.

해설 FM 수신기의 특징
① S/N가 좋다.
② 수신 주파수대역이 넓다.(단점)
③ 보조회로의 종류
㉠ Limiter(진폭제한기)
㉡ 주파수 변별기(Frequency Discriminator)
㉢ Squelch(=Muting)회로
㉣ e-emphasis(디엠파시스)
※ 자동잡음 억제회로
(ANL: Automatic Noise Limiter)는 AM 수신기 보조회로로 불규칙한 특성을 갖는 충격성 잡음 등을 억제하는데 주로 사용된다.

50. 다음 중 슈퍼헤테로다인 수신기에서 수신주파수와 국부발진 주파수의 차가 항상 중간주파수가 되도록 조정하는 회로는?

가. 트래킹 회로
나. 디엠퍼시스 회로
다. AGC 회로
라. 주파수 변별기 회로

51. AM 및 FM수신기에서 다 같이 사용되고 있는 것은?

가. 리미터를 사용해서 일정진폭의 신호를 검파기에 보낸다.
나. 검파기로서 주파수 변별기를 사용할 수 있다.
다. 스켈치(squelch)회로를 사용하고 있다.
라. 주파수 변환을 위하여 국부 발진을 시키고 있다.

52. FM 수신기 구성 회로가 아닌 것은?

가. Squelch 회로
나. 진폭제한기
다. De-emphasis 회로
라. 주파수체배기 회로

정답 48. 나 49. 라 50. 가 51. 라 52. 라

핵심기출문제

53. AM수신기 및 FM수신기에서 다 같이 사용되고 있는 것은?

가. 리미터를 사용해서 일정 진폭의 신호를 검파기에 보낸다.
나. 검파기로서 주파수 변별 기를 사용한다.
다. 스켈치 회로를 사용하고 있다.
라. 주파수 변환을 위하여 국부 발진을 시키고 있다.

54. 다음 중 FM 수신기의 보조회로가 아닌 것은?

가. 진폭제한기
나. De-emphasis 회로
다. 순시주파수편이 제어회로(IDC)
라. 스켈치(Squelch)회로

55. 다음 수신기의 각 회로 중 FM 수신기에서만 쓰이고 있는 것은?

가. 주파수 변환회로　나. 주파수 변별기
다. 국부 발진기　라. 대역통과 필터

56. FM 수신기의 설명 중 잘못된 것은?

가. 진폭제한기(limiter)를 사용한다.
나. 주파수 변별기를 상용한다.
다. 스켈치 회로가 사용된다.
라. Pre-emphasis 회로가 필요하다.

57. 다음 중 FM 수신기와 AM 수신기에서 모두 사용되는 것은?

가. 국부발진기　나. 주파수 변별기
다. 스켈치 회로　라. 진폭제한기

58. 다음 중 AM 수신기와 비교하여 FM 수신기의 특징이 아닌 것은?

가. 통과 대역폭이 넓다.
나. 진폭 제한기를 사용함으로 페이딩 영향이 개선된다.
다. 국부발진 회로가 사용된다.
라. 무신호시 잡음 제거를 위해서 스켈치 회로가 사용된다.

59. 다음 중 AM, FM 수신기에서 다 같이 사용되는 것은?

가. 리미터　나. 주파수 변별기
다. 스켈치 회로　라. 국부 발진기

60. FM 수신기 등에 사용되는 바랙터 다이오드는 어떤 특성을 이용한 것인가?

가. 전압에 따른 캐패시턴스 변화
나. 전압에 따른 인덕턴스 변화
다. 전류에 따른 저항 변화
라. 전류에 따른 부성 저항 변화

정답　53. 라　54. 다　55. 나　56. 라　57. 가　58. 다　59. 라　60. 가

CHAPTER 6

Microwave 다중통신

마이크로파(Microwave) 통신이란 UHF(300~3000㎒)주파수 대와 SHF(3~30㎓)의 주파수 대역의 전자파를 이용하여 주로 가시거리 통신을 수행하는 통신으로 좁은 의미로는 전파의 창의 원리에 의해 주로 1㎓~10㎓대를 마이크로파라 한다.

1 PCM(Pulse Code Modulation)

※ PCM(pulse code modulation) 과정★★

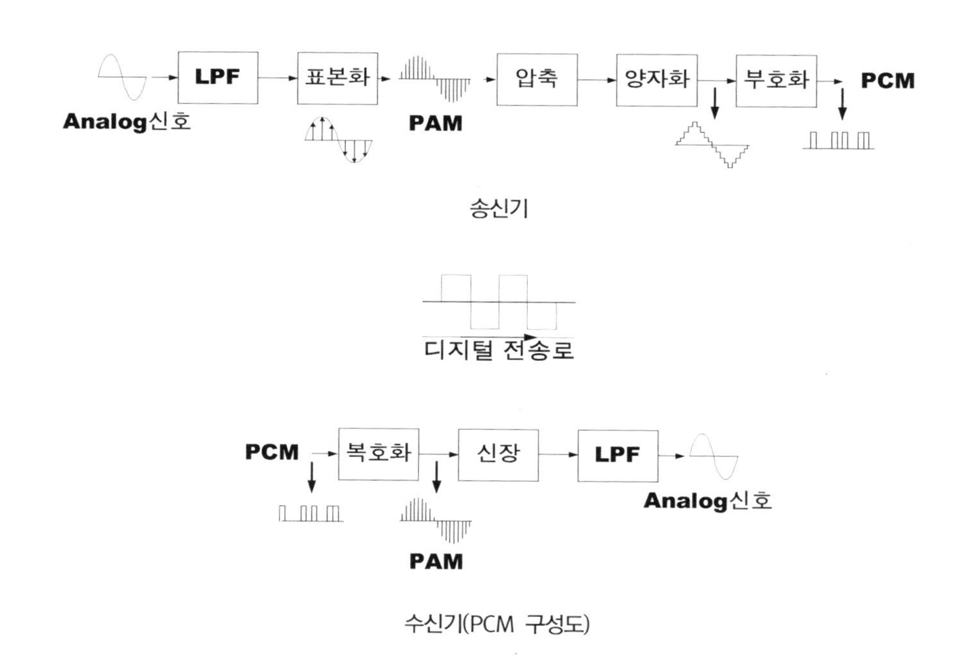

수신기(PCM 구성도)

1.1 표본화 정리(Sampling 이론)

특정 신호가 가지고 있는 최고 주파수(f_m)으로 대역 제한된 신호$f(t)$가 있을 때 이 $f(t)$ 신호를 $T_s(T_s \le \frac{1}{2f_m})$초 간격으로 발췌하여 전송하여도 원래의 신호$f(t)$가 가지고 있는 정보 전달에는 이상이 없으며 주어진 원래의 신호를 정확히 복원할 수 있다는 이론이다.

이 이론은 Nyquist에 의해서 정리되었다 하여 Nyquist 이론 이라고도 부른다.

예를 들어 음성 신호는 300㎐~3400㎐의 주파수 대역을 가지고 있다. 여기서 $f(t)$ 신호는 음성이 되고 최고 주파수(f_m)는 3400㎐가 된다.

T_s는 Sampling 주기 또는 Nyquist 주기라고 부르며 2배의 f_m 분의 1로서 구할 수 있다.

즉 $T_s \leq \dfrac{1}{2f_m}$ 되고, 여기서 $2f_m$은 Sampling 주파수 또는 Nyquist 주파수라 하고 f_s라 표현한다면 $f_s \geq 2f_m$ 되어야 한다. 결국 음성의 경우 $f(t)$ = 음성, f_m = 3400㎐가 되고 $f_s \geqq 2\times3400$㎐ = 6800㎐, $T_s \leq \dfrac{1}{2f_m}$ = 1/6800㎐ = 147[㎲] 이므로 대표 값은 최소 147㎲ 간격으로 발췌하고, 1초 당 sampling은 6800번 이상 되어야 주어진 원래의 음성신호를 정확히 복원할 수 있다는 의미이다. 하지만 실제 음성신호의 sampling 주파수(f_s)는 8000㎐를 사용하고 있으며 sampling 주기(T_s)는 125㎲(T_s = 1/8000㎐)간격으로 sampling한다.

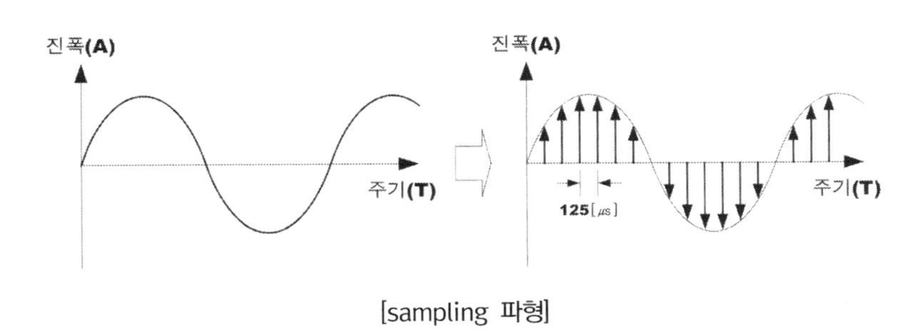

[sampling 파형]

※ 표본화 주파수(f_s)는 신호 주파수 중 최고주파수(f_m)의 2배 이상으로 사용한다.

$\Rightarrow f_s \geq 2f_m$ 가 된다.★

1.2 양자화 정리

PCM과정의 표본화 단계를 통해 발생된 PAM파의 진폭을 이산적 신호인 디지털 양으로 변환하기 위하여 계단 모양의 양자화 레벨(2^n)에 근사화 시키는 과정으로서 PAM파의 진폭의 최저 레벨과 최고 레벨 사이를 양자화 레벨(2^n)로 등분하여 계단 모양의 근사 파형으로 만드는 과정을 말한다.

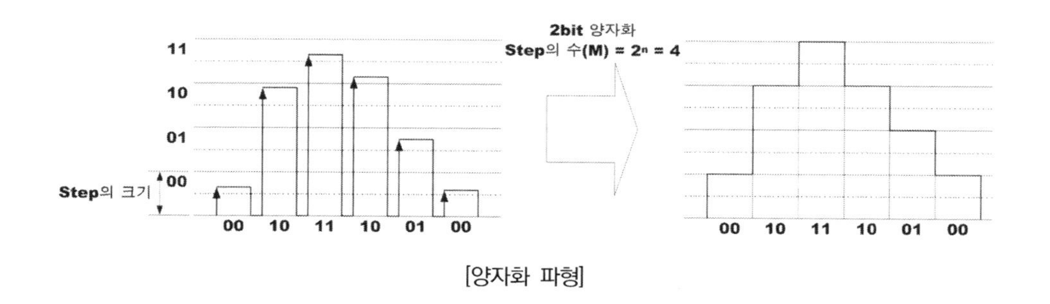

[양자화 파형]

여기서 양자화 레벨(2^n)은 계단 모양의 근사파형에서 Step의 수를 의미하며, n은 양자화 시 사용되는 bit수를 말한다.

양자화 스텝(Step) 수(M) = 2^n(n : 양자화 시 사용된 bit 수)

(1) 양자화 방법

① **선형 양자화**(Linear Quantization)

입력되는 신호의 크기에 관계없이 양자화 스텝의 크기를 항상 일정하게 양자화 하는 방식으로 입력신호의 크기가 일정한 경우에 사용하는 방식이다.

② **비선형 양자화**(Non-Linear Quantization)

입력되는 신호의 크기에 따라서 양자화 스텝의 크기를 달리하는 방식으로 입력 신호의 진폭이 큰 경우에는 스텝의 크기를 크게 하고, 진폭이 작은 경우에는 스텝의 크기를 작게 하여 전 입력 신호에 걸쳐 신호 대 잡음비(S/N)를 균일 하게 할 수 있는 방식이다.

(2) 양자화 오차

양자화 오차는 표본화 과정을 거쳐 나온 PAM파의 진폭을 양자화 레벨(2^n)에 근사화 시키는 과정에서 PAM의 진폭의 크기가 특정 양자화 레벨에 근접하지 않을 경우 약간의 오차가 발생할 수 있는데, 이 때 발생하는 오차를 양자화 오차라 한다.

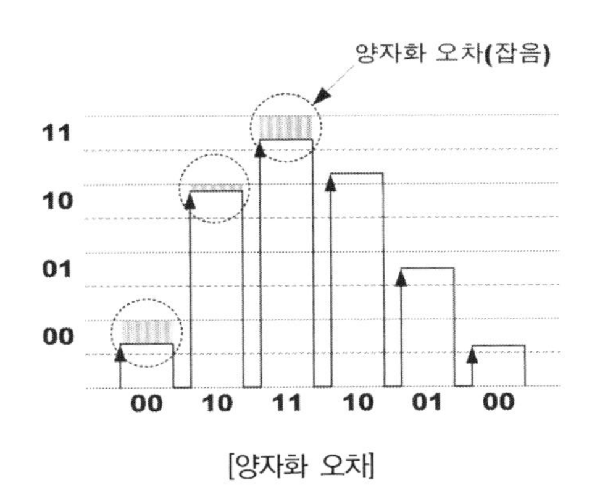

[양자화 오차]

※ 신호 전력대 양자화 잡음 전력의 비(S/N_q)는

$6n+1.8$ (n : 양자화시 사용되는 bit 수)가 된다.★

(3) 양자화 시 생기는 오차를 줄이는 방법(잡음 개선책)

① 양자화 시 스텝(Step)의 수를 증가시킨다.

② 비선형 양자화를 한다.

③ 양자화 전단에 압신 기를 사용한다.

1.3 부호화(Encoding)

양자화를 거쳐 나온 0과 1의 부호 열 신호를 전송로 상에 보내기 알맞은 Digital Pulse부호로 바꾸는 과정으로 오차가 적은 그레이 코드(Gray Code)를 이용한다.

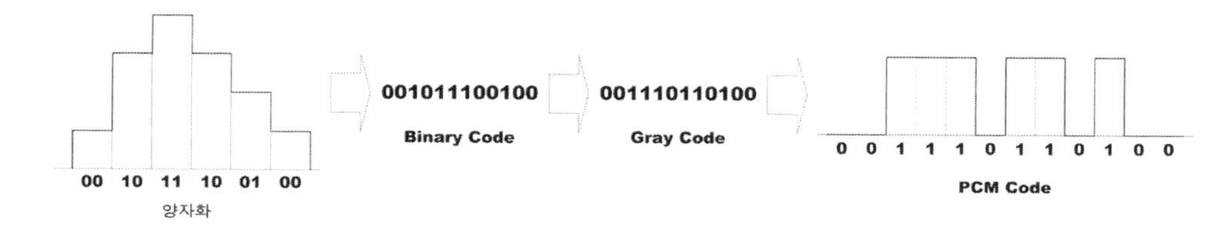

[부호화 과정]

부호화 과정을 거쳐서 나온 Digital 신호는 전송로를 따라 목적지로 전달된다.

한편 수신측에서는 수신된 Digital 신호를 부호화의 반대 과정인 복호화 과정을 거쳐 PAM펄스로 만들고, 다시 아날로그 신호로 재생시킨 후 LPF(Low Pass Filter)를 거쳐서 원래의 신호로 복원 시킨다.

※ Analog 신호 ⇒ (LPF) ⇒ 표본화 ⇒ (압축) ⇒ 양자화 ⇒ 부호화 ⇒ 전송로(중계기) ⇒ 복호화 ⇒ (신장) ⇒ (LPF) ⇒ Analog 신호★

※ PCM 3단계 : 표본화 ⇒ 양자화 ⇒ 부호화

1.4 PCM의 특징

(1) PCM방식의 장점

① PCM방식은 디지털 신호를 전송하는 방식으로서 각종 잡음에 강하며 S/N가 우수하다.

② 누화나 혼선에 강하다.

③ 전송로 상에 존재하는 각종 잡음에 강하므로 저질의 전송로에서도 신호 전송이 가능하다.

④ 디지털 중계기의 재생기능으로 인하여 전송구간에 각종 잡음이 누적되지 않는다.

(2) PCM방식의 단점

① 채널 당 점유 주파수 대역폭이 넓다.

② PCM고유의 잡음인 표본화, 양자화 잡음 등이 발생한다.

※ 샤논(Shannon)의 전송로 용량(C)은 다음과 같다.★

$C = W\log_2(1 + S/N)[bps]$, ($W$: 대역폭, S: 신호전력, N: 잡음전력)

1.5 PCM/TDM

아날로그 정보를 디지털 신호로 바꾸어 전송하는 PCM방식은 TDM 다중화 방식이 이용되는데 전 세계적으로 북미식과 유럽식 2가지 방식이 사용된다.

북미 식은 24채널로 구성되며 보통은 T1, NAS방식으로도 불리고, 유럽식은 32채널로 구성되며 보통은 E1, CEPT방식으로도 불린다.

북미식, 유럽식 모두 8bit양자화를 수행한다.

전체적으로 북미 방식과 유럽 방식의 차이점은 다음과 같다.

<table>
<tr><th colspan="2"></th><th colspan="2">PCM-24ch / TDM(북미방식)
T1반송 system (DS1)</th><th colspan="2">PCM-32ch / TDM(유럽방식)
E1반송 system (DE1)</th></tr>
<tr><td colspan="2">표본화 주파수</td><td colspan="2">8㎑(음성의 경우)</td><td colspan="2">8㎑(음성의 경우)</td></tr>
<tr><td colspan="2">표본화 주기</td><td colspan="2">125㎲</td><td colspan="2">125㎲</td></tr>
<tr><td rowspan="3">1Frame Channel 수</td><td>음성 채널 수</td><td rowspan="3">24 채널</td><td>24 채널</td><td rowspan="3">32 채널</td><td>30 채널</td></tr>
<tr><td>신호용 채널</td><td>각 채널의 마지막 1bit</td><td>16번째 채널</td></tr>
<tr><td>동기용 채널</td><td>frame의 마지막 1bit</td><td>1번째 채널</td></tr>
<tr><td colspan="2">1Frame당 bit 수</td><td colspan="2">24ch(채널 수) × 8bit(1채널 당 bit 수)+1bit(동기용 bit) = 193bit</td><td colspan="2">32ch(채널 수) × 8bit(1채널 당 bit 수) = 256bit</td></tr>
<tr><td colspan="2">Time Slot
(1frame에서 1bit가 차지하는 시간)</td><td colspan="2">125㎲ ÷ 24채널 = 5.2㎲</td><td colspan="2">125㎲ ÷ 32채널 = 3.9㎲</td></tr>
<tr><td colspan="2">정보전송량[bps]
(1ch의 전송속도)</td><td colspan="2">한 채널의 비트 수(8bit) × 표본화 주파수(8㎑) = 64Kbps</td><td colspan="2">8bit × 8㎑ = 64Kbps</td></tr>
<tr><td colspan="2">Pulse 전송속도
(1Frame의 전송속도)</td><td colspan="2">1 frame의 총 비트 수(193bit) × 표본화 주파수(8㎑) = 1.544Mbps</td><td colspan="2">256bit × 8㎑ = 2.048Mbps</td></tr>
<tr><td colspan="2">압신특성</td><td colspan="2">μ-Law μ = 255, 15절선식</td><td colspan="2">A-Law A = 87.6, 13절선식</td></tr>
</table>

2 다중통신방식 특징

다수의 통신서비스 사용자가 서로에게 방해를 주지 않는 범위 내에서 주파수, 시간, 코드와 같은 한정된 공유 자원을 분배하여 사용할 수 있도록 하는 방식을 다중 통신방식이라 하며 다중통신방식은 FDMA(Frequency Division Multiple Access), TDMA(Time Division Multiple)방식과 CDMA(Code Division Multiple Access)방식으로 나눌 수 있다.

(1) FDM(주파수 분할 다중화 : Frequency Division Multiplexer)

주파수 분할 다중화란 사용가능한 주파수 대역을 분할하여 다중화 하는 방식으로 일정 크기의 주파수 대역폭을 가입자 상호간 간섭을 피하기 위해 각 채널 간에 보호대역(guard band)을 두고 여러 개의 작은 대역폭으로 나누어 각각의 단말과 연결된 각 채널을 서로 다른 반송파를 사용하여 변조 한 다음 송신하고, 수신측에서는 BPF(Band Pass Filter)를 통해 각 채널 별로 복조(검파)함으로서 원래의 신호를 얻어내는 방식이다.

(2) TDM(시간 분할 다중화 : Time Division Multiplexer)

시분할 다중화란 사용가능한 시간대역을 분할하여 다중화 하는 방식으로 각 채널에 정보 신호를 전송할 수 있는 Time Slot을 할당하여 전송하고 수신측에서 전체 망 동기를 통해 희망 채널 신호를 Time Gate를 이용하여 수신함으로서 원래의 신호를 얻어낼 수 있는 디지털 다중화 기술이다.

[FDM, TDM방식의 특징 비교]

	FDM	TDM
다중화	주파수 대역폭이 넓으면 TDM에 비해서 다중화가 용이하다.	많은 채널이 할당되면 시간적 지연(Delay)이 생길 수 있어 기술적 제한을 받는다.
동기	필요치 않다.	필요하다.
누화(혼선)	누화(혼선)가 많이 발생한다.	누화(혼선)가 발생하지 않는다.
상호변조	있다.	없다.

	FDM	TDM
통화 회선	대역폭에 따라 회선수를 얼마든지 증가 시킬 수 있다.	증가 시킬 수 있는 통화 회선 수에 제한을 받는다.
시스템 구조 (단국장치)	시스템 구조가 비교적 간단하고, 저렴하다.	복잡하고 고가이다.
통신망 형태	multipoint 통신망에 적합하다.	point-to-point 통신망에 적합하다.

(3) CDM(코드 분할 다중화 : Code Division Multiplexer)

코드 분할 다중화 방식은 여러 사용자가 주파수와 시간을 공유하면서 각 사용자에게 의사임의 시퀀스(Pseudorandom Sequence)를 할당하여 각 사용자는 송신신호를 확산(Spreading)하여 전송하고, 수신측에서는 송신측에서 사용한 것과 같은 의사임의 시퀀스를 발생하여 동기 시키고, 수신된 신호를 역 확산(De-Spreading)하여 신호를 복원하는 다중 통신 방식이다.

스펙트럼 확산(SS : Spread Spectrum)의 특징

① 송신신호 대역폭이 메시지 대역폭보다 아주 넓다.
② 저밀도 스펙트럼 상태를 갖는다.
③ 잡음과 간섭에 강하다.
④ 은밀하게 전파를 방사할 수 있으며, 신호의 비밀을 실현 할 수 있다(비화통신가능).
⑤ 주파수 이용률 증가
⑥ 동기 및 비동기의 다원접속이 가능하다.
⑦ CDMA를 구현하기 위한 스펙트럼 확산 기술에는 다음과 같다.
  ㉠ 직접 확산(DS : Direct Sequence)
  ㉡ 주파수 도약(FH : Frequency Hopping)
  ㉢ 시간도약(TH : Time Hopping)
  ㉣ 첩 변조(CM : chirp Modulation)

3 Micro Wave 통신방식의 특징

① 주파수가 높아 외부 잡음의 영향이 적다.

일반적인 잡음은 마이크로파대 이하에서 발생하므로 잡음의 영향이 적다.

② 가시거리 통신이 가능하다.

마이크로파대는 주파수가 높아 빛의 성질과 유사하게 직진 성이 강하며, 회절은 거의 일어나지 않는다. 따라서 전파가 도달할 수 있는 거리는 대류권 산란이나 산악회절 등 특수한 경우를 제외하고는 거의 다 가시거리 내 범위이기 때문에 장거리 통신을 위해서는 일정구간마다 중계기가 필요하다.

③ 파장이 짧아 고 이득, 예리한 지향성을 갖는 안테나를 사용해야 한다.

④ 주파수가 높아 전파 손실이 적다.

대기권을 전파하는 전파는 비, 눈, 구름, 안개 등에 의해 감쇠되지만 Microwave파는 전파의 창의 원리에 의해 강우감쇠가 적다.

⑤ 안정한 전파(電波) 전파(傳播) 특성을 가진다.

마이크로파는 가시거리 내에서 전파거리나 지점과 지점간의 높이와 지형 등의 선정이 알맞으면 매우 안정한 전파(傳播)특성을 가진다. 따라서 가시거리 내에 일정 구간마다 중계소를 설치하면 장거리 통신에서도 양질의 통신이 가능하다.

⑥ 전리층을 통과하여 전파하므로 우주 통신도 가능하다.

마이크로파는 주파수가 높고 파장이 짧아 전리층을 통과하기 때문에 위성통신이나 우주통신처럼 전리층을 통과하여 통신을 행하는 것이 가능하다.

⑦ 광대역 다중 통신이 가능하다

마이크로파는 주파수가 높아서 마이크로파를 반송파로 사용하게 되면 넓은 주파수 대역을 가질 수 있다 따라서 통신 회선의 수를 늘려 광대역 신호를 쉽게 전송할 수 있다.

⑧ S/N비 개선을 크게 할 수 있다.

마이크로파는 전송 대역폭이 넓어서 주파수 변조 방식을 사용할 수 있어 이득이 큰 광대역으로 할 수 있다.

⑨ 회선건설 기간이 짧고, 통신망의 구성이 용이하며 재해 등의 영향이 적다.

4 Micro Wave 중계방식★

마이크로파 통신의 중계방식으로는 직접 중계방식, 헤테로다인 중계방식, 검파 중계방식, 무 급전 중계방식 등이 있다.

(1) 무급전 중계방식

금속으로된 반사판이나 반사망을 이용하여 M/W 전파의 진행 방향을 변경시켜 중계하는 방식.

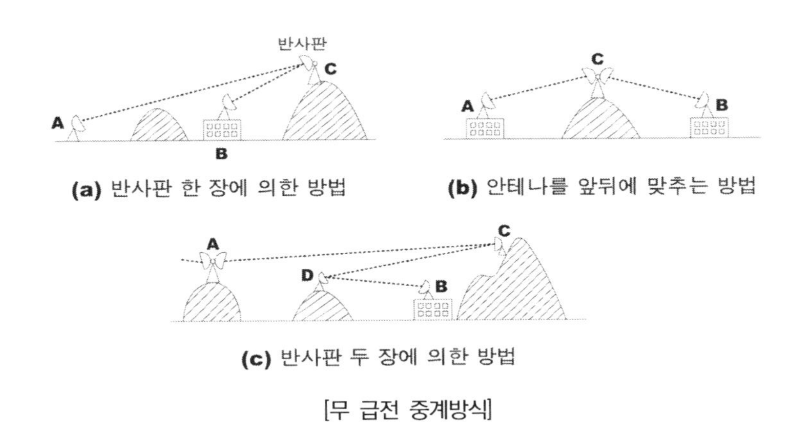

[무 급전 중계방식]

전파 손실을 경감 시키는 방법

① 반사판의 면적을 크게 한다.
② 반사판에의 입사각을 90° 에 가깝게 한다.
③ 송・수신간의 거리를 가급적 짧게 한다.
④ 반사판 위치는 가급적 송・수신점의 어느 한쪽에 가깝게 설치한다.

⑵ Heterodyne 중계방식

수신한 Micro파를 증폭하기 쉬운 IF(중간주파수)로 변환하여 증폭한 후 다시 Micro파로 변환하여 다음 중계기나 수신기에 중계하는 방식.(가장 많이 사용)

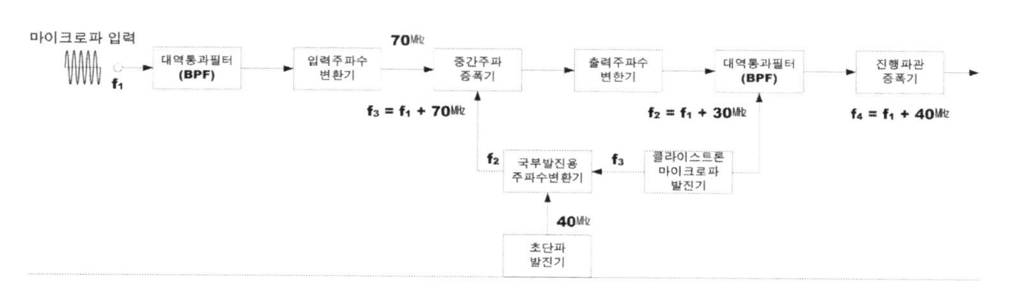

[헤테로다인 중계방식]

⑶ 검파중계 방식(Base Band 중계방식, Video 중계방식)

수신한 Micro파를 복조하므로 써 얻은 베이스밴드 신호를 증폭한 후 Micro파로 바꾸어 다음 중계기나 수신기에 중계하는 방식.

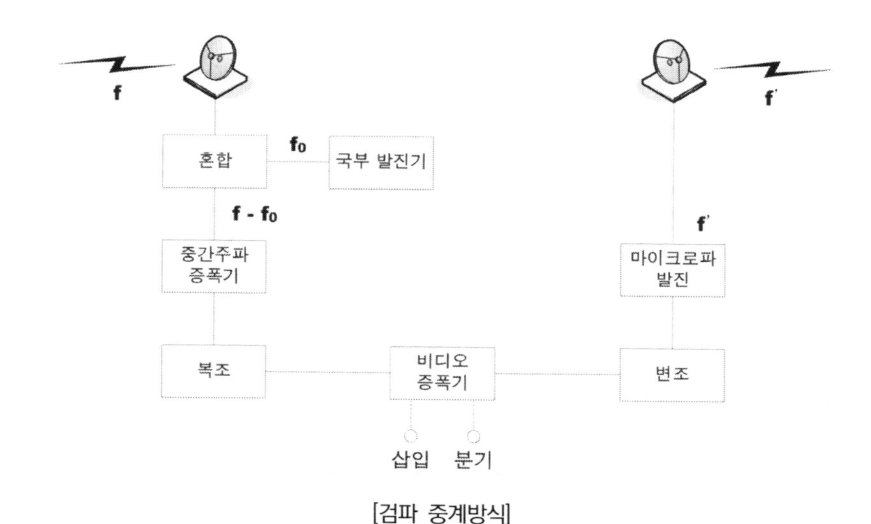

[검파 중계방식]

(4) 직접 중계 방식

수신된 마이크로파를 저잡음 증폭기로 증폭하고, 수신주파수를 약간 편이 시킨 후, 전력 증폭하여 송신하는 방식.

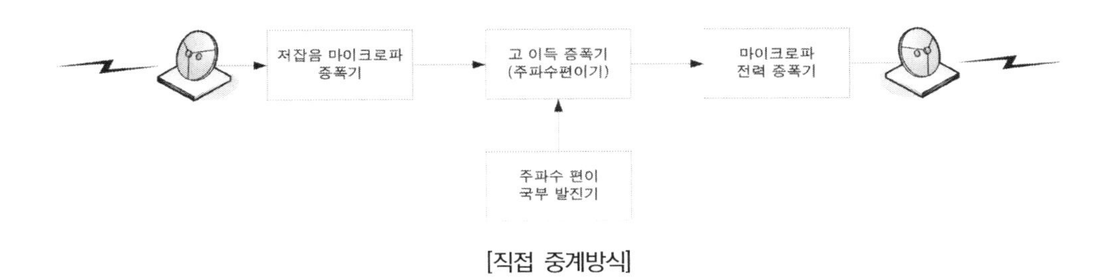

[직접 중계방식]

5 주파수의 배치

① 2주파 중계방식 (Two-Frequency Relay System)

② 4주파 중계방식 (Four-Frequency Relay System)

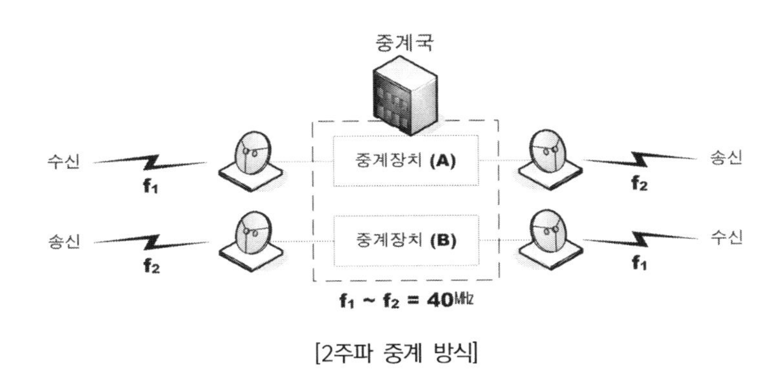

[2주파 중계 방식]

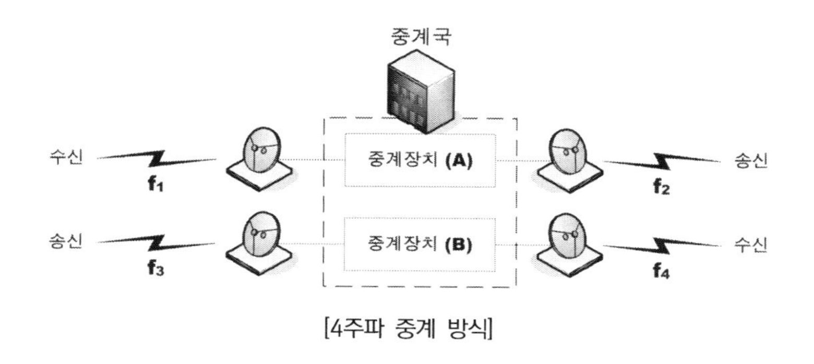

[4주파 중계 방식]

6 마이크로파용 소자

마이크로파 전자관은 마이크로파의 증폭이나 발진에 사용되는 진공관으로 보통의 진공관은 낮은 주파수대에서 사용되어 사용주파수가 높아지게 되면 다음과 같은 것들로 인해 제대로 동작하지 않게 된다.

① 주파수가 높아지면 전자가 음극과 양극 사이의 간격으로 진행하는데 걸리는 시간을 고려해야 한다.

② 주파수가 높아지면 유리의 유전체 손실이나 전극 도입선, 전극 자체에서 소비되는 손실이 커진다.

③ 주파수가 높아지면 전극 도입선의 인덕턴스와 전극 사이의 정전 용량의 영향을 고려해야 한다.

따라서 이러한 영향을 줄이기 위해 특수하게 설계된 것으로는 클라이스트론(Klystron), 마그네트론(Magnetron), 진행파관(Traveling Wave Tube)등이 있다.

(1) 클라이스트론(Klystron)

마이크로파 영역에서 사용되는 전자관으로 보통의 진공관에서 주파수가 높아지면 생기는 전자 주행 시간의 영향을 줄이기 위해서 미리 전류 고압으로 가속시킨 전자류를 공동공진기의 좁은 간격사이로 통과시켜 공진기의 간격에 가한 고주파 전기장의 작용으로 가속 또는 감속시키는 작용을 이용한 전자관이다. 다른 말로는 속도 변조관이라고도 부르며, 3~30[GHz]의 마이크로파대에 있어서 발진 관으로 널리 사용되고 있다.

발진 출력은 보통 수십~수백[mW]정도이며, 더 큰 출력을 내는 것도 있다.

(2) 마그네트론(Magnetron)

진공 안에서 움직이는 전자에 자기장을 작용시켜 회선 운동을 일으켜 마이크로파를 발진시키는 전자관으로 다른 말로는 자전관이라고도 부른다. 이러한 마그네트론은 3~9[GHz]대에 걸쳐서 사용되며, 펄스 모양의 높은 출력을 얻을 수 있어 레이더 등의 송신관으로 널리 사용되어지고 있다.

(3) 진행파관(TWT)

진행파 증폭작용에 의해 증폭되는 마이크로파용 진공관으로 전자 빔과 진행파 자기장과의 상호 작용에 의해 마이크로파의 전력을 증폭할 수 있으며 진행파관은 전자총, 나선 모양의 지연 회로 및 컬렉터 등으로 구성되어져 있다. 진행파관은 동작 주파수 대역이 넓고 이득도 높기 때문에 마이크로파대의 전력 증폭기로 널리 이용되고 있으며 하나의 진행파관으로 발진과 증폭에 공동으로 쓸 수도 있다.

(4) 파라메트릭 (Parametric)증폭기

가변 리액턴스 소자를 사용하는 저잡음 증폭기로 통신위성, 기상레이더 등에 널리 쓰이며 여진 교류 전원과 같은 고주파 전력을 공급하는 발진기에서 널리 이용된다.★

(5) 메이저(MASER : Micro wave Amplification by stimulated Emission of Radiation)

저잡음 증폭기

(6) 레이저 (LASER : Light Amplification by stimulated Emission of Radiation)

증폭기 (광파(Light Wave), 준광파)

(7) 건 다이오드(Gun Diode)

1963년에 건(Gunn, J.B.)이 N형 GaAs반도체 내부에 강한 전기장을 가하면 마이크로파가 발생하는 현상을 발견하여 만든 특수한 반도체를 건 다이오드라 한다. 이 다이오드는 주파수 1~20[GHz]대의 마이크로파를 발진할 수 있으며, 2~3[GHz]주파수대에서는 연속 발진시 수십~수백[mW]정도의 출력을 얻을 수 있다. 또한 공급 전원도 9~28[V]정도로 낮은 전압을 사용할 수 있다.

클라이스트론보다 효율이 좋고, 잡음이 적어 소형화에 유리하다.

(8) 터널 다이오드(Varactor Diode)

불순물 반도체에서 부성(負性) 저항 특성이 나타나는 현상으로 응용한 PN접합 다이오드로 불순물 농도를 증가시켜 만든 반도체이다. PN접합을 만들면 공핍 층이 아주 얇게 되어 터널 효과가 발생하고 갑자기 전류가 많이 흐르게 되면 순방향 바이어스 상태에서 부성 저항 특성이 나타나는데 이렇게 하면 발진 및 증폭이 가능하고 동작 속도가 빨라져 마이크로파대에서 발진, 증폭 및 스위칭 작용으로 사용되어 지고 있다.

(9) PIN Diode

감쇄기, 진폭변조기

(10) IMPATT Diode

전자사태 현상과 전자주행 시간 효과와의 조합에 의해 부성저항을 얻는다.

(11) 버랙터 다이오드(Varactor Diode)

다이오드에 역방향 바이어스 전압을 가하면 다이오드 접합부의 정전 용량이 공급 전하에 따라 비선형적으로 변화는 성질을 이용한 다이오드로 가변 리액터(Variable Reactor)다이오드의 준말이다.

주로 주파수를 변화시키는데 이용하는 소자로서 주파수 체배기 등을 만드는데 사용된다.

⑿ 서어큘레이터(Circulator)

발사전파와 수신전파를 분리하여 안테나와 수신기 측으로 보내는 역할.

⒀ 아이솔레이터(Isolator)

한쪽 방향으로만 전파를 통과시키는 단방향 관.

⒁ 임패트 다이오드(IMPATT Diode)

임패트 다이오드는 GaAs로 된 특수한 반도체 다이오드에 충분히 큰 역방향 바이어스 전압을 걸었을 때 전자 사태(Electron Avalanche)가 일어나며, 이때 발생하는 음 저항 특성에 의해서 마이크로파 발진이 가능한 반도체 소자이다.

7 다이버시티 (Diversity)

① **공간 다이버시티**(Space Diversity)

② **편파 다이버시티**(Polarization Diversity)

③ **각도 다이버시티**(Angle Diversity)

④ **주파수 다이버시티**(Frequency Diversity)

⑤ **시간 다이버시티**(Time Diversity)

8 등화기(Equalizer)

전송 선로나 증폭기와 같은 전송계의 주파수 특성을 고르게 보상해 주는 것.

핵심기출문제

1. PCM통신방식의 동작순서가 옳게 배열된 것은?

가. 신장 → 양자화 → 부호화 → 복호화 → 압축
나. 신장 → 복호화 → 양자화 → 부호화 → 압축
다. 압축 → 복호화 → 양자화 → 부호화 → 신장
라. 압축 → 양자화 → 부호화 → 복호화 → 신장

해설

- PCM(pulse code modulation) 과정
  Analog 신호 ⇒ (LPF) ⇒ 표본화 ⇒ (압축) ⇒ 양자화 ⇒ 부호화 ⇒ 전송로(중계기) ⇒ 복호화 ⇒ (신장) ⇒ (LPF) ⇒ Analog 신호
- PCM 3단계 : 표본화 ⇒ 양자화 ⇒ 부호화

2. 전송하려고 하는 신호를 표본화 한 다음에 양자화하고 부호화하여 송신장치로 송신하는 방식은?

가. PAM　　나. FDM
다. PPM　　라. PCM

해설 PCM(pulse code modulation)
아날로그 신호를 표본화 ⇒ (압축) ⇒ 양자화 ⇒ 부호화 과정을 통해 디지털화 하여 전송하는 디지털 전송 방식이다.

3. 최고 주파수가 4[㎑]인 신호파를 펄스변조할 경우 표본화 주파수의 최저는 얼마로 하면 되는가?

가. 2[㎑]　　나. 4[㎑]
다. 6[㎑]　　라. 8[㎑]

해설
표본화 주파수(f_s)는 신호 주파수 중 최고주파수(f_m)의 2배 이상으로 사용한다.
⇒ $f_s \geq 2f_m = 2 \times 4[\text{kHz}] = 8[\text{kHz}]$가 된다.

4. PCM에서 피크-피크 전압이 ±8[V]인 아날로그 신호를 일정한 간격으로 16개의 레벨로 나눈 경우 양자화 잡음에 대한 S/N[㏈]는 약 얼마인가?

가. 19.8㏈　　나. 25.8㏈
다. 31.8㏈　　라. 37.8㏈

해설
$V_{P-P} = 8[V]$인 아날로그 신호를 16개의 레벨로 나눈 경우 4개의 양자화 비트가 필요하게 된다. 따라서 신호 전력대 양자화 잡음 전력의 비(S/N_q)는 $6n + 1.8 = 6 \times 4 + 1.8 = 25.8$[dB]가 된다.

5. 디지털 변조 방식이 아닌 것은?

가. VSB　　나. PSK
다. QAM　　라. PCM

해설
VSB(잔류측파대)는 AM 방식 중 하나인 Analog 변조 방식이다.

6. 펄스의 폭과 진폭은 일정하게 유지하고 신호의 표본 값에 따라 펄스의 위치만을 변화시키는 변조방식은?

가. PAM　　나. PTM
다. PPM　　라. PCM

7. 샤논(C. E. Shannon)의 전송로 용량 식은?
(단, C 용량, W 대역폭, N 잡음전력, S 신호전력)

가. C = W $\log_2$ (1 + S/N)
나. C = W $\log_{10}$ (1 + S/N)
다. C = 1.44 $\log_e$ (1 + S/N)
라. C = 1.44 S/N

해설
샤논(Shannon)의 전송로 용량(C)은 다음과 같다.
⇒ $C = W\log_2(1+S/N)[bps]$
(W: 대역폭, S: 신호전력, N: 잡음전력)

정답 1. 라　2. 라　3. 라　4. 나　5. 가　6. 다　7. 가

8. **Micro파 통신의 특징을 설명한 것 중 틀린 것은?**

가. 안테나의 이득을 크게 할 수 있다.
나. 안정한 전파전파 특성을 나타낸다.
다. 광대역성이 가능하다.
라. 외부의 잡음에 매우 약하다.

해설 Micro Wave 통신방식의 특징

① 가시거리 통신이 가능하다.
② 안정한 전파 전파 특성을 갖는다.
③ 파장이 짧아 큰 이득과 예리한 지향성 안테나로 할 수 있다.
④ 주파수가 높아 외부잡음의 영향이 적다.
⑤ 광대역 다중통신이 가능하다.
⑥ S/N비 개선도를 크게 할 수 있다.
⑦ 지향성이 예민, 통신망 구성이 용이하다.
⑧ 전리층을 통과하여 전파, 우주 통신이 가능
⑨ 파장이 짧아 전파 손실이 적다.
⑩ 회선건설 기간이 짧고, 재해 등의 영향이 적다.

9. **마이크로파 통신의 특징에 대한 설명 중 틀린 것은?**

가. 가시거리 내 통신이다.
나. 외부 잡음의 영향이 적다.
다. SN비 개선도를 크게 할 수 없다.
라. 기상 상태에 따라 전송품질이 변한다.

10. **M/W 중계방식이 아닌 것은?**

가. 베이스 밴드(Base Band)중계방식
나. 헤테로다인 중계방식
다. 무급전 중계방식
라. 페이딩 중계방식

해설 Micro Wave 중계방식

① 무급전 중계방식 : 금속으로된 반사판이나 반사망을 이용하여 M/W 전파의 진행 방향을 변경시켜 중계하는 방식.
② Heterodyne 중계방식 : 수신한 Micro파를 증폭하기 쉬운 IF(중간주파수)로 변환하여 증폭한 후 다시 Micro파로 변환하여 다음 중계기나 수신기에 중계하는 방식.(가장 많이 사용)
③ 검파중계 방식(Base Band 중계방식, Video 중계방식) : 수신한 Micro파를 복조하므로 써 얻은 베이스밴드 신호를 증폭한 후 Micro파로 바꾸어 다음 중계기나 수신기에 중계하는 방식.
④ 직접 중계 방식 : 수신된 마이크로파를 저잡음 증폭기로 증폭하고, 수신주파수를 약간 편이 시킨 후, 전력 증폭하여 송신하는 방식.

11. **마이크로파 다중 중계방식과 관계없는 것은?**

가. 복동조 중계방식
나. 헤테로다인 중계방식
다. 무급전 중계방식
라. 검파 중계방식

12. **M/W 중계방식 중 장해물 정상에 송 · 수신 안테나를 설치하거나 반사판을 설치하여 전파를 목적으로 하는 방향으로 유도하는 방식은?**

가. 검파 중계방식
나. 헤테로다인 중계방식
다. 무급전 중계방식
라. 직접 중계방식

13. **마이크로파 무 급전 중계 방식에서 전파 손실을 경감시키기 위한 방법으로 타당하지 않은 것은?**

가. 반사판의 크기 또는 송수신 안테나의 이득을 크게 한다.
나. 반사판의 반사 각도를 가능한 직각에 가깝게 한다.
다. 송수신 안테나의 거리를 짧게 한다.
라. 사용 주파수를 낮게 한다.

정답 8. 라 9. 다 10. 라 11. 가 12. 다 13. 라

핵심기출문제

14. M/W중계방식 중 장해물 정상에 송, 수신 안테나를 설치하거나 반사판을 설치하여 전파를 목적하는 방향으로 유도하는 방식은?

가. 검파중계방식
나. 헤테로다인중계방식
다. 무 급전중계방식
라. 직접중계방식

15. 마이크로웨이브(M/W) 중계방식 중 비가시 구간에 사용되는 무 급전 중계방식을 바르게 설명한 것은?

가. 급속의 반사판을 사용한다.
나. 헤테로다인 중계방식을 사용한다.
다. 검파 중계방식을 사용한다.
라. 태양전지를 아용하여 소용 량으로 직접 중계한다.

16. 다음 중 마이크로파 다중 통신방식에서 무급전 중계방식에 대한 설명으로 적합하지 않은 것은?

가. 비교적 근거리의 송・수신국 사이에 산과 같은 장애물이 있을 때 사용된다.
나. 반사판 등에 의해서 그 전파의 도래방향만을 변화시킨다.
다. 다단중계에 매우 적합하다.
라. 마이크로파의 직진 성을 이용한다.

17. 2슬롯 TDMA(시분할 다원접속) 방식으로 다음 신호를 전송할 때 변조하기 전 송신되는 신호형태로 옳은 것은? (가입자 1이 전송하려는 정보 : 아버지, 가입자 2가 전송하려는 정보 : 어머니)

가. 아버지어머니
나. 아어버머지니
다. 니머어지버아
라. 섞이기 때문에 알 수 없다.

18. 우리나라 디지털 이동통신 무선접속 방식의 표준은?

가. 주파수분할 다원접속(FDMA)
나. 시분할 다원접속(TDMA)
다. 공간분할 다원접속(SDMA)
라. 부호분할 다원접속(CDMA)

19. 무선통신에 사용되고 있는 스펙트럼 확산 신호 방법이 아닌 것은?

가. 직접 확산 (DS : Direct Sequence)
나. 주파수 도약 (FH : Frequency Hoppers)
다. 시간 도약 (TH : Time Hoppers)
라. 델타 변조 (DM : Delta Modulation)

20. 주파수 도약(FH) 변조방식의 송・수신기 구성 도에서 송・수신측 공통으로 필요한 요소로 맞는 것은?

가. 주파수 합성기, PN 부호 발생기
나. 반송파 발진기, 주파수 혼합기
다. 주파수 혼합기, 중간주파증폭기
라. 평형변조기, BPF

21. 위성통신의 다원접속방식 중 복수개의 반송파를 스펙트럼이 서로 겹치지 않도록 주파수축 상에 배치함으로써 실현되는 다원접속방식은?

가. 주파수분할 다원접속(FDMA)
나. 시분할 다원접속(TDMA)
다. 부호분할 다원접속(CDMA)
라. 임의분할 다원접속(SDMA)

정답 14. 다 15. 가 16. 다 17. 나 18. 라 19. 라 20. 나 21. 가

22. 다음 중 위성통신에서 회선의 다원접속 방법이 아닌 것은?

가. SDMA　　나. CDMA
다. WDMA　　라. FDMA

23. 우리나라에서 사용되고 있는 디지털 M/W 통신의 동일채널(Co-Channel) 주파수 배치를 가장 잘 설명한 것은?

가. 수직, 수평 편파를 동시에 1채널의 주파수로 사용
나. 수직 편파만을 사용
다. 수평 편파만을 사용
라. 송신을 수직편파, 수신을 수평편파를 사용

해설
디지털 M/W 통신의 동일채널(Co-Channel) 주파수 배치방식은 하나의 주파수로 2개의 편파(수직, 수평)를 만들어 주파수는 같지만 편파가 다른 방식을 사용한다.

24. 저잡음증폭기와 관계없는 것은?

가. Magnetron 증폭기
나. 파라메트릭 증폭기
다. GaAs MESFET 증폭기
라. 터널다이오드 증폭기

해설
Magnetron 증폭기는 마이크로 웨이브 송신기용 발진기로 사용된다.

25. 레이다의 수신부의 구성과 관계없는 것은?

가. 클라이스트론(건다이오드)
나. 음극선관(CRT)
다. 마그네트론
라. 중간주파증폭기

해설 Magnetron(자전관)
M/W발진, Reader, PCM통신 송신기 내에 사용되는 발진기로 아주 높은 주파수의 반송파를 발진한다.

26. 파라메트릭(parametric Amp) 증폭기의 증폭에너지 주 공급처는?

가. 터널다이오드　　나. 직류전원
다. 여진교류전원　　라. 태양전지

해설 파라메트릭 (Parametric)증폭기
가변 리액턴스 소자를 사용하는 저잡음 증폭기로 통신위성, 기상레이더 등에 널리 쓰이며 여진 교류 전원과 같은 고주파 전력을 공급하는 발진기에서 널리 이용된다.

27. maser의 설명 중 옳게 표현되지 못한 것은?

가. Micro파 증폭에 쓰이는 maser는 루비를 사용한 고체 3준위 maser가 많다.
나. 물질에 의하여 고유한 주파수를 가지고 있으므로 모든 발진 주파수들을 증폭할 수 없다.
다. 자계억제 회로가 필요하다.
라. 전자스핀의 에너지 준위 사이의 전이를 이용한다.

28. 이동전화망의 교환국에 시설되는 VLR (Visitor Location Register)의 기능과 가장 밀접한 관계가 있는 것은?

가. 로밍(Roaming)
나. 핸드오프(Hand-off)
다. 자동전력제어(APC)
라. 스크램블(Scramble)

정답 22. 다　23. 가　24. 가　25. 다　26. 다　27. 다　28. 가

핵심기출문제

29. 동일한 CDMA주파수를 사용하는 동일 기지국내 섹터 간 핸드오프에 해당되는 것은?

가. 중간(middle) 핸드오프
나. 소프터(softer) 핸드오프
다. 하드(hard) 핸드오프
라. CDMA- 아날로그 핸드오프

30. 무선통신에 사용되고 있는 확산 스펙트럼 방식이 아닌 것은?

가. 직접확산(DS)
나. 주파수도약(FH)
다. 시간도약(TH)
라. 델타변조도약(DMS)

31. SAW 필터에 대한 설명 중 적합하지 않은 것은?

가. 일반적으로 BPF에 이용된다.
나. 특성의 미세 조정을 간단히 할 수 있다.
다. 재료로는 수정 등의 단결정이나 세라믹 등이 사용된다.
라. 저 삽입손실, 고 신뢰성, 양산성 등 장점이 많다.

32. 이동전화시스템에 사용되는 CDMA 방식의 특성에 대한 설명으로 적합하지 않은 것은?

가. 비화특성이 우수하다.
나. 채널용량은 간섭 량에 의해서 결정된다.
다. 페이딩과 시간지연에 대해서 약하다.
라. 매우 정교한 전력제어시스템이 필요하다.

33. 무선통신에서 이용하는 다이버시티 방법이 아닌 것은?

가. 슬롯　　나. 시간
다. 공간　　라. 주파수

34. 레이더에서 사용하는 전파의 펄스폭이 6[μs]일 때, 탐지할 수 있는 최소탐지거리는 약 몇 [m]인가?

가. 300[m]　　나. 450[m]
다. 500[m]　　라. 900[m]

35. 다음 중 스펙트럼 확산 변조의 특징이 아닌 것은?

가. 제 3자가 수신하기 쉽다.
나. 비화성을 유지할 수 있다.
다. 광대역 전송로가 필요하다.
라. 혼신 방해에 대한 영향이 적다.

해설
스펙트럼 확산 변조의 특징은 비화성이 좋아 제 3자로부터 보안성이 우수하다.

36. 다음 중 스펙트럼 확산(Spread spec trum)변조 방식의 종류가 아닌 것은?

가. indirect spread
나. frequency hopping
다. time hopping
라. chirp

해설 CDMA를 구현하기 위한 스펙트럼 확산 기술
① 직접 확산(DS: Direct Sequence)
② 주파수 도약(FH: Frequency Hopping)
③ 시간도약(TH: Time Hopping)
④ 첩 변조(CM: chirp Modulation) 방식 등이 있다.

정답 29. 나　30. 라　31. 나　32. 다　33. 가　34. 라　35. 가　36. 가

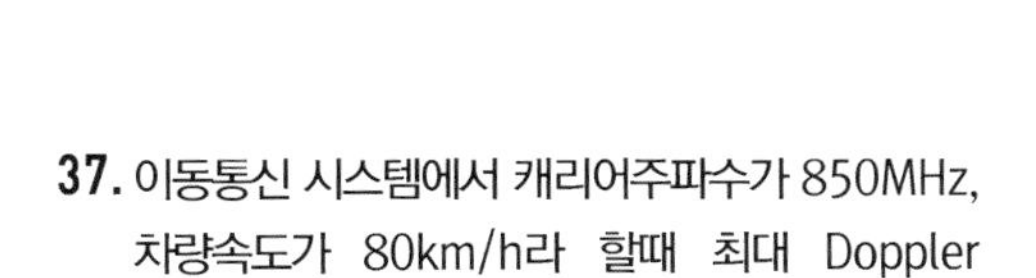

37. 이동통신 시스템에서 캐리어주파수가 850MHz, 차량속도가 80km/h라 할때 최대 Doppler Spread는 얼마인가?

가. 63[Hz]　　나. 65[Hz]
다. 67[Hz]　　라. 69[Hz]

해설
차량(이동국)이 $v = 80[\text{km}/h]$의 속도로 이동할 경우 Doppler Spread는

$$\Rightarrow f = \frac{v}{\lambda} = \frac{(80\times10^3)\div3600}{0.353}$$
$= 63[\text{Hz}]$가 된다.
$$(\lambda = \frac{C}{f} = \frac{3\times10^8}{850\times10^6} = 0.353)$$

38. 레이더에서 발사된 펄스 전파가 8[㎲]후에 목표물에서 반사되어 되돌아 왔다. 목표물까지의 거리는?

가. 2400[m]　　나. 1200[m]
다. 800[m]　　라. 600[m]

해설 거리(L)측정

$$L = \frac{C\cdot t}{2} = \frac{3\times10^8\times8\times10^{-6}}{2} = 1,200[m]$$

C: 전파속도(3×10^8)
t : 전파왕복 소요시간

39. 레이더에서 최대 탐지 거리를 증대시키는 조치와 관계없는 것은?

가. 공중선을 높게 설치한다.
나. 탐지거리를 2배로 증가시키려면 송신 전력은 2배로증가 시키면 된다.
다. 이득이 큰 공중선을 사용한다.
라. 수신기 감도를 증대시킨다.

해설
- 레이더의 수신전력(S)

$$S = P\cdot\frac{G^2\lambda^2\delta}{(4\pi)^3\gamma^4}[W]$$

r : 거리 $[m]$
δ: 목표물의 유효반사면적[㎡]
G : 안테나의 이득
P : 송신전력
f : 주파수
λ: 파장

- 레이더에서 최대 탐지 거리를 증대시키는 방법
  ① 송신 전력을 증가 시킨다.
  ② 이득이 큰 공중선을 사용한다.
  ③ 수신기 감도를 증대시킨다.
- 거리측정

$$L = \frac{C\cdot t}{2}(m)$$

L: 물체까지의 거리
C: 전파속도(3×10^8)
t : 전파왕복 소요시간

정답 37. 가　38. 나　39. 가

CHAPTER 7

위성통신

1 위성통신의 특징
2 위성 시스템
3 위성궤도
4 회선할당에 따른 분류
5 다원접속 방식
6 전파의 창

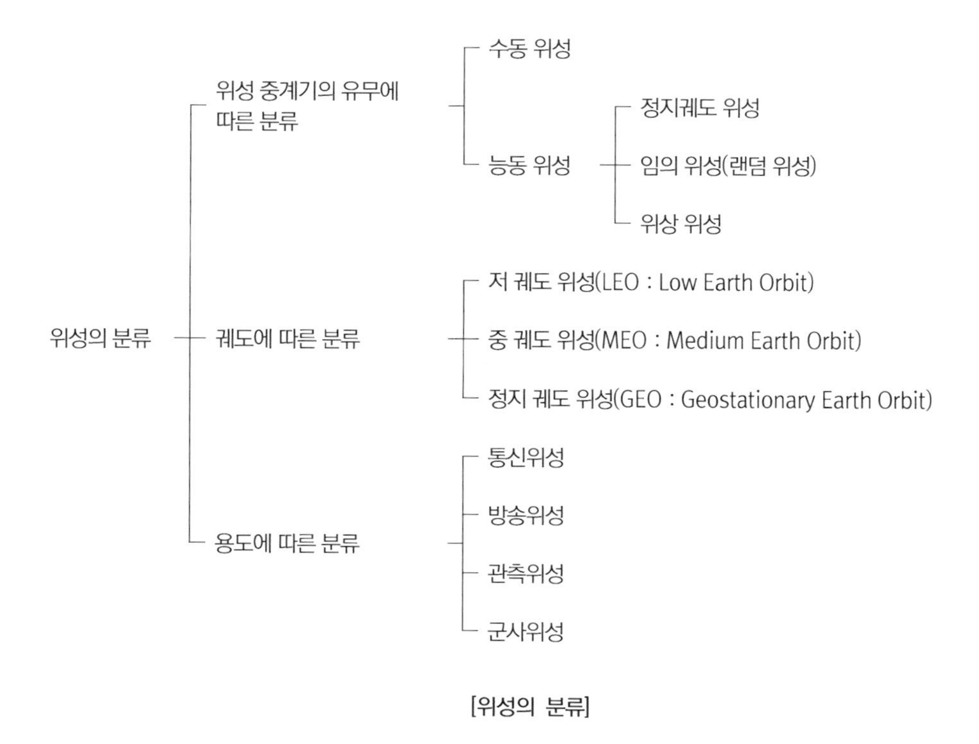

[위성의 분류]

1 위성통신의 특징

1.1 장점

① **동보성**

복수 지점에서 동일한 정보를 동일한 시간에 동시에 수신할 수 있다.

② **회선 구성의 융통성**

유연한 회선의 설정이 가능하고 구성이 용이하다.

③ **신뢰성**

기상변화나 자연재해의 영향을 받지 않아 통신 품질이 균일하고 에러 율이 적어 신뢰성 있는 통신이 가능하다.

④ **고속성**

원거리 전송에서 별도의 많은 중계기를 거치지 않아도 되므로 통신 속도가 빠르다.

⑤ **광대역성**

사용 주파수 대역이 ㎓대를 이용하므로 주파수 대역이 넓어 대용량 데이터 전달이 가능하다.

⑥ **광역성**

3개의 정지궤도 위성으로 지구 전역 통신이 가능하므로 통신 가능 범위가 넓다.

1.2 단점

① **위성체 고장 시 수리가 어렵다.**

위성이 고장이 났을 경우 유지보수가 불가능하고, 위성체가 상당한 고가의 장비이다.

② **수명이 짧다.**

위성의 경우 수명이 약 10년 이내로 짧다.

③ **암호화 장비가 필요하다.**

통시의 비밀보장이 어렵고 비밀을 요하는 통신은 따로 스크램블 신호를 삽입하여 통신을 행해야 한다.

④ **전파지연이 발생한다.**

정지궤도 위성 체의 경우 지구국과의 고도가 높아 약 0.25초 정도의 전파 지연이 발생한다.

2 위성 시스템★★

위성통신 지구국은 안테나계, 송수신계, 인터페이스계로 구성되며 자세 제어계는 위성 시스템(우주국)의 버스 서브(bus sub)시스템에 속해있는 장치로 위성의 자세를 제어해 주는 역할을 담당한다.

[위성 통신 시스템의 구성]

위성통신 시스템	구성		기능	특성
페이로드 (Payload) 시스템	안테나		신호의 송·수신	송신전력, 대역폭, 수신 성능지수(G/T)
	트랜스폰더		신호를 수신한 후 주파수 변환하여 재전송 수신부, 주파수 변환부, 송신부로 구성	
버스서브 (Bus sub) 시스템	전원부	전원 발생부	태양 전지 패널로 전원 공급 배터리 전원 연결	태양전지로 100[W]정도의 출력
		전원 공급부	발전된 전력을 각 전자장치에 요구하는 전압으로 변환하여 공급	
	TTC계 (텔레메트리 명령계)		위성 상태를 보고하는 텔레메트리 신호 송신 위성 관제소로 부터의 명령 신호 수신	위치 및 속도 측정
	AOCS계 (자세 제어 계)		위성의 궤도상 위치 및 자세 제어	위성축의 정확도
	열 제어계		위성 각 부품의 열적 안정을 위한 장치	위성의 평균 온도 제어
	추친계		위성 발사 시 및 자세 변동 시 궤도 수정	추진, 비추진력 추진 체량
	구체계		각 기기들을 유지하는 기본 구조체	공진 주파수, 구조 강도

(1) 통신위성의 구성★

① **통신시스템** : 트랜스폰더와 안테나계

② **지원(공용)시스템** : 전력(원)계, TTC계(텔리메트리 명령계), 자세제어계, 열제어계, 추진계, 구체계

(2) TTC(Telemetry Tracking & Command) 시스템★★

위성 관제소로부터의 명령 신호 수신, 위성의 자세 및 위치 등에 관한 텔리메트리 데이터를 위성관제소에 송신하는 기능, 자세제어, 위치제어, 빔 중심 제어, 정상기능점검, 운용장비와 예비용 장비와의 절체기능 수행 등의 역할 담당

① telemetry **시스템** : 위성에 있는 각 장치의 전기적인 상태 및 센서로 감지한 열에 대한 데이터의 정보를 지구국에 송신하는 장치

② Tracking & Command **시스템** : 위성 관제소로부터의 명령 신호 수신, 위성의 자세 및 위치 등에 관한 텔리메트리 데이터를 위성 관제소에 송신하는 기능을 하는 장치

(3) 트랜스 폰더

상향링크 신호를 받아 증폭 및 주파수 변환하여 하향링크 신호로 만드는 과정 수행★

(4) 위성통신에서는 하나의 안테나로 송・수신을 하므로 Uplink 신호와 Downlink 신호를 분리하여야 한다. 이와 같은 기능을 담당하는 장치를 다이플렉서(diplexer)라 한다.★★

① Uplink : 지상국에서 위성으로 송신되는 통신회선

② Downlink : 위성에서 지상국으로 송신되는 통신회선

(5) 3축제어

위성의 자세를 제어하기 위한 3개의 기준축 제어.

① yaw(요)축 : 위성 안테나가 지구국을 향하는 방향

② roll(롤)축 : 위성 자체의 회전 방향

③ pitch(피치)축 : 위성의 날개 방향

(6) 위성 탑재용 중계기(transponder)의 구성

① LNA(Low Noise Amplifier) : 저잡음 증폭기

⇒ GaAs 증폭기 등

② **주파수 변환장치**(frequency translator)

⇒ 상향회선과 하향회선 주파수를 변환시켜줌.

③ HPA(high Power Amplifier) : 대전력 증폭기

⇒ TWTA : 진행파관 등

(7) 위성항법장치(global positioning system : GPS)★★

지피에스(GPS)라고도 하며 위치 정보는 GPS 수신기로 3개 이상의 위성으로부터 정확한 시간과 거리를 측정하여 3개의 각각 다른 거리를 삼각 방법에 따라서 현 위치를 정확히 계산할 수 있다. 현재 3개의 위성으로부터 거리와 시간 정보를 얻고 1개 위성으로 오차를 수정하는 방법을 널리 쓰고 있다. 인공위성을 이용한 항법시스템 GPS는 미국 국방성의 주도로 개발이 시작되었으며, 위성 그룹과 위성을 감시 제어하는 지상관제 그룹, 그리고 사용자 그룹으로 구성되어 있다. 위성 그룹은 모두 24개의 내브스타(NAVSTAR : navigation satellite timing and ranging) 위성으로 구성되었으며, 2만 200km의 지구 상공에 있는 6개의 원궤도에 원자모형처럼 분포되어 있다. GPS는 현재 단순한 위치정보 제공에서부터 항공기 · 선박 · 자동차의 자동항법 및 교통관제, 유조선의 충돌방지, 대형 토목공사의 정밀 측량, 지도제작 등 광범위한 분야에 응용되고 있으며, GPS 수신기는 개인 휴대용에서부터 위성 탑재용까지 다양하게 개발되어 있다.

(8) INMARSAT(국제 해사 위성기구)★

① **목적**

해상에서의 조난 및 인명의 안전에 관한 통신을 목적.(선박과 육상에 전화, 텔렉스, 데이터, 팩시밀리와 조난, 안전통신서비스를 제공하기 위한 위성시스템)

② **사용주파수대**

㉠ 선박과 위성간 : 1.6/1.5[GHz]의 L 밴드

㉡ 해안 지구국과 위성간 : 6.4[GHz] C 밴드

③ **INMARSAT 시스템 구성**

㉠ 통신망관리국

㉡ 해안지구국

㉢ 선박지구국

(9) 내비텍스 수신기(受信機, NAVTEX)★

F1B 전파 518kHz 전용의 협대역 직접 인쇄 전신 자동 수신 장치. 국제적 내비텍스 수신기 서비스로 해안국이 행하는 단방향 오류 정정 방식의 협대역 인쇄 전신에 의해 영어로 해상 안전 정보의 송신을 자동적으로 수신하여 인쇄하는 외에, 조난 통신을 수신하면 경보를 발한다. 의무 선박국에 비치하는 것이 의무화되어 있으며, 518kHz로 해상 안전 정보를 송신하는 해안국의 통신권 내에 있을 때는 항상 그 전파를 청취하도록 규정되어 있다. 해상 안전 정보란 선박을 향해서 방송하는 항행 경보, 기상 정보, 기상 예보, 기타의 긴급한 안전 관련 통보를 말하며 기상경보는 수신을 거부할 수 없다.

3 위성궤도

3.1 정지궤도위성 (Geo-Stationary Orbit Satellite)★★★

적도 궤도면에 지구의 자전 방향과 같은 방향으로 회전시키는 위성으로 지구의 자전주기와 위성의 공전주기가 같고 동일한 궤도 방향으로 회전(궤도운동)하고 있어야 한다. 그리고 위성은 일정속도 이상으로 돌아야 떨어지지 않을 수 있다.(만유인력법칙)

① 지표상공 35,786.1[km] 위치(약 36,000[km])

② 3개의 위성으로 극지방을 제외한 전 세계 커버(지표면의 42.4[%]가 보여 120° ×3개)

③ 거리가 멀어 전파의 전파 지연시간(최소 238ms, 최대 278ms)이 크고 전력손실이 크다.

④ 24시간 상시 통신이 가능하다.

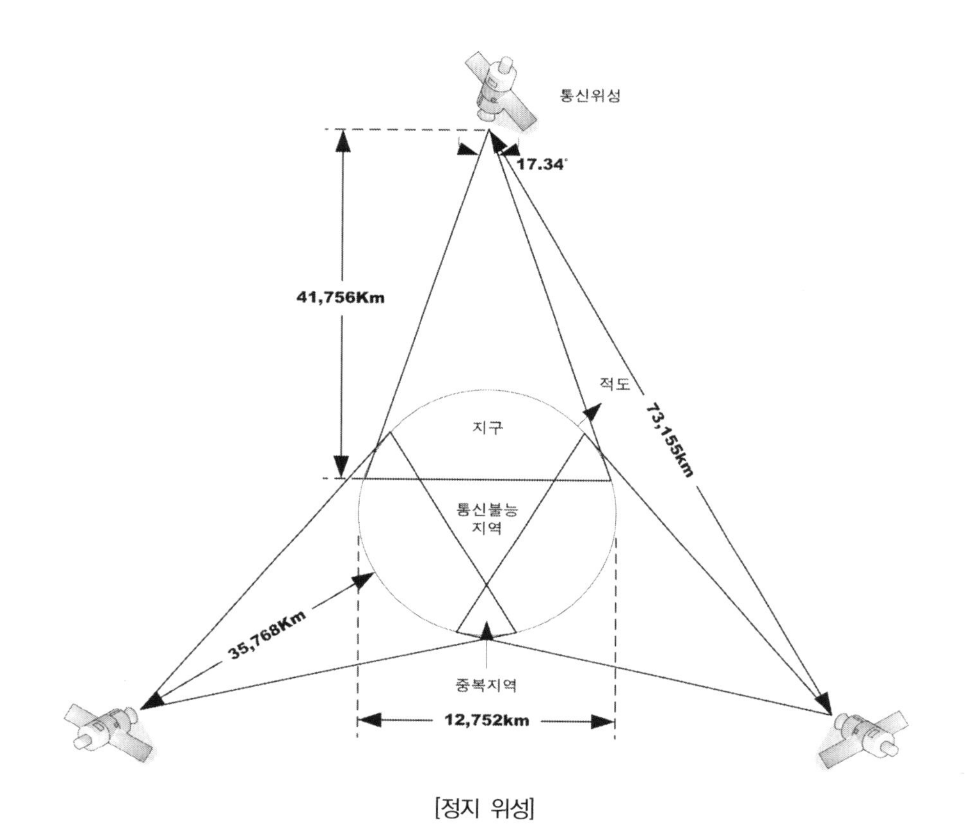

[정지 위성]

〈저궤도 위성〉

위성	고도(km)	궤도면×위성	위성수
STARSYS	1,300	6×4	24
ORBCOMM	970	4×6	24
GLOBALSTAR	1,389	6×8	48
IRIDIUM	780	6×11	66
ARIER	1,019	4×12	48

〈중궤도 위성〉

위성	고도(㎞)	궤도면×위성	위성수
ODYSSEY	10,355	3×4	12
GPS (미 국방성)	20,182	6×4	24 (3개 예비용)
GLONESS (소련)	19,300	3×8	24

3.2 저궤도 통신위성 (LEO Communication Satellite)★

① 정지궤도 통신위성의 단점보완(극지방에서의 통신이 가능하다)

② 통신용 단말기의 소형화 가능(이동국 안테나의 크기가 작아진다)

③ 실시간 원거리 통신 가능.

④ 대용량 통신 가능

⑤ 위성의 제작 및 발사비용 절감(전체 위성수가 증가하여 총 투자비가 증가하게 된다는 단점이 있다)

⑥ 차세대 이동통신 수단으로 각광을 받음.

4 회선할당에 따른 분류

각 지구국에서 위성과 통신을 할 수 있는 채널(Channel)을 할당하는 방법으로는 사전 할당 방식(PAMA), 요구 할당 방식(DAMA), 임의 할당 방식(RAMA)으로 구분된다.

(1) 사전 할당 방식 (PAMA : Pre Assignment Multiple Access)

고정된 주파수나 시간을 특별한 변경이 없는 사전에 지구국에 할당하는 방식으로 고정 할당 방식이라고도 한다. 방송국처럼 1년 365일 24시간 방송을 해야 하는 방송통신용에 주로 사용되며, 전송 데이터 량이 많고, 회선 사용이 많은 경우에는 적합하지만, 전송 트래픽의 변화가 많은 경우에는 부적절하고 망의 확장에 대한 융통성도 떨어진다.

(2) 요구 할당 방식 (DAMA : Demand Assignment Multiple Access)

회선에 유연성을 주기 위한 방식으로 사용하지 않는 통신 채널은 비워 두었다가 지구국으로부터 요구가 있을 경우 회선을 할당한다. 이 방식은 한번 에 전송해야 할 데이터 량이 많거나 회선 사용이 낮은 경우에 적합하다.

(3) 임의 할당 방식(RAMA : Random Assignment Multiple Access)

지구국에서 전송할 정보가 발생할 경우 즉시 임의로 비어있는 통신 채널을 할당하여 통신하는 방식으로 한번 에 전송할 데이터 량이 많지 않고, 채널 사용시간이 짧은 경우에 적합하지만 다른 지구국에서 송신한 신호와 충돌이 발생할 가능성이 있다. 주로 패킷 전송망에서 많이 활용하는 방식이다.

5 다원접속 방식

※ Multiple access 방식★

지구국에서는 위성에서 발사된 전파를 전부 수신하여 일단 증폭을 행한 다음, 자국에서 수신할 통신만을 선택하여 검파한다. 이와 같은 통신 방식 멀티플 액세스(multiple access)방식이라 하고, 위성통신에만 사용되는 특이한 방식이다. 멀티플 액세스 방식으로는 주로 FDMA, TDMA, CDMA, SDMA방식을 사용한다.

① FDMA(frequency division multiple access)

전체 사용가능한 주파수 대역을 분할하여 다원 접속하는 방식으로 각 사용자는 다른 반송 주파수로 신호를 변조한다.★

② TDMA(time division multiple access)

채널 링크나 주파수를 사용할 때 각 신호는 주기적 인 시간 슬롯이 할당되어 순서대로 보내진다.

③ CDMA(code division multiple access)

대역확산기술(spread spectrum)을 이용 직교하거나 거의 직교하는 대역확산 코드가 각 사용자나 신호에 할당되는 방식으로 잡음이나 에러에 매우 강하며 비화성이 좋은 다원접속방식이다.

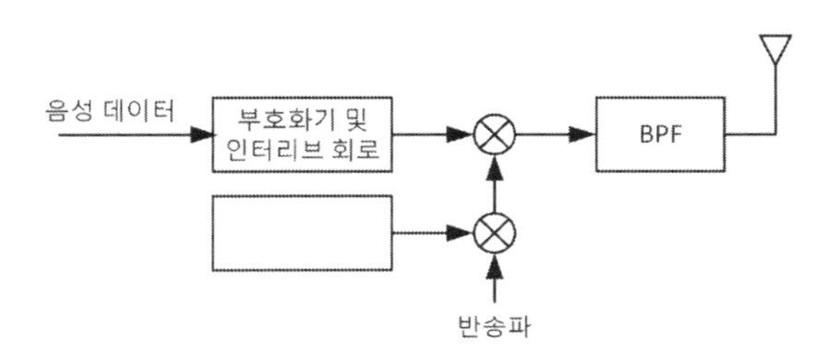

그림은 CDMA(code division multiple access: 부호분할 다원접속)으로 입력 데이터의 Burst성 error를 Random error화 하기위해 Inter leaver회로를 거치고 Random한 코드를 가지고 반송파와 변조하기 위하여 의사잡음(PN) 부호 발생기를 둔다.★

CDMA 방식의 특징(스펙트럼 확산 변조의 특징)★★★★★

① 저밀도 스펙트럼을 갖는다.
② 잡음 및 간섭 등의 영향이 적다.(혼신 방해에 대한 영향이 적다.)
③ 비화성이 좋다.
④ 사용 주파수 대역이 넓다.(광대역 전송로가 필요하다.)
⑤ 각 가입자별로 고유의 PN 코드를 할당한다.

④ SDMA

공간 분할(space division) : 기존의 물리적 경로들과 다른 새로운 경로를 설치하여 물리적으로 다중경로를 설정한다.

DBS(Direct Broadcasting Satellite)는 직접 위성 방송 서비스란 뜻으로 방송국에서 전파를 정지위성으로 쏘아 올리면 이를 증폭한 후 지상에 있는 각 가정의 소형 parabola 안테나와 se-top box 또는 TV 수신기를 이용하여 전파를 수신하는 방식이다. 위성방송에 사용하는 주파수는 지상국에서 위성으로는 14GHz, 위성에서 지상으로는 12GHz(8채널)를 사용한다. 대단히 높은 주파수를 사용하고 지상에서 수신하는 전파도 대단히 약하기 때문에 수신측에서는 지향성이 강한 파라볼라 안테나나 여러개의 작은 안테나 소자를 집합시킨 평면 안테나를 사용한다.★★

6 전파의 창

위성통신을 위한 최적의 주파수 대역으로 비나 안개등에 잘 흡수되지 않고 전리층을 통과 성능이 우수한 1~10[GHz]의 주파수 대역을 전파의 창이라 한다.

전파의 창 결정 요소

① 정보 전송량의 문제
② 송・수신계의 문제
③ 잡음의 영향
④ 전리층 영향
⑤ 대류권 영향

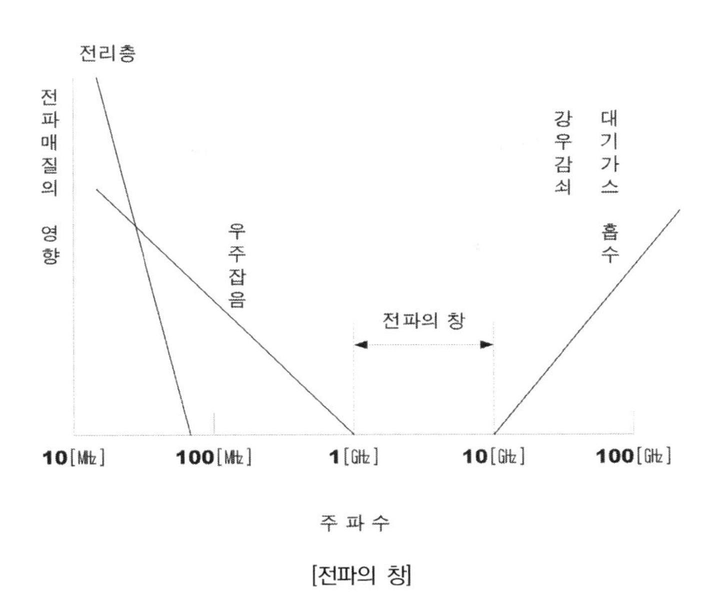

[전파의 창]

[위성 통신 주파수 대역별 명칭]

명칭	주파수 대역[GHz]
P-Band	0.23~1
L-Band	1~2
S-Band	2~4
C-Band	4~8
X-Band	8~12.5
Ku-Band	12.5~18
K-Band	18~26.5
Ka-Band	26.5~40

핵심기출문제

1. 위성통신 지구국의 기본적인 구성이 아닌 것은?

가. 안테나계　　나. 송수신계
다. 자세제어계　　라. 인터페이스계

해설
위성통신 지구국은 안테나계, 송수신계, 인터페이스계로 구성되며 자세 제어계는 위성 시스템(우주국)의 버스 서브(bus sub)시스템에 속해있는 장치로 위성의 자세를 제어해주는 역할을 담당한다.

2. 통신위성시스템은 크게 패이로드 시스템과 버스 시스템으로 구성된다. 버스 시스템에 해당되지 않는 것은?

가. 자세궤도제어 시스템
나. 추진 시스템
다. 전원공급 시스템
라. 안테나 시스템

3. 다음 중 통신위성체의 TT&C 시스템에서 행하는 일과 거리가 먼 것은?

가. Telemetry 정보의 수집
나. 위성관제소의 명령을 수행
다. 주파수의 변환
라. Telemetry 정보의 송신

해설
- TT&C(Telemetry Tracking & Command) 시스템
  위성 관제소로부터의 명령 신호 수신, 위성의 자세 및 위치 등에 관한 텔리메트리 데이터를 위성관제소에 송신하는 기능, 자세제어, 위치제어, 빔 중심 제어, 정상기능점검, 운용 장비와 예비용 장비와의 절체기능 수행 등의 역할 담당
- 트랜스 폰더
  상향링크 신호를 받아 증폭 및 주파수 변환하여 하향링크 신호로 만드는 과정 수행

4. 위성의 제어를 위하여 위성에 있는 각 장치의 전기적인상태 및 센서로 감지한 열에 대한 데이터의 정보를 지구국에 송신하는 기능을 갖는 장치를 무엇이라고 하는가?

가. 자세제어시스템　　나. Telemetry시스템
다. 열제어시스템　　라. 전원제어시스템

해설 TTC(Telemetry Tracking & Command)
① telemetry 시스템: 위성에 있는 각 장치의 전기적인 상태 및 센서로 감지한 열에 대한 데이터의 정보를 지구국에 송신하는 장치
② Tracking & Command 시스템: 위성 관제소로부터의 명령 신호 수신, 위성의 자세 및 위치 등에 관한 텔리메트리 데이터를 위성 관제소에 송신하는 기능을 하는 장치

5. 통신 위성 체 구성 부 중 텔레메트리 기능에 해당하지 않는 것은?

가. 위성추진시스템의 가스 압력 값
나. 열 제어 시스템에서의 온도감지의 출력 값
다. 명령에 대한 데이터 확인
라. 주파수 변환

6. 통신위성을 통신시스템과 지원(공용)시스템으로 구분할 때 지원시스템에 포함되지 않는 것은?

가. 전원계　　나. 자세제어계
다. 감시제어계　　라. 추진계

해설 통신위성의 구성
① 통신시스템 : 트랜스폰더와 안테나계
② 지원(공용)시스템 : 전력(원)계, TTC계(텔리메트리 명령계), 자세제어계, 열제어계, 추진계, 구체계

정답 1. 다　2. 라　3. 다　4. 나　5. 라　6. 다

7. 지구국의 안테나를 위성방향으로 향하도록 하는 제어장치를 무엇이라고 하는가?

가. TWTA　　나. 추미장치
다. Transponder　　라. 자세제어장치

8. 위성의 자세를 제어하기 위해서는 3개의 기준축이 설정된다. 이에 속하지 않는 것은?

가. 롤(roll)축　　나. 요(yaw)축
다. 토크(torque)축　　라. 피치(pitch)

해설 3축제어

위성의 자세를 제어하기 위한 3개의 기준축 제어.
① yaw(요)축: 위성 안테나가 지구국을 향하는 방향
② roll(롤)축: 위성 자체의 회전 방향
③ pitch(피치)축: 위성의 날개 방향

9. 위성 탑재용 중계기(Transponder)의 구성 항목 중 거리가 먼 것은?

가. TWTA　　나. 저 잡음 증폭기
다. 주파수 변환장치　　라. 안테나

해설 위성 탑재용 중계기(transponder)의 구성

① LNA(Low Noise Amplifier) : 저잡음 증폭기 ⇒ GaAs 증폭기 등
② 주파수 변환장치(frequency translator) ⇒ 상향회선과 하향회선 주파수를 변환시켜줌.
③ HPA(high Power Amplifier) : 대전력 증폭기 ⇒ TWTA : 진행파관 등

10. 위성 중계기에서 대 전력 증폭기로 사용되는 것은?★★

가. TWTA　　나. MAGNETRON
다. IMPATT DIODE　　라. GaAs MESFET

11. 위성 중계기의 구성 중 신호 증폭부에 사용되는 광대역 증폭기는?★

가. MAGNE TRON　　나. TWTA
다. TDA　　라. KLYSTRON

12. 위성 중계기에서 잡음의 영향을 최소화하기 위해서 저 잡음증폭기에 사용되는 소자는?

가. MASER　　나. HPA
다. SSPA　　라. GaAsFET

13. Parametric 증폭기의 설명 중 잘못된 것은?

가. 비선형 리액턴스 소자로 Varector diode가 실용적으로 쓰인다.
나. 통신위성, 기상레이더 등에 널리 쓰인다.
다. 잡음 특성이 좋다.
라. 고정의 비선형 리액턴스 소자를 쓴 증폭기이다.

14. 위성지구국 시스템은 신호를 지구국 안테나에서 위성으로 Up-link 시키거나 혹은 위성에서 지구국 안테나로 Down-link 신호를 분리하는 기능을 하는 장치는?

가. 디멀티플렉서(Demultiplexer)
나. 다운 컨버터(Down converter)
다. 다이플렉서(Diplexer)
라. 멀티플렉서(Multiplexer)

해설

위성통신에서는 하나의 안테나로 송・수신을 하므로 Uplink 신호와 Downlink 신호를 분리하여야 한다. 이와 같은 기능을 담당하는 장치를 다이플렉서(diplexer)라 한다.
① Uplink: 지상국에서 위성으로 송신되는 통신회선
② Downlink: 위성에서 지상국으로 송신되는 통신회선

정답 7. 나　8. 다　9. 라　10. 가　11. 나　12. 라　13. 라　14. 다

핵심기출문제

15. GPS에 대한 설명 중 적합하지 않은 것은?

가. 위성은 고도 20200Km 상공에서 12시간의 주기로 지구 주위를 돈다.

나. 영역은 우주 부문, 관제부문, 사용자부문 등으로 구분 된다.

다. 6개의 궤도면에 모두 20개의 위성으로 구성된다.

라. 수신기의 위치와 속도, 시간을 계산하는데 4개 이상 위성의 동시 관측을 필요로 한다.

해설 위성항법장치(global positioning system : GPS) 지피에스(GPS)라고도 하며 위치 정보는 GPS 수신기로 3개 이상의 위성으로부터 정확한 시간과 거리를 측정하여 3개의 각각 다른 거리를 삼각 방법에 따라서 현 위치를 정확히 계산할 수 있다. 현재 3개의 위성으로부터 거리와 시간 정보를 얻고 1개 위성으로 오차를 수정하는 방법을 널리 쓰고 있다. 위성 그룹은 모두 24개의 내브스타(NAVSTAR : navigation satellite timing and ranging) 위성으로 구성되었으며, 2만 200km의 지구 상공에 있는 6개의 원궤도에 원자모형처럼 분포되어 있다. GPS는 현재 단순한 위치정보 제공에서부터 항공기·선박·자동차의 자동항법 및 교통관제, 유조선의 충돌방지, 대형 토목공사의 정밀 측량, 지도제작 등 광범위한 분야에 응용되고 있으며, GPS 수신기는 개인 휴대용에서부터 위성 탑재용까지 다양하게 개발되어 있다. GPS 위성의 궤도는 167,000㎞ 이며 주기는 약 11시간 58분이다.

16. GPS(전세계측위시스템)에 대한 설명 중 틀리는 것은?

가. 위성의 궤도는 저궤도이며, 주기는 약 8시간이다.

나. GPS는 Global Position System의 약어이다.

다. 표준 측위를 위한 반송파는 약 1.575 GHz(L1)이다

라. 항상 4개 이상의 위성이 시계 내에 배치된다.

해설
GPS 위성의 궤도는 167,000㎞ 이며 주기는 약 11시간 58분이다.

17. 다음 중 INMARSAT 시스템과 관계없는 것은?

가. 해안지구국	나. 선박지구국
다. 통신망관리국	라. 인텔세트위성

해설 INMARSAT

(1) 목적 : 해상에서의 조난 및 인명의 안전에 관한 통신을 목적.(선박과 육상에 전화, 텔렉스, 데이터, 팩시밀리와 조난, 안전통신서비스를 제공하기 위한 위성시스템)

(2) 사용주파수대
① 선박과 위성간 : 1.6/1.5[GHz]의 L 밴드
② 해안 지구국과 위성간 : 6.4[GHz] C 밴드

(3) INMARSAT 시스템 구성
① 통신망관리국 ② 해안지구국 ③ 선박지구국

18. 다음 INMARSAT에 대한 설명 중 가장 적당한 것은?

가. 일기예보를 정확히 하기 위한 기상관측 등을 주목적으로 한다.

나. 지구관측을 통해 지상의 자원조사 및 탐사 등을 주목적으로 한다.

다. 해상에서 선박간의 정보교환과 해상안전에 관한 통신 등을 주목적으로 한다,

라. 국제공중통신 역무를 주목적으로 한다.

19. 다음 중 INMARSAT의 구성요소가 아닌 것은?

가. OCC	나. NCS
다. CES	라. DSC

정답 15. 가 16. 가 17. 라 18. 다 19. 라

20. 다음 중 저궤도위성이 아닌 것은?

가. INMARSAT　　나. IRIDIUM
다. GLOBAL STAR　　라. ODYSSEY

21. 국제 통신 위성 기구의 약칭은 무엇인가?

가. INMARSAT　　나. INTELSAT
다. EUTELSAT　　라. COMSAT

22. CDMA통신에 대한 설명 중 가장 옳은 것은?

가. 이 방식은 동기가 필요 없이 코드만 식별되면 통신이 된다.
나. CDMA에서는 캐리어 주파수분할이 필요 없다.
다. PN코드의 동기만 맞으면 통신이 된다.
라. 각 가입자별로 고유의 PN 코드를 할당하는 방식이다.

해설 CDMA 방식의 특징

① 저밀도 스펙트럼을 갖는다.
② 잡음 및 간섭 등의 영향이 적다.
③ 비화성이 좋다.
④ 사용 주파수 대역이 넓다.
⑤ 각 가입자별로 고유의 PN 코드를 할당한다.

23. CDMA방식에 대한 설명으로 틀린 것은?

가. Spread spectrum 기술을 이용한 것이다.
나. 광대역의 주파수폭을 필요로 한다.
다. 코드의 검출이 어렵기 때문에 통신의 비밀이 보장된다.
라. 광대역특성이므로 간섭의 영향도 크다.

해설

CDMA 방식은 잡음 및 간섭 등의 영향이 적다.

24. 무선통신에 사용되는 스펙트럼 확산통신방식의 특징을 나타내는 것은?

가. 도청으로부터 메시지 보호가 유리하다.
나. 고전력 스펙트럼이 필요하다.
다. 대용량 M/W 시스템에 적용이 용이하다.
라. 주파수 대역폭이 극히 좁다.

해설 Spread Spectrum

① 송신신호 대역폭이 메시지 대역폭보다 아주 넓다.
② 저밀도 스펙트럼 상태를 갖는다.
③ 잡음과 간섭에 강하다.
④ 은밀하게 전파를 방사할 수 있으며, 신호의 비밀을 실현 할 수 있다.(비화통신가능)
⑥ 주파수 이용율 증가
⑦ 동기 및 비동기의 다원접속이 가능하다
⑧ 직접 확산(DS), 주파수 도약(FH), 시간 도약(TH), 첩변조(CM) 방법 등이 있다.

25. 위성통신에서 강우중인 공간을 전파하는 전파가 빗방울에 의한 영향으로 생기는 현상이 아닌 것은?

가. 전파의 흡수　　나. 전파의 산란
다. 교차편파 식별도의 열화
라. 파라데이 회전

해설

위성을 이용한 우주통신에서 전파가 강우중인 공간을 전파하게 되면 빗방울의 영향을 받아 흡수, 산란, 열화 등의 현상이 나타난다.

26. 다원접속방식 중 대역확산기술을 적용하기 때문에 잡음 및 에러에 강한 특징을 갖는 방식은?

가. CDMA　　나. PA-TDMA
다. FDMA　　라. TDMA

해설 CDMA

대역확산기술(spread spectrum)을 이용 직교하거나 거의 직교하는 대역확산 코드가 각 사용자나 신호에 할당되는 방식으로 잡음이나 에러에 매우 강하며 비화성이 좋은 다원접속방식이다.

정답 20. 가　21. 나　22. 라　23. 라　24. 가　25. 라　26. 가

핵심기출문제

27. 위성통신의 다원접속방식중 위성의 주파수스펙트럼 을 분할하여 각 지구국에 할당하는 방식을 무엇이라고 하는가?

가. SDMA　　　나. FDMA
다. TDMA　　　라. CDMA

해설 FDMA(frequency division multiple access)
전체 사용가능한 주파수 대역을 분할하여 다원 접속하는 방식으로 각 사용자는 다른 반송 주파수로 신호를 변조한다.

28. 다음 중 스펙트럼 확산 변조의 특징이 아닌 것은?

가. 제 3자가 수신하기 쉽다.
나. 비화성을 유지할 수 있다.
다. 광대역 전송로가 필요하다.
라. 혼신 방해에 대한 영향이 적다.

해설
스펙트럼 확산 변조의 특징은 비화성이 좋아 제 3자로부터 보안성이 우수하다.

29. 다음 중 스펙트럼 확산(Spread spectrum)변조방식의 종류가 아닌 것은?

가. indirect spread
나. frequency hopping
다. time hopping
라. chirp

해설 CDMA를 구현하기 위한 스펙트럼 확산 기술
① 직접 확산(DS: Direct Sequence)
② 주파수 도약(FH: Frequency Hopping)
③ 시간도약(TH: Time Hopping)
④ 첩 변조(CM: chirp Modulation) 방식 등이 있다.

30. 인공위성의 이동에 따라서 수신 주파수가 변화하는 현상을 무엇이라고 하는가?

가. 패러데이 회전　　　나. 도플러 효과
다. 플라즈마 층　　　라. 전파의 지연시간

해설 도플러 효과(doppler effect)
이동체의 움직임에 따라 수신 신호의 주파수가 변하는 현상.

31. 아래 그림은 CDMA 송신 시스템의 개략도이다. 빈칸에 들어갈 내용 중 적당한 것은?

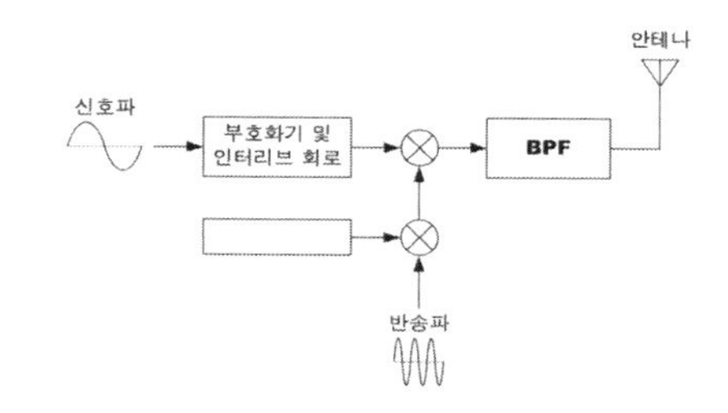

가. 디지털 필터(Digital Filter)
나. 주 발진기(Master OSC)
다. 음성 부호화기(VOCODER)
라. 의사잡음(PN) 부호 발생기

해설
그림은 CDMA(code division multiple access : 부호분할 다원접속)으로 입력 데이터의 Burst성 error를 Random error화 하기위해 Inter leaver회로를 거치고 Random한 코드를 가지고 반송파와 변조하기 위하여 의사잡음(PN) 부호 발생기를 둔다.

32. 다음 그림은 직접확산(DS) 방식의 송신기 구성도이다. A에 알맞은 것은?

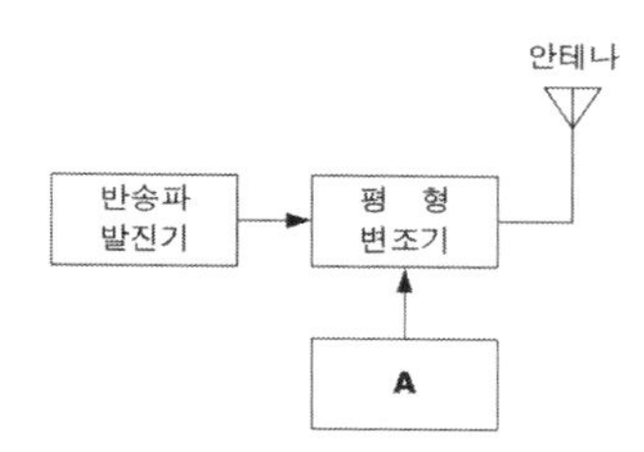

정답 27. 나　28. 가　29. 가　30. 나　31. 라　32. 라

가. 고주파 믹서
나. PSK 변조기
다. 중간주파 발진기
라. 의사잡음(PN) 발생기

해설
그림은 CDMA(code division multiple access : 부호분할 다원접속)으로 입력 데이터의 Burst성 error를 Random error화 하기위해 Inter leaver회로를 거치고 Random한 코드를 가지고 반송파와 변조하기 위하여 의사잡음(PN) 부호 발생기를 둔다.

33. DBS에 대한 설명 중 틀린 것은?

가. 방송 위성은 정지궤도 위성을 이용한다.
나. 한 개의 위성으로 한반도 전체를 서비스 할 수 있다.
다. Up-link 주파수 대역은 4㎓ 이다.
라. 가정에서는 소형 파라보라 안테나를 사용한다.

해설
DBS(Direct Broadcasting Satellite)는 직접 위성 방송 서비스란 뜻으로 방송국에서 전파를 정지위성으로 쏘아 올리면 이를 증폭한 후 지상에 있는 각 가정의 소형 parabola 안테나와 se-top box 또는 TV 수신기를 이용하여 전파를 수신하는 방식이다. 위성방송에 사용하는 주파수는 지상국에서 위성으로는 14GHz, 위성에서 지상으로는 12GHz(8채널)를 사용한다. 대단히 높은 주파수를 사용하고 지상에서 수신하는 전파도 대단히 약하기 때문에 수신측에서는 지향성이 강한 파라볼라 안테나나 여러개의 작은 안테나 소자를 집합시킨 평면 안테나를 사용한다.

34. DBS(Direct Broadcasting Satellite)에 대한 설명 중 틀린 것은?

가. 방송 위성은 정지궤도 위성을 이용한다.
나. 한 개의 위성으로 한반도 전체에 서비스할 수 있다.
다. 사용 주파수 대역은 V/UHF 대역을 사용한다.
라. 가정에서는 소형 파라보라 안테나를 사용한다.

해설
DBS(Direct Broadcasting Satellite)의 사용 주파수대는 SHF대이다.

35. 다음 중 통신위성의 원리와 거리가 먼 것은?

가. 만유인력법칙　　나. 지구의 자전주기
다. 지구의 공전주기　라. 궤도운동

해설
정지궤도위성은 지구의 자전주기와 위성의 공전주기가 같고 동일한 궤도 방향으로 회전(궤도운동)하고 있어야 한다. 그리고 위성은 일정속도 이상으로 돌아야 떨어지지 않을 수 있다.(만유인력법칙)

36. 통신위성에 관한 설명 중 틀린 것은?

가. 통신위성용 저잡음 증폭기(LNA)는 파라메트릭 증폭기나 FET증폭기 등을 사용한다.
나. 정지궤도 위성은 지상 약36,000㎞ 상공에 위치하며 통신커버리지(Coverage)는 지구 표면의 30% 정도이다.
다. 대전력 증폭기(HPA)는 진행파관(TWT)이나 클라이스트론(Krystron) 등을 주로 사용한다.
라. 위성통신은 주로 센티미터파대의 주파수를 사용하 며 Up-link 와 Down-link는 서로 다른 주파수를 사용한다.

해설 정지궤도위성(Geo- Stationary Orbit Satellite)
적도 궤도면에 지구의 자전 방향과 같은 방향으로 회전시키는 위성
① 지표상공 35,786.1[㎞] 위치(약 36,000[㎞])
② 3개의 위성으로 극지방을 제외한 전 세계 커버(지표면의 42.4[%]가 보여 120° ×3개)
③ 거리가 멀어 전파의 전파 지연시간(최소 238㎳, 최대 278㎳)이 크고 전력손실이 크다.
④ 24시간 상시 통신이 가능하다.

정답 33. 다　34. 다　35. 다　36. 나

핵심기출문제

37. 정지궤도(GEO) 위성을 설명한 것은?

가. 위성의 고도가 약 300 ~ 1500 km 이다.
나. 이동통신 위성에 많이 사용된다.
다. 극 지점 통신용 이다.
라. 위성의 수 3개로 국제통신을 할 수 있다.

38. 지상으로부터 약 36,000㎞에 위치하여 지구의 자전 주기와 위성의 공전 주기를 같게 하여 적도상에 같은 간격으로 3개 정도를 배치하여 전 세계를 커버할 수 있어 경제적인 위성 통신을 할 수 있는 방식은?

가. 랜덤 위성 방식　　나. 정지 위성 방식
다. 위상 위성 방식　　라. 다중 위성 방식

39. 통신위성에 관한 설명 중 틀린 것은?

가. 정지궤도 위성은 지상 약 36,000km 상공에 위치하며 통신 커버리지(Coverage)는 지구표면의 약 40%정도이다.
나. 위성회선 중계 시 보통 2~3백ms 정도 전파 전송지역이 발생하는 데 이것은 에코 캔슬러(Echo canceller)를 이용하여 제거할 수 있다.
다. 통신위성은 고정위성, 이동위성으로 크게 분류할 수 있다.
라. 위성통신은 주로 SHF대의 주파수를 사용하며 Up-link와 Down-link는 서로 다른 주파수를 사용한다.

40. 트랜스폰더에 사용되는 저잡음 증폭기의 출력주파수 와 잡음 온도에 대한 설명 중 잘못된 것은?

가. 저잡음 증폭기의 출력주파수는 펌핑전력 레벨과 펌핑주파수의 변화에 대해서 대단히 민감하다.
나. 출력주파수의 안정을 위해 펌핑회로를 항온조내에 설치한다.
다. 저잡음 증폭기의 잡음 온도에 대해서는 펌핑 주파수를 최대한 적게 하고 Q가 낮은 다이오드를 선택한다.
라. 저잡음 증폭기 자체의 잡음을 줄이기 위해 증폭기 에 냉각 장치를 설치한다.

해설
트랜스폰더에 이용되는 저 잡음 증폭기의 잡음 온도에 대한 출력 주파수는 최대로 높게 하고 선택도(Q)가 높은 다이오드를 선택한다.

41. LEO 위성방식에 대한 설명 중 틀린 것은?

가. 극지방에서의 통신이 가능하다.
나. 통화중 handover가 자주 발생된다.
다. 위성수가 증가하여 투자비가 증가한다.
라. 정지위성방식보다 이동국 안테나의 크기가 커진다.

해설 저궤도 통신위성(LEO Communication Satellite)
- 정지궤도 통신위성의 단점보완(극지방에서의 통신이 가능하다)
- 통신용 단말기의 소형화 가능(이동국 안테나의 크기가 작아진다)
- 실시간 원거리 통신 가능.
- 대용량 통신 가능
- 위성의 제작 및 발사비용 절감(전체 위성수가 증가하여 총 투자비가 증가하게 된다는 단점이 있다)
- 차세대 이동통신 수단으로 각광을 받음.

정답　37. 라　38. 나　39. 나　40. 다　41. 라

42. NAVTEX 수신기의 운용에 있어서 수신을 거부할 수 없는 것은?

가. 기상경보　　나. 기상방송
다. 데카정보　　라. 로란정보

해설 내비텍스 수신기(NAVTEX)

F1B 전파 518kHz 전용의 협대역 직접 인쇄 전신 자동 수신 장치. 국제적 내비텍스 수신기 서비스로 해안국이 행하는 단방향 오류 정정 방식의 협대역 인쇄 전신에 의해 영어로 해상 안전 정보의 송신을 자동적으로 수신하여 인쇄하는 외에, 조난 통신을 수신하면 경보를 발한다. 의무 선박국에 비치하는 것이 의무화되어 있으며, 518kHz로 해상 안전 정보를 송신하는 해안국의 통신권 내에 있을 때는 항상 그 전파를 청취하도록 규정되어 있다. 해상 안전 정보란 선박을 향해서 방송하는 항행 경보, 기상 정보, 기상 예보, 기타의 긴급한 안전 관련 통보를 말하며 기상경보는 수신을 거부할 수 없다.

43. 위성방송 TV수신용 안테나와 가장 거리가 먼 것은?

가. 파라볼라안테나
나. 야기(yagi)안테나
다. 패치 어레이(patch array)안테나
라. 오프 세트(off set)안테나

해설

야기 안테나는 VHF대 일반 TV전파의 수신 안테나로 사용되며 SHF대를 이용하는 위성방송용 수신안테나로는 파라볼라, 패치 어레이, 오프세트 안테나와 같은 입체형 안테나를 사용한다.

44. 정지위성에 장착하는 안테나가 갖추어야 할 조건과 관계가 먼 것은?

가. 고 이득일 것　　나. 저 잡음일 것
다. G/T가 작을 것　　라. 광대역성일 것

45. 통신위성과 지구국 사이의 데이터 전송에 필요한 전력은 다음 중 어떤 비례식으로 늘려 주어야 하는가?

가. 거리에 비례
나. 거리의 제곱에 비례
다. 거리의 3승에 비례
라. 거리에 반비례

46. 다음은 능동 위성통신을 위해 현재까지 제안된 방식이다. 이에 해당되지 않는 것은?

가. 랜덤위성방식　　나. 정지위성방식
다. 다중위성방식　　라. 위상위성방식

47. 위성통신에 사용되는 주파수는 GHz대의 매우 높은 주파수이다. 위성에서 수신한 GHz대의 주파수를 신호처리를 위해 먼저 낮은 주파수로 변환하는데 이 변환이 이루어지는 수신측의 장치는?

가. 디멀티플렉서(Demultiplexer)
나. 다이플렉서(Diplexer)
다. 다운 컨버터(Down converter)
라. 저 잡음 증폭기(LNA)

48. 위성의 다원접속기술에서 회선할당방식에 속하지 않는 것은?

가. 사전할당방식　　나. 요구할당방식
다. 개방할당방식　　라. 임의할당방식

49. 정지위성에 장착하는 안테나가 갖추어야 할 조건과 관계가 먼 것은?

가. 고 이득일 것　　나. 저 잡음일 것
다. G/T가 작을 것　　라. 광대역성일 것

정답 42. 가　43. 나　44. 다　45. 나　46. 다　47. 다　48. 다　49. 다

핵심기출문제

50. 다음 중 위성통신의 장 · 단점이 아닌 것은?

가. 회선 설정이 용이하다.
나. 전송지연이 발생한다.
다. 동보통신이 가능하다.
라. 암호화 장비가 필요 없다.

51. 위성통신의 특징에 관한 설명 중 장점이 아닌 것은?

가. 원거리통신에 적당하다.
나. 광범위한 지역 및 해역을 커버할 수 있다.
다. 안정된 대용량의 통신이 가능하다.
라. 지구국과 위성 사이에서의 지연시간이 발생한다.

52. 다음은 위성통신에 관한 설명이다. 틀린 것은?

가. 주로 SHF 대를 이용하고 위성에 의한 원거리 통신을 한다.
나. 위성통신시스템에서는 다중화기술이 불가능하다.
다. 마이크로웨이브 통신방식과 같이 가시거리 통신이다.
라. 정지궤도에 떠있는 통신위성은 중계소 역할을 한다.

53. 다음 중 위성의 수명과 관계없는 것은?

가. 트랜스폰더의 잔존확률
나. 탑재연료
다. 주파수 자원의 한정
라. 태양전지의 성능

54. 직경 1.2 ~ 1.8m 의 소형 안테나와 낮은 송신출력을 갖는 위성통신 지상 장치로 개인적으로 소유하는 초소형 지구국 시스템을 무엇이라 하는가?

가. INMARSAT 나. VSAT
다. GPS 라. INTELSAT

55. Circulator 에 대하여 가장 알맞게 설명한 것은?

가. BPF 의 일종이다.
나. 저 잡음 증폭기이다.
다. 마이크로웨이브 발진기이다.
라. 입력과 출력신호를 분리하는 장치이다.

56. 위성통신에서 주로 사용되는 주파수 범위는?

가. 30 ㎓ ~ 300 ㎓
나. 3 ㎓ ~ 30 ㎓
다. 300 ㎒ ~ 3 ㎓
라. 30 ㎒ ~ 300 ㎒

57. MASER의 특징 설명 중 틀린 것은?

가. 전계나 자계가 아닌 전자 spin의 energy준위 사이의 전이를 이용한 것이다.
나. 저 잡음 소자이다.
다. 임의의 주파수로 발진 및 증폭을 동시에 행할 수 있다.
라. 보통 강자계 중에 수용된다.

58. 위성의 1차 전원은 어느 것을 사용하는가?

가. 태양전지 나. Ni-Cd전지
다. Ni-H_2전지 라. 납축전지

정답 50. 라 51. 라 52. 나 53. 다 54. 나 55. 라 56. 나 57. 다 58. 가

59. 다음 중 지상1.414km의 저궤도 위성 체(48기)를 이용하여 고품실의 통신서비스를 제공하는 이동 통신시스템은?

가. Iridium　　　나. Odyssey
다. Globalstar　　라. Inmarsat

60. 위성에서 수신한 GHz대의 주파수를 신호처리를 위해 먼저 낮은 주파수로 변환하는데 이 변환이 이루어지는 수신측의 장치는?

가. 디멀티프렉서(Demultiplexer)
나. 다이플렉서(Diplexer)
다. 다운 컨버터(Down converter)
라. 저잡음 증폭기(LNA)

61. 위성통신에 사용하는 전파창이란 어느 주파수대 인가?

가. 1[GHz] 이하　　　나. 1[GHz]~10[GHz]
다. 10[GHz]~15[GHz]　라. 20[GHz] 이상

62. GPS 위성의 고도는 약 몇 [km]인가?

가. 1000[km]　　나. 10000[km]
다. 20200[km]　　라. 35800[km]

정답 59. 다　60. 다　61. 나　62. 다

CHAPTER 8

이동통신

1 로밍(Roamming)

사용자가 가입 등록한 시스템 이외의 다른 시스템이 관리하는 서비스 영역에서도 정상적인 서비스를 가능하게 해주는 것.

2 스펙트럼 확산(SS : Spread Spectrum)의 특징★★★★

① 송신신호 대역폭이 메시지 대역폭보다 아주 넓다.

② 저밀도 스펙트럼 상태를 갖는다.

③ 잡음과 간섭에 강하다.

④ 은밀하게 전파를 방사할 수 있으며, 신호의 비밀을 실현 할 수 있다.(비화통신가능)

⑤ 주파수 이용율 증가

⑥ 동기 및 비동기의 다원접속이 가능하다

⑦ CDMA를 구현하기 위한 스펙트럼 확산 기술★

㉠ 직접 확산(DS: Direct Sequence)

㉡ 주파수 도약(FH: Frequency Hopping)

㉢ 시간도약(TH: Time Hopping)

㉣ 첩 변조(CM: chirp Modulation) 방식 등이 있다.

3 이동통신 단말기 구성

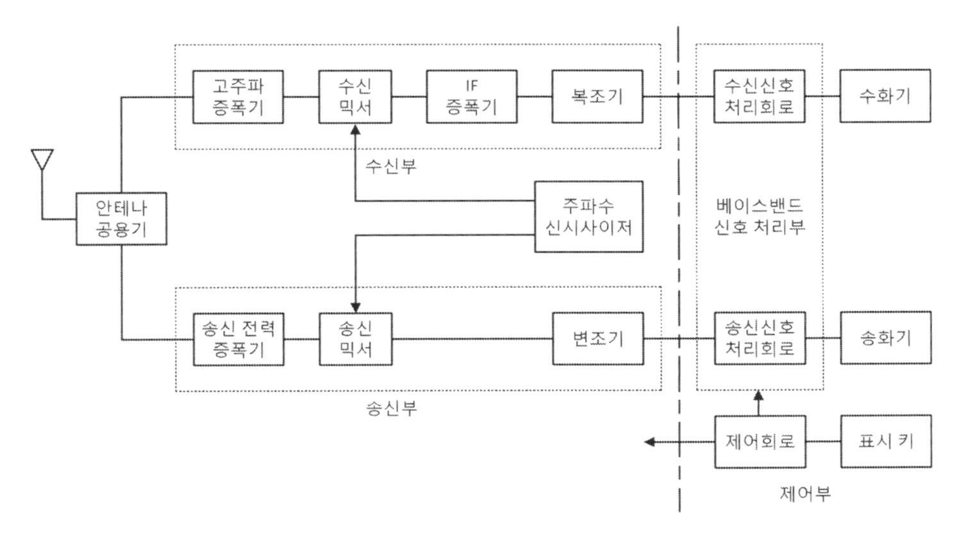

[이동통신 단말기 구성도]

4 주파수 재사용거리(D)

$$D = \sqrt{3N} \cdot R,\ D = \sqrt{3K} \cdot R \begin{cases} (N(K):\ \text{주파수재사용계수(반복구역수, 셀수)}) \\ R:\ \text{단위기지국의서비스반경(셀의반경)} \end{cases}$$

※ 차량(이동국)이 $v = 80\,[\text{km}/h]$의 속도로 이동할 경우 Doppler Spread는

$$\Rightarrow f = \frac{v}{\lambda} = \frac{(80 \times 10^3) \div 3600}{0.353} = 63\,[\text{Hz}]\text{가 된다.}$$

$$(\lambda = \frac{C}{f} = \frac{3 \times 10^8}{850 \times 10^6} = 0.353)^{\star}$$

핵심기출문제

1. 다음 중 스펙트럼 확산 변조의 특징이 아닌 것은?

가. 제 3자가 수신하기 쉽다.
나. 비화성을 유지할 수 있다.
다. 광대역 전송로가 필요하다.
라. 혼신 방해에 대한 영향이 적다.

해설
스펙트럼 확산 변조의 특징은 비화성이 좋아 제 3자로부터 보안성이 우수하다.

2. 다음 중 스펙트럼 확산(Spread spectrum)변조방식의 종류가 아닌 것은?

가. indirect spread
나. frequency hopping
다. time hopping
라. chirp

해설 CDMA를 구현하기 위한 스펙트럼 확산 기술
① 직접 확산(DS: Direct Sequence)
② 주파수 도약(FH: Frequency Hopping)
③ 시간도약(TH: Time Hopping)
④ 첩 변조(CM: chirp Modulation) 방식 등이 있다.

3. 이동통신 시스템에서 캐리어주파수가 850MHz, 차량속도가 80km/h라 할 때 최대 Doppler Spread는 얼마인가?

가. 63[Hz] 나. 65[Hz]
다. 67[Hz] 라. 69[Hz]

해설
차량(이동국)이 $v = 80[\mathrm{km}/h]$의 속도로 이동할 경우 Doppler Spread는

$\Rightarrow f = \frac{v}{\lambda} = \frac{(80 \times 10^3) \div 3600}{0.353} = 63[\mathrm{Hz}]$가 된다.

$(\lambda = \frac{C}{f} = \frac{3 \times 10^8}{850 \times 10^6} = 0.353)$

정답 1. 가 2. 가 3. 가

CHAPTER 9

항법장치

1 탐지거리

$$L = \frac{C \cdot t}{2}(m) \begin{cases} L: \text{물체까지의 거리} \\ C: \text{전파속도}(3\times10^8) \\ t: \text{전파왕복 소요시간} \end{cases}$$ ★★

※ 레이더의 수신전력(S)

$$S = P \cdot \frac{G^2\lambda^2\delta}{(4\pi)^3\gamma^4}[W] \begin{cases} r: \text{거리}[m] \\ \delta: \text{목표물의 유효반사면적}[㎡] \\ G: \text{안테나의 이득} \\ P: \text{송신전력} \\ f: \text{주파수} \\ \lambda: \text{파장} \end{cases}$$

※ 레이더에서 최대 탐지 거리를 증대시키는 방법

① 송신 전력을 증가 시킨다.

② 이득이 큰 공중선을 사용한다.

③ 수신기 감도를 증대시킨다.

④ 유효반사면적이 큰 목표일수록 멀리 탐지된다.

⑤ 안테나 높이가 높을수록 멀리 탐지된다.

2 최소탐지거리(Minimum detectable range)

어느 정도 가까운 거리까지 탐지할 수 있는가의 정도

$\gamma_{min} = \frac{1}{2}c\tau = 1.5\times10^8 \cdot \tau[m]$, τ: 펄스폭(μs)

3 부속장치

① **우설 제거회로** [FTC (Fast Time Constant)]

② **근거리해면 반사 억제회로** [STC (Sensitivity Time Control circuit)]

4 펄스를 레이더 전파로 사용하는 이유

① 파장이 짧으므로 회절 현상이 적고 직진성이 좋다.

② 예민한 빔(beam)을 얻기가 쉽고 지향성이 용이하다.

③ 파장이 짧으므로 작은 물체라도 잘 반사된다.

④ 주파수가 높으므로 펄스와 같은 광대역을 필요로 하는 신호를 보낼 수 있다.

⑤ 펄스를 반사하면 발사파와 반사파의 상호간섭이 없어지며, 또 발사정지 중에도 반사파의 수신이 가능하므로 편리하다.

⑥ 짧은 펄스를 쓰면 근거리 또는 인접 목표물 등의 거리 측정에 정도(定度)가 높아진다.

5 고니오 미터(gonio-meter)

전파의 도래각 측정

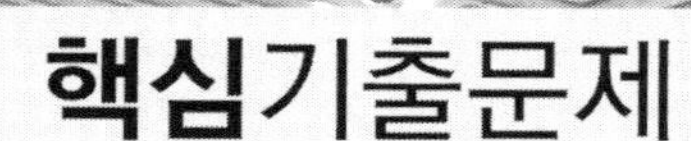

핵심기출문제

1. 레이더에서 발사된 펄스 전파가 8[μs]후에 목표물에서 반사되어 되돌아 왔다. 목표물까지의 거리는?

가. 2400[m] 나. 1200[m]
다. 800[m] 라. 600[m]

해설 거리(L)측정

$$L=\frac{C\cdot t}{2}=\frac{3\times 10^8\times 8\times 10^{-6}}{2}=1,200[m]$$

$\begin{cases} C: \text{전파속도}(3\times 10^8) \\ t: \text{전파왕복 소요시간} \end{cases}$

2. 레이더에서 최대 탐지 거리를 증대시키는 조치와 관계없는 것은?

가. 공중선을 높게 설치한다.
나. 탐지거리를 2배로 증가시키려면 송신 전력은 2배로증가 시키면 된다.
다. 이득이 큰 공중선을 사용한다.
라. 수신기 감도를 증대시킨다.

해설

• 레이더의 수신전력(S)

$$S=P\cdot\frac{G^2\lambda^2\delta}{(4\pi)^3\gamma^4}[W]$$

$\begin{cases} r: \text{거리}[m] \\ \delta: \text{목표물의 유효반사면적}[m^2] \\ G: \text{안테나의 이득} \\ P: \text{송신전력} \\ f: \text{주파수} \\ \lambda: \text{파장} \end{cases}$

• 레이더에서 최대 탐지 거리를 증대시키는 방법
① 송신 전력을 증가 시킨다.
② 이득이 큰 공중선을 사용한다.
③ 수신기 감도를 증대시킨다.

• 거리측정

$$L=\frac{C\cdot t}{2}(m) \quad \begin{cases} L: \text{물체까지의 거리} \\ C: \text{전파속도}(3\times 10^8) \\ t: \text{전파왕복 소요시간} \end{cases}$$

정답 1. 나 2. 가

CHAPTER 10

통신용 전원

전원장치란 통신 장비에 전원을 공급하는 장치로 교류전원을 직류전원으로 변환하는 장치를 말한다. 전원회로는 교류신호를 정류하기위해 다이오드 특성을 이용한 정류회로와 정류출력에 포함된 교류 성분을 제거하기 위한 평활회로, 부하변동이나 입력전압 변동에 대해 일정한 출력 전압을 유지하는 정전압회로 등으로 구성되어 있다.

1 통신용 전원 계통도

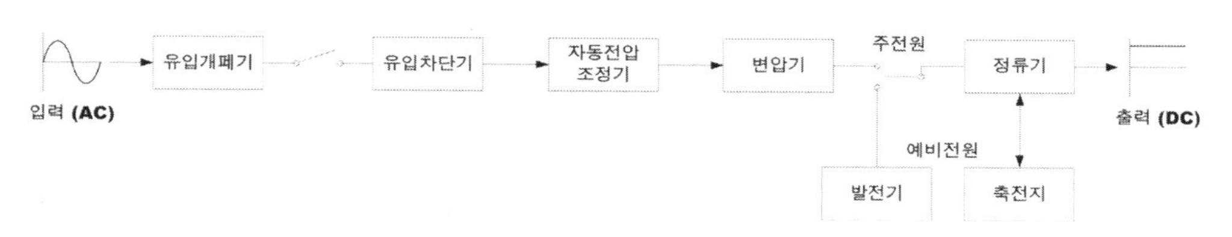

[전원 계통도]

2 정류 회로의 특성

(1) 전압 변동률(Voltage Regulation : $\triangle V$)

부하의 유무에 따른 출력 전압의 변동 정도를 나타내는 요소이다.

$$\triangle V = \frac{\text{무부하시 출력전압}(V_0) - \text{부하시 출력전압}(V_L)}{\text{부하시 출력전압}(V_L)} \times 100[\%]$$

(2) 맥동률(ripple율 : γ)

직류 출력성분에 남아있는 교류성분(맥동 성분)의 비율을 나타내며 값은 작을수록 좋다.

$$\gamma = \frac{\text{교류출력 전압의 평균값}(V_{ac})}{\text{직류출력 전압의 평균값}(V_{dc})} \times 100[\%] = \sqrt{(\frac{I_{rms}}{I_{dc}})^2 - 1} \times 100[\%]$$

(3) 정류 효율(Efficiency of Rectification : η)

교류 입력 전력에 대한 직류 출력 전력의 비를 의미하며 값은 클수록 좋다.

$$\eta = \frac{\text{직류출력 전력}(P_{dc})}{\text{교류입력 전력}(P_{ac})} \times 100[\%]$$

(4) 최대 역 전압(Peak Inverse Voltage : PIV)

다이오드에 걸리는 최대 역방향 전압을 의미한다.

3 단상 각 정류방식 요약

(1) 단상 반파 정류 회로

다이오드 특성을 이용하여 교류 전류의 반주기만을 이용하는 정류회로로 효율이 낮고, 맥동율도 크지만 회로의 구성이 간단한 방식이다.

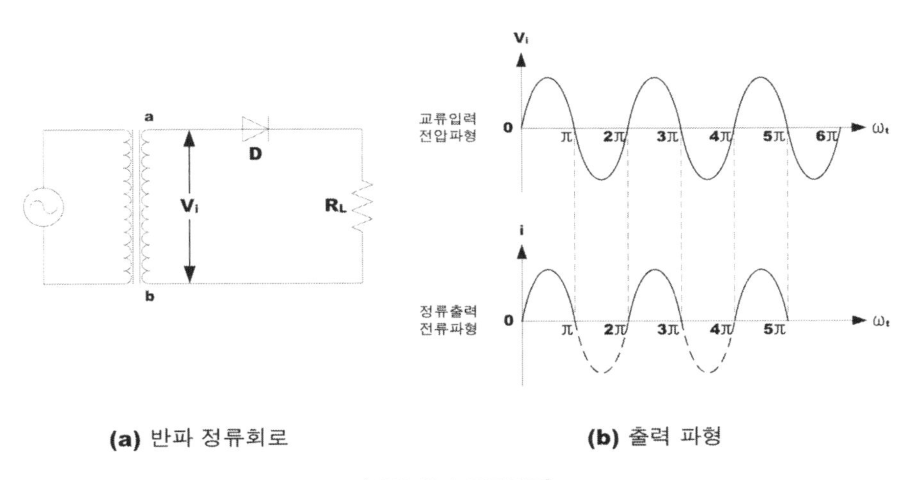

(a) 반파 정류회로 **(b)** 출력 파형

[단상 반파 정류회로]

1차 측 전압이 정현파 양(+)의 반주기이면 2차 측에는 양의 반파가 유도되어 다이오드가 순방향으로 바이어스 되어 부하저항에는 양의 반주기가 나타나고, 1차 측 전압이 음(-)의 반주기이면 2차 측에는 음의 반파가 유도되어 다이오드가 역방향으로 바이어스 되어 부하저항에 음의 반주기는 나타나지 않게 된다. 그러므로 부하저항에는 정현파의 반주기만 나타나게 되어 반파 정류회로라 한다.

① **출력 전력** : $P_{dc} = I_{dc}^2 R_L = (\frac{I_m}{\pi})^2 \times R_L = \frac{V^{2_m} R_L}{\pi^2 (r_f + R_L)^2}$

② **정류 효율** : $\eta = \frac{40.6}{1 + (\frac{r_f}{R_L})} [\%]$

③ **맥동률** : $r = 1.21$

④ **최대 역 전압**(PIV) : V_m

(2) 단상 전파 정류 회로

다이오드 특성을 이용하여 전주기 동안 부하에 같은 방향으로 전류가 흐르게 하는 정류 방식으로 중간 탭이 있는 트랜스가 필요하다.

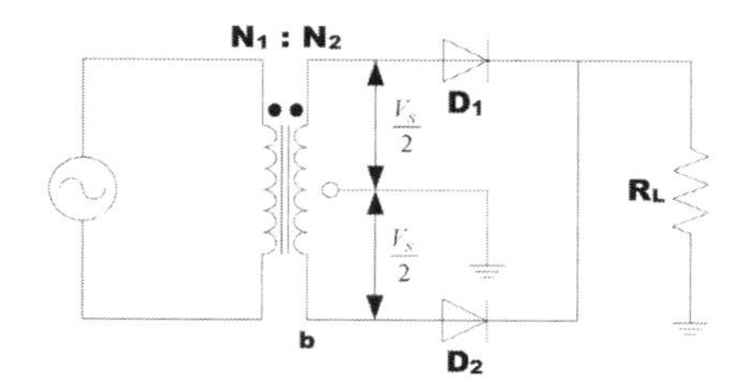

(a) 전파 정류회로

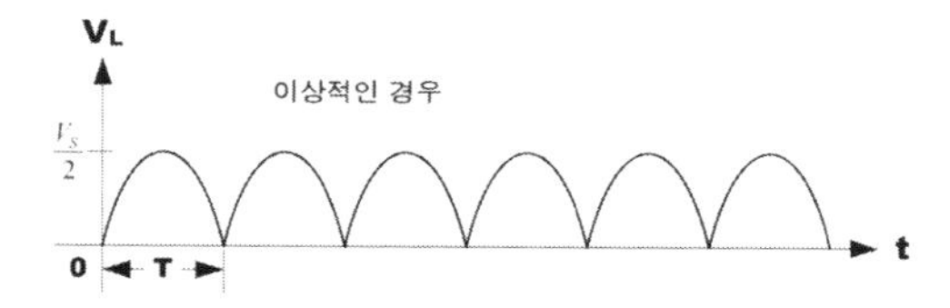

(b) 전파 정류파형

[단상 전파 정류회로(중간탭 형)]

2차 측의 중간 탭(Center Tab)이 접지되어 있어 정현파 양(+)의 반주기 일 때는 D_1이 동작하고, 음(-)이 반주기일 때는 D_2가 도통되어 부하저항에는 양의 반주기와 음의 반주기가 모두 나타나게 된다.

① **출력 전력** : $P_{dc} = I_{dc}^2 R_L = (\frac{2I_m}{\pi})^2 \times R_L = \frac{4R_L V_m^2}{\pi^2 (r_f + R_L)^2}$

② **정류 효율** : $\eta = \frac{81.2}{1 + (\frac{r_f}{R_L})} [\%]$

③ **맥동률** : $r = 0.482$

④ **최대 역 전압**(PIV) : $2V_m$

(3) 브리지형 전파 정류 회로

전파 정류 회로의 일종으로 다이오드 4개를 브리지 형태로 접속하여 정류하는 회로로서 중간 탭이 있는 트랜스를 사용하지 않아도 되며 최대 역 전압이 낮아 고전압 정류회로에 적합하다.

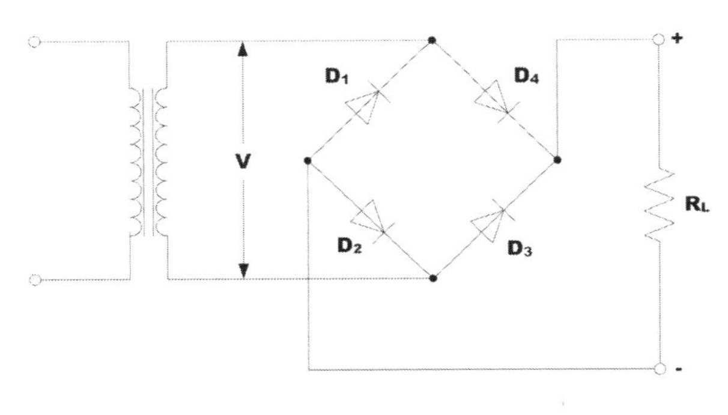

[브리지형 정류회로]

처음 음(-)반주기 신호에는 D_1, D_3 으로, 나머지 양(+)반주기 신호에는 D_2, D_4 를 통해 전류가 부하저항(R_L)에 공급되어 전파가 출력된다.

① **장점**

㉠ 각 다이오드의 최대 역전압기는 전파 정류 회로의 $\frac{1}{2}$ 로서 작다

㉡ 중간 탭이 필요 없는 소형 변압기를 사용할 수 있다.

㉢ 고전압 정류 회로에 적합하다.

② **단점**

㉠ 많은 다이오드가 필요하므로 가격이 비싸다.

㉡ 정류 효율이 전파 전류회로에 비해 낮다.

③ **정류 효율**

$$\eta = \frac{81.2}{1 + \frac{2r_f}{R_L}}$$

④ **맥동률**

$\gamma = 0.17$

⑤ **최대 역 전압(PIV) =** V_m

항목 \ 정류방식	단상반파정류	단상전파정류
평균값: I_{dc}	$\frac{I_m}{\pi} = 0.318 \cdot I_m$	$\frac{2}{\pi} I_m = 0.637 \cdot I_m$
최대값: I_m	$I_m = \frac{V_m}{r_f + R_L}$	
실효값 : I_s	$\frac{I_m}{2} = 0.5 \cdot I_m$	$\frac{I_m}{\sqrt{2}} = 0.707 \cdot I_m$
출력전력: $P_{DC} = I^2_{\cdot} R_L DC$	$\frac{V_m^2 \cdot R_L}{\pi^2 (r_f + R_L)^2}$	$\frac{4V_m^2 \cdot R_L}{\pi^2 (r_f + R_L)^2}$
정류효율: $\eta = \frac{P_{dc}}{P_{ac}}$	$\eta = \frac{P_{dc}}{P_{ac}} = \frac{40.6}{1 + \frac{r_f}{R_L}}$	$\eta = \frac{P_{dc}}{P_{ac}} = \frac{81.2}{1 + \frac{r_f}{R_L}}$
맥동률 : $\gamma = \frac{Irms}{I_{dc}}$	121[%]	48.2[%]
PIV	$PIV = V_m$	중간탭형: $PIV = 2V_m$ Bridge형: $PIV = V_m$

4 배전압 정류회로

(1) 반파 배전압 정류회로

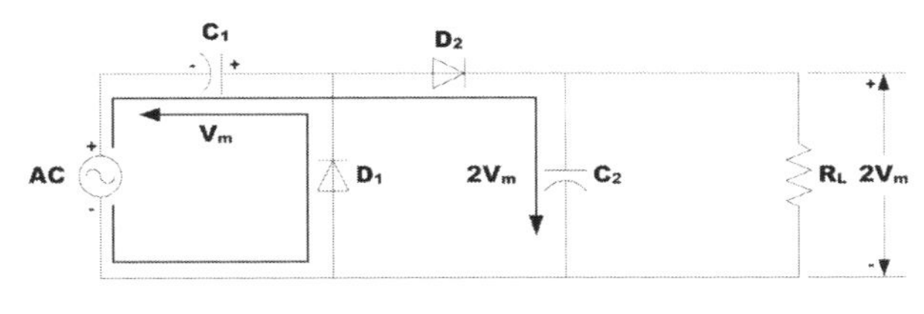

[반파 배전압 정류 회로]

(2) 전파 배전압 정류회로

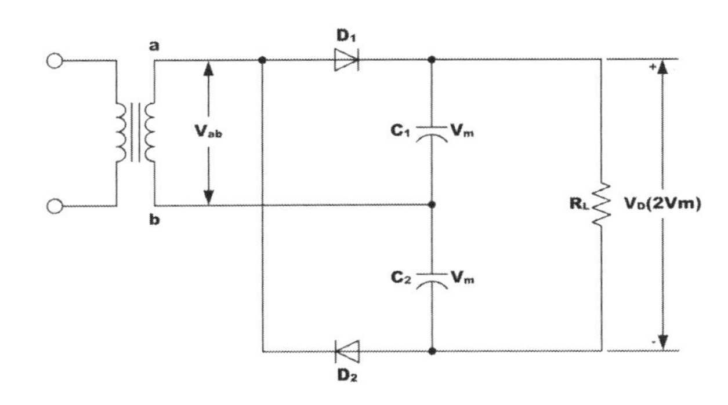

[전파 배전압 정류 회로]

5 맥동률과 맥동주파수★★

	단상반파	단상전파	3상반파	3상전파
맥 동 율	$r=1.21$	$r=0.482$	$r=0.183$	$r=0.042$
맥동주파수	f	2f	3f	6f

※ 맥동율(r)은 $r=\dfrac{V_{ac}(\text{직류에 포함된 교류전압})}{V_{dc}(\text{정류회로의 출력 전압})}\times 100[\%]$가 된다.★★★★

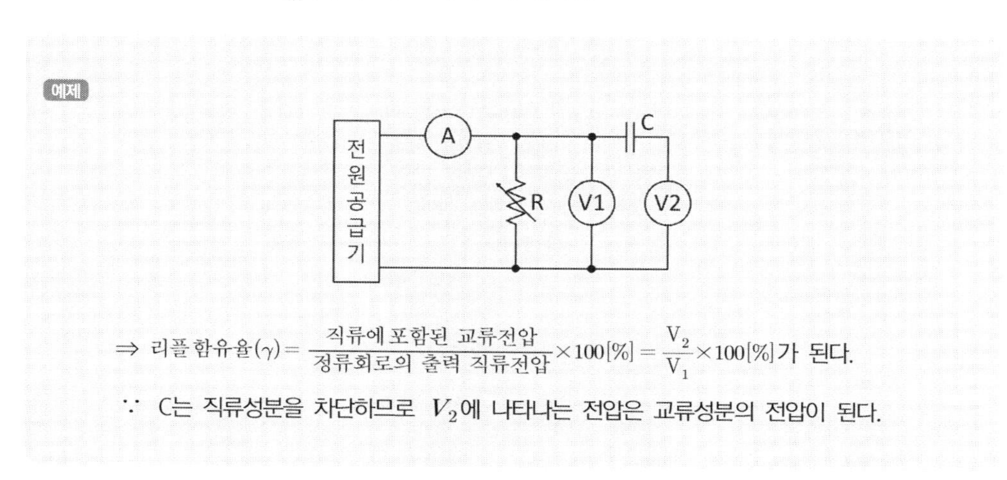

⇒ 리플 함유율$(\gamma)=\dfrac{\text{직류에 포함된 교류전압}}{\text{정류회로의 출력 직류전압}}\times 100[\%]=\dfrac{V_2}{V_1}\times 100[\%]$가 된다.

∵ C는 직류성분을 차단하므로 V_2에 나타나는 전압은 교류성분의 전압이 된다.

6 전압변동율★★

$$\Delta V=\frac{V_0-V_L}{V_L}\times 100(\%)\quad \begin{cases} V_0: \text{무부하시 전압} \\ V_L: \text{부하시전압} \end{cases}$$

7 평활회로(Smoothing Circuit)

평활회로란 정류회로에 의해서 만들어진 맥류(AD + DC)성분을 완전한 직류(DC)성분으로 만드는 회로로서 맥류속의 교류(AC)성분을 제거하고, 직류(DC)성분만을 출력하기 위한 일종의 저역 통과 필터(LPF) 회로이다.

(1) 콘덴서 입력 형 평활회로

정류회로 바로 뒤편에 커패시터를 병렬로 접속한 형태의 평활회로로 초크 입력 형보다 큰 직류 출력 전압을 얻을 수 있으며 부하 전류 변화에 대한 출력 전압의 변동이 비교적 적다.

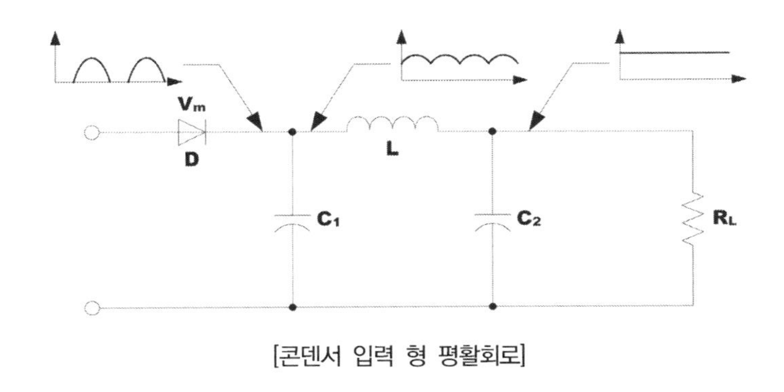

[콘덴서 입력 형 평활회로]

① 다이오드에 의해 반파 정류된 파는 C_1의 용량에 의해 직류와 가깝게 되나 교류 성분이 많이 포함된다. 이것이 L과 C_2를 통과하면 직류에 가까운 파형이 부하저항에 나타나게 된다.

② 맥동률은 부하저항(R_L)과 콘덴서(C)에 반비례함으로, 용량이 큰 콘덴서는 맥동률을 낮게 한다.

$$\text{맥동률 } r = \frac{T}{2\sqrt{3}\,R_L C}$$, (T : 콘덴서가 충전하는 주기)

(2) 초크 입력 형 평활회로

출력 전압의 맥동률을 더욱 작게 할 수 있는 평활회로로서 초크 입력 형 평활회로라고 한다. 부하와 직렬로 접속된 L은 교류성분에 대해서 큰 임피던스를 나타내고, 부하와 병렬로 접속한 C는 교류 성분을 바이패스(bypass)시켜 줌으로서 맥동률이 더욱 적어지게 된다.

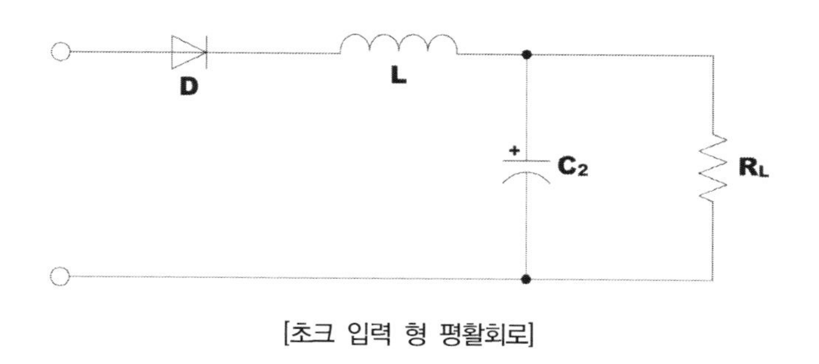

[초크 입력 형 평활회로]

① 부하저항에 직렬로 L(초크 코일 : Choke Coil)을 접속시켜 맥동률을 더욱 작게 한다. 맥동률은 L에 반비례하고, 부하저항이 작거나 부하 전류가 클수록 감소한다.

$$\text{맥동률 } r = \frac{R_L}{3\sqrt{2}\,\omega L}$$

② L은 고조파에 대해 높은 임피던스 값을 가지므로 급격한 전류 증가를 억제하며 L이 클수록 파형의 평활 정도는 커진다.

항목 \ 평활회로 방식	콘덴서 입력 형 평활회로	인덕터 입력 형 평활회로
직류 전력 전압	높다.	낮다.
전압 변동률	크다.	작다.
맥동률	작다.	부하 전류가 적을수록 크다.

8 정전압 회로

(1) 직렬형 정전압 회로

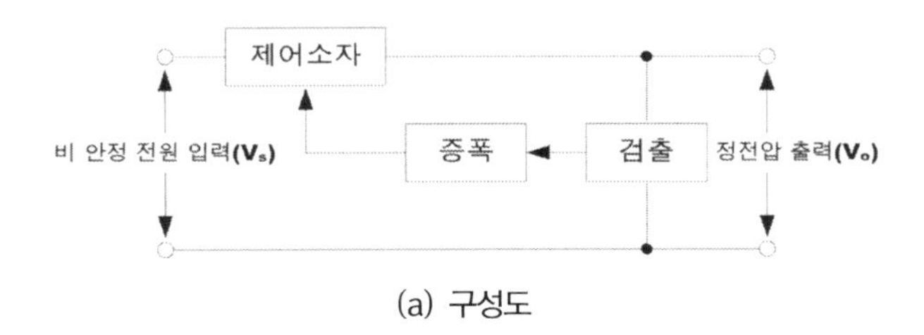

(a) 구성도

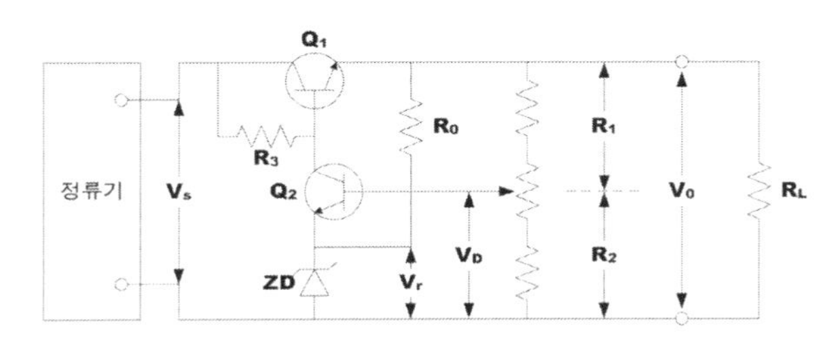

(b) 직렬 제어형 정전압 회로

[직렬 제어형 정전압 회로]

(2) 병렬형 정전압 회로★

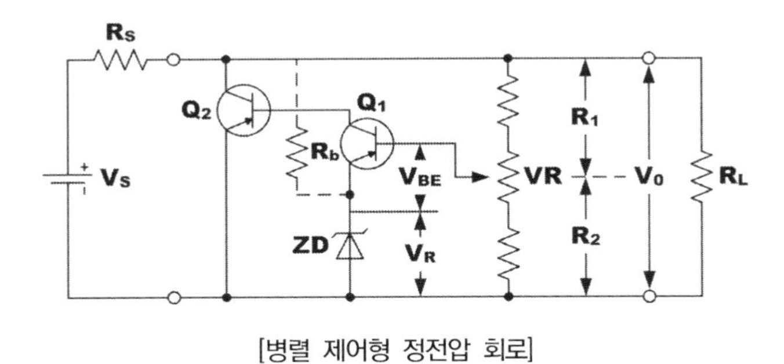

[병렬 제어형 정전압 회로]

※ 병렬형 정전압 회로★

① ZD : 제너 다이오드로서 정전압용 다이오드이다.

② R_1 : 출력전압의 변동분을 분담하여 보상하는 저항소자이다.

③ R_2 : 제너 다이오드를 일정한 전압에서 bias 시키기 위한 저항이다.

④ R_L : 부하저항으로 일정한 출력전압을 뽑아내는 출력저항이다.

9 축전지

전지란 화학적 에너지를 전기적 에너지로 변환 시키는 장치로서 1차 전지와 2차 전지로 구분할 수 있다. 여기서 1차 전지는 건전지나 수은전지등과 같이 한번 사용하면 다시 사용할 수 없는 형태의 전지이고, 2차 전지는 납축전지나 니켈 이온전지와 같이 사용 후 충전(Charge)과 방전(Discharge)을 반복하여 계속적으로 사용할 수 있는 전지이다.

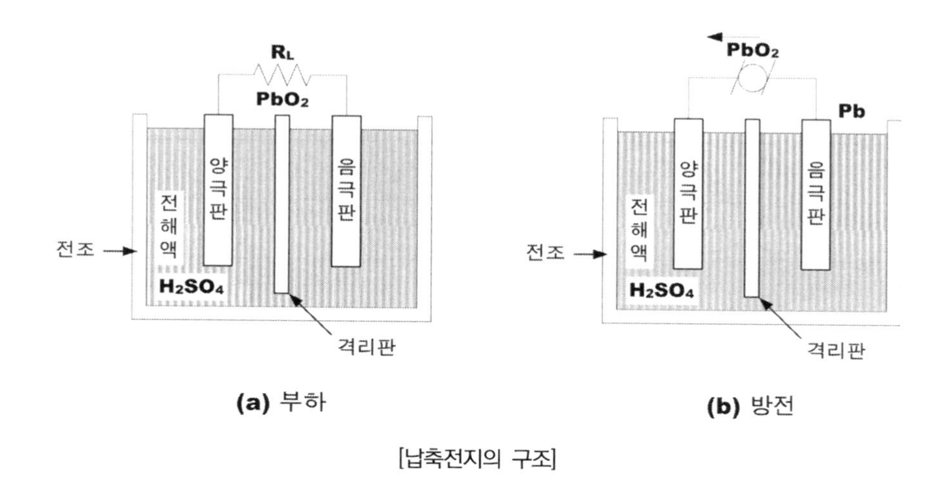

[납축전지의 구조]

(방전)

$$PbO_2 \quad + \quad 2H_2SO_4 \quad + \quad Pb \leftrightarrows PbSO_4 \quad + \quad 2H_2O \quad + \quad PbSO_4$$

양극(적갈색)　　전해액　음극(회백색)(충전)　양극　　전해액　　　음극

(1) 극판의 백색 황산연화(Sulfation)원인

극판이 백색으로 되거나 표면에 백색 반점이 생기는 것을 백색 황산연화라고 하며 다음과 같은 원인으로 인해 생기는 현상이다.

① 방전상태로 장시간 방치

② 불충분한 충·방전 반복

③ 자기 방전

④ 전해액 부족으로 극판이 공기 중에 노출되었을 때

⑤ 전해액이 불순할 때.

⑥ 비중과대

(2) 용량

축전지의 용량은 AH(암페어시) 또는 WH(와트시)로 나타낸다.★

⇒ AH=방전전류×방전시간

(3) 비중환산

$$S_{20} = S_t + 0.0007\,(t - 20) \quad \begin{cases} S_{20} : 20℃\text{일 때 황산 비중} \\ S_t : t℃\text{에서 측정한 비중} \\ t : \text{측정온도} \end{cases}$$

※ 연축전지에서 과충전을 해야 할 경우★★

① 정격용량 이상으로 방전했을 경우

② 완전 방전 후 즉시 충전하지 않았을 경우

③ 축전지를 오랫동안 사용하지 않았을 경우

④ 축전지 극판에 백색 황산연이 생겼을 경우

※ 납축전지의 충전 화학반응식은 $PbSO_4 + 2H_2O + PbSO_4 \rightarrow PbO_2 + 2H_2SO_4$가 된다.★

※ 축전지 극판의 만곡현상의 원인★

① 백색 황사연이 생성될 때

② 과충전 및 과방전을 했을 때

③ 45℃ 이상의 고온으로 사용했을 때

10 충전의 종류

(1) 초 충전(Initial Charge)

최초로 행하는 충전으로 초충전은 전지의 일생을 좌우하게 된다.

(2) 평상 충전(Normal Charge)

규정 전압 및 규정 전류로 충전하는 방식으로 전해액 비중이 변화하지 않은 범위 내에서 행하는 충전이다.

(3) 속충전(Quickly Charge)

전압이 2.4[V]될 때까지는 평상 전류의 2배로 급속히 충전하고, 다음은 평상 충전으로 하는 충전이다.

(4) 과 충전(Over Charge)

평상 충전이 끝난 다음 평상 전류의 $\frac{1}{2}$로 계속 충전하는 것이다. 전해액 내의 기포로 백색 황산납을 씻어내기 위한 충전이다.

(5) 균등 충전(Equality Charge)

충전 시 충전 부족인 극판이 없도록 하는 충전이다.

(6) 부동 충전(Floating Charge)

정류기와 축전지를 부하에 병렬로 연결하여 축전지의 방전을 계속 보충하면서 부하에 전력을 공급하는 방식으로 회로의 전압을 축전지의 전압보다 약간 높게 유지 시킨다.

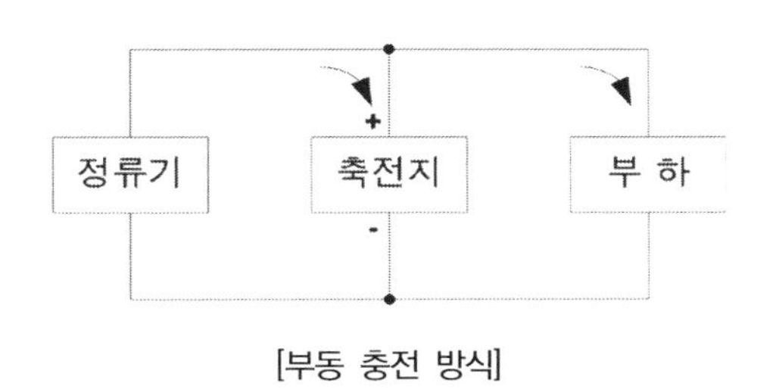

[부동 충전 방식]

부동 충전 방식의 이점

① 정류기의 맥동을 축전지가 흡수하여 맥동률이 좋아진다.
② 부하 변동으로 인한 전압 변동에 대하여 안정적이다.
③ 주전원이 정지되었을 때도 계속 사용이 가능하다.
④ 축전지의 용량이 크지 않아도 되며 효율이 좋아진다.
⑤ 축전지의 수명이 길어진다.

핵심기출문제

1. 다음 중 정류회로의 구성으로 가장 적합한 것은?

가. 증폭부 - 평활회로 - 정류부 - 정전압회로 - 부하
나. 정류부 - 변압기 - 증폭부 - 정전압회로 - 부하
다. 변압기 - 정류부 - 평활회로 - 정전압회로 - 부하
라. 변압기 - 증폭부 - 정전압회로 - 평활회로 - 부하

해설 통신용 전원 계통도

⇒ 평활회로(여파기)는 정류파 중 AC 성분을 제거해 주는 필터 역할을 한다.

2. 전파 정류회로에서 정류 효율은 반파 정류 회로의 몇 배 까지 얻어질 수 있는가?

가. 2배　　나. 4배
다. 6배　　라. 8배

해설
단상 반파 정류회로의 최대효율은 40.6% 이고, 단상 전파 정류회로의 최대효율은 81.2%이다.

3. 단상 반파 정류기에서 출력 전력은?

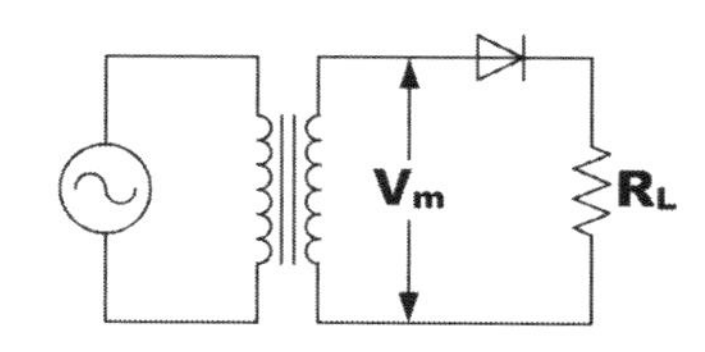

가. 입력 전압의 자승에 비례
나. 부하 임피던스의 자승에 비례
다. 다이오드 내부저항의 자승에 비례
라. 입력 전압의 자승에 반비례

해설 단상 반파 정류회로

⇒ 직류전류(I_{dc}) = $\frac{V_m}{\pi(r_f+R_L)}$,
(V_m : 최대 입력 전압,
r_f : 다이오드 순방향 저항, R_L : 부하저항)
⇒ 출력전력(P_{dc})= $I_{dc}^2 \cdot R_L$
$= [\frac{V_m}{\pi(r_f+R_L)}]^2 \cdot R_L$
∴ 출력전력은 입력 전압의 자승에 비례하고 다이오드 내부저항의 자승에 반비례한다.

4. 단상 반파 정류회로에서 정류기의 내부저항과 부하 저항이 같을 때 최대 정류 효율은 얼마인가?

가. 20.3%　　나. 40.6%
다. 60.4%　　라. 81.2%

해설

정류방식 항목	단상반파정류	단상전파정류
η(정류효율) $= \frac{P_{dc}}{P_{ac}}$	$\eta = \frac{P_{dc}}{P_{ac}} = \frac{40.6}{1+\frac{r_f}{R_L}}$	$\eta = \frac{P_{dc}}{P_{ac}} = \frac{81.2}{1+\frac{r_f}{R_L}}$

⇒ 정류기의 다이오드 순방향 저항(r_f)와 부하저항(R_L)이 같게 되면 $\eta = 0.203$가 된다.

5. 단상 반파 정류회로에 사용한 다이오드의 순방향 저항이 10[Ω]이고 회로의 부하저항이 200[Ω]이라면 정류효율은?

가. 약 32.7[%]　　나. 약38.7[%]
다. 약 42.7[%]　　라. 약48.7[%]

해설
단상 반파 정류회로의 다이오드 순방향 저항(r_f)=10[Ω],부하저항(R_L)=200[Ω]이므로 정류효율(η)은

$\eta = \frac{P_{dc}}{P_{ac}} = \frac{40.6}{1+\frac{r_f}{R_L}} = \frac{40.6}{1+\frac{10}{200}} \fallingdotseq 38.7[\%]$ 가 된다.

정답 1. 다　2. 가　3. 가　4. 가　5. 나

6. 그림의 단상 반파 정류회로에서 정류효율(η)은 얼마인가? (단, 다이오드의 순방향 저항은 20Ω 이다.)

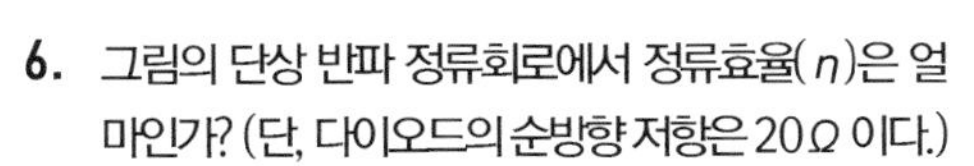

가. 25.6[%] 나. 32.6[%]
다. 39.8[%] 라. 42.6[%]

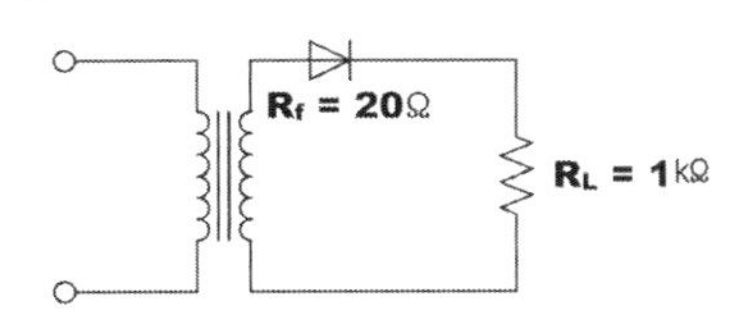

7. 단상 반파 정류기가 1[KΩ]의 부하에 전력을 공급하고 있다. 정류기에 인가되는 교류전압은 300[V](rms값)이고, 다이오드 저항은 100[Ω]이라 할 때 정류효율은?

가. 약 28.9[%] 나. 약 33.8[%]
다. 약 36.9[%] 라. 약 39.4[%]

8 정현파를 단상 전파정류 했을 때 출력전압의 실효치는 약 얼마인가?

가. 최대치의 0.5배 나. 최대치의 0.707배
다. 최대치의 1배 라. 최대치의 2배

해설

단상 전파 정류회로에서 출력전압의 실효치는 $\frac{V_m}{\sqrt{2}} = 0.707 \cdot V_m$(단, V_m : 최대 전압)이 된다.

9 구형파를 반파정류 하였을 때 출력 전압의 평균치는?

가. 최대치의 2배 나. 최대치
다. 최대치의 0.707배 라. 최대치의 0.5배

해설

구형파를 반파 정류했을 때 평균 출력 전압은 최대치의 0.5배이며 전파 정류했다면 1배가 된다.

10. 정현파의 최대전압이 100[V]이면 단상 전파정류를 했을 때 평균치는 얼마인가?

가. 32.6V 나. 63.6V
다. 71.6V 라. 90.6V

11. 그림과 같은 정류 회로에서 콘덴서 Cf의 리이드가 단선 되었을 때 출력 전압의 파형은 어떤 상태가 되는가?(단, 입력 Vi에는 정현파 가해진다.)

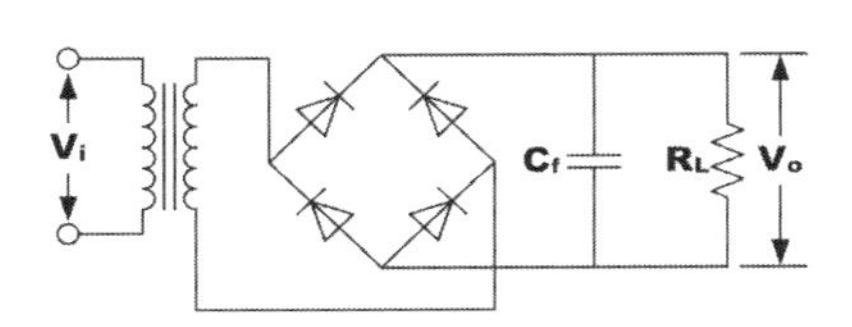

가.

나.

다.

라.

정답 6. 다 7. 다 8. 나 9. 라 10. 나 11. 나

핵심기출문제

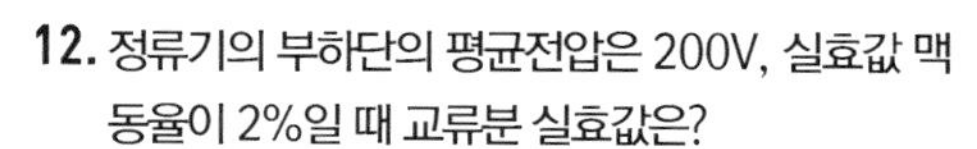

12. 정류기의 부하단의 평균전압은 200V, 실효값 맥동율이 2%일 때 교류분 실효값은?

가. 8[V]　　나. 6[V]
다. 4[V]　　라. 2[V]

해설

맥동율(r)은 $r = \frac{V_{ac}}{V_{dc}} \times 100[\%]$ 이다. ⇒

$\therefore\ V_{ac} = \frac{r \times V_{dc}}{100} = \frac{2 \times 200}{100} = 4[V]$ 가 된다.

13. 단상 반파 정류기의 맥동주파수와 전원주파수의 관계로 맞는 것은?

가. 1배　　나. 2배
다. 3배　　라. 1/2배

해설

	단상 반파	단상 전파	3상 반파	3상 전파
맥동주파수	f	2f	3f	6f

단, f는 전원 주파수이다.

14. 어떤 정류기의 부하 양단 평균전압이 600V이고, 맥동률이 2%일 때 여기에 포함된 교류분의 최대치는 약 몇 V인가?

가. 6　　나. 12
다. 17　　라. 24

해설

맥동률 $(r) = \frac{V_{ac}}{V_{dc}} \times 100[\%]$,

$2 = \frac{V_{ac}}{600} \times 100[\%]$ 에서 $V_{ac} = 12[V]$가 된다.

15. 다음 정류방식 중 맥동률이 가장 적은 방식은?

가. 단상 전파 방식　　나. 단상 반파 방식
다. 3상 전파 방식　　라. 3상 반파 방식

해설

	단상 반파	단상 전파	3상 반파	3상 전파
맥동주파수	f	2f	3f	6f
맥동률 (r)	1.21	0.482	0.183	0.042

단, f는 전원 주파수이다.

16. 각 정류회로의 맥동율 중 맞지 않는 것은?(단, 저항 부하시임)

가. 단상반파 정류회로 : 1.21
나. 단상전파 정류회로 : 0.482
다. 3상 반파 정류회로 : 1.23
라. 3상 전파 정류회로 : 0.042

17. 정류기의 부하양단의 평균전압이 500[V]이고 이 때 맥동률은 2[%]라고 한다. 교류 분은 몇[V]포함되어 있는가?★★

가. 10 [V]　　나. 20 [V]
다. 30 [V]　　라. 40 [V]

18. 맥동률이 2% 일 때 맥동분의 전압이 5V 이었다면 이때의 직류 전압은 몇 V 인가?★

가. 100　　나. 125
다. 200　　라. 250

19. 전원장치의 출력 직류전압이 100[V], 출력 교류전압이 3.5[V]인 경우 맥동률은?

가. 0.35%　　나. 3.5%
다. 35%　　라. 350%

해설

$$맥동률 = \frac{출력\ 교류전압}{출력\ 직류전압} \times 100[\%] = \frac{3.5}{100} \times 100 = 3.5[\%]$$

정답 12. 다　13. 가　14. 나　15. 다　16. 다　17. 가　18. 라　19. 나

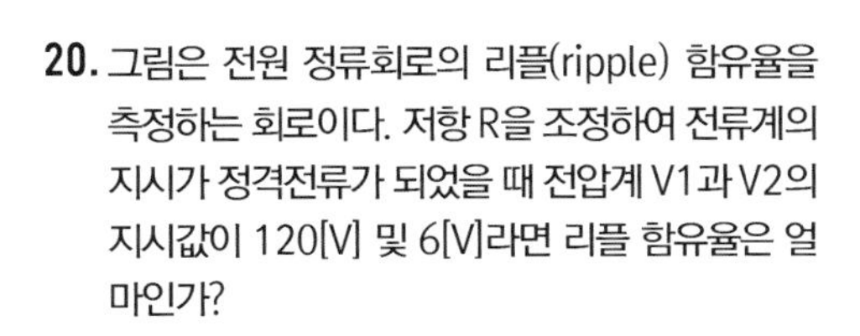

20. 그림은 전원 정류회로의 리플(ripple) 함유율을 측정하는 회로이다. 저항 R을 조정하여 전류계의 지시가 정격전류가 되었을 때 전압계 V1과 V2의 지시값이 120[V] 및 6[V]라면 리플 함유율은 얼마인가?

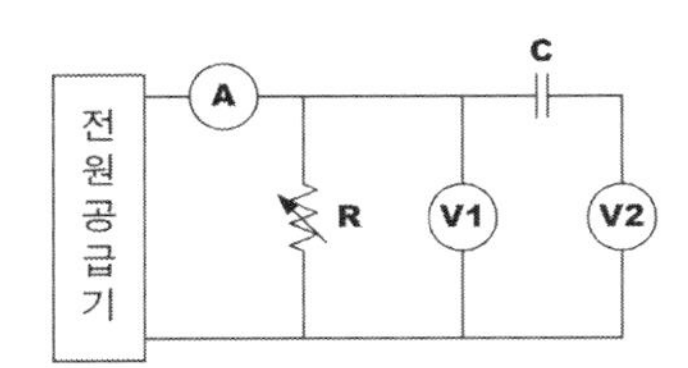

가. 5%　　나. 2%
다. 10%　　라. 8%

해설
리플 함유율(γ)

$$= \frac{\text{직류에 포함된 교류전압}}{\text{정류회로의 출력 직류전압}} \times 100[\%]$$

$$= \frac{6}{120} \times 100 = 5[\%]$$

∵ C는 직류성분을 차단하므로 V_2에 나타나는 전압은 교류성분의 전압이 된다.

21. 어떤 전원 정류기에서 전부하의 출력 전압이 250[V]일 때 전압 변동률이 20[%]일 경우 무부하 시 전압은?★★★

가. 500[V]　　나. 312.5[V]
다. 300[V]　　라. 475[V]

해설 전압 변동율

$\Delta V = \dfrac{V_0 - V_L}{V_L} \times 100[\%]$ 이므로

$20 = \dfrac{V_0 - 250}{250} \times 100[\%]$ $\begin{cases} V_0: \text{무부하시 전압} \\ V_L: \text{부하시전압} \end{cases}$

$\therefore V_0 = 300[V]$

22. 전원 회로에서 무부하 일때 단자 전압이 120[V], 부하일 때 단자 전압은 100[V]였다. 이때 전압 변동율은?

가. 20[%]　　나. 0.2[%]
다. 16[%]　　라. 1.6[%]

해설 전압 변동 율

$$\Delta V = \frac{V_0 - V_L}{V_L} \times 100(\%)$$

$$= \frac{120 - 100}{100} \times 100(\%) = 20(\%)$$

$\begin{cases} V_0: \text{무부하시 전압} \\ V_L: \text{부하시 전압} \end{cases}$

23. 전원 정류기의 부하에 대한 전압 변동 율을 측정하였더니 무부하시 출력전압은 Vo이었고, 부하 시 출력전압은 VL이었다. 전압 변동 율은 얼마인가?

가. $\dfrac{V_o - V_L}{V_o} \times 100[\%]$

나. $\dfrac{V_o - V_L}{V_L} \times 100[\%]$

다. $\dfrac{V_L - V_o}{V_o} \times 100[\%]$

라. $\dfrac{V_L - V_o}{V_L} \times 100[\%]$

24. 아래의 회로에서 출력전압의 변동 분을 분담하여 보상한 소자는?

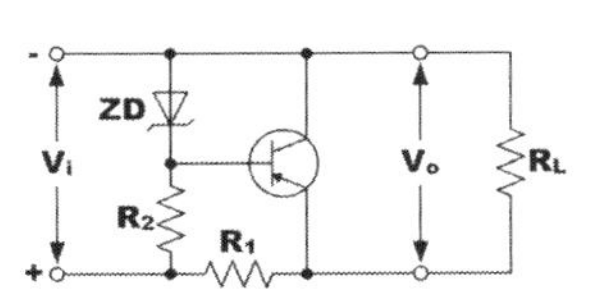

가. R1　　나. R2
다. RL　　라. ZD

정답 20. 가　21. 다　22. 가　23. 나　24. 가

해설 병렬형 정전압 회로

① ZD: 제너 다이오드로서 정전압용 다이오드이다.
② R_1: 출력전압의 변동분을 분담하여 보상하는 저항 소자이다.
③ R_2: 제너 다이오드를 일정한 전압에서 bias 시키기 위한 저항이다.
④ R_L: 부하저항으로 일정한 출력전압을 뽑아내는 출력저항이다.

25. 정류기에서 맥동성분을 제거하고 직류성분만을 얻기 위해 사용하는 회로는?

가. 배 전압 정류회로
나. RL 필터 회로
다. 축전지 회로
라. 평활 회로

26. 직류전원장치에서 평활회로에 이용되는 필터는? ★★★

가. 저역필터 나. 고역필터
다. 대역필터 라. 대역소거필터

해설
정류기의 평활회로는 R과 C가 병렬로 연결되는 LPF (저역여파기, 적분회로)로 사용한다.

27. 전원장치의 초크 입력형과 비교한 콘덴서 입력형 평활회로의 특성으로 적합하지 않은 것은?

가. 가격이 싼 편이다.
나. 첨두 역전압이 상당히 높다.
다. 전압 변동율이 좋다.
라. 첨두 정류전류가 매우 크다.

해설 평활회로(Smoothing Circuit)

1. 콘덴서 입력형 평활회로
① 부하가 클 때 맥동률이 적고, 출력 전압이 높다.
② 전압 변동률 나쁘다.
③ Diode에 흐르는 전류가 날카로운 펄스모양이다.
④ 소전력 수신기에 많이 사용
2. 초크 입력형 평활회로
① 맥동률이 적고, 전압 변동율이 좋다.
② 초크코일 L1에 의한 전압 강하로 출력전압이 저하된다.
③ 대전력 송신기에 적합

28. 그림과 같은 전원 평활회로에서 출력전압의 맥동분을 적게 하려면?

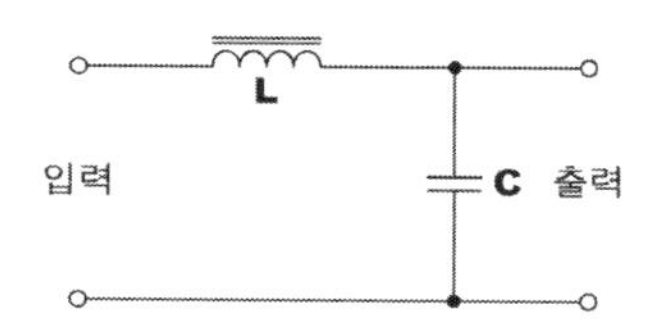

가. L을 크게 하고 C를 작게 한다.
나. L을 작게 하고 C를 크게 한다.
다. L과 C를 모두 작게 한다.
라. L과 C를 모두 크게 한다.

29. 전파 정류회로에서 맥동 전압을 나타낸 설명 중 옳은 것은?(단, 평활회로는 콘덴서 입력형 임)

가. 맥동 전압은 부하 저항 및 콘덴서 용량에 반비례한다.
나. 맥동 전압은 부하 저항에 비례하고 콘덴서 용량에 반비례한다.
다. 맥동 전압은 부하 저항 및 콘덴서 용량에 비례한다.
라. 맥동 전압은 부하 저항에 반비례하고 콘덴서 용량에 비례한다.

정답 25. 라 26. 가 27. 다 28. 라 29. 가

30. 전원 평활 회로에서 초크(Choke) 입력 형이 콘덴서 입력 형에 비해 장점이 되지 못하는 것은?

가. 전압변동률이 양호하다.
나. 대 전류에 적합하다.
다. 리플률은 부하저항의 변동에 상관없이 우수하다.
라. 사용 정류기는 어느 것이나 사용할 수 있다.

31. 다음 그림은 궤환형 정전압 회로의 기본 구성도이다. 빈칸에 들어갈 내용으로 옳은 것은?

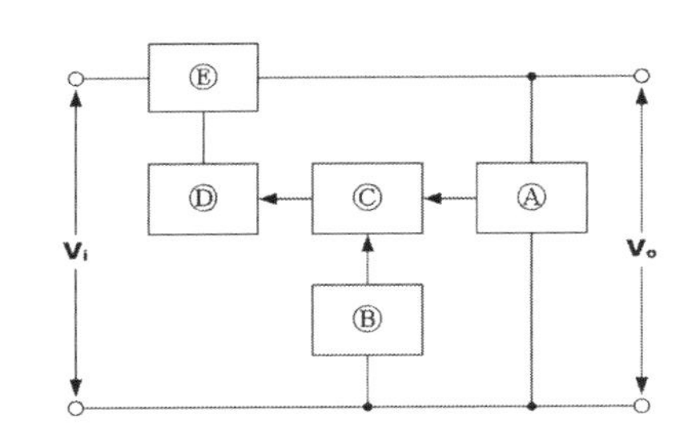

가. ⓐ 검출부 ⓑ 제어부 ⓒ 비교부 ⓓ 증폭부 ⓔ 기준부
나. ⓐ 검출부 ⓑ 기준부 ⓒ 비교부 ⓓ 증폭부 ⓔ 제어부
다. ⓐ 검출부 ⓑ 기준부 ⓒ 비교부 ⓓ 제어부 ⓔ 증폭부
라. ⓐ 검출부 ⓑ 제어부 ⓒ 비교부 ⓓ 기준부 ⓔ 증폭부

32. 다음 정전압 회로에서 Q_2의 역할은?

가. 제어용　　나. 증폭용
다. 비교용　　라. 기준용

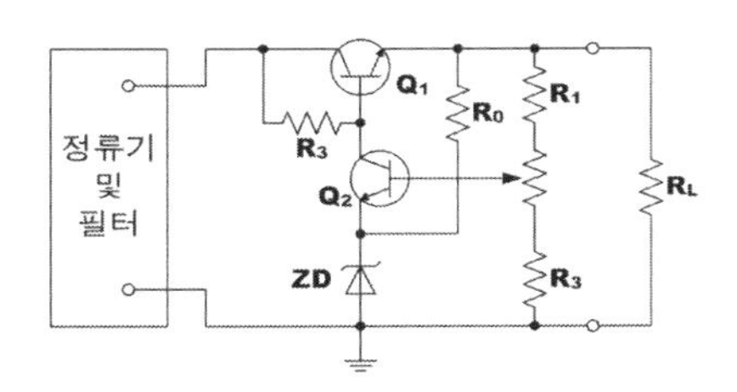

33. 직렬 형 정전압회로에서 직류출력의 전압변동을 감지하는 부분은?

가. 증폭 부　　나. 제어 부
다. 검출 부　　라. 기준 전압 부

34. 다음 중 전원회로의 잡음대책에 속하지 않는 것은?

가. 필터회로를 사용한다.
나. 서지(surge) 흡수 소자를 사용한다.
다. 실드선을 사용한다.
라. 전원회로의 전압을 높게 한다.

해설 전원회로의 잡음대책
① LPF(저역 통과 필터)를 사용한다.
② 서지(surge) 흡수 소자를 이용하여 충격성 잡음을 방지한다.
③ 실드(shield)선을 사용한다.
④ 접지한다.

35. 축전지에서 AH(암페어시)가 나타내는 것은?★

가. 축전지의 사용가능시간
나. 축전지의 용량
다. 축전지의 충전전류
라. 축전지의 방전전류

해설
축전지의 용량은 AH(암페어시), WH(와트시)이다.
⇒ AH=방전전류×방전시간

정답 30. 다　31. 나　32. 나　33. 다　34. 라　35. 나

핵심기출문제

36. 연축전지에서 과충전을 해야 할 경우가 아닌 것은?

가. 8시간 이상 사용했을 경우
나. 정격용량 이상으로 방전하였을 경우
다. 완전 방전 후 즉시 충전하지 않았을 경우
라. 전지의 사용을 오래 동안 사용하지 않았을 경우

해설 연축전지에서 과충전을 해야 할 경우
① 정격용량 이상으로 방전했을 경우
② 완전 방전 후 즉시 충전하지 않았을 경우
③ 축전지를 오랫동안 사용하지 않았을 경우
④ 축전지 극판에 백색 황산연이 생겼을 경우

37. 연축전지에 과대한 전류로 충전할 때 발생하는 현상으로 가장 타당한 것은?

가. 극판의 부식현상
나. 자기방전의 증대현상
다. 분활성 유산염의 발생현상
라. 극판의 만곡현상

해설
연축전지에 과충전 또는 과방전을 하게되면 극판이 구부러지는 만곡현상이 발생한다.

38. 다음 중 전원용 축전지에 있어서 과충전(Over charge)을 요하는 경우에 해당되지 않는 것은?

가. 방전 후 곧 충전하는 경우
나. 정격용량 이상을 방전했을 경우
다. 극판에 백색 황산납이 생겼을 경우
라. 방전 후 오랫동안 사용하지 않았을 경우

해설 연축전지에서 과충전을 해야 할 경우
① 정격용량 이상으로 방전했을 경우
② 완전 방전 후 즉시 충전하지 않았을 경우
③ 축전지를 오랫동안 사용하지 않았을 경우
④ 축전지 극판에 백색 황산연이 생겼을 경우

39. 납축 전지의 충전 화학반응은?

가. PbSO4 + 2H2O + PbSO4 → PbO2 + Pb + 2H2SO4
나. PbSO4 + Pb + 2H2SO4 → PbSO4 + 2H2O + PbSO4
다. PbSO4 + Pb + PbSO4 → PbSO4 + 2H2O + 2H2SO4
라. PbSO4 + 2H2O + PbSO4 → PbSO4 + Pb + 2PbSO4

해설 납축전지의 충전 화학반응식은
$PbSO_4 + 2H_2O + PbSO_4 \rightarrow PbO_2 + Pb + 2H_2SO_4$가 된다.

40. 축전지 극판은 여러 가지 사유로 극판의 만곡이 일어난다. 다음 중 관계가 먼 것은?

가. 백색황산연이 생성될 때
나. 과충전 및 과방전
다. 45 ˚C 이상의 고온으로 사용할 때
라. 묽은 황산(희류한)의 비중이 너무 높을 때

해설 축전지 극판의 만곡현상의 원인
① 백색 황사연이 생성될 때
② 과충전 및 과방전을 했을 때
③ 45℃ 이상의 고온으로 사용했을 때

41. 축전지 취급상 주의 사항이 아닌 것은?

가. 방전 직후 곧 충전할 것
나. 과 방전을 하지 말 것
다. 방전 전류는 과대하게 할 것
라. 전해액면이 극판 위에 차 있게 할 것

정답 36. 가 37. 라 38. 가 39. 가 40. 라 41. 다

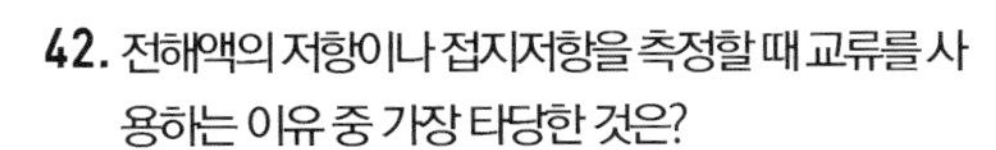

42. 전해액의 저항이나 접지저항을 측정할 때 교류를 사용하는 이유 중 가장 타당한 것은?

가. 전극 표명의 분극작용을 방지하기 위하여
나. 전극 내부 저항을 감소시키기 위하여
다. 습기를 제거하기 위하여
라. 접지 저항보다 작은 저항 값을 지시하는 것을 방지하기 위하여

43. 부동 충전 방식의 특징이 아닌 것은?

가. 전압 변동율이 감소한다.
나. 맥동율이 증가한다.
다. 효율이 증가한다.
라. 전지의 수명이 연장된다.

해설
부하 앞단에 축전지를 병렬로 연결하여 전원과 함께 사용하는 방식을 부동 충전 방식이라고 하며 다음과 같은 특징을 가지고 있다.
① 전압 변동율이 감소
② 맥동율이 감소
③ 효율이 증가
④ 축전지의 수명이 증가

44. 부동충전(floating charge)에 대한 설명 중 틀린 것은?

가. 주전원이 정지되었을 때도 계속 사용이 가능하다.
나. 축전지의 수명이 길어진다.
다. 용량이 비교적 적어도 되며 효율이 좋아진다.
라. 전압 변동률은 감소되나 리플 함유율은 증가한다.

45. 부동충전방식의 특징에 대한 설명 중 적합하지 않은 것은?

가. 축전지의 수명이 짧아진다.
나. 전화국 전원 등에 많이 이용된다.
다. 축전지의 용량이 비교적 적어도 된다.
라. 부하에 대한 전압변동이 적고 직류출력 전압이 안정하다.

46. 인버터(inverter)에 대한 설명으로 맞는 것은?★★

가. 직류전원을 다른 크기의 직류전원으로 변환하는 장치
나. 직류전압을 일정한 주파수의 교류전압으로 변환하는 장치
다. 교류전압을 직류전압으로 변환하는 장치
라. 교류전압을 다른 주파수와 크기를 갖는 교류전압으로 변환하는 장치

47. 전력변환장치를 크게 분류하면?

가. 인코더(encoder)와 디코더(decoder)
나. 인버터(inverter)와 컨버터(converter)
다. 정류기(rectifier)와 발진기(generator)
라. 계전기(relay)와 발진기(oscillator)

48. 다음 중 직류전압을 교류전압으로 변환하는 장치는?

가. AVR　　나. UPS
다. 인버터　　라. 변압기

정답 42. 가　43. 나　44. 라　45. 가　46. 나　47. 나　48. 다

핵심기출문제

49. C급 전력증폭기의 출력을 100[W], 컬렉터 효율 70[%], 진회로의 Q가 무부하시 200, 부하 시 15로 하였을 때 컬렉터 입력전력은 대략 얼마인가?

가. 925[W] 나. 201[W]
다. 155[W] 라. 108[W]

50. 푸쉬풀 증폭기에서 출력파형의 찌그러짐이 적어지는 이유는?

가. 우수차 고조파가 상쇄되기 때문이다.
나. 기수차 고조파가 전도되기 때문이다.
다. 정현파 발진회로의 역할을 하기 때문이다.
라. 직류성 파형으로 되기 때문이다.

51. 중화회로에 관한 설명 중 틀린 것은?

가. 기생진동을 방지한다.
나. 자기발진을 방지한다.
다. 회로소자를 단일 방향화 하는 회로이다.
라. 부궤환 회로방식을 이용한 것이다.

52. 무부하시 직류 출력 전압이 10[V], 다이오드의 순방향 저항 r_f가 10[Ω]인 반파 정류기에서 부하 전류의 규격 값을 100[㎃]로 하고자 한다. 부하 저항의 값은 얼마로 하여야 좋은가?

가. 50[Ω] 나. 70[Ω]
다. 90[Ω] 라. 110[Ω]

53. C급 무선주파 전력 증폭기에서 여진 전압이 일정할 때 컬렉터 회로의 LC를 동조시키면 비동조 시에 비해 평균 컬렉터 전류는?

가. 증가한다. 나. 감소한다.
다. 일정하다. 라. 발진한다.

정답 49. 다 50. 가 51. 나 52. 다 53. 나

CHAPTER 11

송신기에 관한 측정

1 전송레벨

표준 입력 전력, 전압, 전류에 대한 표준 출력 전력, 전압, 전류의 대수비를 의미하며 단위는 데시벨([dB] : Decibel)을 사용한다.

(1) 상대레벨 [dB]

[dB]라는 단위는 일반적으로 이득과 감쇠를 나타낼 때 사용하는 단위로 신호의 상대적인 크기 즉, 신호나 잡음의 전력레벨 또는 전압레벨을 표현하거나 비교할 때 많이 사용되는 단위이다.

$$dB = 10\log_{10}\frac{P_2}{P_1}$$

여기서 P_1은 기준 신호 전력, P_2는 피 측정 신호전력(측정하고자 하는 신호 전력)을 나타낸다.

따라서 데시벨은 $10\log_{10}$전력비가 되며 여기서 데시벨의 크기가 +[dB]이면 이득을 -[dB]이면 감쇠를 나타낸다.

$$\text{전력} : 10\log_{10}\left(\frac{P_2}{P_1}\right)[dB],\ \text{전압} : 20\log_{10}\left(\frac{V_2}{V_1}\right)[dB],\ \text{전류} : 20\log_{10}\left(\frac{I_2}{I_1}\right)[dB]$$

(2) 절대 레벨[dBm]

기준 신호 전력 1[㎽]에 대한 측정 신호 전력 레벨을 표시하는 단위로 신호나 잡음의 절대 전력 값을 나타낸다.

$$[dBm] = 10\log_{10}\frac{P}{1[mW]}$$

(3) 절대 레벨[dBW]

기준 신호 전력 1[W]에 대한 측정 신호 전력 레벨을 표시하는 단위로 [dBm]에 비해 대 전력 신호 레벨을 표시하는데 주로 이용한다.

$$[dBW] = 10\log_{10}\frac{P}{1[W]}$$

[dBm]과의 관계는

$+30[dBm] = 0[dBW]$ 즉, $0[dBW]$은 $30[dBm]$과 같다.

(4) $dBmV$

기준 신호 전압 1[mV]데 대한 측정 신호 전압의 크기를 나타내는 단위로 $20\log_{10}$ 전압비로 표현한다.

$$[dBmV] = 20\log_{10}\frac{V}{1[mV]}$$

(5) 상대 전력[dBr]

전송로상의 여러 지점에서의 신호나 잡음 전력을 비교하기 위한 단위로 전송로상의 임의의 어떤 지점에서의 전력 P_0를 기준으로 정하고, 다른 지점에서의 전력 P의 크기를 기준 전력과 비교하여 상대 전력크기를 나타낸다.

(6) 네퍼(neper) 단위 : [neper]

데시벨과 같은 개념으로 유럽에서 많이 사용되는 단위이다. [dB]는 밑이 10인 상용로그를 사용하는데 반해 [neper]는 밑이 e인 자연로그를 사용하여 표현한다.

$$[\text{neper}] = \frac{1}{2}log_e\frac{P_2}{P_1}$$

P_1은 기준 신호 전력, P_2는 피 측정 신호전력(측정하고자 하는 신호 전력)을 나타낸다.

여기서 $[dB]$와 [neper]와의 관계를 살펴보면

$$1[\text{neper}] = 8.686[dB],\ 1[dB] = 0.115[\text{neper}]$$

관계를 가진다.

2 Oscilloscope

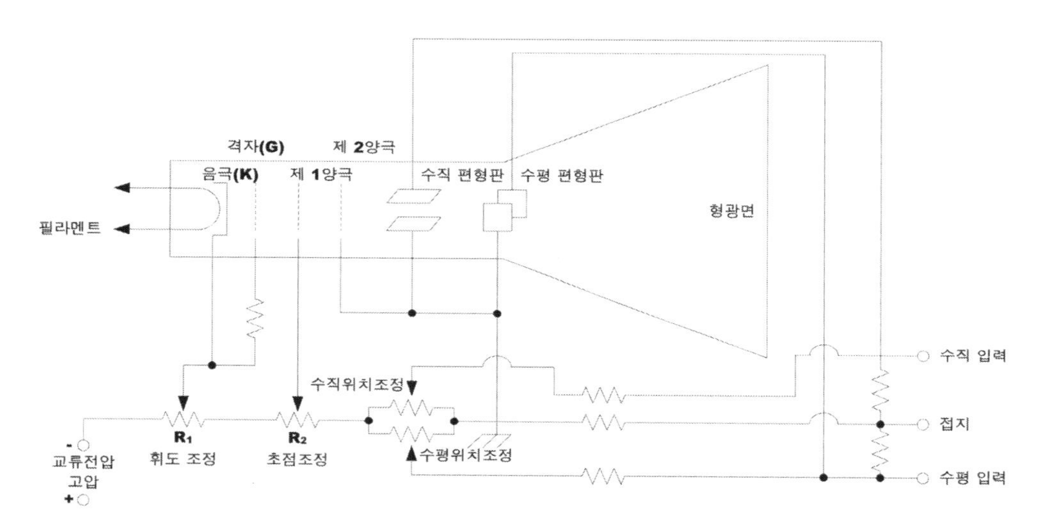

[오실로스코프의 구성도]

(1) 용도

① 파형관측(펄스폭 측정, 위상차 측정, 과도현상 측정)

② 전압측정(V_{p-p})

③ 주기(주파수)측정 : $f = \frac{1}{T}[\text{Hz}]$

④ 변조도 측정

⑤ Lissajous 도형 (미지의 주파수 측정)

[주파수와 위상에 따른 리사쥬 도형]

주파수비	위상차[。]			
	0	30	60	90
1:1			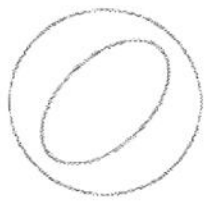	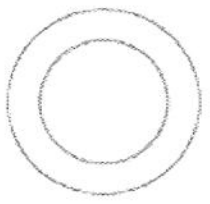
1:2			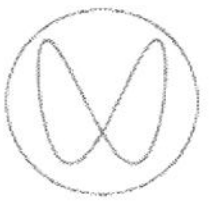	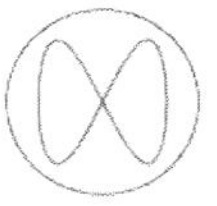
1:3	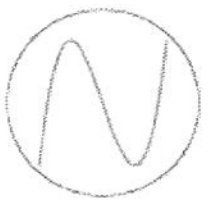	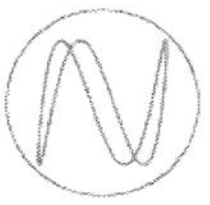	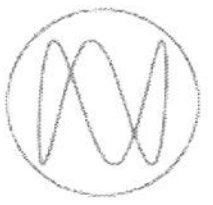	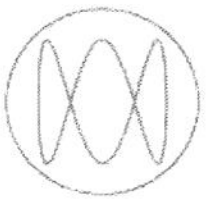
2:3		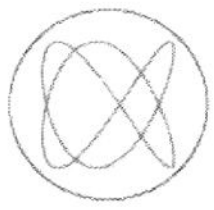	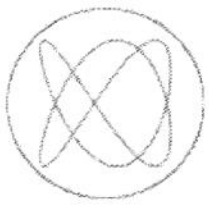	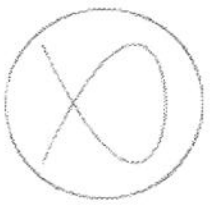
5:6	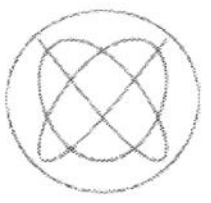	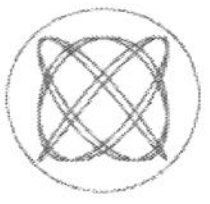	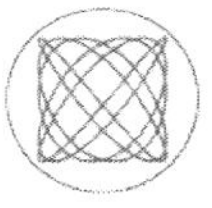	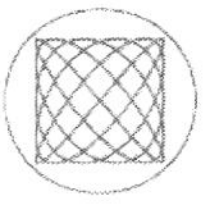

3 Spectrum Analyzer(스펙트럼 분석기)*

(1) 용도

① 주파수특성 및 펄스 특성 측정

② 펄스 폭 및 반복률 측정

③ 공중선(안테나)의 패턴 측정

④ 감쇠 특성 측정

⑤ FM 편차 측정

4 송신기 효율★

$$\eta = \frac{P_m}{P_m + P_L} \times 100\% \quad \begin{cases} P_m: \text{피변조파 전력} \\ P_L: \text{양극손실 전력} \end{cases}$$

5 AM파 전력

(1) 피변조파 전력★★★★★

$$P_m = P_c\left(1 + \frac{m^2}{4} + \frac{m^2}{4}\right) = P_c\left(1 + \frac{m^2}{2}\right)$$

(2) 상하측파대 전력

$$P_U = P_L = P_c\frac{m^2}{4}$$

6 공진회로 효율★★★

$$\eta = \frac{Q_0 - Q_L}{Q_0} \times 100[\%] \quad \begin{cases} Q_0: \text{무부하시 선택도} \\ Q_L: \text{부하시 선택도} \end{cases}$$

7 송신기 전력 측정

송신기	측정 방법	
AM 송신기	• 양극손실 측정법 • 의사 공중선법 • C-C형 전력계법	• 진공관 전력계법 • 전구의 조도비교법
FM 송신기	• Bolometer Bridge 법 • 열량계법	• C-M형 전력계법
Microwave 송신기	• 방향성 결합기에 의한 방법 • 정재파법	• Bolometer Bridge 법 • 열량계법

(1) 수부하 전력계(열량계)에 의한 측정★

대전력 송신기의 전력을 측정하는 방법으로 송신기의 출력이 큰 경우에는 부하 저항으로 전류용량이 큰 저항을 사용해야 하는데 실제로는 전류용량이 큰 저항이 그리 많지 않아 물을 대신 이용하는 방법이다.

$$P = 4.18\,Q(t_2 - t_1)[W] \quad \begin{cases} Q(cc/\sec): \text{ 단위시간에서의 물의 순환량(냉각수 유량)} \\ t_1: \text{ 입구온도} \\ t_2: \text{ 출구온도} \end{cases}$$

(2) Bolometer Bridge법★

측정하고자 하는 전력을 볼로미터라는 소자(동축 선로에 사용되는 소자)에 흡수시켜서 그 온도 상승으로 인한 저항의 변화를 브리지 회로로 검출하여 전력을 측정하는 방법이다.

$$P_0 = P_1 - P_2 = \frac{1}{4}(I_1^2 + I_2^2)R_0 \quad \begin{cases} I_1: \ M/W\text{를 가하지 않았을 때 전류} \\ I_2: \ M/W\text{를 가할 때 전류} \end{cases}$$

※ 볼로미터(Bolometer)의 소자로 바레터와 서미스터가 있다.★

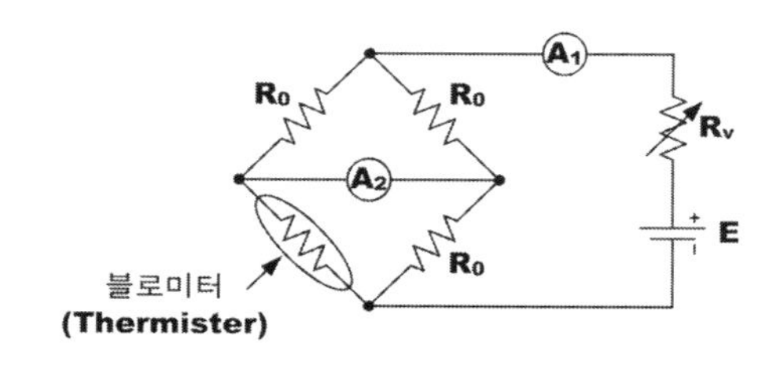

① **서미스터(Thermistor)** : 코발트 · 구리 · 망간 · 철 · 니켈 · 티탄 등의 산화물을 적당한 저항률과 온도계수를 가지도록 2~3종류 혼합하여 소결(燒結)한 반도체로서 일반적인 금속과는 달리, 온도가 높아지면 저항값이 감소하는 부저항온도계수(負抵抗溫度係數)의 특성을 가지고 있는데 이것을 NTC(negative temperature coefficient thermistor)라 한다.

② **바레터(barretter)** : 절연 재료의 통 속에 지름 2마이크로미터(㎛) 정도의 가는 백금선을 설치하여 마이크로파나 적외선을 재는 기구. 마이크로파 따위를 흡수하고 온도가 올라갈 때 변하는 저항에 따라 전력을 재는데, 서미스터에 비하여 감도는 낮고 끊어지기 쉬우나 정확도가 높다.

(3) 방향성 결합기에 의한 전력 측정법

주 도파관에 끝에 접속된 부하와 도파관의 특성 임피던스가 서로 맞지 않으면 반사파가 발생하게 되는데 이 원리를 이용하여 주 도파관에 부 도파관을 분기회로로 접속 특정 방향으로 진행하는 진행파를 부 도파관의 한쪽에만 결합파가 발생되도록 만든 회로이다.

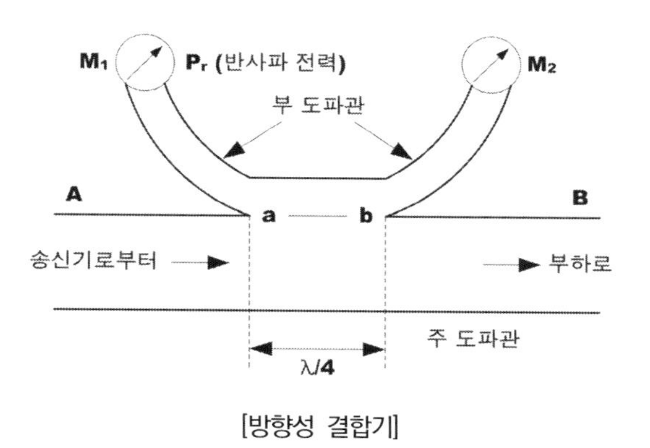

[방향성 결합기]

8 변조도 측정

(1) Lissajous Figure에 의한 방법★★★★★

$$변조도(m) = \frac{A - B}{A + B} \times 100[\%]$$

방법	오실로스코프 입력	도형
변조 포락선법	수직축 : 피변조파 수평축 : 톱니파 (오실로스코프 자체 발생)	A B 중심선
대형 도형법	수직축 : 피변조파 수평축 : 변조파	B A
타원 도형법	수직축, 수평축 : 위상 분할기에서 얻은 피변조파	A B

(2) 공중선 전류계에 의한 방법

$$m = \sqrt{2\left\{\left(\frac{I_{me}}{I_{ce}}\right)^2 - 1\right\}} \times 100\ [\%]$$

$\begin{cases} I_{ce} : 무변조시\ 공중선\ 전류계\ 지시값 \\ I_{me} : 변조시\ 공중선\ 전류계\ 지시값 \end{cases}$

9 송신기의 왜율 측정★★

$$K = \frac{\sqrt{V_2^{\,2} + V_3^{\,2} + \cdot\cdot\cdot}}{V_1} \times 100\,[\%]$$

$$K = 20\log_{10}\frac{\sqrt{V_2^{\,2} + V_3^{\,2} + \cdot\cdot\cdot}}{V_1}\,[\mathrm{dB}]$$

V_1 : 피변조파의기본진폭
V_2 : 제2고조파 진폭
V_3 : 제3고조파 진폭
·
·

CHAPTER 12

수신기에 관한 측정

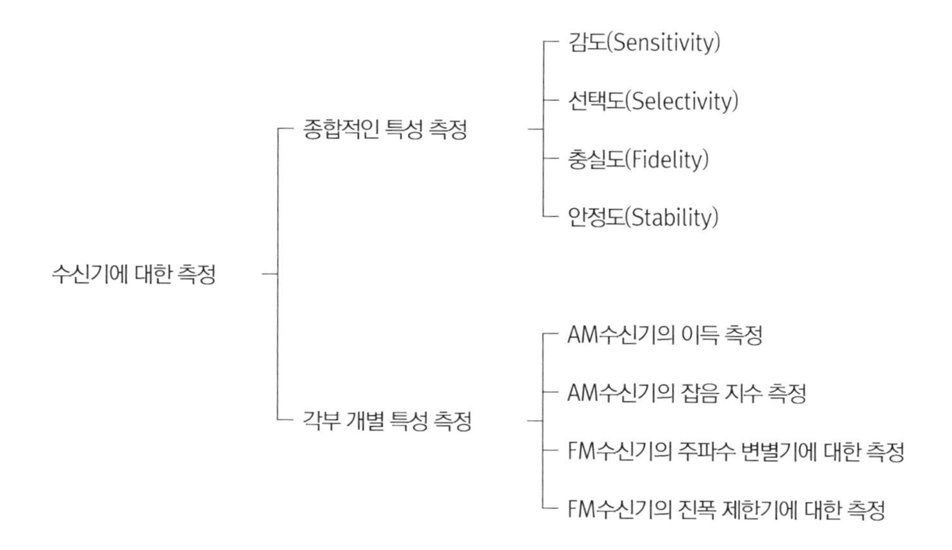

1 공진회로 선택도(Q) 측정★★★

$\text{선택도}(Q) = \dfrac{f_R(\text{수신주파수})}{B \cdot W(\text{대역폭})} = \dfrac{\omega L}{R} = \dfrac{1}{\omega CR} = \dfrac{1}{R}\sqrt{\dfrac{L}{C}}$ 인 관계로 대역폭이 넓어지면 선택도는 저하된다. 즉, 반비례관계에 있다. ⇒ 선택도가 높고 대역폭이 좁을수록 spurious(불요파) 발사가 적다.

2 제2신호법에 의한 선택도 측정★★

① **감도 억압 효과(感度抑壓效果, desensitization effect)**

⇒ 희망파와 함께 존재하는 불필요한 파로 인해 무선 수신기의 감도가 억압되는 현상.

② **혼변조 (Cross Modulation) 특성**

⇒ 어느 주파수의 기본파 혹은 그 고조파와 다른 주파수의 기본파 혹은 그 고조파가 어느 회로에서 혼합되면 그 합 또는 차의 다른 주파수의 신호가 발생하여 방해를 주는 현상. 이 현상에 의해서 발생한 일그러짐은 혼변조 일그러짐이라고 한다.

③ **상호변조 (Inter - Modulation) 특성**

⇒ 전송계로 전달되는 2개 이상의 신호가 증폭기에 입력되는 경우 발생하는 현상. 전송계의 비선형성에 의해 인가된 각각의 신호 주파수의 합 또는 차 등의 주파수가 생성되고, 이 현상에 의해 방해파가 발생한다.

소인발진기의 용도

① 수신기의 중간주파 특성 측정 및 조정
② 수신기 대역특성의 측정 및 조정
③ 주파수 변별기의 주파수 측정 및 조정

3 잡음 지수의 측정

잡음지수란 수신기의 입력과 출력에 대한 신호 대 잡음비로서 입력에서의 신호 대 잡음비를 $\frac{S_i}{N_i}$, 출력에서의 신호 대 잡음비를 $\frac{S_o}{N_o}$라고 할 경우 잡음 지수 NF는 다음과 같다.

$$NF = \frac{S_i / N_i}{S_o / N_o} = \frac{S_i}{S_o} \times \frac{N_o}{KTB} = \frac{N_o}{G} \times \frac{1}{KTB}$$

여기서

K : $1.38 \times 10^{-23} [J/K]$ 볼츠만(Boltzmann)상수

T : 저항체의 절대 온도

B : 수신기의 등가 잡음 대역폭

G : 수신기의 이득(S_o / S_i)

나타낸다.

따라서 잡음 지수(NF)는 작을수록, 신호 대 잡음비(S/N)는 클수록 좋다.

$$F = F_1 + \frac{F_2 - 1}{G_1} + \frac{F_3 - 1}{G_1 G_2}$$

4 수신기의 이득측정★★★

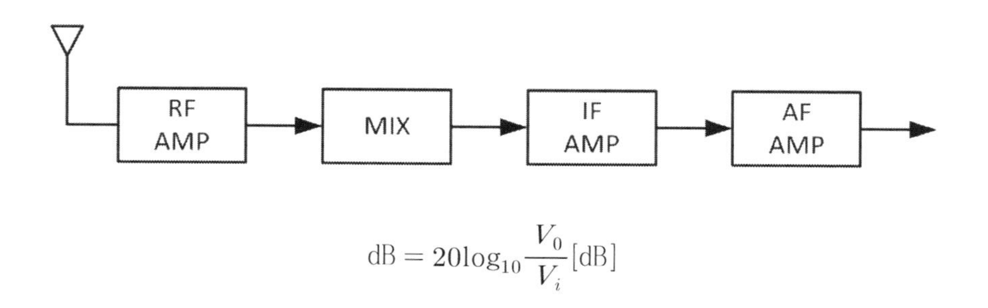

$$\text{dB} = 20\log_{10}\frac{V_0}{V_i}[\text{dB}]$$

수신기의 전체 이득 = 고주파 증폭 이득 + 주파수 변환 이득 + 중간 주파 이득 + 저주파 이득

CHAPTER 13

안테나 급전선에 관한 측정

1 고주파 측정시 유의사항
2 Antenna에 관한 측정
3 전계강도 측정
4 정재파비 측정
5 특성임피던스 측정
6 파장측정(레헤르선)
7 기타 출제 경향

1 고주파 측정시 유의사항

① 주파수대에 적합한 회로 소자를 사용할 것

② 표유 임피던스를 적게 할 것

③ 차폐를 철저히 할 것

④ 접지를 철저히 할 것

⑤ 기기 또는 회로의 임피던스 정합을 할 것

2 Antenna에 관한 측정

(1) 실효 인덕턴스 측정★

① **표준 인덕턴스 1개 사용법**

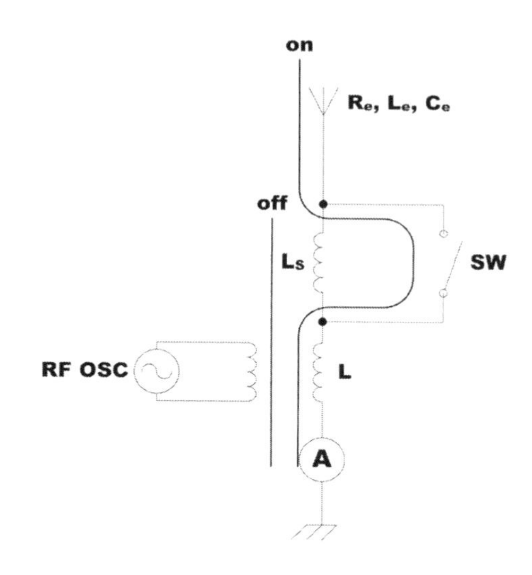

$$L_e = \frac{L_s}{\left(\frac{f_0}{f_1}\right)^2 - 1}[H]$$

$\begin{cases} f_0: \text{S를 단락시 공진주파수} \\ f_1: \text{S를 개방시 공진주파수} \end{cases}$

② 표준 인덕턴스 2개 사용법

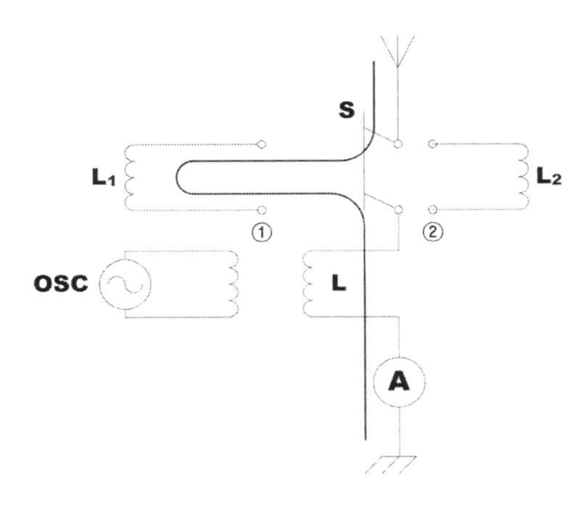

$$L_e = \frac{1}{3}(L_2 - 4L_1)\ [H]$$

(2) 실효 정전용량 측정

① 표준 정전용량 사용법

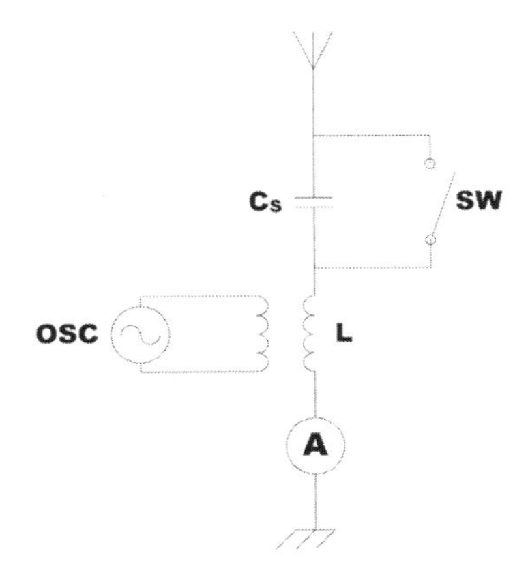

$$C_e = C_s\left\{\left(\frac{f_1}{f_0}\right)^2 - 1\right\}[F] \quad \begin{cases} f_o \rightarrow f_1 \\ f_1 \rightarrow f_2 \end{cases} \quad \begin{cases} f_0 : \text{SW 단락시 공진주파수} \\ f_1 : \text{SW 개방시 공진주파수} \end{cases}$$

(3) 접지저항의 측정

① Kohlrausch Bridge 법

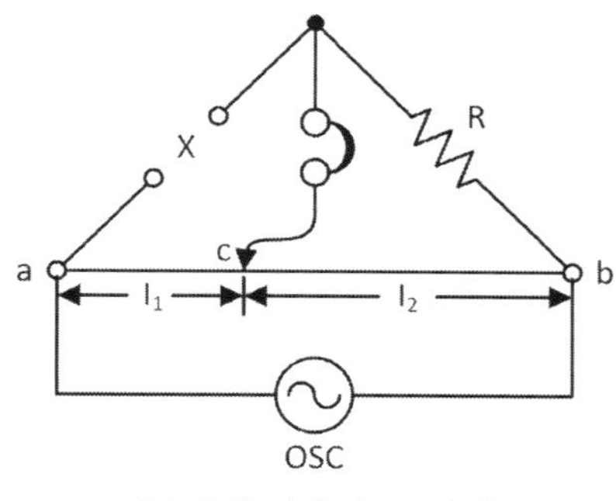

(a) 코울라우시 브리지

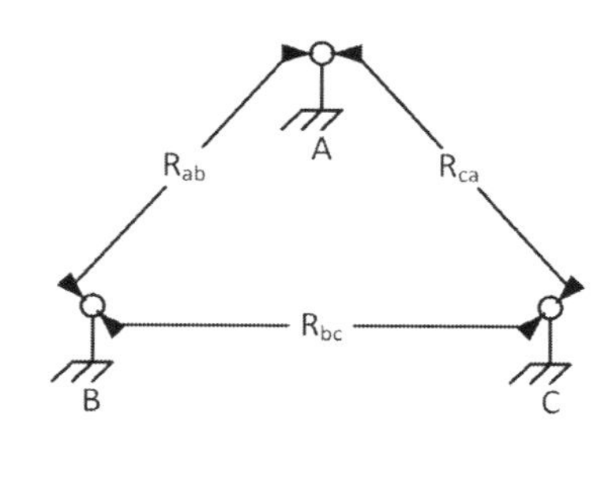

(b) 측정회로의 구성

$$R_a = \frac{1}{2}(R_{ab} - R_{bc} + R_{ca})[\Omega]$$

$$R_b = \frac{1}{2}(R_{ab} + R_{bc} - R_{ca})[\Omega]$$

$$R_c = \frac{1}{2}(-R_{ab} + R_{bc} + R_{ca})[\Omega]$$

② **안테나의 실효저항 측정법 중 저항 삽입법**

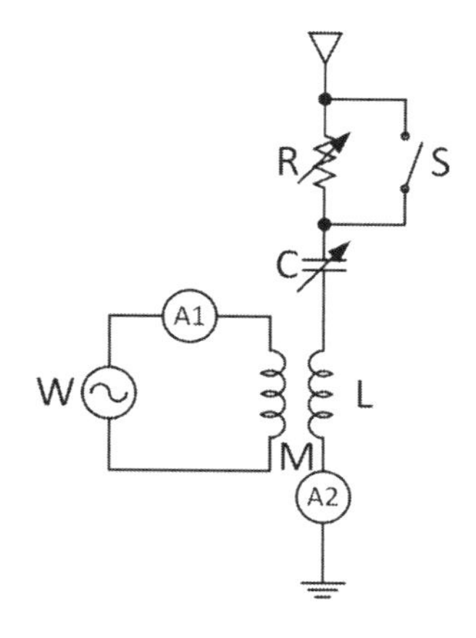

실효저항$(R_e) = \dfrac{R}{(\dfrac{I_1}{I_2}) - 1}[\Omega]$가 된다.★

공중선의 실효저항 측정법

① 저항 삽입법
- Q 미터법
- 작도법(Pauli의 방법)

② 치환법
- 의사 공중선법

3 전계강도 측정

전계강도는 1[㎶/m]를 기준으로 하고, 실효고는 1[m]를 기준으로 0[㏈]로 하고 있다.

① $V = 20\log_{10} E \cdot h_e = 20\log_{10} E + 20\log_{10} h_e$ [dB]

② $E = 20\log_{10} \dfrac{V}{h_e} = 20\log_{10} V - 20\log_{10} h_e$ [dB]

③ $1[\mu V/m]$ 기준 $E = 20\log_{10} \dfrac{V}{h_e}$ [dB]

④ 실효고를 알고 있을 때 $E = \dfrac{V}{h_e}[V/m]$★

※ 전계강도는 송신기 출력의 제곱근(평방근)에 비례한다.($E = \dfrac{K\sqrt{P}}{d}$)★

※ 접지 안테나의 실효고 측정방법★

① 전계강도 측정에 의한 방법

② 표준 안테나에 의한 방법

③ 표준 안테나와 전계강도 측정기에 의한 방법

⇒ 정재파비로는 실효고를 알 수 없다.

4 정재파비 측정★★★

정재파(Standing Wave)는 진행파가 어떤 경계면을 기준으로 반사되어 돌아온 파와 합쳐지면서 발생한 정지된 파동을 의미하며 급전선상에서 그 최대 전압과 최소전압의 비를 측정할 수 있는데 이를 전압 정재파비라 한다.

※ VSWR (Voltage Standing Wave Ratio : 전압 정재파비) : 정재파(Standing Wave)는 진행파와 반사되어 돌아온 파가 합쳐져 발생된 정지된 파동을 의미한다.

$$S = \frac{|V_{max}|}{|V_{min}|} = \frac{1+|\Gamma|}{1-|\Gamma|} \geq 1$$

※ Reflection Coefficient (반사계수, Γ) : 반사계수(Γ, Gamma)는 특정 위치에서의 출력 전압(전류)/입력 전압(전류)이다.

$$\Gamma = \frac{\text{수단의 반사전압 or 전류}}{\text{수단의 입사전압 or 전류}} = \left|\frac{V_r}{V_f}\right| = \left|\frac{S-1}{S+1}\right|$$

※ $\text{정재파비}(S) = \frac{Z_0(\text{특성임피던스})}{Z_L(\text{부하임피던스})}$

5 특성임피던스(Z_0) 측정

수단에서 l 떨어진 지점에서 부하 측을 본 선로의 임피던스(Z_s)는

$$Z_s = Z_0 \frac{Z_R + jZ_0 tan\beta l}{Z_0 + jZ_R tan\beta l} [\Omega]$$

① 수전단 단락($Z_R = 0$)인 경우

$Z_{ss} = jZ_0 tan\beta l [\Omega]$

② 수전단 개방($Z_R = \infty$)인 경우

$Z_{so} = -jZ_0 cot\beta l [\Omega]$

$\therefore Z_o = \sqrt{Z_{ss}Z_{so}}$ 가 된다.

6 파장측정(레헤르선)

$$\lambda = \frac{c}{f} = 2l[m]^{\bigstar}$$

※ 레헤르선 [Lecher wire]: 2개의 도선을 평행하게 늘어놓은 전송선(傳送線).

※ 레헤르선파장계 [Lecher wire wavemeter]: 레헤르선(線)을 이용한 초단파, 극초단파용의 파장계

⇒ 평행한 2개의 선으로 구성된 레헤르선 한 끝을 발진기의 출력회로에 소결합(疎結合:loose coupling:상호 반작용이 거의 없는 약한 결합)하고, 열전검류계(熱電檢流計)를 삽입한 단락편(短絡片)을 레헤르선에 따라 움직이면, 발진기의 발진 반파장(半波長)의 정수배(整數倍)로 될 때마다 단락 레헤르선이 공진(共振)하여 큰 전류가 흐른다. 이렇게 하여 2개의 공진점 간격(반파장에 해당)을 측정하고, 그것을 2배로 해서 파장을 구할 수 있다. 따라서 레헤르선상에서 $\frac{\lambda}{2}$마다 전압, 전류의 최대점이 나타나므로 레헤르선의 길이는 최소한 $\frac{\lambda}{2}$가 되어야 한다.

7 기타 출제 경향

① **스미스 선도(Smith chart)**★★

⇒ 정재파비, 반사계수, 미지의 임피던스, 임피던스 정합 등을 계산하는데 이용된다.

② **방향성 결합기**★★

⇒ 투과파와 반사파를 측정하여 정재파비, 반사계수, 결합도 등을 측정할 수 있다.

③ G/T★

⇒ 수신계의 성능을 나타내는 지표로서 안테나의 이득과 잡음온도의 비로 나타낸다.

⇒ 이를 데시벨 로 나타내면 G[dB]-T[dB]가 되므로 수신안테나 이득과 수신계의 잡음온도 차라고 표현할 수 있다.

④ **SAW(Surface Acoustic Wave)필터의 장점★★**

㉠ 우수한 주파수 특성과 위상특성을 갖는다.

㉡ 삽입손실이 적으며 신뢰성이 높다.

㉢ 우수한 BPF로 많이 사용된다.

⑤ 무선방위 측정에서 전파전파에 따른 오차에는 야간오차, 해안선 오차, 산란현상 등이 있다.★

㉠ 야간오차: 야간에 소멸되는 D층 전리층의 영향으로 수직편파가 전리층에서 반사되어 타원편파로 바뀌게 되고 이중 수평편파 성분이 방향을 탐지하는 루프안테나에 유기되어 방향 탐지 오차를 일으키는 요인이 된다.

㉡ 해안선오차: 전기적 성질이 변하는 곳에서는 전파가 전파해 가는데 있어 굴절현상이 발생하여 전파의 진행 방향이 변하게 됨으로써 방향 탐지 시에 오차를 발생하게 된다.

㉢ 산란현상: 전파의 산란(scattering: 전파가 퍼지는 현상)으로 방향 탐지 시 오차가 발생된다.

⑥ **DSB변조기에서 사용되는 고효율 변조회로★**

㉠ 종단 B급 변조 ㉡ 시렉스(Chirex) 변조 ㉢ 도허티(Doherty) 증폭기 ㉣ 부동 반송파 변조 등이 있다.

⑦ 급전선의 특성 임피던스(Z_0) = $\sqrt{Z_s \cdot Z_f}$,

(Z_s : 개방시 입력 임피던스, Z_f : 단락시 입력 임피던스)★

⑧ **Mechanical filter(메캐니컬 필터)★**

⇒ 금속편의 기계적 공진현상을 이용한 필터로 사용주파수대가 비교적 낮은편이고 BPF(대역통과필터)로 동작한다.

⑨ **이득 대역적(Gain Bandwidth Product)**★

⇒ 증폭기의 이득(G)과 대역폭(B)을 곱한 것으로 어느 정도 넓은 대역에 걸쳐 안정된 증폭을 수행하는가를 의미하는 증폭기 증폭 성능을 나타내는 parameter 이다.

⑩ **전치 분주기(prescaler)** : 주파수계나 PLL 회로 등에서 고속 회로 부분과 저속 회로 부분과의 주파수 정합을 위하여 주파수를 분주하는 회로.

⑪ 야기 안테나는 VHF대 일반 TV전파의 수신 안테나로 사용되며 SHF대를 이용하는 위성방송용 수신안테나로는 파라볼라, 패치 어레이, 오프세트 안테나와 같은 입체형 안테나를 사용한다.★

⑫ 수신 안테나의 유기 전압(V_o)은 $V_o = E \cdot h_e$ 이다.★

⑬ **도플러 효과(doppler effect)** : 이동체의 움직임에 따라 수신 신호의 주파수가 변하는 현상.★

⑭ **Q미터 측정**★

⇒ 코일의 Q, 코일의 실효저항, 코일의 분포용량, 콘덴서의 정전용량 측정 등에 이용된다.

⑮ OBP(On Board Processing) **기술**★

⇒ 위성을 신호의 증폭 또는 변 · 복조, 에러 정정 및 등화기 등의 기능을 갖게 하여 마치 교환기와 같은 기능을 제공하게 하는 기술이다.

핵심기출문제

무선기기에 관한 측정

1. 스펙트럼 분석기로 각종 발진기를 측정하였을 때 가장 이상적인 발진기의 상태는?

가. 거의 균일한 크기의 스펙트럼이 많이 나타났다.
나. 중앙의 스펙트럼이 유난히 작고 주위의 스펙트럼이 매우 크다.
다. 중앙의 스펙트럼이 매우 크며 주위에 매우 미소한 스펙트럼 분포
라. 전체적으로 대칭상태의 많은 스펙트럼의 분포

해설
스펙트럼 분석기로 발진기의 주파수 스펙트럼을 분석했을 때 단일 주파수 형태로 중심의 스펙트럼이 크고 주위에는 미소한 스펙트럼만이 분포되어 있어야 이상적이다.

2. 스펙트럼 분석기(spectrum analyzer)의 용도로서 맞지 않는 것은?

가. 펄스폭 및 반복율 측정
나. 변조의 직선성 측정
다. FM 편차 측정
라. RF 간섭시험

해설 Spectrum Analyzer(스펙트럼 분석기) 용도
① 펄스폭 및 반복 율 측정
② RF 증폭기의 동조
③ FM 편차 측정
④ RF 간섭 시험
⑤ 안테나 복사 Pattern 측정

3. 주파수에 대한 진폭을 그래프로 표시되도록 고안된 측정 장치는?

가. 스펙트럼 분석기　나. 계수형 주파수계
다. 오실로스코프　라. 레벨미터

4. 다음 중 송신기의 고조파 성분 함유비 측정에 가장 적합한 계측기는?

가. 레벨미터　나. 오실로스코프
다. 스펙크럼 분석기　라. 디지털멀티미터

5. 다음 중 스펙트럼 분석기의 구성 요소가 아닌 것은?★

가. CRT　나. IF 증폭회로
다. 주파수 변조기　라. 톱니파 발진회로

6. 다음 중 AM 송신기의 변조파, 고조파 발사 강도, 기생발진(parasticoscillation) 등을 측정하기 위한 장비로 가장 적당한 것은?

가. 싱크로스코프　나. 오실로스코프
다. 디지털 카운터　라. 스펙트럼 분석기

7. 초단파대 범위의 FM송신기 전력측정에 가장 적당한 것은?

가. CM형 방향성 결합기에 의한 방법
나. 수부하에 의한 방법
다. 열방사계에 의한 방법
라. 전구의 조도에 의한 방법

해설 초고주파 송신기의 전력 측정 방식
1. AM 송신기
① 의사 공중선
② 전구 조도 비교법
③ 약극 손실 측정법
④ 진공관 전력계법
⑤ C-C형 전력계법
⑥ 수부하법 등
2. FM 송신기
① Bolometer Bridge 법
② 열량계법
③ C-M형 방향성 결합기에 의한 방법 등

정답 1. 다　2. 나　3. 가　4. 다　5. 다　6. 라　7. 가

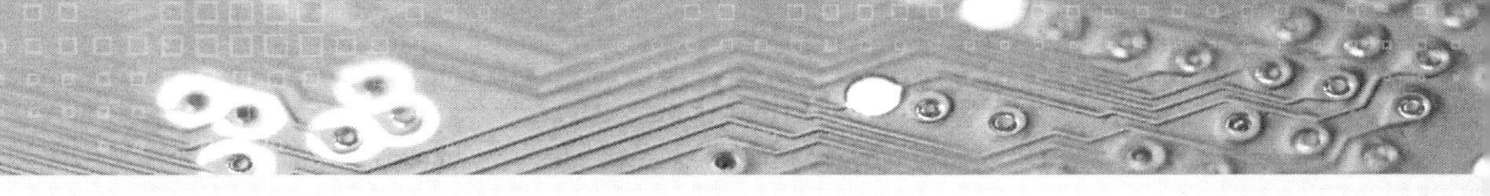

3. M/W 송신기
   ① Bolometer Bridge 법
   ② 열량계법
   ③ 방향성 결합기에 의한 방법
   ④ 정재파법 등

8. 오실로 스코프로 송신기 출력파형을 관찰 하였더니 그림과 같은 파형을 얻었다. 이 송신기의 변조도는?

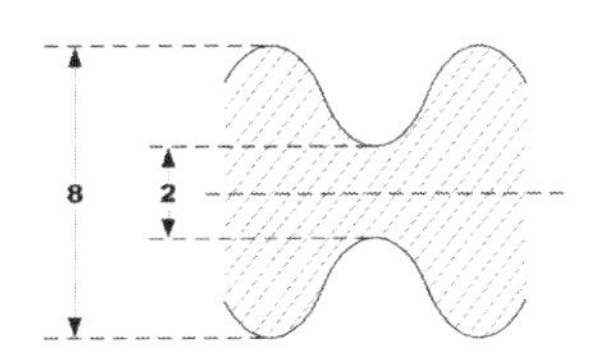

가. 80%　　　　나. 60%
다. 30%　　　　라. 20%

해설

$$\text{변조도}(m) = \frac{V_{max} - V_{min}}{V_{max} + V_{min}} \times 100\%$$
$$= \frac{8-2}{8+2} \times 100 = \frac{6}{10} \times 100 = 60\%$$

9. 진폭 변조 회로의 출력을 Oscilloscope로 측정하였더니 다음 그림과 같았다. a = 2b 이면 변조율은?

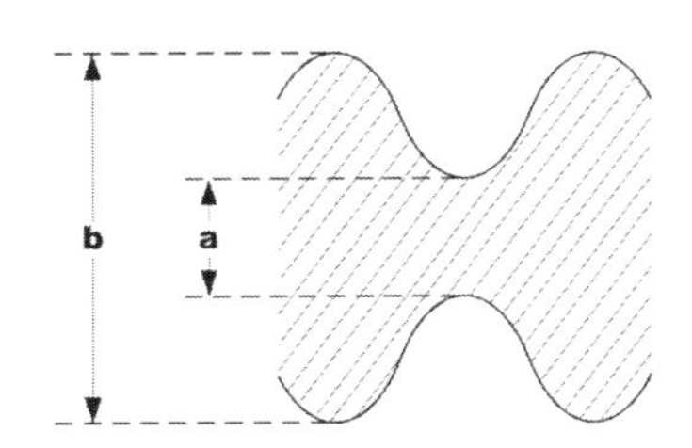

가. 80[%]　　　　나. 50[%]
다. 33.3[%]　　　　라. 25[%]

10. Ocilloscope에 다음과 같은 그림을 얻었다. 이것은 무엇을 측정한 파형인가?

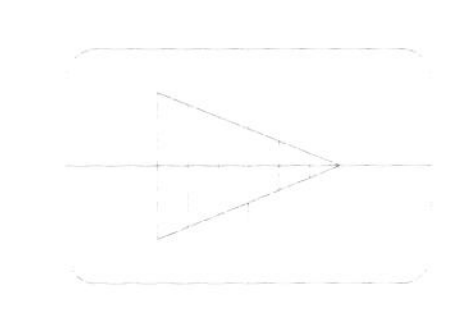

가. 진폭 변조파로서 과 변조파
나. 두개의 주파수에 대한 고조파 전압의 합성파
다. 100% 위상 변조파
라. 100% 진폭 변조파

11. 피 변조 신호를 오실로스코프에 넣었더니 그림과 같은 파형을 얻었다. 다음 설명 중 옳은 것은?

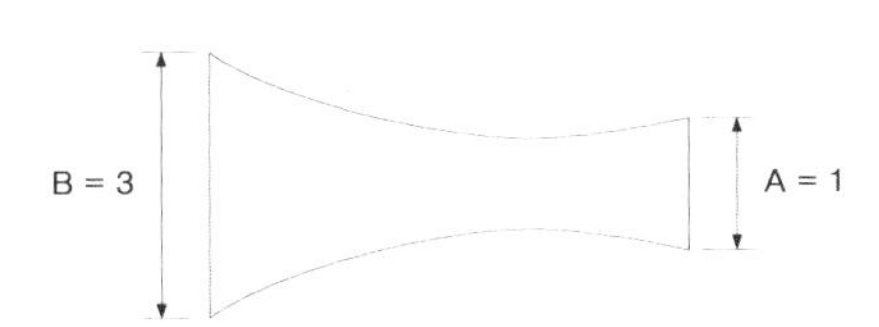

가. 50[%]의 왜곡을 갖는 과변조
나. 33[%]의 왜곡을 갖는 과변조
다. 위상 왜곡이 있는 50[%]변조
라. 진폭 왜곡이 있는 50[%]변조

12. 오실로스코프로 변조 도를 측정한 결과 파형이 그림과 같다고 한다. 이때 변조 도는?★

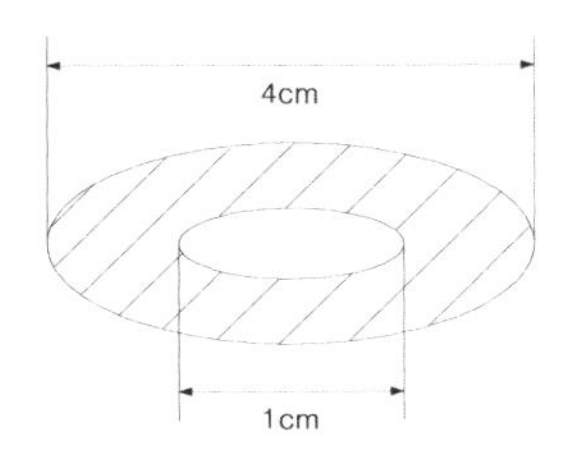

정답 8. 나　9. 다　10. 라　11. 라　12. 나

핵심기출문제

가. 50 %　　나. 60 %
다. 70 %　　라. 80 %

13. 진폭변조 송신기의 출력이 100(%) 변조시에 100[W]이다. 50[%]변조시의 출력은 약 몇[W] 인가?

가. 66.7[W]　　나. 75[W]
다. 100[W]　　라. 112.5[W]

해설 피변조파 전력

$(P_m) = P_c\left(1+\frac{m^2}{2}\right)$에서

$100[W] = P_c\left(1+\frac{1^2}{2}\right)$

$\therefore P_c = 66.67[W]$가 된다.

⇒ m=0.5 일 때

$P_m = 66.67\times\left(1+\frac{0.5^2}{2}\right) = 75[W]$가 된다.

14. AM 송신기가 전체 전력 60[W]를 안테나에 공급할 때 변조율이 100%라고 가정한다면 반송파와 상측파대에 포함되는 각각의 전력은?

가. 30[W],10[W]　　나. 30[W], 20[W]
다. 40[W], 20[W]　　라. 40[W],10[W]

해설 피변조파 전력

$(P_m) = P_c\left(1+\frac{m^2}{2}\right)$에서 m=1 일 때

$60[W] = P_c\left(1+\frac{1^2}{2}\right)$

$\therefore P_c = 40[W]$가 된다.

⇒ m=1 일 때 상측파대 전력(P_u)은

$P_u = P_c\frac{m^2}{4} = 40\left(\frac{1^2}{4}\right) = 10[W]$가 된다.

15. 피변조 출력 전력이 30[kW], 변조도가 60% 인 무선송신기의 반송파 전력은 약 몇 kW 인가?

가. 24.4　　나. 25.4
다. 48.8　　라. 50.8

해설 피변조파 전력

$(P_m) = P_c\left(1+\frac{m^2}{2}\right)$에서

m=0.6 일 때 $30[kW] = P_c\left(1+\frac{0.6^2}{2}\right)$

$\therefore P_c \fallingdotseq 25.4[kW]$가 된다.

16. AM 무선전화 송신기의 변조도를 80%로 했을때 종단전력 증폭기의 컬렉터 손실이 600W, 컬렉터 효율이 70%였다면 무변조시 반송파 출력은 약 몇 W인가? (단, 변조파는 단일 정현파로 출력회로의 손실은 무시함)

가. 649　　나. 857
다. 1000　　라. 1061

해설 피변조파 전력

$(P_m) = P_c\left(1+\frac{m^2}{2}\right)$에서

m=0.6일 때 $P_m = P_c\left(1+\frac{0.8^2}{2}\right)$

$\therefore P_m = 1.32P_c[W]$가 된다.

송신출력전력(P_m)

$= \frac{\eta(\text{컬렉터효율})P_l(\text{컬렉터손실전력})}{1-\eta(\text{컬렉터효율})}$

$= \frac{0.7\times 600}{1-0.7} = 1400[W]\ \therefore P_c$

17. DSB송신기에서 100Hz의 신호파로 변조한 한 개의 측파대가 같는 전력이 피변조파 전체 전력의 $\frac{1}{10}$ 일 때의 변조도는 몇 %에 가장 가까운가?

가. 50　　나. 60
다. 70　　라. 80

해설 DSB송신기에서 피변조파 전력

$(P_m) = P_c\left(1+\frac{m^2}{2}\right)$, 한쪽 측파대

전력$(P_s) = \frac{m^2}{4}\cdot P_c$ 이므로

정답 13. 나　14. 라　15. 나　16. 라　17. 다

$$\frac{P_s(\text{한쪽측파대전력})}{P_m(\text{피변조파전력})} = \frac{\frac{m^2}{4}P_c}{P_c\left(1+\frac{m^2}{2}\right)}$$

$$= \frac{m^2}{2(2+m^2)} = \frac{1}{10} \quad \therefore\ m = \frac{1}{\sqrt{2}} \fallingdotseq 0.707$$

이므로 변조도는 약 70%가 된다.

18. AM 송신기의 변조특성의 측정이 아닌 것은?

가. 변조 포락선에 의한 방법
나. 사다리꼴 도형에 의한 방법
다. 타원 도형에 의한 방법
라. 전구의 조도에 의한 방법

해설 변조도 측정

(1) Lissajous Figure에 의한 방법

방법	식	파형
① 변조 포락선에 의한 방법	$m = \frac{A-B}{A+B} \times 100\,[\%]$	A B 중심선
② 대형(사다리꼴) 도형에 의한 방법		B A
③ 타원 도형에 의한 방법		A B

19. 오실로스코프에 그림과 같은 파형을 얻었다. 다음 중 옳지 않은 것은?

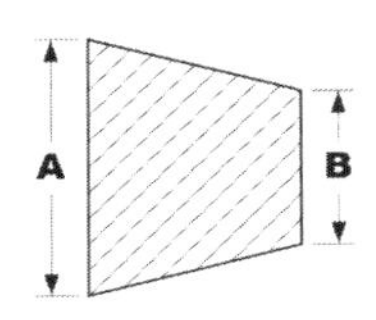

가. 송신기의 변조도를 측정하는 방법 중의 하나이다.
나. 수직축에는 피변조파, 수평축에는 톱날파를 인가한 경우이다.
다. 변조도는 $\frac{A-B}{A+B}$로서 구해진다.
라. 위상이 일치되어야 정확한 사다리꼴이 얻어 진다.

해설 변조도 측정(Lissajous Figure에 의한 방법)

방법	식	파형
대형(사다리꼴) 도형에 의한 방법	$m = \frac{A-B}{A+B} \times 100\,[\%]$	B A 위상일치(이상적) 위상 불일치(타원형)

수평축	수직축	도형
톱니파	피변조파	
변조파	피변조파	

20. AM 송신기의 변조 도를 측정하기 위해 오실로스코프에 포락선이 나타나게 하려면 오실로스코프에 가 할 전압은?

가. 반송파와 피변조파
나. 피변조파와 톱니파
다. 서로 90° 위상차를 갖는 피변조파
라. 피변조파와 변조파

정답 18. 라 19. 나 20. 나

핵심기출문제

21. 다음 그림은 방향성 결합기의 원리도이다. 다음중 방향성 결합기에 대하여 잘못 설명한 것은?★

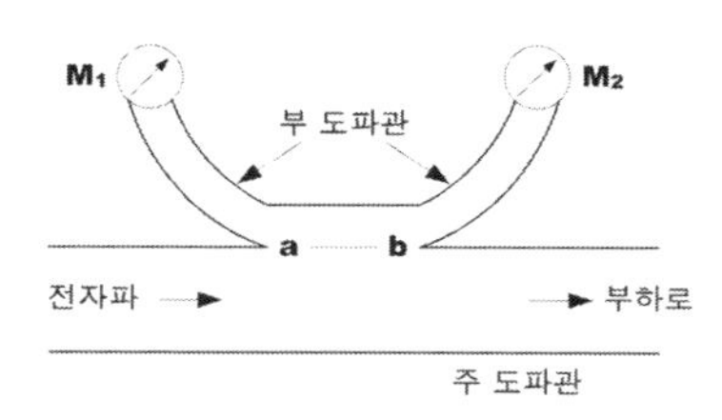

가. 계기 M2는 반사파에 비례한 지시를 한다.
나. a점 b점 사이의 간격은1/4파장이다.
다. 이 계기는 정재파 비를 구할 수 있다.
라. 이 계기는 반사계수를 구할 수 있다.

22. Calorimeter(수부하전력계)법에 의해서 전력을 측정 했다. 이때 냉각수의 온도 5℃, 출구의 온도 6℃, 냉각 수유량 3㎤/sec라면 전력은 몇[W]인가?

가. 18.3 나. 12.6
다. 22.6 라. 28.4

해설 수부하 전력계(열량계)에 의한 측정

$P = 4.18Q(t_2 - t_1)$
$= 4.18 \times 3(6-5) = 12.6[W]$

$Q(cc/\sec)$: 단위시간에서의물의 순환량(냉각수유량)
t_1: 입구온도
t_2: 출구온도

23. 송신기의 공진회로의 효율은? (단,무부하시 Q0 = 200,부하시 QL = 40)

가. 90(%) 나. 10(%)
다. 80(%) 라. 15(%)

해설 공진회로 효율

$$\eta = \frac{Q_0 - Q_L}{Q_0} \times 100 = \frac{200-40}{200} \times 100 = 80[\%]$$

Q_0: 무부하시 선택도
Q_L: 부하시 선택도

24. C급 전력 증폭기의 출력이 100[W], 콜렉터 효율이 70[%], 공진회로의 Q가 무부하시 200, 부하시에 20일 때 콜렉터 출력은 얼마인가?

가. 70[W] 나. 90[W]
다. 111[W] 라. 143[W]

해설

• 공진회로 효율(η)

$$\eta = \frac{Q_0 - Q_L}{Q_0} = \frac{200-20}{200} = 0.9$$

Q_0: 무부하시 선택도
Q_L: 부하시 선택도

• 컬렉터 입력전력

$= \frac{송신출력}{\eta \times 컬렉터효율} = \frac{100}{0.9 \times 0.7} = 158.7[W]$이며

$\therefore$ 컬렉터출력전력 $= 158.7 \times 0.7$(컬렉터효율) $= 111[W]$가 된다.

25. C급 전력증폭기의 공진회로 Q가 무부하시에 200, 부하시에 20 일 때 이 공진회로의 효율은 몇 %인가?

가. 60 나. 70
다. 80 라. 90

해설 공진회로 효율

$$\eta = \frac{Q_0 - Q_L}{Q_0} \times 100 = \frac{200-20}{200} \times 100 = 90[\%]$$

Q_0: 무부하시 선택도
Q_L: 부하시 선택도

정답 21. 가 22. 나 23. 다 24. 다 25. 라

26. 그림과 같이 Bolometer와 Bridge 회로를 이용하여 마이크로파 전력을 측정할 경우 Bolometer에서 마이크로파의 전력소비가 없을 때의 A의 지시치가 3[A]이고, 전력소비가 있을 때의 A의 지시치가 2[A]라면 마이크로파 전력의 세기는?

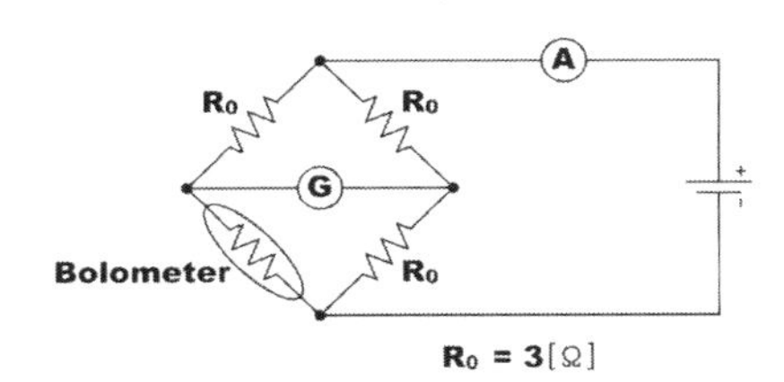

가. 1[W] 나. 1.25[W]
다. 3.75[W] 라. 5[W]

해설 Bolometer Bridge법

$$P_0 = P_1 - P_2 = \frac{1}{4}(I_1^2 - I_2^2)R_0$$
$$= \frac{1}{4}(3^2 - 2^2) \times 3 = 3.75[W]$$

I_1: M/W를 가하지 않았을 때 전류
I_2: M/W를 가할 때 전류

27. 볼로미터(Bolometer)의 소자로 바레터와 서미스터가 있는데 이들의 특성 비교 중 틀린 것은?

가. 바레터는 저항온도계수가 정이고 서미스터는 저항온도계수가 부이다.
나. 사용온도는 서미스터보다 바레터가 더 높다.
다. 감도는 서미스터 보다 바레터가 더 우수하다.
라. 사용재료가 서미스터는 반도체이고 바레터는 금속이다.

해설

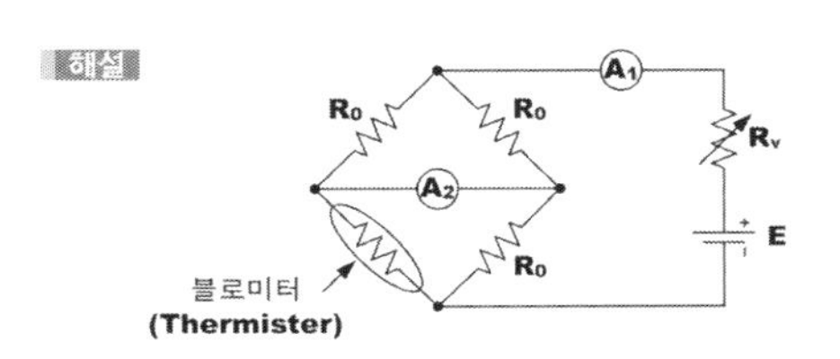

볼로미터(Bolometer)의 소자로 바레터와 서미스터가 있다.

① 서미스터(Thermistor): 코발트 · 구리 · 망간 · 철 · 니켈 · 티탄 등의 산화물을 적당한 저항률과 온도계수를 가지도록 2~3종류 혼합하여 소결(燒結)한 반도체로서 일반적인 금속과는 달리, 온도가 높아지높저항값이 감소하는 부저항온도계수(負抵抗溫度係數)의 특성을 가지고 있는데 이것을 NTC(negative temperature coefficient thermistor)라 한다.
② 바레터(barretter): 절연 재료의 통 속에 지름 2마이크로미터(㎛) 정도의 가는 백금 선을 설치하여 마이크로파나 적외선을 재는 기구. 마이크로파 따위를 흡수하고 온도가 올라갈 때 변하는 저항에 따라 전력을 재는데, 서미스터에 비하여 감도는 낮고 끊어지기 쉬우나 정확도가 높다.

28. 오실로스코프(Oscilloscope)의 수직축과 수평축 입력에 주파수와 진폭이 같고 위상이 180° 다른 전압을 가했을 때 나타나는 리사쥬 도형(Lissajous Pattern)은?

가. 사선 나. 원
다. 타원 라. 사각형

해설 Lissajous figure

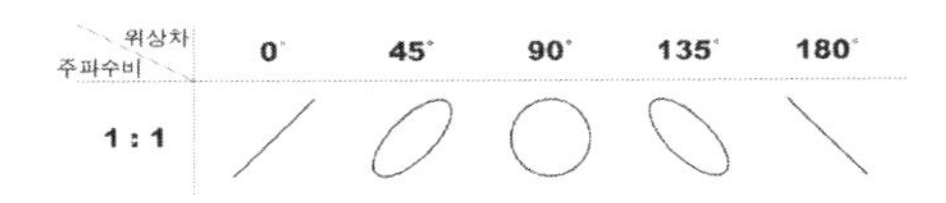

정답 26. 다 27. 다 28. 가

핵심기출문제

29. 다음은 점유주파수 대역폭에 대한 설명이다. ( ) 안에 들어갈 내용으로 가장 적합한 것은?

> "일반적으로 어느 상한의 주파수를 초과하는 부분과 어느 하한의 주파수 미만에서 복사되는 평균전력이 전체 평균전력과 비교할 때 각 각 ( )%가 되는 상한주파수와 하한 주파수 사이의 폭은 점유주파수 대역폭이라고 한다."

가. 0.1　　나. 0.5
다. 1　　라. 5

해설 점유 주파수 대역폭

발사에 의해 점유하는 전 에너지 중 상한(f2)과 하한(f1)에서 각각 0.5(%)씩 제외한 99(%)의 주파수대폭(f2-f1)

30. M진 PSK신호의 대역폭 효율이 상대적으로 가장 좋은 것은?

가. M=2　　나. M=4
다. M=8　　라. M=16

해설

M진 PSK신호의 대역폭 효율은 $\log_2 M$이다. 그러므로 $M=16$일 때 $\log_2 16 = 4$로 가장 좋다.

31. 다음 ( )의 내용으로 옳은 것은?

> "(　　)이(가) 넓으면 충실도는 양호하지만 선택도가 저하되기 때문에 필요 이상의 값으로 하지 않는다."

가. 결합도　　나. 변조율
다. 대역폭　　라. 진폭

해설

$Q(\text{선택도}) = \dfrac{f_0}{BW(\text{대역폭})}$인 관계로 대역폭이 넓어지면 선택도는 저하된다. 즉, 반비례관계에 있다.

32. 병렬공진 회로에서 코일의 인덕턴스 100[μH], 콘덴서의 용량 400[pF], 공진 주파수에서 Q가 50일때 코일의 저항 R은 얼마인가?

가. 0.1[Ω]　　나. 1[Ω]
다. 10[Ω]　　라. 100[Ω]

해설

직·병렬 공진주파수(f)를 구하는 식

$f = \dfrac{1}{2\pi\sqrt{LC}}$[Hz]에서

$f = \dfrac{1}{2\pi\sqrt{100\times10^{-6}\times400\times10^{-12}}}$

$= 0.8\times10^6$[Hz]가 된다. 한편, 선택도(Q) 구하는 식 $Q = \dfrac{\omega L}{R}$에서 R은

$\therefore R = \dfrac{2\pi f L}{Q}$

$= \dfrac{2\pi\times0.8\times10^6\times100\times10^{-6}}{50} = 10[\Omega]$

가 된다.

33. 희망신호에 근접한 주파수의 방해가 있으면 수신기의 감도가 저하한다. 이것을 무엇이라고 하는가?

가. 혼변조　　나. 감도억압효과
다. 스퓨리어스 응답　　라. 상호변조

해설

- 혼변조(混變調)
  원하지 않는 신호에 의하여 진폭이나 주파수 따위가 바뀌는 일.
- 상호변조(相互變調)
  비선형(非線形) 장치 안에서 복잡한 파(波)의 성분이 서로 변조하여 합해지고, 최초의 파에 대한 성분 주파수의 정수배(整數倍) 주파수의 합 및 차와 같은 주파수의 새로운 성분파를 생성하는 일.
- 감도 억압 효과(感度抑壓效果, desensitization effect)
  희망파와 함께 존재하는 불필요한 파로 인해 무선 수신기의 감도가 억압되는 현상.

정답 29. 나　30. 나　31. 다　32. 다　33. 나

34. 수신기에서 통과대역폭 외에 강력한 방해파가 존재하면 희망파의 식별이 곤란해진다. 이 현상과 관계없는 것은?

가. 감도 억압 효과 특성
나. 혼변조 특성
다. 잡음제한 감도 특성
라. 상호 변조 특성

해설 제2신호 법에 의한 선택도 측정

① 감도 억압 효과(desensitization effect) : 수신기에 희망 신호와 동시에 다른 주파수의 무변조 방해신호를 가하면 수신기의 비직선 동작(포화) 때문에 희망 신호의 출력이 변화하는 현상. 보통 희망파 출력에 3dB의 변화를 일으키는 경우의 무변조 방해파 레벨로 표시한다.
② 혼변조(cross modulation) : 수신기에 희망 신호와 동시에 다른 반송주파수의 피변조 방해신호를 가할 때 수신기의 비직선 동작으로 인하여 방해 신호의 변조 신호에 의해서 희망 신호가 변조되어 수신기의 출력에 나타나는 현상.
③ 상호변조(intermodulation) : 동시에 2개 이상의 강력한 방해 신호를 수신기에 가했을 때 두 주파수의 합 또는 차의 주파수가 희망 신호의 주파수 또는 중간 주파수와 같게 되면 수신기의 비직선 특성 때문에 방해 신호 출력이 나타나는 현상.

35. 직접확산 통신방식에서 중요한 파라미터인 처리이득(processing gain)의 정의로 맞는 것은?

가. 확산대역폭/신호 대역폭
나. 확산대역폭/채널 대역폭
다. 확산대역폭/변조 대역폭
라. 확산대역폭/잡음 대역폭

해설 처리이득(processing gain)

신호의 스펙트럼 대역을 확산시켰다가 압축시키는 과정에서의 이득으로 확산대역폭/신호대역폭가 된다.

36. 어떤 수신기의 고주파 증폭이득이 20 [dB], 주파수 변환 이득이 -5 [dB], 중간주파 이득이 60 [dB], 저주파 이득이 25 [dB]라면 입력에 1[㎶] 의 전압을 가하면 출력은 몇[V]인가?

가. 0.01[V] 나. 0.1[V]
다. 0.5[V] 라. 1[V]

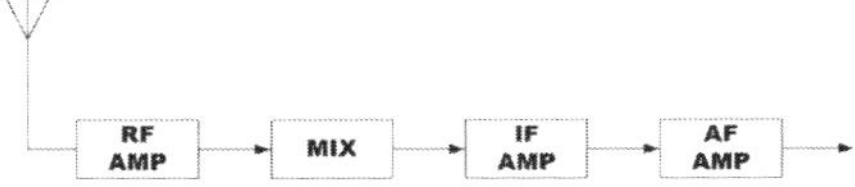

⇒ 수신기의 전체 이득 = 고주파 증폭 이득 + 주파수 변환 이득 + 중간 주파 이득 + 저주파 이득 = 20+(−5)+60+25=100[dB]
⇒ 수신기 전체이득은

$$dB = 20\log_{10}\frac{V_0}{V_i}$$

$$= 20\log_{10}\frac{V_o}{1\times10^{-6}} = 100\,[dB]$$

$\therefore V_o = 0.1\,[V]$가 된다.

37. 그림은 안테나의 실효 인덕턴스 측정회로이다. 실효 인덕턴스 Le 값은?(단, Ls는 6[μH]이며, S를 닫았을 때 공진주파수는 3[㎒], 열었을 때 공진주파수는 1.5[㎒]이었다.)

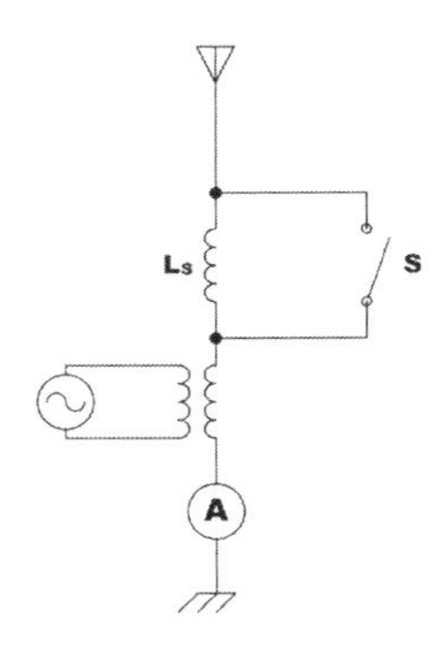

정답 34. 다 35. 가 36. 나 37. 라

핵심기출문제

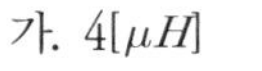

가. $4[\mu H]$　　　나. $1[\mu H]$
다. $6[\mu H]$　　　라. $2[\mu H]$

해설 Antenna에 관한 측정 중 실효 인덕턴스 측정
⇒ 표준 인덕턴스 1개 사용할 경우

$$L_e = \frac{L_s}{\left(\frac{f_0}{f_1}\right)^2 - 1}[H]$$

$$= \frac{6[\mu H]}{(\frac{3}{1.5})^2 - 1} = \frac{6}{3}[\mu H] = 2[\mu H] \text{가 된다.}$$

$\begin{cases} f_0: S\text{를 단락시 공진주파수} \\ f_1: S\text{를 개방시 공진주파수} \end{cases}$

38. 다음은 안테나의 실효저항 측정회로이다. 스위치 S를 닫고 희망 주파수 f에 동조시킬 때 공중선 전류 계 A2의 지시를 I1이라고 한다. 다음에 S를 열고 A2 의 지시를 I2라고 할 때 실효저항 Re는 얼마인가?

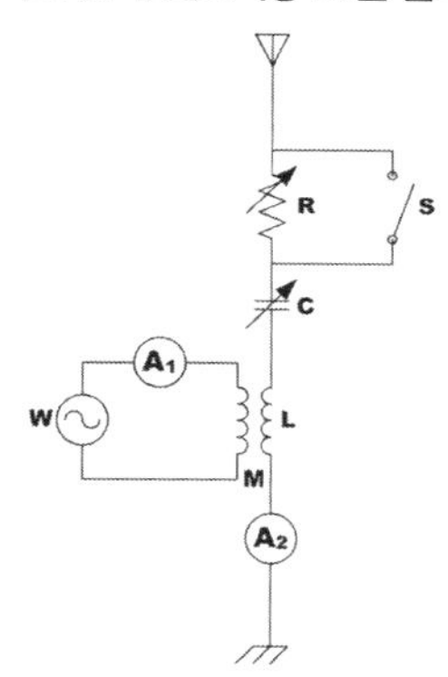

가. $Re = I_1R - I_2$　　　나. $Re = (I_1 - R)I_2$
다. $Re = (I_2 - I_1)R$　　　라. $Re = \frac{R}{(I_1/I_2) - 1}$

해설
안테나의 실효저항 측정법 중 저항 삽입법에 의한 문제이다.
실효저항 $(R_e) = \frac{R}{(\frac{I_1}{I_2}) - 1}[\Omega]$가 된다.

39. 다음 접지 안테나의 실효고 측정방법으로 적합하지 않은 것은?

가. 전계강도 측정에 의한 방법
나. 표준 안테나에 의한 방법
다. 정재파비에 의한 방법
라. 표준 안테나와 전계강도 측정기에 의한 방법

해설 접지 안테나의 실효고 측정방법
① 전계강도 측정에 의한 방법
② 표준 안테나에 의한 방법
③ 표준 안테나와 전계강도 측정기에 의한 방법
⇒ 정재파비로는 실효고를 알 수 없다.

40. 실효높이 15[m]인 안테나에 0.045[V]의 전압이 유기되면 이곳의 전계강도는 몇[dB]인가? (단, 기준전계 강도는 1㎶/m)

가. 약 70㏈　　　나. 약 99㏈
다. 약 180㏈　　　라. 약 160㏈

해설
수신 안테나의 유기 전압(V_o)은 $V_o = E \cdot h_e$ 이다.

$$\therefore E(\text{전계강도}) = \frac{V_o}{h_e(\text{실효고})}$$

$$= \frac{0.045}{15} = 0.003[V/m]$$

$$E[dB] = 20\log\frac{0.003[V/m]}{1[\mu V/m]}$$

$$= 69.54 \fallingdotseq 70[dB] \text{가 된다.}$$

41. 전계강도를 측정하고자 할 때 가장 적당한 안테나는?

가. 루프 안테나(Loop Antenna)
나. 애드콕 안테나(Adcoke Antenna)
다. 고니오메타 안테나(Goniometer Antenna)
라. 벨리니 - 토시 안테나(Bellini - Tosi Antenna)

해설
전계강도를 측정할 때는 loop Antenna와 전계강도 측정기를 사용하여 측정한다.

정답 38. 라　39. 다　40. 가　41. 가

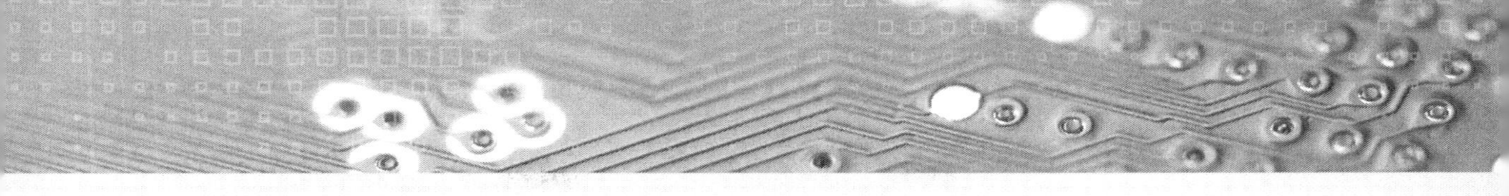

42. 다음 중 전계강도 측정기에서 일반적으로 사용되는 안테나는?

가. 야기안테나　　나. 빔안테나
다. 루프안테나　　라. 애드콕 안테나

해설
전계강도를 측정할 때는 loop Antenna와 전계강도 측정기를 사용하여 측정한다.

43. 전계강도 측정에 관한 설명으로 거리가 먼 것은?

가. 전계강도 측정기는 내부 잡음에 의한 오차가 생길 수 있다.
나. 전계강도는 송신기 출력의 제곱에 비례한다.
다. 전계강도는 측정 시 주위에 전화선이나 배전선 등이 있을 때는 정확한 측정이 곤란하다.
라. 전계강도는 ㎶/m로도 표시된다.

해설
전계강도는 송신기 출력의 제곱근(평방근)에 비례한다. ($E=\frac{K\sqrt{P}}{d}$)

44. 전계강도의 측정원리는 다음 중 어느 법에 속하는가?

가. 강도법　　나. 표준법
다. 브리지법　　라. 비교법

45. 1[㎾]의 송신기 전력이 전송되다가 송신출력이 3[dB] 떨어졌다. 이때의 전력은 약 몇[㎾]인가?

가. 1　　나. 0.8
다. 0.5　　라. 0.3

해설 송신 출력이 3[dB] 떨어졌다면 $10\log\frac{1}{2}=-3[dB]$ 이므로 송신전력의 $\frac{1}{2}$이 되었다는 의미이다. 그러므로 1[㎾]의 송신전력이 전송되었다면 0.5[㎾]의 출력이 된다.

46. 출력 임피던스 2000[Ω]에 정합된 수신기에서 50[㎽]의 전력을 측정하였다. 이 경우 출력 전압은 몇 V 인가?

가. 5　　나. 10
다. 15　　라. 20

해설
$P_o(\text{출력전력})=\frac{V_o^2(\text{출력전압})}{Z_o(\text{출력임피던스})}$

$=\frac{V_o^2}{2000}=50\times10^{-3}$이므로

$V_o=\sqrt{50\times10^{-3}\times2000}=10[V]$가 된다.

47. TV방송국의 영상송신기 출력이 10KW, 급전선 손실이 0.6dB, 슈퍼-턴 스타일 공중선 이득이 8.6dB인 경우 실효복사전력(ERP)은 약 몇 KW 인가?

가. 10　　나. 24
다. 48　　라. 63

해설 실효 복사 전력(effective radiated power)
송신기 출력(P)에서 급전선계의 손실(L)을 뺀 안테나의 입력 전력과 송신 안테나 이득(G)과의 곱이다. 따라서 영상송신기 출력이 10KW이므로 [dB]로 환산하면 $10\log_{10}10\times10^3=40[dB]$가 되어 실효 복사 전력은 $(P-L)[dB]+G[dB]=(40-0.6)+8.6=48[dB]$가 된다.
이를 전력으로 나타내면 $48=10\log_{10}x$에서
$\therefore\ x=10^{4.8}\fallingdotseq63095[W]$가 된다.

48. 전압 정재파비가 3인 어떤 급전선에서 진행파 전압이 10[V]라면 반사파 전압은 몇 [V] 인가?

가. 3[V]　　나. 3.3[V]
다. 5[V]　　라. 15[V]

해설 정재파비(S)
$S=\frac{V_{max}}{V_{min}}$ (V_{max} : 최대정재파전압,

정답 42. 다　43. 나　44. 라　45. 다　46. 나　47. 라　48. 다

핵심기출문제

V_{min} : 최소정재파전압) $= \frac{V_f + V_r}{V_f - V_r}$

(V_r : 반사파전압, V_f : 진행파전압)

$\Rightarrow 3 = \frac{10 + V_r}{10 - V_r}$, $\therefore V_r = 5[V]$가 된다.

49. 전압 정재파비가 3인 어떤 급전선에서 진행파 전압이 10v이면 반사파 전압은 몇 v인가?

가. 3　　나. 3.3
다. 5　　라. 10

해설

- VSWR (Voltage Standing Wave Ratio : 전압 정재파비)
  정재파(Standing Wave)는 진행파와 반사되어 돌아온 파가 합쳐져 발생된 정지된 파동을 의미한다.
  $S = \frac{|V_{max}|}{|V_{min}|} = \frac{1 + |\Gamma|}{1 - |\Gamma|} \geq 1$
- Reflection Coefficient (반사계수, Γ)
  반사계수(Γ, Gamma)는 특정 위치에서의 출력 전압(전류)/입력 전압(전류)이다.
  $\Gamma = \frac{\text{수단의 반사전압 or 전류}}{\text{수단의 입사전압 or 전류}}$
  $= \left|\frac{V_r}{V_f}\right| = \left|\frac{S-1}{S+1}\right| = \frac{3-1}{3+1} = \frac{1}{2}$

$\therefore \Gamma = \left|\frac{V_r}{10}\right| = \frac{1}{2}$이므로 $V_r = 5[V]$가 된다.

50. 통신선로 종단에 부하저항(RL) 50[Ω]을 접속하고 VSWR을 측정하였더니 그 값이 2였다. 이 선로의 특성임피던스 Z0는 얼마인가? (단, Z0 〉 RL이다.)

가. 25[Ω]　　나. 50[Ω]
다. 75[Ω]　　라.100[Ω]

해설

정재파비 $= \frac{Z_0(\text{특성임피던스})}{R_L(\text{부하임피던스})}$,

$2 = \frac{Z_0}{50}$ $\therefore Z_0 = 100[\Omega]$

51. 급전선의 종단 개방시 입력임피이던스를 Zf, 종단 단락시 입력 임피이던스를 Zs 라고하면, 이 급전선 의 특성(파동) 임피이던스는?

가. $Z_0 = \sqrt{Z_f \cdot Z_s}$　　나. $Z_0 = \sqrt{Z_f^2 + Z_s^2}$
다. $Z_0 = \frac{Z_f - Z_s}{Z_f + Z_s}$　　라. $Z_0 = \frac{Z_s - Z_f}{Z_f + Z_s}$

해설 급전선의 특성 임피던스
$(Z_0) = \sqrt{Z_s \cdot Z_f}$,
(Z_s : 개방시 입력임피던스,
Z_f : 단락시 입력임피던스)

52. 150[㎒]정도의 전파의 파장을 측정하고자 한다. 레헤르선의 길이는 최소한 몇[m]이어야 하는가?

가. 3　　나. 2.5
다. 2　　라. 1

해설

- 레헤르선 [Lecher wire]
  2개의 도선을 평행하게 늘어놓은 전송선(傳送線).
- 레헤르선파장계 [Lecher wire wavemeter]
  레헤르선(線)을 이용한 초단파, 극초단파용의 파장계. ⇒ 평행한 2개의 선으로 구성된 레헤르선 한 끝을 발진기의 출력회로에 소결합(疎結合:loose coupling:상호 반작용이 거의 없는 약한 결합)하고, 열전검류계(熱電檢流計)를 삽입한 단락편(短絡片)을 레헤르선에 따라 움직이면, 발진기의 발진 반파장(半波長)의 정수배(整數倍)로 될 때마다 단락 레헤르선이 공진(共振)하여 큰 전류가 흐른다. 이렇게 하여 2개의 공진점 간격(반파장에 해당)을 측정하고, 그것을 2배로 해서 파장을 구할 수 있다. 따라서 레헤르선상에서 $\frac{\lambda}{2}$마다 전압, 전류의 최대점이 나타나므로 레헤르선의 길이는 최소한 $\frac{\lambda}{2}$가 되어야 한다.

$\lambda = \frac{c}{f} = \frac{3 \times 10^8}{150 \times 10^6} = 2[m]$,

$\therefore l = \frac{\lambda}{2} = \frac{2}{2} = 1[m]$가 된다.

정답 49. 다　50. 라　51. 가　52. 라

53. 150[㎒]정도의 전파의 파장을 측정하고자 한다. 레헤르선 길이는 몇 [m]이상 이어야 하는가?

가. 2[m]　　나. 1[m]
다. 0.4[m]　　라. 0.1[m]

54. 다음중 공진현상을 이용한 주파수 측정법이 아닌 것은?

가. 동축형 파장계
나. 레헤르(Lecher)선 주파수계
다. 헤테로다인 주파수계
라. 공동형 파장계

해설
헤테로다인 주파수계는 입력되는 주파수와 기준 주파수와의 차를 이용하여 주파수를 측정하는 방식이며 나머지 동축형 파장계, 레헤르(Lecher)선 주파수계, 공동형 파장계 모두 공진현상을 이용하여 주파수를 측정하는 방식이다.

55. 스미스선도(Smith chart)를 이용하여 구할 수 없는 값은?

가. 미지역율　　나. 미지 임피던스
다. 정재파비　　라. 반사계수

해설
스미스선도(Smith chart)를 이용해서 정재파비, 반사계수, 임피던스 정합, 미지 임피던스계산 등을 할 수 있다.

56. 스미드 챠트에 의해 정규화 임피던스를 구한 결과 1.65+j1.82를 얻었다. 지금 전송선로의 특성 임피 던스(Zo)를 50[Ω]이라하면 부하 임피던스(Zr)은 얼마인가?

가. 82.5+j91　　나. 82.5-j91
다. 83.5+j95　　라. 83.5-j95

해설 정규화된 임피던스

$$(Z_n) = \frac{Z_l(\text{부하 임피던스})}{Z_o(\text{선로의 특성 임피던스})}$$

$\therefore\ Z_l = Z_n \cdot Z_o = (1.65 + j1.82)(50) = 82.5 + j91$가 된다.

57. 다음 중 고주파 가열 전원과 관계없는 것은?

가. 진공관 발진기　　나. 마그네트론 발진기
다. 인버터　　라. 다이나트론 발진기

해설
고주파 가열 전원의 의미는 발진기를 말하는 것이다. 인버터는 DC 전원을 AC전원으로 변환시키는 장치를 말한다.

58. 마이크로파 송신기의 전력 측정에 사용되는 방향성 결합기를 이용하여 측정할 수 없는 것은?

가. 정재파비　　나. 위상차
다. 결합도　　라. 반사계수

해설
방향성 결합기로는 투과파와 반사파를 측정하여 정재파비, 반사계수, 결합도 등을 측정할 수 있다.

59. 지구국 수신계의 종합성능을 나타내는 G/T에 대한 설명이다. 알맞은 것은?

가. 지구국의 간섭성능을 나타낸다.
나. 수신안테나 이득과 수신계의 잡음온도 차이다.
다. 인텔셋의 표준값은 앙각이 90° 일때이다.
라. 수신계의 잡음온도는 273° K일 때를 기준으로 한다.

해설
G/T란 수신계의 성능을 나타내는 지표로서 안테나의 이득과 잡음온도의 비로 나타낸다. 이를 데시벨로 나타내면 G[dB]-T[dB]가 되므로 수신안테나 이득과 수신계의 잡음온도 차라고 표현할 수 있다.

정답 53. 나　54. 다　55. 가　56. 가　57. 다　58. 나　59. 나

핵심기출문제

60. 600[Ω]의 평행 2선식 급전선을 사용하는 200[W] 송신기의 출력을 전구에 의한 의사부하로 시험코자 할 때 가장 적당한 방법은?

가. 100[V],200[W] 전구1개
나. 100[V],100[W] 전구2개 직렬
다. 100[V],60[W] 전구4개 직렬
라. 100[V],30[W] 전구7개 직렬

해설
200[W]출력을 가진 송신기의 의사부하로 사용될 전구는 200[W]이상의 전력을 소비할 수 있어야 하며 전구의 개수는 적을수록 좋다. 그러므로 60[W] 전구 4개를 직렬로 연결하는 것이 가장 적당하다. '가'와 '나'처럼 정확히 200[W]인 것은 좋지 않다.

61. 기전력 2V, 내부저항 0.1Ω 인 전지가 100개 있다. 이 전지를 전부 사용하여 2.5Ω 의 부하저항에 최대 전류를 흘리기 위한 전지의 접속 방법은?

가. 100 개의 전지를 직렬로 접속
나. 50 개의 전지를 직렬로 접속한 후 2 개조를 병렬 로 접속
다. 25 개의 전지를 직렬로 접속한 후 4 개조를 병렬 로 접속
라. 20 개의 전지를 직렬로 접속한 후 5 개조를 병렬 로 접속

해설
내부저항 0.1Ω 인 전지 100개를 전부 사용하여 2.5Ω의 부하저항에 최대 전류를 흘리기 위한방법은 전지의 총 내부저항과 부하저항이 같게 하는 것 이다. 그러므로 전지 100개를 효과적으로 연결하여 내부저항의 합이 2.5Ω이 되게 하려면 50 개의 전지를 직렬로 접속 $(0.1\Omega \times 50 = 5\Omega)$한 후 2 개조를 병렬로 접속 $(\frac{5 \times 5}{5+5} = 2.5\Omega)$하는 방법이 있다.

62. SAW(Surface Acoustic Wave)필터의 장점이 아닌 것은?

가. 우수한 주파수 특성과 위상특성
나. 저 삽입손실
다. 고신뢰성
라. 우수한 LPF 특성

해설
- 표면 탄성파 (surface acoustic wave) : 탄성체 기판(substrate)의 표면을 따라 전파되는 음향파.
- SAW(Surface Acoustic Wave)필터의 장점
  ① 우수한 주파수 특성과 위상특성을 갖는다.
  ② 삽입손실이 적으며 신뢰성이 높다.
  ③ 우수한 BPF로 많이 사용된다.

63. 디지털 무선통신방식에서 클럭추출의 간이화 및 스펙트럼의 평활 화를 위해 필요한 기능은?

가. 스크램블, 디스크램블 (Scramble, Descramble)
나. 패턴지터(Systematic Jitter)
다. 에러정정기(FEC)
라. 위상동기 발진기(PLO)

해설
디지털 무선통신방식에서 스크램블과 디스크램블(Scramble, Descramble)을 사용하여 클럭추출의 간이화 및 스펙트럼의 평활 화를 행한다.

64. 무선방위 측정에서 전파전파에 따른 오차에 해당하지 않은 것은?

가. 야간오차 나. 해안선의 오차
다. 대륙현상 라. 산란현상

해설
무선방위 측정에서 전파전파에 따른 오차에는 야간오차, 해안선 오차, 산란현상 등이 있다.

정답 60. 다 61. 나 62. 라 63. 가 64. 다

① 야간오차: 야간에 소멸되는 D층 전리층의 영향으로 수직편파가 전리층에서 반사 되어 타원편파로 바뀌게 되고 이중 수평편파 성분이 방향을 탐지하는 루프안테나에 유기되어 방향 탐지 오차를 일으키는 요인이 된다.
② 해안선오차: 전기적 성질이 변하는 곳에서는 전파가 전파해 가는데 있어 굴절현상이 발생하여 전파의 진행 방향이 변하게 됨으로써 방향 탐지 시에 오차를 발생하게 된다.
③ 산란현상: 전파의 산란(scattering: 전파가 퍼지는 현상)으로 방향 탐지 시 오차가 발생된다.

65. 메캐니컬 필터(Mechanical filter)에 관한 설명이다. 설명이 적절하지 않은 것은?

가. 주파수의 미세 조정이 비교적 어렵다.
나. 금속편의 기계적인 공진현상을 이용한다.
다. 사용 주파수대가 비교적 낮다.
라. LPF의 기능을 한다.

해설 Mechanical filter(메캐니컬 필터)
금속편의 기계적 공진현상을 이용한 필터로 사용주파수대가 비교적 낮은편이고 BPF(대역통과필터)로 동작한다.

66. 이득 대역적(Gain Bandwidth Product)이 갖는 의미로서 가장 적절한 것은?

가. 증폭기의 증폭 성능을 나타내며 어느 정도 넓은 대역에 걸쳐 안정된 증폭을 수행하는 가를 의미
나. 증폭기의 증폭성능을 나타내며 다음 단과 어느 정도 양호한 증폭이 이루어지는가를 의미
다. 발진기의 발진 성능을 나타내며 어느 정도 넓은 대역에 걸쳐 안정된 발진이 가능한가를 의미
라. 발진기의 발진 성능을 나타내며 어느 정도 양호한 증폭특성으로 발진을 수행하는가를 의미

해설 이득 대역적(Gain Bandwidth Product)
증폭기의 이득(G)과 대역폭(B)을 곱한 것으로 어느 정도 넓은 대역에 걸쳐 안정된 증폭을 수행하는가를 의미하는 증폭기 증폭 성능을 나타내는 parameter 이다.

67. 155.520 Mbps 디지털 신호를 64 QAM 변조방식을 사용하여 30 ㎒ 대역폭으로 전송하였다면 주파수 이용율은 약 얼마인가?

가. 2.43 bps/㎐　　나. 4.65 bps/㎐
다. 5.18 bps/㎐　　라. 6.78 bps/㎐

해설 주파수 이용률은 다음과 같다.

$$\frac{\text{데이터 신호 속도}[bps]}{\text{소요 대역폭}} = \frac{155.52\times10^6}{30\times10^6} \fallingdotseq 5.184[bps/\text{Hz}]$$

68. 급전선 측정 항목으로 가장 타당한 것은?

가. 주파수 안정도 측정
나. 주파수 허용 편차 측정
다. 실효 인덕턴스 측정
라. 전압 정재파비 측정

해설 정재파(Standing Wave)는 진행파가 어떤 경계면을 기준으로 반사되어 돌아온 파와 합쳐지면서 발생한 정지된 파동을 의미하며 급전선상에서 그 최대전압과 최소전압의 비를 측정할 수 있는데 이를 전압 정재파비라 한다.
주파수 안정도와 주파수 허용 편차 측정은 송신기 측에서 측정하며 실효 인덕턴스 측정은 안테나에서 측정하는 항목이다.

정답 65. 라　66. 가　67. 다　68. 다

핵심기출문제

69. 성통신에서 사용되는 OBP(On Board Processing) 기술을 설명한 것은?

가. 위성의 빔 각도를 자동 조절시켜주는 기술
나. 위성의 빔 커버리지를 자동으로 조절해 주는 기술
다. 위성에서 복사되는 빔을 한꺼번에 처리하는 기술
라. 위성을 교환기와 같은 기능을 제공하게 하는 기술

해설 OBP(On Board Processing) 기술

위성을 신호의 증폭 또는 변·복조, 에러 정정 및 등화기 등의 기능을 갖게 하여 마치 교환기와 같은 기능을 제공하게 하는 기술이다.

70. 지구국 안테나의 포인팅(pointing) 손실이란 정확히 무엇을 말하는가?

가. 안테나의 기계적인 결함에 의한 손실
나. 안테나의 이득저하에 의한 손실
다. 안테나빔의 확산에 의한 손실
라. 안테나의 위성추적 오차에 의한 손실

해설

지구국 안테나는 우주국(위성체)과 정확한 방향으로 설치되었을 때 최대 이득을 얻을 수 있다. 방향이 정확치 않으면 손실이 발생되는데 이러한 손실을 포인팅 손실이라 한다.

71. 다음 중 Q 미터로 측정이 가능한 것은?

가. 공진회로의 공진주파수 측정
나. 코일의 전계강도 측정
다. 코일의 분포용량 측정
라. 증폭회로의 임피던스 측정

해설 Q미터 측정

코일의 Q, 코일의 실효저항, 코일의 분포용량, 콘덴서의 정전용량 측정등에 이용된다.

72. 계수형 주파수 측정장치에서 Reset 회로의 역할은?

가. Gate 시간 조정
나. 입력신호레벨 조정
다. 계수부를 "0"으로 복귀
라. 출력부의 파형 조정

해설 계수형 주파수 측정장치

매초 반복되는 파의 수를 펄스로 변환하여 계수한 후 표시하는 방식의 측정기이며 Reset 회로의 역할은 계수 부를 "0"으로 복귀시켜 표시부에 "0"이 나타나도록 하는 역할을 한다.

73. 다음 변조방식 중 오류 확률이 가장 낮은 방식은?

가. 2진 FSK　　나. 2진 DPSK
다. 2진 PSK　　라. 2진 ASK

해설

디지털변조 방식 중 오류확률이 낮은 방식은 QAM, PSK, DPSK, FSK, ASK 순이다.

74. 고니오미터(gonio-meter)는 무엇을 측정할 때 사용하는가?

가. 전파의 도래각　　나. 대지의 정전용량
다. 방송출력　　라. 상호 인덕턴스

75. 다음 회로의 저항 R에 유기되는 전압 v 을 구하면? (단, 저항 R = 50[Ω])

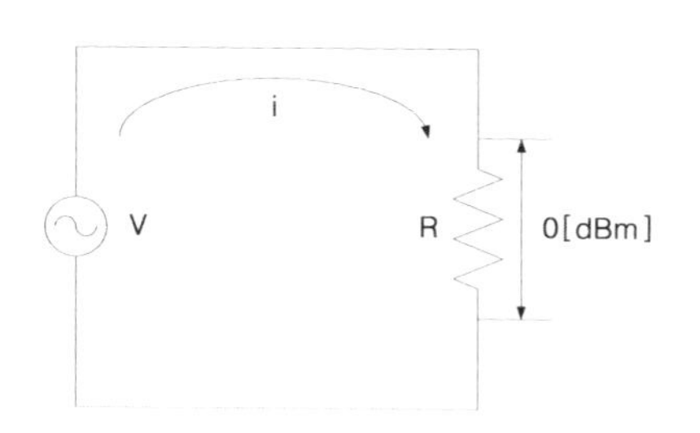

정답 69. 라　70. 라　71. 다　72. 다　73. 다　74. 가　75. 다

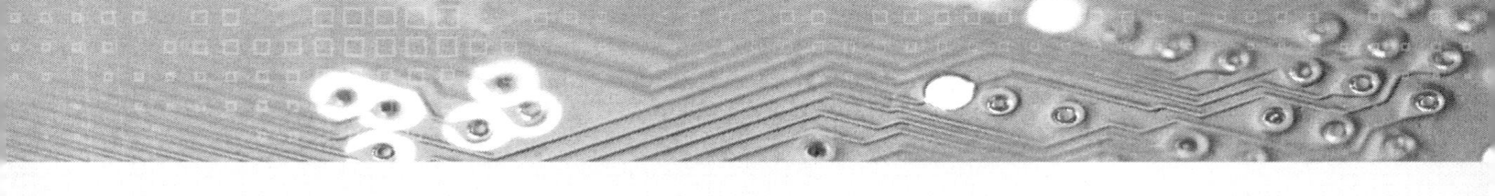

가. 2.2 [mV]　　나. 22.4 [mV]
다. 223.6 [mV]　　라. 2,236.0 [mV]

76. 마이크로웨이브의 주파수 측정에 적합한 계기는?

가. 볼로 미터　　나. 공동파장계
다. X-Y 레코더　　라. 소인발진기

77. 매카니컬 필터(mechanical filter)의 특징 중 잘못된 것은?

가. 일반적으로 대역필터에 이용된다.
나. 특성의 미조정을 간단히 할 수 있다.
다. 낮은 주파수대에서 협 대역 필터가 만들어진다.
라. 진동 충격 잡음이 발생한다.

78. 단파 수신기에서 페이딩(Fading)에 의한 수신전계 강도변화에 의한 수신기 감도를 안정시키기 위한 회로로 가장 타당한 것은?

가. 자동주파수 제어회로 (AFC)
나. 자동이득 조정회로 (AGC)
다. 자동잡음 제어회로 (ANL)
라. 자동전력 제어회로 (APC)

79. 고주파회로 측정시의 주의사항에 해당되는 것은?

가. 회로소자 용량을 크게 할 것
나. 표유 임피던스를 적게 할 것
다. 차폐를 하지 말 것
라. 회로의 임피던스 정합을 크게 할 것

80. 고주파 회로의 측정 시 측정기의 올바른 사용법이 아닌 것은?

가. 측정기와 측정회로는 가급적 가는 선을 이용하여 결선한다.
나. 사용되는 측정기의 접지단자를 접지 시킨다.
다. 측정기와 측정회로 사이의 결선은 가급적 짧게 하여 측정한다.
라. 측정기를 차폐시킨다.

81. 이득 대역적(Gain Bandwidth Product)이 갖는 의미로서 가장 적절한 것은?

가. 증폭기의 증폭 성능을 나타내며 어느 정도 넓은 대역에 걸쳐 안정된 이득을 수행하는가를 의미
나. 증폭기의 증폭성능을 나타내며 다음 단과 어느 정도 양호한 이득이 이루어지는가를 의미
다. 발진기의 발진 성능을 나타내며 어느 정도 넓은 대역에 걸쳐 안정된 발진이 가능한가를 의미
라. 발진기의 발진 성능을 나타내며 어느 정도 양호한 이득으로 발진을 수행하는가를 의미

82. 실효 높이가 20m인 안테나에 0.08V의 전압이 유기 되면 이곳의 전계 강도는 얼마인가? (단, 기준 전계 강도는 1μV/m이다.)

가. 약 27dB　　나. 약 50dB
다. 약 72dB　　라. 약 96dB

정답 76. 나　77. 나　78. 나　79. 다　80. 가　81. 가　82. 다

핵심기출문제

83. 전력 증폭기의 직류 공급 전력은 12[V], 400[mA]이고, 효율은 60[%]일 때 부하에서의 출력 전력은?

가. 0.7 [W]　　나. 1.44 [W]
다. 2.88 [W]　　라. 4.8 [W]

84. 이동통신용 수신 전파신호를 측정할 경우 필요한 측정 장비가 아닌 것은?

가. 스펙트럼 아날라이저
나. GPS(Global Positioning System)
다. LNA(Low Noise Amplifier)
라. RF 전력측정기

85. 어떤 증폭기의 증폭도가 200일 때 왜율이 4[%]이다. 궤환율 $\beta = 0.04$의 부궤환을 걸 때 왜율은 얼마인가?

가. 0.044[%]　　나. 0.44[%]
다. 0.57[%]　　라. 0.057[%]

86. 각 10[m]씩 떨어진 A, B, C 3개소 접지 판의 접지 저항을 측정하기 위하여 콜라우시 브리지로 측정하였더니 A-B간 저항은 10[Ω],B-C간의 저항은 16[Ω],C-A간의 저항은 6[Ω] 이었다면 B의 접지 저항은 얼마인가?

가. 15[Ω]　　나. 10[Ω]
다. 5[Ω]　　라. 1[Ω]

87. 다음 중 급전선 등 전송선로의 정합상태의 양부를 나타내는 것은?

가. 정재파비　　나. 임피던스 정합
다. 스미드 도표　　라. 특성 임피던스

88. 기본파 진폭이 20[V], 제2, 제3 고조파의 진폭이 각각 2[V], 1[V] 되는 고주파 전압의 왜율은 얼마인가?

가. 약 8[%]　　나. 약 11[%]
다. 약 14[%]　　라. 약 17[%]

89. 저주파 증폭기의 출력 측에서 기본파의 전압이 50[V] 제2고조파의 전압이 4[V] 제 3고조파의 전압이 3[V]임을 측정으로 알았다면 이때의 왜율은?

가. 5[%]　　나. 10[%]
다. 15[%]　　라. 20[%]

90. 마이크로 웨이브파의 파장 측정에 적합한 것은?

가. 공동 파장계
나. 볼로메터
다. SWEEP GENERATOR
라. X-Y레코드

91. 다음 중 점유 주파수대에 대한 설명으로 가장 타당한 것은?

가. 반송파에서 상측파대의 상한 주파수까지
나. 반송파에서 하측파대의 하한 주파수까지
다. 하측파대의 상한 주파수에서 상측파대의 하한 주파수까지
라. 하측파대의 하한 주파수에서 상측파대의 상한 주파수까지

정답 83. 다　84. 라　85. 나　86. 나　87. 가　88. 나　89. 나　90. 가　91. 라

92. 헤테로다인 주파수계로 주파수를 측정하는 경우 주파수계를 피 측정 회로에 밀 결합 하지 않는 이유로 가장 타당한 것은?

가. 측정오차가 생기든가 또는 인입현상이 발생하기 때문
나. 영 비트 점의 검출이 용이하기 때문
다. 다이얼의 눈금과 발진주파수가 일치하지 않기 때문
라. 측정기에 무리를 주기 때문

93. 측정기에 널리 사용되고 있는 볼로미터(Bolometer)소자에 대한 설명 중 잘못된 것은?

가. 매우 작게 만들 수 있어 도파관, 전송선에 용이하게 장치하여 적은 전력측정에 사용된다.
나. FM송신기의 전력측정에 사용된다.
다. 서미스터와 바레터가 있는데, 특히 서미스터는 주위온도변화에 영향을 받지 않는다.
라. 방향성 결합기를 사용하여 대 전력을 감시하는 데에도 사용할 수 있다.

94. SSG(Standard Signal Generator)의 출력전압 100[㎶]를[㏈]로 표시하면 몇[㏈]인가? (단, 기준 전압은 1[㎶])

가. 400[㏈]　　나. 80[㏈]
다. 40[㏈]　　라. 20[㏈]

95. C급 전력 증폭기의 출력을 100[W], 컬렉터 효율을 70[%], 공진 회로의 Q는 무주하시에 200, 부하 시에 15일 때 공지 회로의 효율은?

가. 92.5[%]　　나. 78.5[%]
다. 75[%]　　라. 7.5[%]

96. 증폭기의 출력파형을 측정한 결과 기본파 진폭이 100[V] 제2고조파 진폭이 8[V], 제3고조파 진폭이 6[V]였다. 이 증폭기의 왜율(Distortion)은 얼마인가?

가. 3%　　나. 5%
다. 7%　　라. 10%

97. 2단 이상의 증폭기에서 잡음을 줄일 수 있는 가장 효과적인 방법은?

가. 종단 증폭기의 이득은 첫 단 증폭기에 비해 가능한 낮게 설계한다.
나. 첫 단 증폭기는 가능한 이득이 큰 증폭기로 구성한다.
다. 첫 단 증폭기를 트랜지스터(쌍극성 트랜지스터) 증폭기로 구성한다.
라. 첫 단 증폭기를 저 잡음을 발생하는 FET 증폭기로 구성한다.

98. 수신기 시험에 의사 공중선을 사용하는 이유는?

가. 수신기의 입력 레벨을 감쇠시키기 위해
나. 표준 입력 신호를 공급하기 위해
다. 공중선에 의한 입력회로와 등가회로를 구성하기 위해
라. 수신기의 감도가 좋아지기 때문에

99. AM무선전화 송신기의 왜율 측정 시 필요 없는 것은?

가. 발진기　　나. 저역필터
다. 감쇠기　　라. 이상기

정답 92. 가　93. 다　94. 다　95. 가　96. 라　97. 라　98. 다　99. 라

핵심기출문제

100. 어떤 송신기에 의사 부하로서 10[Ω]의 무유도 저항을 접속하고 이 부하에 흐르는 전류를 고주파 전류계로 측정하였더니 7[A]이었다. 이 송신기의 출력은 몇[W]인가?

가. 70 나. 128
다. 490 라. 700

101. 어떤 송신기의 기본파 전압 이득이 40[dB], 제2고조파 성분이 20[dB]이었다. 왜율은?

가. 1[%] 나. 5[%]
다. 10[%] 라. 15[%]

102. 이동통신용 수신 전파신호를 측정할 경우 필요한 장비가 아닌 것은?

가. 스펙트럼 분석기
나. GPS(Grobal Positioning System)
다. LAN(Low Noise Amplifier)
라. RF 전력측정기

103. 다음 중 무선송신기의 전기적 측정시험이 아닌 것은?

가. 이득 나. 전력
다. 왜율 라. 대역폭

104. 수신기에서 이득이 13dB, 잡음지수 1.3dB 인 증폭 기 후단에 이득이 10dB, 잡음지수가 1.5dB인 증폭 기 가있다. 이 수신기의 종합잡음지수는 약 몇 dB인가?

가. 1.30 나. 1.34
다. 1.85 라. 2.25

105. 마이크로웨이브 통신에서 송신기의 출력이 37 dBm, W/G 손실이 3dB일 때 안테나 입력 단에 인가되는 전력은 약 몇 W 인가?

가. 1.5 나. 2.5
다. 5 라. 10

106. 수신기의 잡음지수(NF)에 대한 설명으로 옳은 것은?

가. 수신기 초단 증폭기의 이득과 잡음지수가 수신기 전체 잡음지수에 매우 큰 영향을 미친다.
나. 안테나로부터 인가되는 외부 잡음비이다.
다. 수신기의 잡음지수가 큰 값일수록 내부 잡음이 적다.
라. 수신기의 내부 잡음이 크면 NF=1이다.

107. 증폭된 신호의 기본파 진폭이 100[V]이고, 제2고조파 진폭이 8[V], 제3고조파 진폭이 6[V]이었다면 왜율은? (단, 측정값은 최대값이다.)

가. 5[%] 나. 10[%]
다. 15[%] 라. 20[%]

108. 수신기 종합이득 측정 시 표준신호발생기(SSG)와 피 측정 수신기와의 사이에 삽입하는 시험용 회로 또는 기기는?

가. Dummy Antenna
나. Spectrum Analyzer
다. ATT
라. VTVM

정답 100. 다 101. 다 102. 라 103. 가 104. 나 105. 나 106. 가 107. 나 108. 가

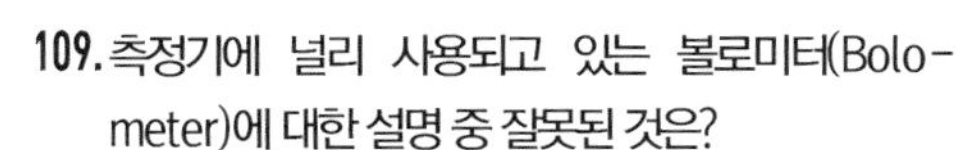

109. 측정기에 널리 사용되고 있는 볼로미터(Bolometer)에 대한 설명 중 잘못된 것은?

가. 매우 작게 만들 수 있어 도파관, 전송선에 장착하여 적은 전력측정에 사용된다.
나. 감도는 바레타가 서미스터보다 둔하다.
다. 서미스터의 주재료는 금속이다.
라. 방향성 결합기 같은 분기 회로를 사용하여 대 전력을 감시하는데 에도 사용할 수 있다.

110. 송신기에서 의사 공중선(저항 값이 50[Ω])으로 최대의 전력이 전달되도록 조정 하였을 때 고주파 전류계의 지시가 10[A]였다면 송신기의 출력전력은 몇 [㎾]인가?

가. 2.5[㎾] 나. 5[㎾]
다. 7.5[㎾] 라. 10[㎾]

111. 다음 중 FM 송신기의 전력측정법이 아닌 것은?

가. 열량계에 의한 전력 측정
나. C-M형 전력계법
다. 직선검파기에 의한 전력측정
라. 볼로미터 브리지에 의한 전력측정

112. 어떤 증폭기의 출력에 기본파 전압이 10[V], 제2고조파 전압이 0.2[V], 제3고조파 전압이 0.1[V]로 나타났을 때 왜율은 약 몇 [%]인가?

가. 1.3[%] 나. 2.2[%]
다. 3.5[%] 라. 9.5[%]

113. 수신기 시험에 의사공중선을 사용하는 이유 중 가장 타당한 것은?

가. 수신기의 감도가 좋아지기 때문에
나. 표준입력신호를 공급하기 위하여
다. 수신기의 입력 레벨을 감쇠시키기 위하여
라. 공중선에 의한 입력회로와 등가회로를 구성하기 위하여

114. 다음 RF 필터 중 상대적으로 가장 높은 주파수에서 사용하는 것은?

가. 수정 필터 나. 세라믹 필터
다. SAW 필터 라. 캐비티 필터

115. 다음 ( ) 안에 들어갈 내용으로 가장 적합한 것은?

> "FM 수신기의 감도측정에서 잡음억압감도란 신호가 없을 때의 잡음을 ( )[dB] 저하시키기 위한 수신기의 입력 전압레벨로 감도를 나타내는 것이다."

가. 6 나. 10
다. 20 라. 30

116. AM송신기의 점유주파수 대역폭 측정에 적당하지 않는 것은?

가. 브라운관의 리서쥬 도형에 의한 측정
나. 에너지에 의한 측정
다. 스펙트럼 분석에 의한 측정
라. 필터에 의한 측정

정답 109. 다 110. 나 111. 다 112. 나 113. 라 114. 라 115. 다 116. 가

PART 2

안테나공학(개론)

CHAPTER 1

전자파의 이론

1 변위 전류(displacement current)
2 Maxwell의 방정식
3 평면파
4 전파의 에너지
5 포인팅의 정리
6 전파의 성질
7 전파의 분류

1 변위 전류(displacement current)★

교류전원에 도선을 연결하면 전류가 흐르게 되는데 그 도선에 흐르는 전류($i_c = \frac{dQ}{dt}[A]$)를 전도전류(傳導電流)라고 한다. 아래 그림과 같이 도선을 끊고 콘덴서를 연결한 경우 (+) 반주기 동안 콘덴서는 충전될 것이다. 이 때 콘덴서에 유입하는 전류는 있어도 콘덴서 사이를 흐르는 전류는 존재하지 않게 되므로 전류의 연속성이 성립되지 않는다.

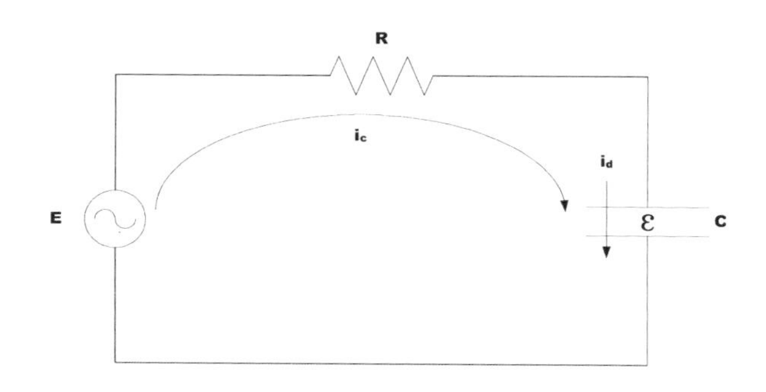

하지만, 1865년 Maxwell(맥스웰,1831~1879)은 이와 같은 문제를 해결하기 위해 콘덴서 사이의 유전체를 흐르는 변위 전류를 가상하였다. 위 그림과 같이 콘덴서의 면적을 S[m2], 콘덴서에 충전된 전하의 총량을 Q[C]라 하면 콘덴서 양극간의 전속 밀도(D)는 $D = \frac{Q}{S}[C/m^2]$ 가 된다. 콘덴서 양극 사이에 유전율이 ε인 유전체를 채웠다면 콘덴서 양극 사이의 전계의 세기(E)는 $E = \frac{D}{\epsilon}[V/m]$ 가 되며, 시간적 변화에 의해서 콘덴서에 유입하는 전류는 $i = \frac{dQ}{dt} = S\frac{dD}{dt}[A]$가 된다. 이 식에서 우변의 $S\frac{dD}{dt}$ 되는 전류가 콘덴서의 양극 사이를 흐른다고 생각하면 도선의 전도전류와 연속이 된다. 위 식의 양변을 콘덴서의 면적(S)으로 나누어 i_d라고 하면 $i_d = \frac{i}{S} = \frac{dD}{dt}[A/m^2]$가 된다. 유전체 중의 전속밀도의 시간적 변화인 이 i_d를 변위 전류(displacement current)라고 하며 맥스웰은 변위 전류도 전도전류와 같이 직각 방향으로 자계를 만든다고 생각하였다. 여기서, 편의상 콘덴서를 생각하였지만 일반적인 매질에서도 전계(E)의 시간적 변화가 발생하면 반드

시 변위 전류가 흐른다는 것이다.

※ 변위전류(i_d):완전 유전체나 진공 중에 흐른다고 가상한 전속밀도(D)의 시간적 변화율

$$i_d = \frac{dD}{dt}[A/㎡]$$

※ 전도 전류(i_c) : 도체상에 전하의 이동에 의해서 흐르는 전류

2 Maxwell의 방정식

전계(E)와 자계(H)와의 관계를 나타내는 식으로 전자기파의 기초가 되는 방정식이다.

(1) Ampere's 주회법칙

$$\nabla \times H = i + \frac{\partial D}{\partial t} \text{ 또는 } rot\, H = i + \frac{\partial D}{\partial t}$$

- 도체에 전류가 흐르면 오른나사의 법칙에 따라 자계는 그 나사의 회전방향으로 발생한다.
- 전류에 의한 자계의 방향을 결정하는 법칙

(2) Faraday's 전자 유도 법칙

$$\nabla \times E = -\frac{\partial B}{\partial t} \text{ 또는 } rot\, E = -\frac{\partial B}{\partial t}$$

- 폐곡면을 통과하는 자속이 갑자기 감소하면 증가시키기 위한 방향으로 유기 기전력이 발생한다.

⑶ 전계에 관한 가우스의 정리

$$\mathrm{div}D = \rho \text{ 또는 } \nabla \cdot D = \rho \text{ 이다.}$$

• 어떤 공간에서 전속밀도의 발산은 전하의 유출과 같다.

⑷ 자계에 관한 가우스의 정리

$$\mathrm{div}B = 0 \text{ 또는 } \nabla \cdot B = 0 \text{ 이다.}$$

• 자속밀도의 발산은 항상 영임을 의미하며, 발산이 항상 영이 되면 공간의 모든 점에서 자속밀도가 새로 발생하거나 소멸하는 것은 없다.

3 평면파

⑴ 평면파★

균일한 매질 내에서 전파의 진행방향을 Z축이라 할 때 전계(E)와 자계(H)성분은 x 및 y 방향으로의 성분만 있고 파의 진행 방향 z축에는 전계(E)와 자계(H) 성분이 없는 파를 평면파라 한다.

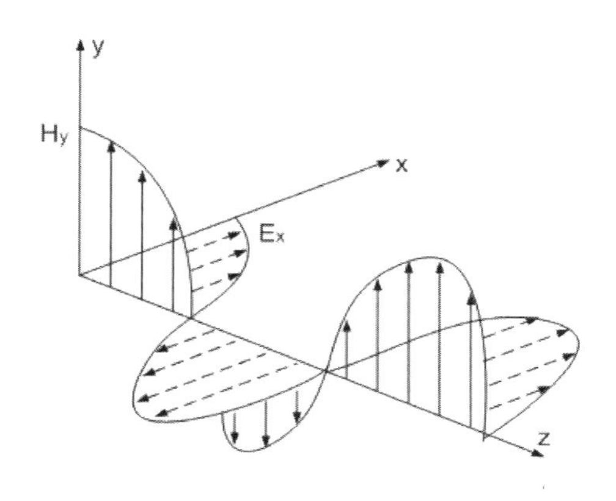

※ 평면파: 일정한 진행 방향으로 수직인 파면을 가지는 파

※ 구면파: 공간의 한 점에서 모든 방향으로 한결같이 퍼져나가는 파

(2) 특성 임피던스(Z_o)★★

Z_o를 특성 임피던스(파동임피던스)라 하며 공간상에 존재하는 전계(E)대 자계(H)의 비로 나타낸다.

$$Z_0 = \frac{E}{H} = \sqrt{\frac{\mu}{\epsilon}} = \sqrt{\frac{\mu_0}{\epsilon_0}}\Big|_{(\text{자유공간})} = 120\pi \fallingdotseq 377[\Omega]$$

(3) 횡파

횡파란 매질의 진동 방향과 직각인 방향으로 진행하는 파를 말한다.

4 전파의 에너지

전자파의 에너지 밀도(P)= P_E(전계 에너지) + P_H(자계 에너지) = $\frac{1}{2}\epsilon E^2 + \frac{1}{2}\mu H^2 =$

$\epsilon E^2 = \mu H^2 [J/㎥]$

5 포인팅의 정리★

포인팅(Poynting) 전력: 단위 면적당 단위시간에 통과하는 전자파 에너지.

$$P_o = \frac{E^2}{Z_0} = \frac{E^2}{120\pi} \fallingdotseq \frac{E^2}{377}[W/m^2], \quad P_o = E \cdot H$$

Poynting Vector를 벡터표시하면 $P_o = E \times H$ 라 표시한다.

→ $P_o = E \times H = |E| \cdot |H| \cdot \sin\theta$

6 전파의 성질★★★

※ 전자파의 정의

전자파는 전계(E)와 자계(H)라는 매질이 90° 차이를 두고 움직이며 그 진행방향($E \times H$)과 직각으로 진동하며 전진하는 파이다.

① 전파는 횡파이며 평면파이다.

② 전자파의 속도(V)는

$$V = \frac{1}{\sqrt{\epsilon\mu}} = \frac{1}{\sqrt{\epsilon_o\mu_o}} \cdot \frac{1}{\sqrt{\epsilon_s\mu_s}} = \frac{C}{\sqrt{\epsilon_s\mu_s}} = \frac{3\times10^8}{\sqrt{\epsilon_s\mu_s}}[\mathrm{m/sec}]\text{이다.}$$

→ $V = f \cdot \lambda = \frac{\omega}{2\pi} \cdot \lambda = \frac{\omega}{\beta} = \frac{1}{\sqrt{LC}}$

단, ω(각속도) $= 2\pi f$, β(위상속도) $= \frac{2\pi}{\lambda}$이다.

→ 투자율이나 유전율이 클수록 전파의 속도는 늦어진다.
즉, 전파의 속도는 공간상의 매질의 종류에 따라 달라짐을 의미한다.

→ 전파의 속도(V)는 자유공간($\epsilon_s = \mu_s = 1$)에서는 광속도($C = 3\times10^8[m/\sec]$)와 같다.

참고

① ϵ(유전율)

$\epsilon = \epsilon_s \cdot \epsilon_o$ (ϵ_s : 비유전율, ϵ_o:진공중의 유전율로써 $\frac{1}{36\pi}\times10^{-9}[F/m]$이다.)

② μ(투자율)

$\mu = \mu_s \cdot \mu_o$ (μ_s : 비투자율, μ_o:진공중의 투자율로써 $4\pi\times10^{-7}[H/m]$이다.)

실전문제 1 매질의 비유전율이 9이고, 비투자율이 1일때 전파속도는 얼마인가?

가. $\frac{1}{9} \times 10^8 [m/sec]$　　나. $\frac{1}{3} \times 10^8 [m/sec]$

다. $1 \times 10^8 [m/sec]$　　라. $3 \times 10^8 [m/sec]$

해설 전파속도(V) $= \frac{C(광속도)}{\sqrt{\epsilon_s \mu_s}} = \frac{3 \times 10^8}{\sqrt{9 \times 1}} = 10^8 [m/sec]$

답 다

실전문제 2 전파의 속도는 매질의 다음 어느 량에 따라서 변화되는가?

가. 점도와 밀도　　나. 밀도와 도전율

다. 도전율과 유전율　　라. 유전율과 투자율

해설 전자파의 속도(V)는

$V = \frac{1}{\sqrt{\epsilon\mu}} = \frac{C}{\sqrt{\epsilon_s \mu_s}} = \frac{3 \times 10^8}{\sqrt{\mu_s \epsilon_s}}$ [m/sec] 이다.

즉, 투자율(μ)이나 유전율(ϵ)이 클수록 속도가 늦어진다.(전파의 속도는 공간상의 매질의 종류에 따라 달라짐을 의미한다.

답 라

③ 위상속도(V_p)와 군속도(V_g)의 곱은 광속도(C)의 제곱과 같다.

→ $V_p \cdot V_g = C^2$

참고

① 위상속도(V_p : phase velocity) : 동일 위상이 반복되는 시간과 동일 위상이 반복되는 거리와의 비
② 군속도(V_g : group velocity) : 매질 내에서 파가 에너지를 전파하는 속도

④ 전파는 빛의 성질과 비슷하다.

㉠ 반사성와 굴절성을 갖는다.

㉡ 회절성과 직진성을 갖는다.

→ 전자파는 주파수가 낮을수록 회절 현상이 심하고 주파수가 높을수록 직진성을 갖는다.

㉢ 편파성을 갖는다.

→ 편파(Polarization)란 전파의 진행방향에 대한 전계면의 방향을 의미하며 전계면의 방향이 수평이면 수평편파, 수직이면 수직편파라 한다. 또한 전계면의 모양이 원인에 따라 원형모양이면 원형편파, 타원형이면 타원형 편파 등으로 나뉜다.

→ 수직편파와 수평편파를 직선편파라 한다.

㉣ 간섭성과 감쇠의 성질을 갖는다.

실전문제 1 다음 중 전자파의 특성에 대한 설명으로 옳은 것은?

가. 자유공간에서는 전계와 자계의 진동방향과 직각으로 진행한다.

나. 주파수가 높을수록 직진성이 약하다.

다. 균일한 매질 중을 진행하는 파는 굴절성이 강하다.

라. 전자파는 종파이다.

해설 전자파의 특징

① 전자파는 횡파(자유공간에서는 전계와 자계의 진동방향과 직각으로 진행한다)이며 평면파이다.
② 전파의 속도는 매질의 유전율과 투자율의 제곱근에 반비례하다.
③ 군속도*위상속도=(광속도)^2
④ 전파는 주파수가 높을수록 직진성이 강하고, 주파수가 낮을수록 회절성이 강하다.

답 가

실전문제 2 다음중 회절현상이 가장 심하게 일어나는 방송파는?

가. 중파 나. 단파

다. 초단파 라. 마이크로파

해설

회절현상은 전파가 장애물을 휘감고 돌아서 건너편수신점에 도달하는 현상으로 주파수가 낮고 파장이 긴 장・중파대 전파에서 많이 발생하며 장애물의 끝이 뾰족할수록 심하게 나타난다.

답 가

실전문제 3 전자계 현상에 관한 설명 중 틀린 것은?

가. 유전율이 커지면 파장은 길어진다.

나. 전계 벡터가 X축과 Y축으로 구성되어 크기가 같은 경우를 원형 편파라고 한다.

다. 복사 전계의 크기는 거리에 반비례한다.

라. 전파의 주파수가 높을수록 직진성이 강하다.

해설 전자계 현상 중 꼭 알아두어야 할 내용

① 유전율과 투자율이 커지면 파장은 짧아진다.

② 전계 벡터가 X축과 Y축으로 구성되어 크기가 같은 경우를 원형 편파, 다른 경우를 타원형 편파라 한다.

③ 복사 전계의 크기는 거리에 반비례한다.

④ 전파의 주파수가 낮을수록 회절성이 강해지고 주파수가 높을수록 직진성이 강하다.

답 가

7 전파의 분류

주파수의 분류	통용어	주파수 범위	파장 범위
VLF(Very Low Frequency)	초장파	30[kHz]이하	10[km]이상
LF(Low Frequency)	장파	30 ~ 300[kHz]	1 ~ 10[km]
MF(Medium Frequency)	중파	300 ~ 3,000[kHz]	100 ~ 1,000[m]
HF(High Frequency)	단파	3 ~ 30[MHz]	10 ~ 100[m]
VHF(Very High Frequency)	초단파	30 ~ 300[MHz]	1 ~ 10[m]
UHF(Ultra High Frequency)	극초단파	300 ~ 3,000[MHz]	10 ~ 100[cm]
SHF(Super High Frequency)	센티미터파	3 ~ 30[GHz]	1 ~ 10[cm]
EHF(Extremely High Frequency)	밀리(미터)파	30 ~ 300[GHz]	1 ~ 10[mm]

→ 파장(λ)과 주파수(f)와의 관계식 :

$$\lambda = \frac{V}{f} = \frac{C}{f}[m],\ V(\text{전파의 속도}),\ C(\text{광속도}) = 3 \times 10^8 [m/\sec]$$

핵심기출문제

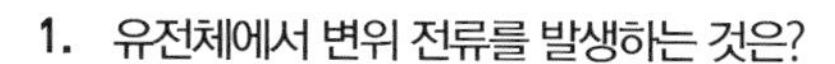

1. 유전체에서 변위 전류를 발생하는 것은?

가. 분극 전하 밀도의 시간적 변화
나. 분극 전하 밀도의 공간적 변화
다. 전속 밀도의 시간적 변화
라. 전속 밀도의 공간적 변화

해설
변위 전류(Id): 완전 유전체나 진공중에 흐른다고 가상한 전속밀도(D)의 시간적 변화율

$$i_d = \frac{i}{S} = \frac{dD}{dt}\,[A/m^2]$$

2. 다음 중 전자계의 기초 방정식이 아닌 것은?

가. rot H = $i + \frac{\partial D}{\partial t}$ 나. rot E = $-\frac{\partial B}{\partial t}$
다. div D = $\frac{\rho}{\varepsilon}$ 라. div H = 0

해설
$\mathrm{div}D = \rho$, $D = \epsilon E$ 이므로 $\mathrm{div}E = \frac{\rho}{\epsilon}$ 가 된다.

3. 다음 전계에 관한 파동 방정식에서 Ez 성분을 옳게 표시한 것은?

가. $\frac{\partial^2 E_x}{\partial x^2} + \frac{\partial^2 E_y}{\partial y^2} + \frac{\partial^2 E_z}{\partial z^2} = \mu\epsilon\frac{\partial^2 E_z}{\partial t^2}$

나. $\frac{\partial^2 E_z}{\partial x^2} + \frac{\partial^2 E_z}{\partial y^2} + \frac{\partial^2 E_z}{\partial z^2} = \mu\epsilon\frac{\partial^2 E_z}{\partial t^2}$

다. $\frac{\partial^2 E_x}{\partial z^2} + \frac{\partial^2 E_y}{\partial z^2} + \frac{\partial^2 E_z}{\partial z^2} = \mu\epsilon\frac{\partial^2 E_z}{\partial t^2}$

라. $\frac{\partial^2 E_x}{\partial t^2} + \frac{\partial^2 E_y}{\partial t^2} + \frac{\partial^2 E_z}{\partial t^2} = \mu\epsilon\frac{\partial^2 E_z}{\partial t^2}$

해설
파동 방정식은 전자파를 해석하기 위한 방정식으로, 시간적으로 변화하는 전자파가 어떤 매질을 통과할 때 만족해야 하는 방정식이다.

4. 전파속도 v에 해당되지 않는 것은?

가. f · λ 나. $\frac{\omega}{\beta}$
다. $\frac{1}{\sqrt{\epsilon\mu}}$ 라. $\sqrt{\epsilon\mu}$

해설
$V = \frac{1}{\sqrt{\epsilon\mu}} = \frac{C}{\sqrt{\epsilon_s\mu_s}}$,
$V = f \cdot \lambda = \frac{\omega}{\beta} = \frac{1}{\sqrt{LC}}$

5. 비유전율 $\epsilon_s = 4$, 비투자율 $\mu_s = 1$인 유리에서 전파의 전파 속도는 자유 공간에서 전파 속도의 몇 배인가?

가. 2배 나. 4배
다. 1/2배 라. 1/4배

해설
$V = \frac{C}{\sqrt{\epsilon_s\mu_s}} = \frac{C}{\sqrt{4\times 1}} = \frac{C}{2}$

6. 유전율(ε), 투자율(μ)인 매질 중을 주파수 f[Hz]의 전자파가 전파되어 나갈 때의 파장[m]은?

가. $f\sqrt{\epsilon\mu}$ 나. $f\epsilon\mu$
다. $\frac{\sqrt{\epsilon\mu}}{f}$ 라. $\frac{1}{f\sqrt{\epsilon\mu}}$

해설
$V = \frac{1}{\sqrt{\epsilon\mu}}$, $\lambda = \frac{V}{f} = \frac{1}{f\sqrt{\epsilon\mu}}$

7. 전파의 속도는 매질의 다음 어느 량에 따라서 변화하는가?

가. 점도와 밀도 나. 밀도와 유전율
다. 도전율과 유전율 라. 유전율과 투자율

정답 1. 다 2. 다 3. 나 4. 라 5. 다 6. 라 7. 라

8. 다음 중 자유 공간의 파동 임피던스(Impedance)로서 옳은 것은?

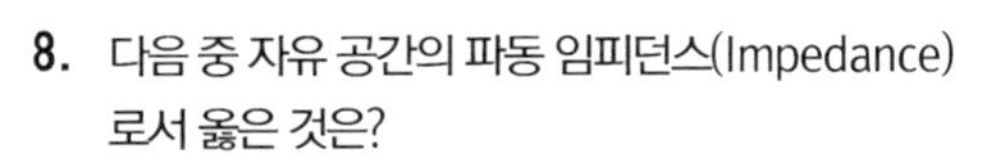

가. $\sqrt{\dfrac{\mu_0}{\epsilon_0}}$　　나. $\dfrac{H}{E}$

다. $\dfrac{1}{120\pi}$　　라. EH

해설

$Z_0 = \dfrac{E}{H} = \sqrt{\dfrac{\mu}{\epsilon}} = \sqrt{\dfrac{\mu_0}{\epsilon_0}}$ (자유공간) $= 120\pi \fallingdotseq 377[\Omega]$

9. 자유공간을 전파하는 평면파의 파동 임피던스를 잘못 표시한 것은? (단, E_o는 전계, H_o는 자계, μ_o는 투자율, ϵ_o는 유전율, β는 전파정수, ω는 각 주파수)

가. $\dfrac{E_o}{H_o}$　　나. $\dfrac{\epsilon_o \omega}{\beta}$

다. $\sqrt{\dfrac{\mu_0}{\epsilon_0}}$　　라. 120π

해설

$\dfrac{\epsilon_o \omega}{\beta} = \epsilon_o \dfrac{1}{\sqrt{\epsilon_o \mu_o}} = \sqrt{\dfrac{\epsilon_o}{\mu_o}} = \dfrac{1}{Z_o}$

$(\because \dfrac{\omega}{\beta} = V(\text{전파속도}))$

10. 전파에 관한 설명으로 맞는 것은?

가. 전파는 종파이다.
나. 매질의 종류에 관계없이 속도는 광속과 같다.
다. 군속도*위상속도 = 광속도^2
라. 진행 방향에는 E 및 H가 없고 직각인 방향에만 E와 H성분이 있는 경우를 구면파라고 한다.

해설

① 전자파는 횡파이며 평면파이다.
② 전파의 속도는 매질의 유전율과 투자율의 제곱근에 반비례하다.
③ 군속도*위상속도 = 광속도^2
④ 전파는 빛의 성질과 유사하다.(직진성,굴절성,회절성,반사성,전반사성,편파와감쇠등)

11. 평면파를 바르게 설명한 것은?

가. 전자파의 진행방향에 전계, 자계의 성분이 있다.
나. 전자파의 진행방향에 전계, 자계의 성분이 없다.
다. 전자파의 진행방향에 전계의 성분만 있다.
라. 전자파의 진행방향에 자계의 성분만 있다.

해설

균일한 매질 내에서 전계(E)와 자계(H)가 x 및 y 방향 성분만 있고 진행 방향 z에는 E 및 H 성분이 없는 파를 평면파라 한다.

12. Poynting Vector를 바르게 나타내는 식은?

가. $\dfrac{1}{2}E \times H$　　나. $\sqrt{\epsilon\mu}\, E \times H$

다. $E \times H$　　라. $\nabla \cdot (E \times H)$

해설

포인팅 벡터(Poynting Vector)의 표기 방법은 $P_0 = E \times H$ 이다.

13. 전자계에서 전계의 세기 E, 자계의 세기 H, 전계와 자계 사이의 각이 $\theta(\theta < 90°)$일 때 포인팅(poynting) 벡터의 크기는 어떻게 표시되는가?

가. $EH\sin\theta$　　나. $EH\cos\theta$

다. $EH\tan\theta$　　라. EH

해설

포인팅 벡터(Poynting Vector)를 크기로 나타내면 $P_o = |E| \cdot |H| \cdot \sin\theta$ 가 된다.

정답 8. 가　9. 나　10. 다　11. 나　12. 다　13. 가

핵심기출문제

14. 다음 포인팅 전력을 나타낸 식이다. 이들 중 틀린 것은?

가. $\frac{E^2}{Z_0}$　　　나. $\frac{E^2}{120\pi}$

다. $E \cdot H$　　　라. $\sqrt{\frac{\mu_0}{\epsilon_0}}$

해설

포인팅(Poynting) 전력(P_0) : 단위 면적당 단위시간에 통과하는 전자파 에너지.

$P_o = \frac{E^2}{Z_0} = \frac{E^2}{120\pi} \fallingdotseq \frac{E^2}{377}$ [w/m2], $P_o = E \cdot H$

정답 14. 라

CHAPTER 2

급전선 이론

1 급전선의 기본성질
2 급전선의 종류 및 특성
3 임피던스 정합
4 평형 · 불평형 변환회로(Balun)

1 급전선의 기본성질

(1) 급전선의 정의

급전선(給電線)이란 송・수신기와 송・수신 안테나 사이의 급전점을 전기적으로 접속하여 고주파 전력을 전송하기 위한 전송선로의 일부이다.

(2) 급전선의 필요조건★

① 전송 효율이 좋을 것

② 급전선의 파동 임피던스가 적당할 것

③ 송신용의 경우 절연 내력이 클 것

④ 유도 방해를 주거나 받지 않을 것

⑤ 가격이 저렴하고 유지보수가 용이할 것

실전문제 1 급전선의 필요조건이 아닌 것은?

가. 전송효율이 좋을 것

나. 급전선의 파동 임피던스가 적당할 것

다. 유도방해를 주거나 받지 않을 것

라. 송신용일 때는 절연 내력이 적을 것

답 라

(3) 전송선로의 기초

전송로에는 아주 작은 저항(R)과 인덕턴스(L)가 직렬로, 선간에는 미소한 정전용량(C)와 누설 컨덕턴스(G)가 병렬로 아래 그림과 같이 형성된다. 이들이 선로 전체에 걸쳐 균일하게 분포하고 있는 것으로 취급하는 회로를 분포정수회로라 한다.

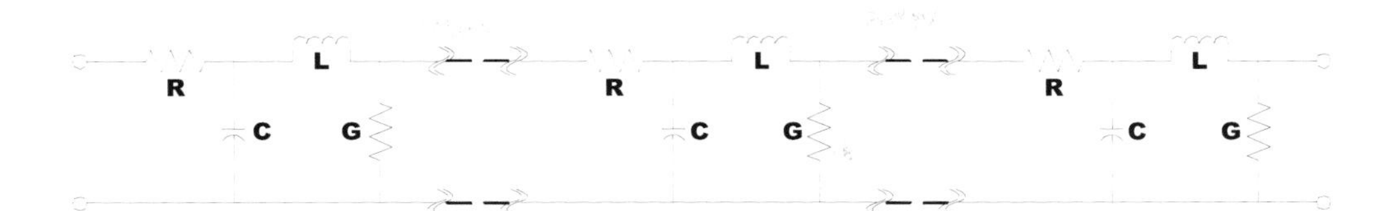

① **특성 임피던스(characteristic impedance)(Z_o)★**

선로상의 임의의 한 점에서의 전압과 전류의 비를 의미하며 선로의 길이에 관계없이 항상 일정한 값을 갖는다.

선로의 특성 임피던스는

$$Z_0 = \sqrt{\frac{Z}{Y}} = \sqrt{\frac{R + j\omega L}{G + j\omega C}}\,[\Omega]$$

여기서 고주파 선로($R \ll \omega L$, $G \ll \omega C$)이면 $Z_0 = \sqrt{\frac{L}{C}}$ 가 되며 Z_o를 선로의 특성(파동) 임피던스라 한다.

$$Z_0 = \sqrt{\frac{Z}{Y}} = \sqrt{\frac{R + j\omega L}{G + j\omega C}}\,[\Omega] \approx \sqrt{\frac{L}{C}}\,[1 + j(\frac{G}{2\omega C} - \frac{R}{2\omega L})]$$

※ 무손실 조건★★

① R = G = 0

② 고주파 선로($R \ll \omega L$, $G \ll \omega C$)

※ 무왜 조건★★★

⇒ LG = RC

실전문제 1 다음 중 무손실 선로에서 얻어지는 조건은?

가. R = 0 , G = ∞
나. R = ∞ , G = 0
다. R = ∞ , G = ∞
라. R = 0 , G = 0

해설 ※ 무손실 조건
① R = G = 0
② 고주파 선로($R \ll \omega L$, $G \ll \omega C$)

※ 무왜 조건
⇒ LG = RC

답 라

실전문제 2 무손실 선로인 경우 특성임피던스는 얼마인가?
(단, L = 인덕턴스, C= 캐패시턴스, R = 저항)

가. $j\omega\sqrt{\frac{L}{G}}$ 나. $j\omega\sqrt{\frac{R}{C}}$

다. $\sqrt{\frac{L}{C}}$ 라. $\sqrt{\frac{C}{L}}$

답 다

② **전파정수**(propagation constant)

$$\gamma = \alpha + j\beta = \sqrt{ZY} = \sqrt{(R+j\omega L)(G+j\omega C)} \approx \frac{1}{2}\sqrt{LC}(\frac{R}{L}+\frac{G}{C}) + j\omega\sqrt{LC}$$

- 감쇠정수(α) = $\frac{1}{2}\sqrt{LC}(\frac{R}{L}+\frac{G}{C})$ = $\frac{1}{2}(\frac{R}{Zo}+GZo)$[Neper/m]
- 위상정수(β) = $\omega\sqrt{LC}$ = $\frac{2\pi}{\lambda}$[rad/m]

③ **선로의 상수**

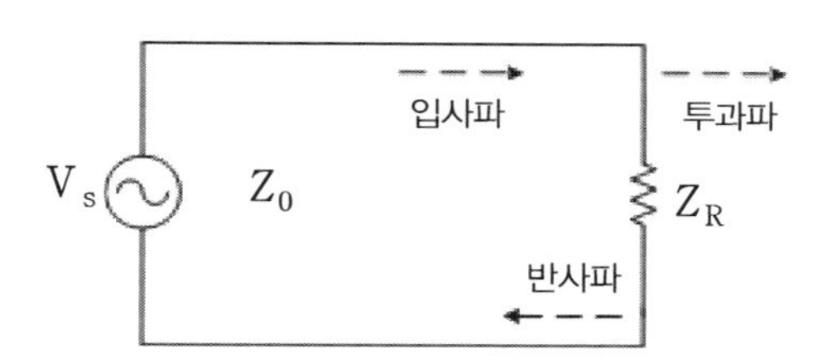

※ 진행파★★★

선로가 무한선로일 때 송단을 출발한 전압과 전류는 감쇠하면서도 반사파가 없이 진행한다. 이때의 파를 진행파라 한다.

선로 상에 진행파가 존재하기 위한 조건?

- 선로의 길이가 무한한 경우(무한정 선로)
- 임피던스 정합이 이루어진 경우($Z_0 = Z_R$)

⇒ 특징: 선로의 길이 변화에 따라 전압, 전류의 진폭은 일정하나 위상이 변한다.

※ 정재파

유한선로에서 $Z_0 \neq Z_R$인 경우 선로 상에 진행파와 반사파가 동시에 존재한다.

정재파가 존재하기 위한 조건?

- 선로의 길이가 짧은 경우(유한정 선로)
- 임피던스 정합이 이루어지지 않은 경우, 즉 임피던스 부정합인 경우($Z_0 \neq Z_R$)

  ⇒ 특징: 선로의 길이 변화에 따라 전압, 전류의 위상은 일정하나 진폭이 변한다.

실전문제 1 **다음 중 진행파와 반사파가 있는 급전선은?**

가. 무한장 급전선　　나. SWR 가 1인 급전선

다. 반사계수가 0인 급전선　　라. 반사계수가 0.5인 급전선

해설

선로 상에 진행파와 반사파가 존재한다는 것은 정재파가 존재한다는 의미이다.

※ 선로 상에 진행파만 존재하기 위한 조건?

- 선로의 길이가 무한한 경우(무한정 선로)
- 임피던스 정합이 이루어진 경우($Z_0 = Z_R$)
- 반사계수(Γ)=0
- 정재파비(SWR)=1

답 라

※ VSWR (Voltage Standing Wave Ratio : 전압 정재파비)★★★

정재파(Standing Wave)는 진행파와 반사되어 돌아온 파가 합쳐져 발생된 정지된 파동을 의미한다. 회로나 시스템에 입력된 에너지의 반사량을 나타내는 지표로서 선로 상에서 정재파비(S)는 1에 가까울수록 이상적이다.

$$S = \frac{|V_{max}|}{|V_{min}|} = \frac{1+|\Gamma|}{1-|\Gamma|} = \frac{Z_R}{Z_0} \text{ or } \frac{Z_0}{Z_R} \geq 1$$

정재파비는 전압정재파 일때는 $S_V = \frac{Z_R}{Z_0}$, 전류정재파 일때는 $S_I = \frac{Z_0}{Z_R}$로 구하지만 그 결과는 항상 1보다 크거나 같다.

• S=1인 의미

① 반사파가 없다.

② $\Gamma = 0$이다.

③ $Z_0 = Z_R$

④ Z_n(정규화 임피던스) $= \dfrac{Z_R}{Z_o} = 1$

※ Reflection Coefficient (반사계수, Γ)

반사계수(Γ, Gamma)는 특정 위치에서의 출력 전압(전류)/입력 전압(전류)이다.

$$\Gamma = \frac{\text{수단의 반사전압 or 전류}}{\text{수단의 입사전압 or 전류}} = \left|\frac{V_r}{V_f}\right| = \left|\frac{Z_R - Z_0}{Z_R + Z_0}\right| = \left|\frac{S-1}{S+1}\right|$$

※ Transmission Coefficient (투과계수, T)

부하에 흘러 들어가는 에너지양을 표시하기 위하여, 입사파와 투과파의 비를 투과계수 (Transmission Coefficient)라 한다.

$$T = \frac{\text{투과 전압 or 전류}}{\text{입사 전압 or 전류}} = \left|\frac{V_t}{V_f}\right| = 1 + \Gamma$$

실전문제 1 **특성 임피던스 Zo = 100[Ω]인 급전선에 부하 임피던스 Zr = 200[Ω]을 접속했을 때의 반사계수는 얼마인가?**

가. 0　　나. 0.33

다. 1　　라. 3

해설

반사계수(Γ) $= \left|\dfrac{Z_r - Z_0}{Z_r + Z_0}\right|$에서 $Z_0 = 100[\Omega]$, $Z_r = 200[\Omega]$이므로

$\Gamma = \left|\dfrac{200-100}{200+100}\right| = \dfrac{1}{3}$이 된다.

답 나

실전문제 2 50[Ω]의 저항이 25[Ω]인 부하로 종단되었다면 이점에서의 정재파비는?

가. 3　　　　나. 2.5

다. 2　　　　라. 1.25

해설

반사계수(Γ) $= \left|\frac{Z_r - Z_0}{Z_r + Z_0}\right| = \left|\frac{25-50}{25+50}\right| = \frac{1}{3}$ 이므로

$\therefore$ 정재파비 $S = \frac{1+\Gamma}{1-\Gamma} = \frac{1+\frac{1}{3}}{1-\frac{1}{3}} = 2$ 가 된다.

답 다

실전문제 3 임피던스가 50Ω인 급전선의 입력전력 및 반사전력이 각각 50W 및 8W 일 때의 전압 정재파비는 약 얼마인가?

가. 6.25　　　　나. 2.33

다. 0.43　　　　라. 0.16

해설

$\Gamma = \sqrt{\frac{P_r}{P_i}} = \sqrt{\frac{8}{50}} = 0.4$ (P_r : 반사전력, P_i : 공급전력)

$\therefore$ S(정재파비) $= \frac{1+|\Gamma|}{1-|\Gamma|} = \frac{1+0.4}{1-0.4} = 2.33$

답 나

④ **선로의 임피던스**

수단에서 l 떨어진 지점에서 부하 측을 본 선로의 임피던스(Z_s)는

$$Z_s = Z_0 \frac{Z_R + jZ_0 tan\beta l}{Z_0 + jZ_R tan\beta l} [\Omega]$$

※ 수전단 단락($Z_R = 0$)인 경우　　　※ 수전단 개방($Z_R = \infty$)인 경우

$Z_{ss} = jZ_0 tan\beta l [\Omega]$　　　$Z_{so} = -jZ_0 cot\beta l [\Omega]$

$\therefore Z_o = \sqrt{Z_{ss} Z_{so}}$ 가 된다.★

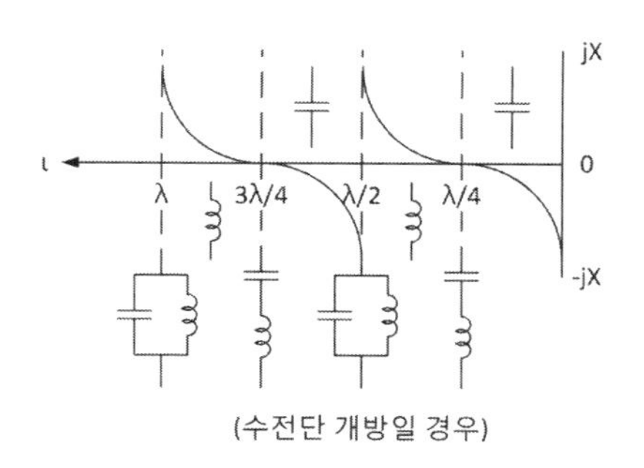

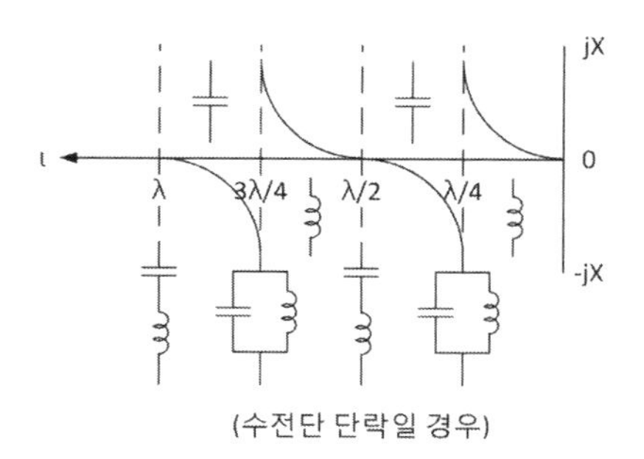

[선로의 길이에 따른 등가회로]

실전문제 1 동축급전선을 개방하고 임피던스를 측정하였을 때 100[Ω]이고, 단락 했을 때의 임피던스가 25[Ω]라면 이 급전선의 특성임피던스는 얼마인가?

가. 100[Ω] 나. 75[Ω]

다. 50[Ω] 라. 25[Ω]

해설

Z_0 : 선로의 특성 임피던스, Z_{ss} : 단락 임피던스, Z_{so} : 개방임피던스라 할 때

$Z_o = \sqrt{Z_{ss}Z_{so}} = \sqrt{25 \times 100} = \sqrt{2500} = 50\,[\Omega]$

답 다

실전문제 2 평행 2선식 선로에서 종단을 개방하였을 때의 임피던스는 100+j50[Ω]이고, 단락하였을 때는 10-j5[Ω]이다. 선로의 특성 임피던스는 대략 몇[Ω] 인가?

가. 약 15Ω 나. 약 35Ω

다. 약 55Ω 라. 약 85Ω

해설

Z_0 : 선로의 특성 임피던스, Z_{ss} : 단락 임피던스, Z_{so} : 개방임피던스라 할 때

$Z_o = \sqrt{Z_{ss}Z_{so}} = \sqrt{(10 - j5)(10 + j5)} = \sqrt{10^2 + 5^2} = 35.35\,[\Omega]$

답 나

2 급전선의 종류 및 특성

2.1 평행 2선식 급전선

2.1.1 구조

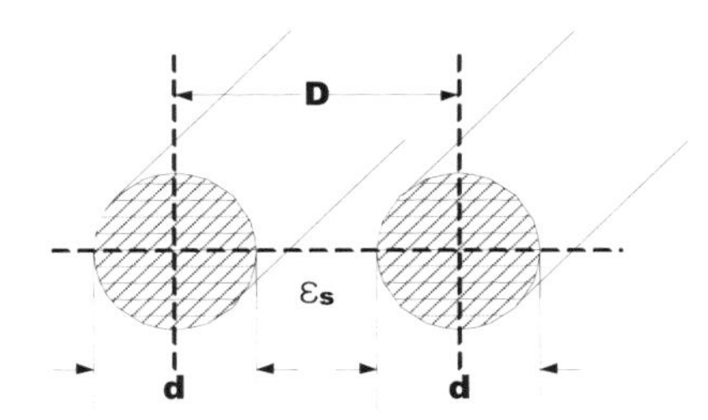

2.1.2 특성 임피던스

$$Z_0 = \sqrt{\frac{L}{C}} = \frac{120}{\sqrt{\epsilon_s}} \log_e \frac{2D}{d} = \frac{276}{\sqrt{\epsilon_s}} \log_{10} \frac{2D}{d} [\Omega]$$★★★

2.1.3 특징

① folded dipole과 정합회로 필요 없이 직결하여 사용한다.

② 동축 급전선에 비해 특성 임피던스가 높다. (200~600[Ω])

③ 내압이 높아 대전력에도 사용할 수 있다.

④ 나선 상태(open wire)로 설치하므로 외부로부터 유도방해를 받을 수 있다.

⑤ 건설비가 싸고 유지 보수가 용이하다.

실전문제 1 평행2선식 급전선 중 특성임피던스가 가장 큰 것은?

가. 심선의 직경 1.2[mm], 선간격 10[cm]

나. 심선의 직경 1.2[mm], 선간격 20[cm]

다. 심선의 직경 2.9[mm], 선간격 10[cm]

라. 심선의 직경 2.9[mm], 선간격 20[cm]

해설

$$Z_0 = \sqrt{\frac{L}{C}} = \frac{120}{\sqrt{\epsilon_s}}\log_e\frac{2D}{d} = \frac{276}{\sqrt{\epsilon_s}}\log_{10}\frac{2D}{d}[\Omega]$$

∴ 선간격(D)이 클수록 심선의 직경(d)이 작을수록 특성 임티던스는 크다.

답 나

2.2 동축 급전선(coaxial cable)

2.2.1 구조

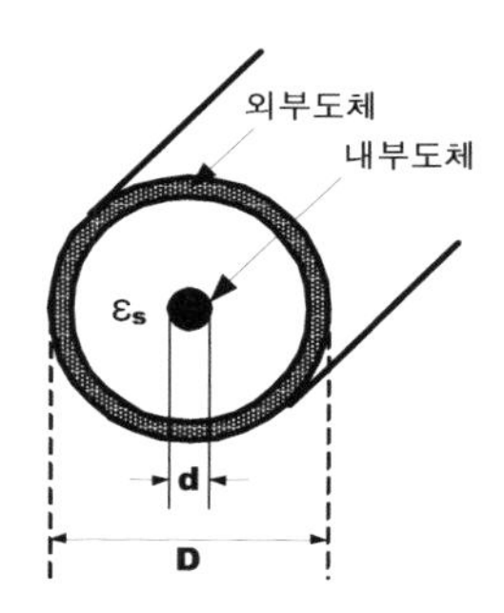

2.2.2 특성 임피던스

$$Z_0 = \sqrt{\frac{L}{C}} = \frac{60}{\sqrt{\epsilon_s}}\log_e\frac{D}{d} = \frac{138}{\sqrt{\epsilon_s}}\log_{10}\frac{D}{d}[\Omega]$$ ★★★

if) $\epsilon_s = 1$(공기), $\frac{D}{d} = 3.6$일 때 $Z_0 = 75[\Omega]$,

$\epsilon_s = 2.26$(폴리에틸렌), $\frac{D}{d} = 3.6$일 때 $Z_0 = 50[\Omega]$

2.2.3 특징

① VHF대에서 가장 널리 사용된다.

② 평행 2선식 급전선에 비해 특성 임피던스가 낮다.(50~80[Ω])

③ 외부도체를 접지하여 사용하므로 외부로부터 유도방해를 거의 받지 않는다.

④ 내압에 약하여 대전력 전송에 부적합하다.

⑤ 감쇠를 가장 적게 하기 위한 최소 손실조건은 내경과 외경의 비($\frac{D}{d}$)를 3.6으로 할 때 이다.★★

실전문제 1 동축케이블의 특성 임피던스는?
(단, D : 외부도체의 지름 , d : 내부도체의 지름)

가. D가 클수록, d는 적을수록 커진다.
나. D가 적을수록, d는 클수록 커진다.
다. D와 d가 클수록 커진다.
라. D와 d가 적을수록 커진다.

답 가

실전문제 2 평행2선식 급전선이 동축급전선 보다 잘 사용되지 않고 있다. 그 이유로 가장 적합한 것은?

가. 건설비가 비싸고 수리가 어렵다.
나. 특성임피던스가 낮아서 정합회로가 복잡해진다.
다. 유도방해가 있으며 간격의 유지 등 취급이 불편하다.
라. 대전력용으로 매우 부적합하다.

해설

평행2선식 급전선	동축 급전선
특성 임피던스가 높다 (200~600Ω)	특성 임피던스가 낮다 (50~80Ω)
유도 방해에 약하다.	유도 방해에 강하다.
충격에 약하다.	충격에 강하다.
복사 손실이 크다.	복사 손실이 적다.
설치비가 싸고 고장수리가 간단하다.	설치비가 비싸고 고장수리가 어렵다.
내압에 강하다.	내압에 약하다.

답 다

실전문제 3 다음 중 동축급전선의 특징으로 옳은 것은?

가. 외부도체가 차폐역할을 하므로 복사손실은 없으나 외부전파의 영향은 막을 수 없다.

나. 외부도체 내경과 내부도체 직경의 비를 2.6으로 하면 전송손실을 최소화할 수 있다.

다. 극초단파 이하에서 주로 사용한다.

라. 적어도 두 개의 도체로 구성되어 있으므로 TEM모드의 전송이 불가능하다.

해설 동축급전선의 특징

① VHF대에서 가장 널리 사용된다.(50Ω, 75Ω)

② 평행 2선식 급전선에 비해 특성 임피던스가 낮다.

③ 특성 임피던스가 낮으므로 동일전력을 전송하는 경우 평행2선식 급전선보다 선간 전압이 낮아도 된다.

④ 외부도체를 접지하여 사용하므로 외부로부터 유도방해를 거의 받지 않는다.

⑤ 내압에 약하여 대전력 전송에 부적합하다.

⑥ 감쇠를 가장 적게 하기 위한 내경과 외경의 비, 즉 최적비 $\frac{D}{d}$는 3.6이다.

⑦ 동축급전선에는 TEM, TE, TM 모드가 존재할 수 있다.

답 다

2.3 동조 급전선과 비동조 급전선★★★

2.3.1 동조 급전선

급전선의 길이가 사용파장과 일정한 비례관계를 갖는 급전선을 말한다.

① 급전선상에 정재파가 존재한다.

② 반사파로 인해 급전선에서의 손실이 크고 전송효율이 낮아 장거리 전송에 부적합하다.

③ 정합장치가 불필요하다.

④ 평형형 급전선만 사용할 수 있다.

⑤ 전압 정재파비(VSWR)는 1보다 크다.

⑥ 급전선 길이에 제약을 받는다.

2.3.2 비동조 급전선

급전선의 길이가 사용파장과 일정한 비례관계를 갖지 않는 급전선을 말한다.

① 급전선상에 진행파가 존재한다.

② 진행파만 존재하므로 급전선에서의 손실이 적고 전송효율이 높아 장거리 전송에 적합하다.

③ 정합장치가 필요하다.

④ 평형형 급전선, 불평형 급전선 모두 사용할 수 있다.

⑤ 전압 정재파비(VSWR)는 1이다.

⑥ 급전선 길이에 제약을 받지 않는다.

실전문제 1 **다음 동조급전선에 관한 설명중 적당하지 않은 것은?**

가. 급전선에는 정재파가 있다.

나. 송신기와의 결합은 LC공진회로를 사용 할 수 있다.

다. 전송효율이 가장 좋고 송신기와의 결합이 간단하다.

라. 선로의 길이에 제약을 받는다.

해설

동조급전	비동조급전
① 정의: 급전선의 길이와 사용파장과 일정한 비례 관계를 갖게 하여 급전하는 방법	급전선의 길이에 제약을 받지 않고 급전하는 방법으로 급전점에 정합회로를 설치한다.
② 특징: 정합장치가 불필요하다.	정합장치가 필요하다.
③ 특징: 급전선상에 정재파가 존재한다.	급전선상에 진행파가 존재한다.
④ 특징: 전송효율이 나빠 장거리 전송에 부적합하다.	전송효율이 높아 장거리 전송에 적합하다.
⑤ 특징: 평형형 급전선만 사용할 수 있다.	평형형, 불평형 급전선 모두 사용할 수 있다.

답 다

실전문제 2 **비동조 급전선은 다음 중 어떤 때에 사용하는가?**

가. 급전선의 특성 임피던스가 낮을 때

나. 정합장치가 없을 때

다. 송신기와 안테나가 현저하게 떨어졌을 때

라. 사용 주파수가 낮을 때

답 다

실전문제 3 정재파에 대한 설명 중 틀린 것은?

가. 진행파와 반사파가 합성된 파를 말한다.

나. 전압 분포상태가 $\frac{\lambda}{2}$ 거리마다 최대치가 있다.

다. 전압 · 전류의 위상은 선로 각 점에 따라 위상이 서로 다르다.

라. 진행파와 비교할 때 전송손실이 크다.

해설 정재파

유한선로에서 $Z_0 \neq Z_R$인 경우 선로 상에 진행파와 반사파가 동시에 존재하는 파를 말한다.

- 특징 : 선로의 길이 변화에 따라 전압, 전류의 위상은 일정하나 전압, 전류의 분포상태가 $\frac{\lambda}{2}$ 거리마다 최대와 최소가 있다.

답 다

2.4 전압급전과 전류급전

2.4.1 전압급전

급전점에서 전압의 파고점이 나타나도록 급전하는 방식.

2.4.2 전류급전

급전점에서 전류의 파고점이 나타나도록 급전하는 방식.

2.4.3 동조급전에서의 급전선의 길이★

① 전압(전류)급전-직렬(병렬) 공진회로 : 급전선 길이는 $\frac{\lambda}{4}$의 기수배

② 전압(전류)급전-병렬(직렬) 공진회로 : 급전선 길이는 $\frac{\lambda}{4}$의 우수배

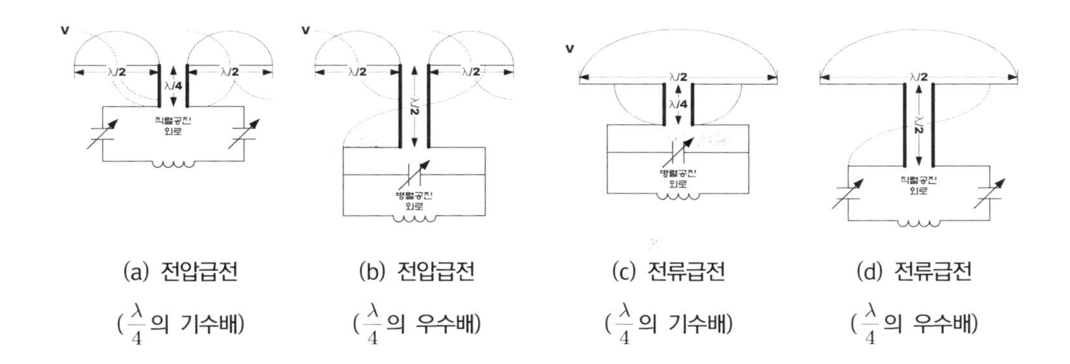

(a) 전압급전 ($\frac{\lambda}{4}$의 기수배) (b) 전압급전 ($\frac{\lambda}{4}$의 우수배) (c) 전류급전 ($\frac{\lambda}{4}$의 기수배) (d) 전류급전 ($\frac{\lambda}{4}$의 우수배)

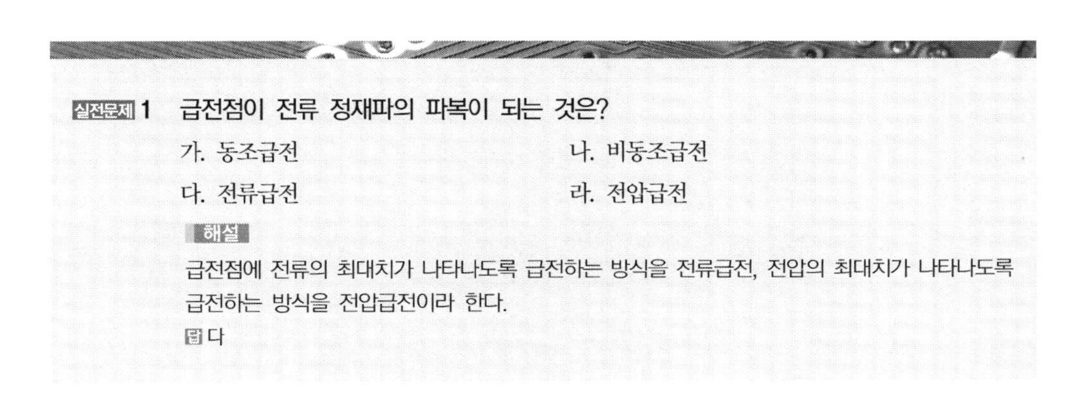

실전문제 1 급전점이 전류 정재파의 파복이 되는 것은?

가. 동조급전 나. 비동조급전
다. 전류급전 라. 전압급전

해설

급전점에 전류의 최대치가 나타나도록 급전하는 방식을 전류급전, 전압의 최대치가 나타나도록 급전하는 방식을 전압급전이라 한다.

답 다

2.5 도파관(Wave guide)

2.5.1 도파관의 종류

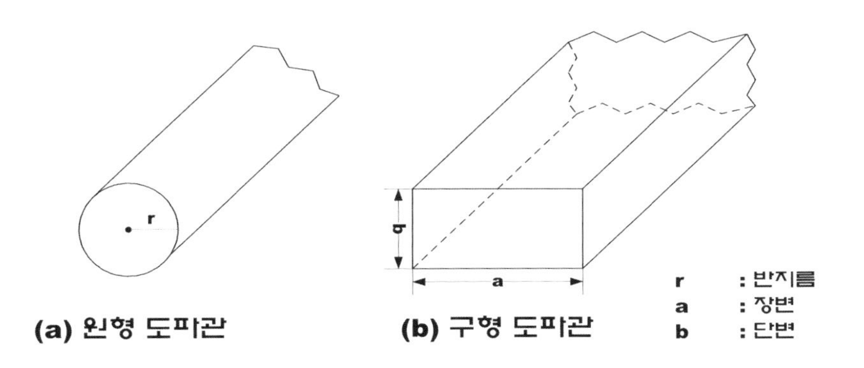

(a) 원형 도파관 **(b) 구형 도파관**

⇒ 원형 도파관과 구형 도파관이 있다.

※ 도파관이 마이크로파의 전송선로로서 우수한 이유★★★

- 도체에 의한 저항 손실이 적다.
- 유전체 손실이 적다.
- 복사(방사) 손실이 적다.
- 대전력 전송이 가능하다.
- 외부의 신호와 완전 격리가 가능하다.
- 고역 여파기(HPF)의 역할을 한다. 즉, 차단파장(λ_c)이 특성이 있다는 의미이다.

실전문제 1 극초단파 이상의 전송선로로 도파관이 쓰이는 이유는?

가. 동축케이블 보다 감쇠가 적기 때문에.

나. 관내 파장이 자유공간 파장 보다 길기 때문에.

다. 차단 주파수 이하의 신호는 통과시키지 않기 때문에.

라. 부정합 상태에서 정재파가 생기지 않기 때문에.

답 가

실전문제 2 도파관의 설명 중 틀린 것은?

가. 주파수가 높을수록 저항손실과 유전체손실이 커진다.

나. 고역통과필터의 일종으로 볼 수 있다.

다. 전송할 수 있는 파장은 모드에 따라 다르다.

라. 각 모드마다 대응하는 하나의 차단파장이 존재한다.

답 가

실전문제 3 마이크로파의 전송선로로서 도파관이 우수한 이유가 아닌 것은?

가. 유전체 손실이 적다.

나. 부하와의 정합상태가 불량하여도 정재파가 발생하지 않는다.

다. 외부 전자계와 완전히 격리할 수 있다.

라. 도체에 의한 저항손실이 적다.

답 나

2.5.2 도파관내 전자계

도파관 내에 존재하는 전자계는 크게 TE mode와 TM mode가 있다.

$\Rightarrow$ 도파관 내에는 TEM mode는 전파될 수 없다.

2.5.3 도파관의 특성

(1) 차단파장과 기본 모드★★★

① 구형 도파관의 차단 파장

차단 주파수에 대한 파장을 차단 파장이라 하며 일반적으로 λ_c로 나타낸다.

$\lambda_c = \dfrac{2\sqrt{\epsilon_s \mu_s}}{\sqrt{\left(\dfrac{m}{a}\right)^2 + \left(\dfrac{n}{b}\right)^2}}$ 여기서 a : 장변, b : 단변

예를들면 TE_{10} mode의 경우 $\lambda_c = 2a(\epsilon_s = \mu_s = 1$인 경우)이고 TM_{11} mode의 경우$\lambda_c = \dfrac{2ab}{\sqrt{a^2+b^2}}$가 된다.

② 원형 도파관의 차단파장

$\lambda_c = \dfrac{2\pi r}{K}$ 여기서 r : 원형 도파관의 반지름, K : 모드에 따라 정해지는 상수

③ 기본 모드(dominant mode)(=주모드)

차단 파장이 가장 긴 mode를 기본모드라 한다.

종류	기본 모드	차단 파장(λ_c)
구형 도파관	TE_{10}	2a
	TM_{11}	$\dfrac{2ab}{\sqrt{a^2+b^2}}$
원형 도파관	TE_{11}	3.41r
	TM_{01}	2.61r

실전문제 1 관내의 유전체가 진공일 때 구형 도파관(TE_{10} mode)의 차단파장은? (단, 장변은 a, 단변은 b 이다.)

가. 2a　　나. 2b
다. a　　라. b

해설

구형도파관의 주모드는 TE_{10}모드와 TM_{11} 모드 이므로 $\lambda_c = \dfrac{2}{\sqrt{\left(\dfrac{m}{a}\right)^2 + \left(\dfrac{n}{b}\right)^2}}$ 에서 TE_{10} mode의 경우 $\lambda_c = 2a$이고 TM_{11} mode의 경우 $\lambda_c = \dfrac{2ab}{\sqrt{a^2+b^2}}$ 가 된다.

답 가

실전문제 2 그림과 같은 구형 도파관에서 TE_{10}파의 차단 파장은?(단,a : 2.5[㎝],b : 1.25[㎝])

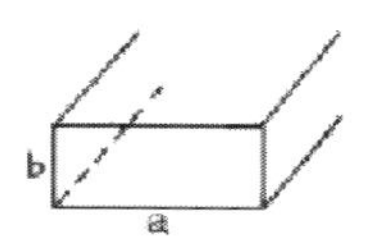

가. 0.05[㎝]　　나. 2.5[㎝]
다. 3.13[㎝]　　라. 5[㎝]

해설

구형도파관의 TE_{10}모드의 차단파장은 $\lambda_c = 2a$이다.

$\lambda_c = 2 \times 2.5[\mathrm{cm}] = 5[\mathrm{cm}]$

답 라

실전문제 3 TE_{10} 모드의 구형 도파관에서 장변을 a, 단변을 b라 할 때 a=5[㎝], b=2.5[㎝]의 차단주파수(Cut off Frequency)는 얼마인가?

가. 30[㎒]　　나. 300[㎒]
다. 3000[㎒]　　라. 30000[㎒]

해설

구형도파관의 TE_{10}모드의 차단파장은 $\lambda_c = 2a$이다.

$\lambda_c = 2 \times 0.05[m] = 0.1[m],\ f_c = \dfrac{C}{\lambda_c} = \dfrac{3 \times 10^8}{0.1} = 3{,}000[\mathrm{MHz}]$

답 다

(2) 위상속도와 군속도

① **위상속도(phase velocity)**

도파관 내에서 전자계 pattern이 전파하는 속도로 V_p로 표시한다.

→ 도파관내의 전파속도는 광속(C)보다 빠르게 된다.($V_p > C$)

② **군속도(group velocity)**

도파관 내에서 에너지가 전달되는 속도로 V_g로 표시한다.

→ 도파관내에서 군속도는 광속보다 느리다.($V_g < C$)

③ **위상속도, 군속도와 광속과의 관계**

$$V_p \cdot V_g = C^2$$

(3) 관내파장

도파관 내의 파장으로 λ_g로 표시하며, 관내파장(겉보기 파장)은 자유공간에서의 파장보다 길다.

$$\lambda_g = \frac{\lambda}{\sqrt{1-\left(\frac{\lambda}{\lambda_c}\right)^2}}[\mathrm{m}]$$

실전문제 1 차단 파장 $\lambda_c = 10$[㎝]인 구형 도파관에 6000[㎒]의 전파를 전송할 때 관내 파장 λ_g는 약 얼마인가?

가. 10.8[㎝] 나. 7.8[㎝]

다.6.8[㎝] 라. 5.8[㎝]

해설 관내파장)은 자유공간에서의 파장보다 길다.

$$\lambda_g = \frac{\lambda}{\sqrt{1-\left(\frac{\lambda}{\lambda_c}\right)^2}} = \frac{0.05}{\sqrt{1-(\frac{0.05}{0.1})^2}} = 0.058[\mathrm{m}]$$가 된다.

$$\lambda = \frac{C}{f} = \frac{3\times10^8}{6000\times10^6} = 0.05[m]$$

답 라

실전문제 2 구형도 파관의 차단파장을 λ_c, 관내 파장을 λ_g, 자유공간에서의 파장을 λ_a라 할때 도파관 내에서 전자파의 에너지가 전송되기 위한 조건은?

가. $\lambda_a > \lambda_c$, $\lambda_a > \lambda_g$　　나. $\lambda_a > \lambda_c$, $\lambda_a < \lambda_g$

다. $\lambda_a < \lambda_c$, $\lambda_a > \lambda_g$　　라. $\lambda_a < \lambda_c$, $\lambda_a < \lambda_g$

해설

도파관내에서 전자파의 에너지가 전송되기 위해서는 자유공간에서의 파장(λ_a)은 차단파장(λ_c)보다 항상 짧아야하고 관내파장(λ_g)은 자유공간에서의 파장(λ_a)보다 항상 길다.

답 라

(4) 특성 임피던스

$$Z_o = \frac{377}{\sqrt{1-\left(\frac{\lambda}{\lambda_c}\right)^2}}[\Omega]$$

실전문제 1 TE_{10} mode인 구형 도파관의 특성 임피던스는 약 몇 Ω인가?
(단, 주파수는 10GHz, 긴 변의 길이는 3cm이다.)

가. 377　　나. 435

다. 502　　라. 626

해설 구형 도파관 TE_{10}모드의 차단파장(λ_c)은 긴 변을 a라 할 때
$\lambda_c = 2a = 2 \times 0.03 = 0.06[m]$이고, 사용파장($\lambda$)은

$\lambda = \frac{C}{f} = \frac{3 \times 10^8}{10 \times 10^9} = 0.03[m]$이다.

$\therefore Z_o = \frac{377}{\sqrt{1-\left(\frac{\lambda}{\lambda_c}\right)^2}} = \frac{377}{\sqrt{1-(\frac{0.03}{0.06})^2}} = 435[\Omega]$가 된다.

답 나

2.5.4 도파관의 여진방법

도파관에 전력을 급전하거나 반대로 전력을 끄집어내는 경우 동축급전선을 사용하게 되는데 이를 도파관의 여진이라 하며 어느 경우나 동축 급전선의 내부도체가 안테나 역할을 수행한다.

① 정전적 결합에 의한 여진

② 전자적 결합에 의한 여진

③ 작은 루프 안테나에 의한 여진

2.5.5 도파관의 임피던스 정합 방법★★★

(1) $\frac{\lambda}{4}$ 임피던스 변환기에 의한 정합

일명 Q matching 또는 Q 변성기에 의한 정합이라 하며, 특성 임피던스가 서로 다른 두 개의 도파관을 접속하는 경우 두 사이에 길이가 $\frac{\lambda_g}{4}$ 인 도파관을 삽입하는 방식을 말한다.

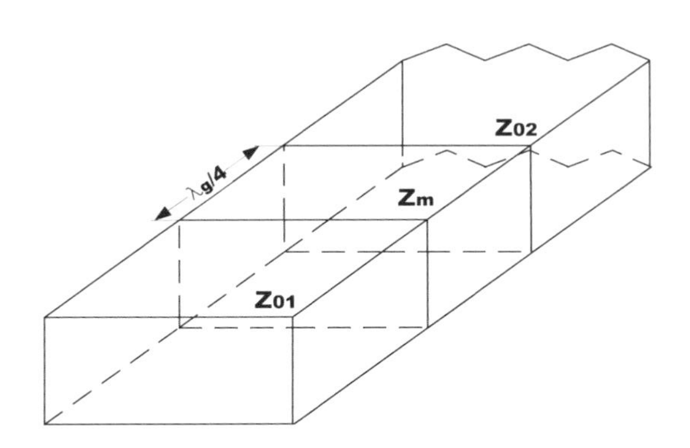

이때 $Z_m = \sqrt{Z_{01} \cdot Z_{02}}$ 가 된다.

(2) stub(일명 trap)에 의한 정합

도파관과 병렬로 stub를 접속하고 내부에 단락판을 설치하여 임피던스 정합을 취하는 방법으로 H면 stub와 E면 stub가 있으며 stub의 삽입위치 및 단락판의 조정에 의해 정합을 잡을 수 있다.

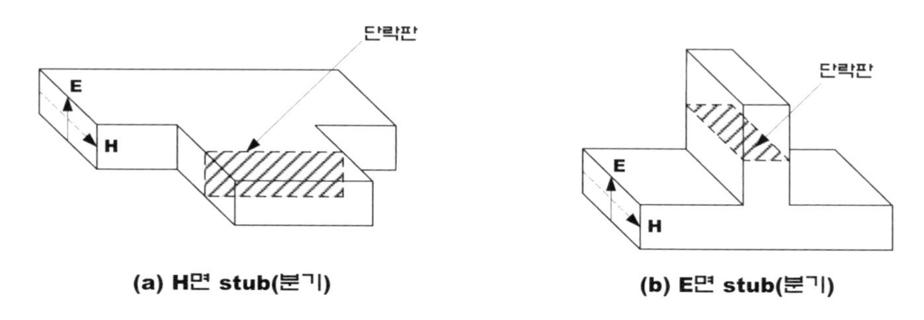

(a) H면 stub(분기) (b) E면 stub(분기)

실전문제 1 **안테나의 급전선(도파관)에 스터브를 사용하는 이유로 가장 타당한 것은?**

가. 반사전력을 증폭시키기 위하여
나. 안테나의 지향성을 높이기 위하여
다. 임피던스를 정합시키기 위하여
라. 대역폭을 증가시키기 위하여

해설

안테나의 리액턴스 성분을 제거하여 임피던스를 정합시키기 위하여 도파관에 스터브(stub)를 설치한다.

답 다

(3) 도파관 창(window)에 의한 정합★★

도파관의 상・하 또는 좌・우에 얇은 도체판(slot)을 삽입하는 방법으로 정합을 취할 수 있다.

(a)의 경우는 자계 에너지가 축적되는 경우이고 (b)의 경우는 전계 에너지가 축적되는 경우이며 (c)의 경우는 전계 에너지와 자계 에너지가 병렬성분으로 축적되게 된다.

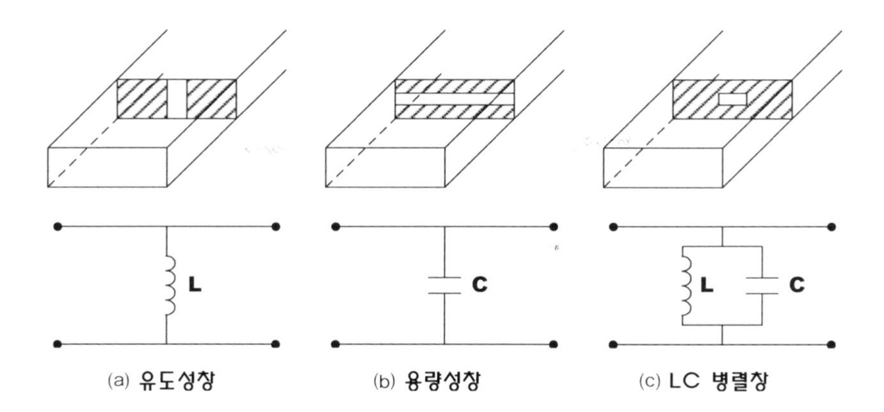

(a) 유도성창 (b) 용량성창 (c) LC 병렬창

실전문제 1 도파관 창(Waveguide Window)은 무슨 기능을 하는가?

가. 도파관에 이물질이 들어가지 않도록 한다.

나. 도파관의 임피던스를 변화시킨다.

다. 도파관내의 반사파를 감쇠시킨다.

라. 도파관의 비틀림을 용이하게 한다.

해설 도파관에서 임피던스 정합을 위한 방법으로 도파관내에 slot이 있는 도체 판을 넣어 도파관내의 전자계 분포를 변화시켜 도파관 내의 특성 임피던스를 변화시키는 방법을 도파관 창에 의한 정합방법이라 한다.

답 나

(4) 도체봉(post)에 의한 정합★

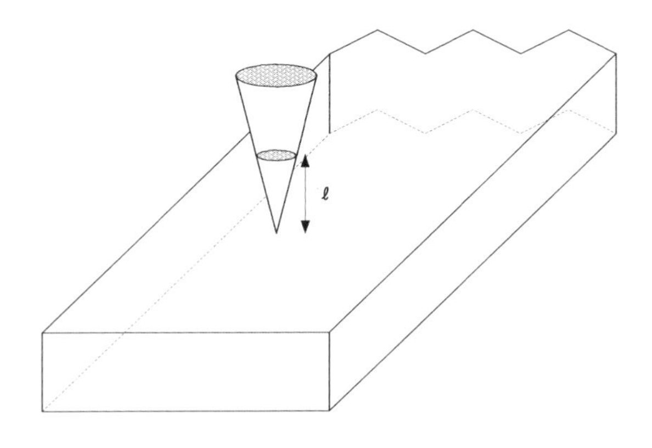

도파관의 넓은 면에서 도파관 내로 도체봉(post)을 삽입하면 도체봉에 의하여 전자계 분포가 변하게 되어 도파관 내에 삽입된 도체봉의 길이 l에 따라 도파관 내의 리액턴스가 변화하게 되며 $l > \frac{\lambda}{4}$이면 유도성을, $l < \frac{\lambda}{4}$이면 용량성을, $l = \frac{\lambda}{4}$이면 LC 직렬 공진 상태가 된다.

실전문제 1 도파관의 임피던스 정합 방법으로 맞지 않는 것은?

가. 스터브(stub)에 의한 방법
나. 창(window)에 의한 방법
다. 금속막대(post)에 의한 방법
라. 1/2파장 변성기에 의한 방법

답 라

3 임피던스 정합

임의의 입력 단과 출력 단을 연결할 때, 서로 다른 두 임피던스 차에 의한 반사를 줄이려는 방법을 임피던스 매칭(matching)이라 한다. 어떤 송전단으로부터 부하에 최대 전력을 전송하기 위해서는 부하와 송전단 내부 임피던스가 정합되어야 한다.

3.1 집중 정수 회로에 의한 정합

급전선의 임피던스(Z_0)와 안테나 임피던스(R)가 서로 다른 임피던스 부정합의 경우L,C 등으로 구성된 정합회로를 만들어 사용하는데 이를 집중정수 회로에 의한 정합이라 한다.

3.1.1 평행 2선식의 경우

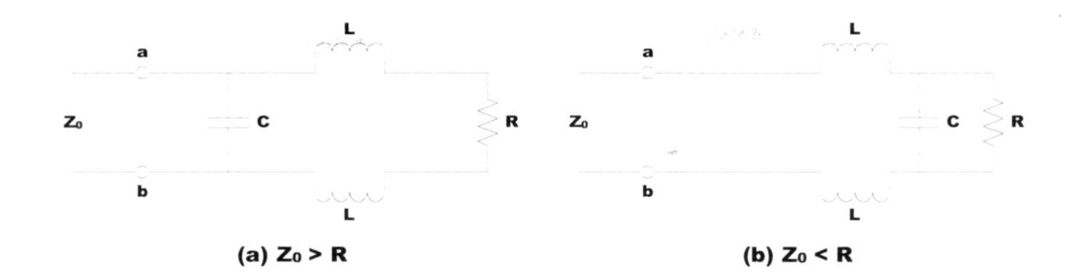

(a) $Z_0 > R$ (b) $Z_0 < R$

① $Z_0 > R$ **인 경우**

C는 항상 큰쪽에 위치하며($Z_0 > R$의 경우 Z_0쪽에)L과C 값은 다음과 같다.

$$L = \frac{1}{2\omega}\sqrt{R(Z_0 - R)},\ C = \frac{1}{Z_0\omega}\sqrt{\frac{Z_0 - R}{R}}$$

② $Z_0 < R$ **인 경우**

C는 항상 큰쪽에 위치하며($Z_0 < R$의 경우R쪽에)L과C 값은 다음과 같다.

$$L = \frac{1}{2\omega}\sqrt{Z_0(R - Z_0)},\ C = \frac{1}{R\omega}\sqrt{\frac{R - Z_0}{Z_0}}$$

3.1.2 동축케이블의 경우

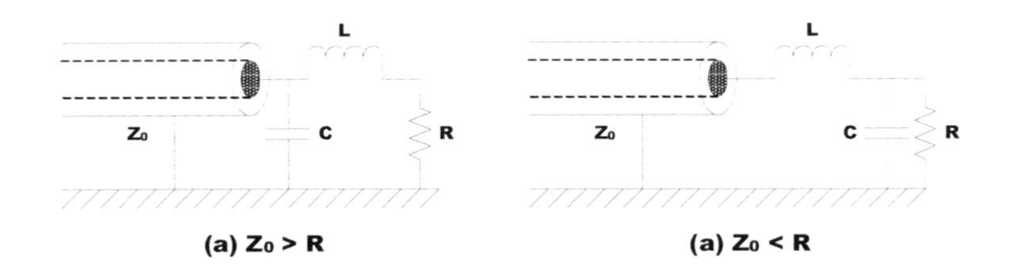

(a) $Z_0 > R$ (a) $Z_0 < R$

① $Z_0 > R$ **인 경우**

C는 항상 큰쪽에 위치하며($Z_0 > R$의 경우Z_0쪽에) L과C 값은 다음과 같다.

$$L = \frac{1}{\omega}\sqrt{R(Z_0 - R)}, \quad C = \frac{1}{Z_0\omega}\sqrt{\frac{Z_0 - R}{R}}$$

② $Z_0 < R$ **인 경우**

C는 항상 큰쪽에 위치하며($Z_0 < R$의 경우R 쪽에)L과C 값은 다음과 같다.

$$L = \frac{1}{\omega}\sqrt{Z_0(R - Z_0)}, \quad C = \frac{1}{R\omega}\sqrt{\frac{R - Z_0}{Z_0}}$$

3.2 분포 정수 회로에 의한 정합★★★

(1) $\frac{\lambda}{4}$ 임피던스 변환기(Q변성기)

급전선과 안테나 사이에 길이가 $\frac{\lambda}{4}$ 인 도선을 삽입하여 임피던스를 정합시키는 방법으로 평행 2선식 급전선과 동축 급전선 모두에 사용되며, 일명 Q-matching, Q 변성기, $\frac{\lambda}{4}$ 변성기 방법이라 하며 다음과 같은 경우가 있다.

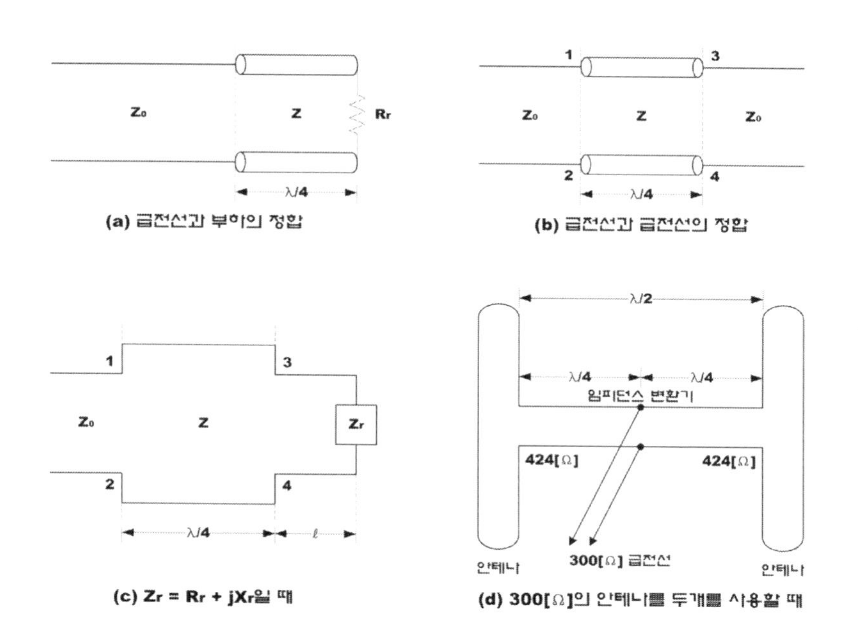

(a) 급전선과 부하의 정합

(b) 급전선과 급전선의 정합

(c) Zr = Rr + jXr일 때

(d) 300[Ω]의 안테나를 두개를 사용할 때

실전문제 1 그림은 $\frac{\lambda}{4}$ 결합기를 나타낸 것이다. 맞는 관계식은?

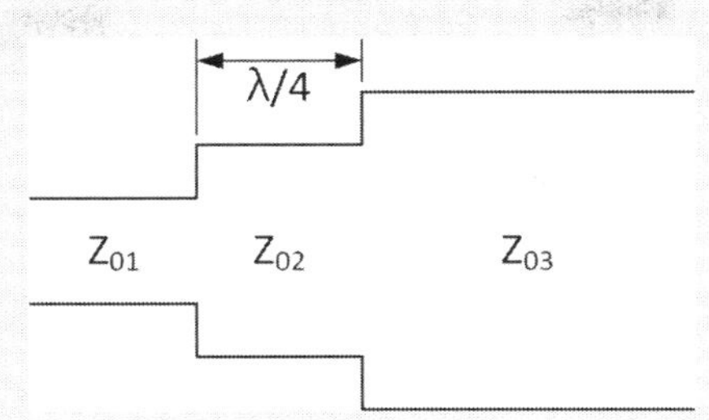

가. $Z_{03} = \sqrt{Z_{02} \cdot Z_{01}}$　　나. $Z_{02} = \sqrt{Z_{01} \cdot Z_{03}}$

다. $Z_{01} = \sqrt{Z_{02} \cdot Z_{03}}$　　라. $Z_{01} = Z_{02} \cdot Z_{03}$

해설

$\frac{\lambda}{4}$ 임피던스 변환기를 이용한 정합의 문제로 Z_{02}의 임피던스는 $\sqrt{Z_{01}Z_{03}}$ 가 되면 된다.

답 나

실전문제 2 그림과 같이 특성 임피던스가 $Z_1[\Omega]$인 급전선과 $Z_5[\Omega]$의 부하와 접합시키기 위하여 임피던스가 다른 3개의 $\frac{\lambda}{4}$ 도선을 삽입하였다. $\frac{\lambda}{4}$ 삽입 도선의 임피던스 Z_3는 얼마인가?

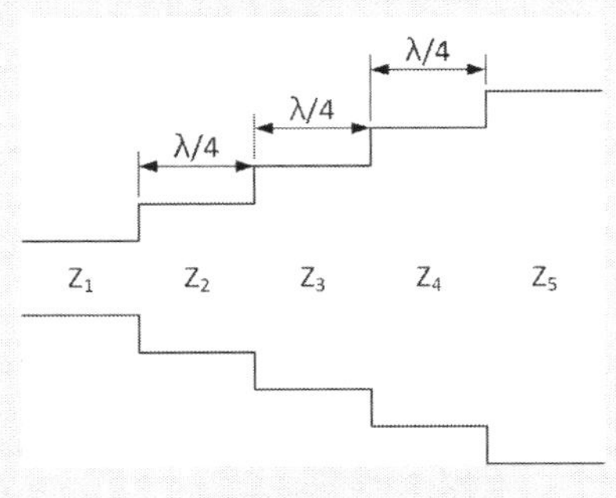

가. $\sqrt{Z_1 Z_4}$　　나. $\sqrt{Z_2 Z_5}$

다. $\sqrt{Z_1 Z_2 Z_4 Z_5}$　　라. $\sqrt{Z_1 Z_5}$

해설

$\frac{\lambda}{4}$ 임피던스 변환기를 이용한 정합의 문제로 Z_3의 임피던스는 $\sqrt{Z_1 Z_5}$ 가 되면 된다.

(Z_2, Z_4 는 $\frac{\lambda}{4}$ 임피던스 변환기의 임피던스이므로 고려하지 않아도 된다.)

답 라

(2) trap 회로(stub 정합)

선단을 단락한 길이 l 의 급전선을 stub 또는 단락 trap이라 하며, 이것을 부하로부터 $0 \sim \frac{\lambda}{4}$ 떨어진 어떤 곳에 연결시켜 급전선과 부하를 정합시키는 방법으로 평행 2선식 급전선과 안테나 정합에 주로 이용된다.

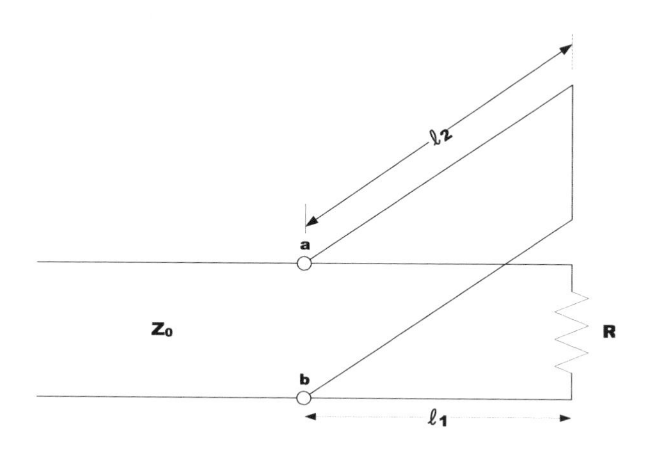

실전문제 1 안테나의 급전선(도파관)에 스터브(stub)를 다는 이유는?

가. 복사전력을 증폭시키기 위하여

나. 안테나의 지향성을 높이기 위하여

다. 안테나의 리액턴스 성분을 제거하여 임피던스를 정합시키기 위하여

라. 안테나의 서셉턴스 성분을 제거하여 대역폭을 증가시키기 위하여

해설

안테나의 리액턴스 성분을 제거하여 임피던스를 정합시키기 위하여 도파관에 스터브(stub)를 설치한다.

답 다

(3) Y형 정합(delta matching)

(4) 테이퍼 선로

(5) T형 정합

(6) gamma 정합

(7) omega 정합

실전문제 1 급전선과 안테나의 임피던스 정합 방법으로 사용되지 않는 것은?

가. $\frac{\lambda}{4}$ 임피던스 변환기 나. 스터브 튜너(stub tuner)

다. 다이플렉서(diplexer) 라. 테이퍼 선로(tapered line)

답 다

실전문제 2 다음 임피던스 정합방법 중 평행 2선식 급전선에 사용할 수 없는 방법은?

가. Y형 정합 나. stub에 의한 정합

다. taper에 의한 정합 라. gamma 정합

해설

gamma와 omega 정합은 동축 급전선에서 사용한다.

답 라

4 평형 · 불평형 변환회로(Balun)

불평형형 선로와 평형형 선로를 정합시키는데 사용 하는 것을 BALUN(BALance and UNbalace)이라 한다.

4.1 집중정수형 변환회로(Balun)

집중정수형 BALUN에는 크게 전자결합형과 위상변환형이 있다.

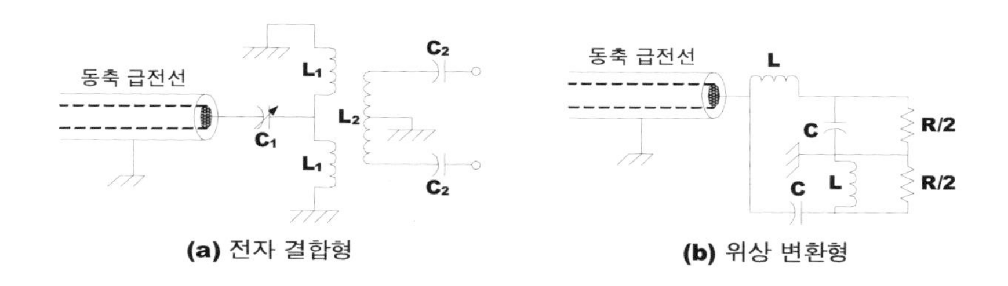

(a) 전자 결합형 (b) 위상 변환형

4.2 분포정수형 변환회로(Balun)

4.2.1 sperrtopf(저지투관) – 임피던스 변환비 1:1

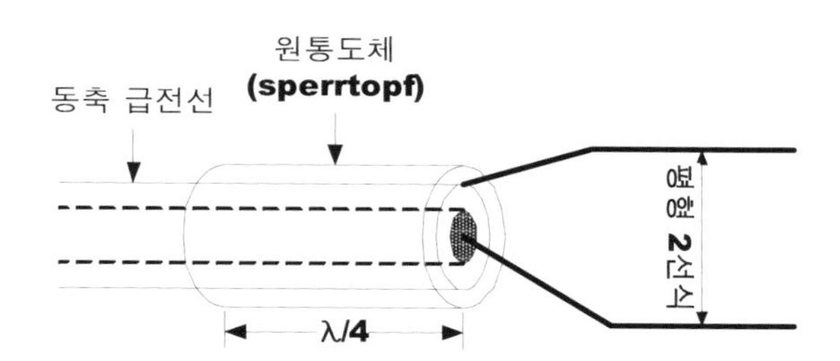

4.2.2 분기 도체에 의한 BALUN – 임피던스 변환비 1:1

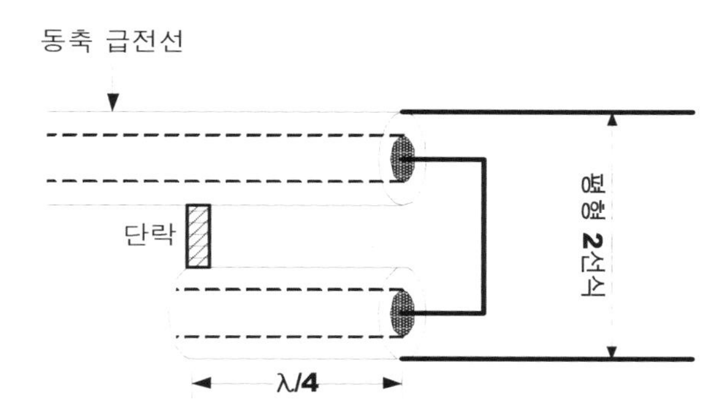

4.2.3 U자형 BALUN(반파장 우선회로 BALUN) – 임피던스 변환비 1:4

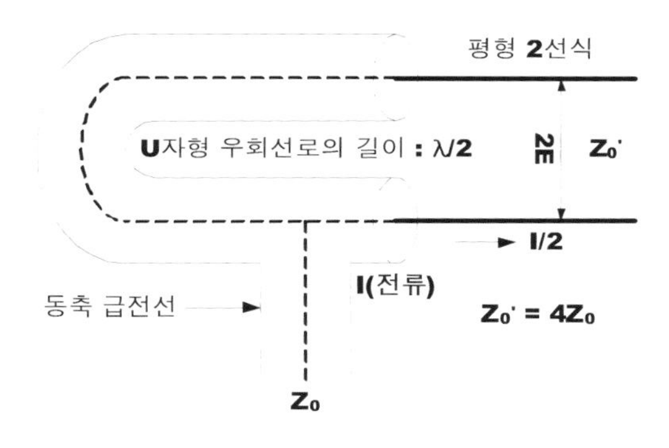

핵심기출문제

1. 급전선의 1차정수가 R, L, G, C 일 때 무왜(distortion)의 조건이 되면서 극소 감소의 조건이 되는 것은? (단, R:저항, L:인덕턴스, C:캐퍼시턴스, G:인덕턴스)

가. $\frac{C}{R}=\frac{L}{G}$ 나. $\frac{R}{C}=\frac{L}{G}$

다. $\frac{R}{G}=\frac{C}{L}$ 라. $\frac{R}{G}=\frac{L}{C}$

해설

※ 무손실 조건 ※ 무왜 조건
① R = G = 0 ⇒ LG = RC
② 고주파 선로(R≪ωL, G≪ωC)

2. 다음 중 무손실 선로에서 얻어지는 조건은 어느 것인가?

가. R=0, G=∞ 나. R=∞, G=0
다. R=∞, G=∞ 라. R=0, G=0

3. 무손실 선로의 등가 회로로서 옳은 것은?

가. 나.

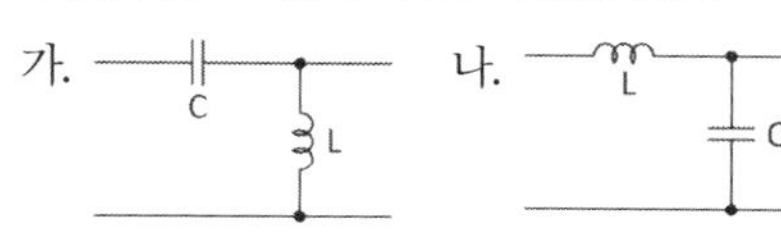

다. 라.

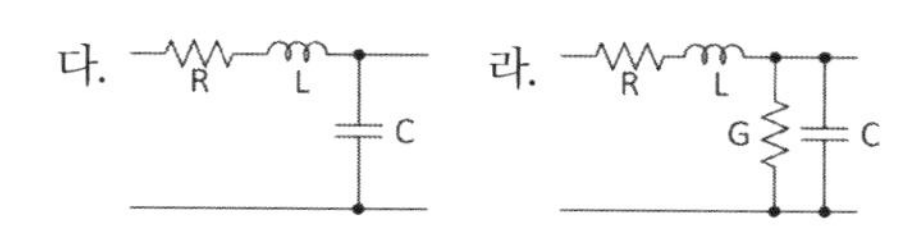

해설 분포정수회로의 등가회로는 다음과 같다.

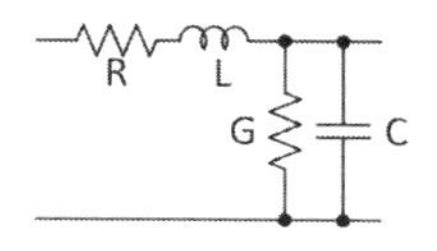

여기서 무손실 선로(R = G = 0) 조건을 만족한다면

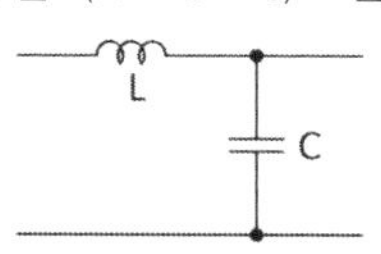

가 된다.
회로상에서 직렬 저항(R)= 0 은 단락을 의미하고, 병렬저항(G)=0 은 개방을 의미한다.

4. 전송 선로에서 무손실 선로(R = G = 0)일 때 특성 임피던스는?

가. $jw\sqrt{\frac{L}{G}}$ 나. $\frac{1}{jw}\sqrt{\frac{R}{C}}$

다. $\sqrt{\frac{L}{C}}$ 라. $\sqrt{\frac{C}{L}}$

해설 선로의 특성 임피던스는

$Z_0=\sqrt{\frac{Z}{Y}}=\sqrt{\frac{R+j\omega L}{G+j\omega C}}\,[\Omega]$ 여기서, R = G = 0

이면 $Z_0=\sqrt{\frac{L}{C}}$ 로 순저항 성분만 갖게된다.

5. 전송 회로에서 무손실인 경우 L=96[mH], C=0.6[μF]일 때의 특성 임피던스[Ω]는?

가. 100 나. 200
다. 300 라. 400

해설

$$Z_0=\sqrt{\frac{L}{C}}=\sqrt{\frac{96\times10^{-3}}{0.6\times10^{-6}}}=400\,[\Omega]$$

6. R≪ωL, G≪ωC가 성립되는 분포 정수 회로에서 감쇠 정수 α의 근사치는?

가. $\frac{R}{2}\sqrt{\frac{C}{L}}+\frac{G}{2}\sqrt{\frac{L}{C}}$

정답 1. 라 2. 라 3. 나 4. 다 5. 라 6. 가

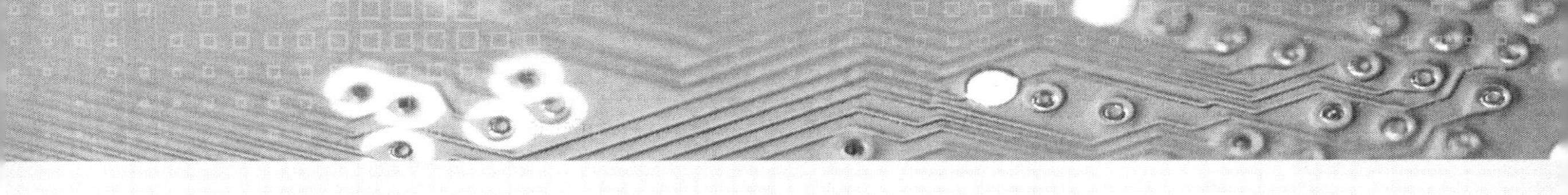

나. $\frac{L}{2}\sqrt{\frac{C}{L}}+\frac{C}{2}\sqrt{\frac{G}{L}}$

다. $2(R\sqrt{\frac{C}{L}}+G\sqrt{\frac{L}{C}})$

라. $\frac{R}{2}\sqrt{\frac{L}{C}}$

해설

감쇠정수$(\alpha)=\frac{1}{2}\sqrt{LC}(\frac{R}{L}+\frac{G}{C})$

$=\frac{1}{2}(\frac{R}{Zo}+GZo)$[Neper/m]

7. 고주파의 분포정수 회로에서 R≪L, G≪C라고 할 경우 위상정수의 표시로 옳은 식은?

가. $\beta=\sqrt{LC}$ 나. $\beta=\omega\sqrt{LC}$

다. $\beta=\frac{1}{\sqrt{LC}}$ 라. $\beta=\omega\frac{1}{\sqrt{LC}}$

해설

위상정수$(\beta)=\omega\sqrt{LC}=\frac{2\pi}{\lambda}$[rad/m]

8. 무한정 전송선로에 고주파 전압을 가한 경우 전송선에는 어떻게 되는가?

가. 반사파만 존재한다.

나. 진행파만 존재한다.

다. 반사파와 진행파가 존재한다.

라. 반사파와 진행파가 존재하지 않는다.

해설

무한정 전송선로에는 반사파는 존재하지 않고 진행파 성분만이 흐른다.

9. 특성 임피던스가 100[Ω]의 급전선에 부하 임피던스 200[Ω]이 연결되었을 때 수전단에서의 전압 반사계수는?

가. 0.33 나. 0.5

다. 30 라. 33

해설

$\Gamma=\left|\frac{Z_R-Z_0}{Z_R+Z_0}\right|$에서 $Z_0=100[\Omega]$,

$Z_R=200[\Omega]$이므로 $\Gamma=\left|\frac{200-100}{200+100}\right|=\frac{1}{3}$이 된다.

10. 그림과 같은 무손실 급전선에서 정재파 전압의 최대치가 600[V]라면 최소 전압은 얼마인가?

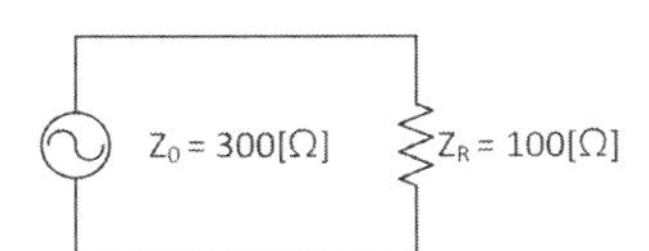

가. 200[V] 나. 300[V]

다. 400[V] 라. 600[V]

해설

$S=\frac{|V_{max}|}{|V_{min}|}=\frac{1+|\Gamma|}{1-|\Gamma|}=\frac{Z_0}{Z_R}$(단, $Z_R<Z_0$),

$S=\frac{|600|}{|V_{min}|}=\frac{Z_0}{Z_R}=\frac{300}{100}=3$, $\therefore V_{min}=200[v]$

11. 송신기에서 급전선으로 공급되는 전력이 100[W]일 때 반사되어 들어오는 전력은 4[W]이었다. 이 때의 전압 정재파비는 대략 얼마인가?

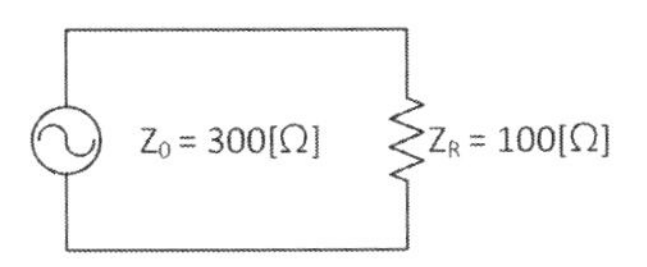

가. 1 나. 1.2 다. 1.5 라. 2

해설

$\Gamma=\frac{\text{수단의 반사 전압 or 전류}}{\text{수단의 입사 전압 or 전류}}$

$=\left|\frac{V_r}{V_f}\right|=\sqrt{\frac{4}{100}}=0.2$이며,

$S=\frac{1+|\Gamma|}{1-|\Gamma|}=\frac{1+|0.2|}{1-|0.2|}=1.5$이다.

정답 7. 나 8. 나 9. 가 10. 가 11. 다

핵심기출문제

12. 안테나를 전송선으로 급전할 때 안테나의 임피던스 $Z_a = 300[\Omega]$이고 급전선로의 특성임피던스 $Z_0 = 200[\Omega]$이라고 하면 부정합에 의하여 전송선에 정재파가 생긴다. 이때의 전압 정재파비(VSWR)는?

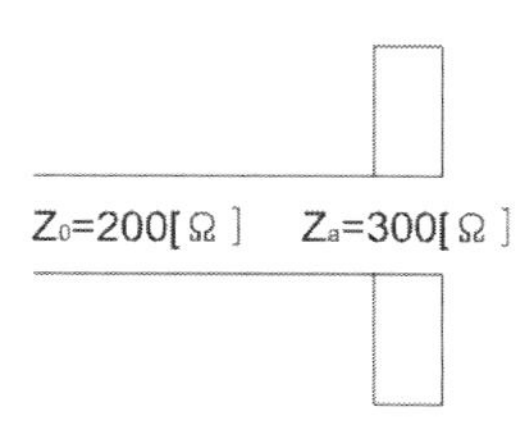

가. 1/5　　나. 5
다. 2/3　　라. 3/2

해설

$\Gamma(\text{반사계수}) = \left|\frac{Z_a - Z_0}{Z_a + Z_0}\right|$

$= \left|\frac{300-200}{300+200}\right| = 0.2$이며,

$S = \frac{1+|\Gamma|}{1-|\Gamma|} = \frac{1+|0.2|}{1-|0.2|} = \frac{3}{2}$이 된다.

13. 선로의 특성 임피던스 $Z_0 = 5[\Omega]$], 부하 임피던스 $Z_R = 10[\Omega]$인 선로에서 정재파비는 얼마인가?

가. 1　　나. 1.2
다. 1.4　　라. 2

해설

$S = \frac{|V_{max}|}{|V_{min}|} = \frac{1+|\Gamma|}{1-|\Gamma|} = \frac{Z_R}{Z_0}$

$(\text{단}, Z_R > Z_0) = \frac{10}{5} = 2$

14. 파동 임피던스가 75[Ω]인 급전선상의 전압 정재파비가 4라면, 전압 정재파의 파복에서 부하 측을 본 임피던스는?

가. 18.75[Ω]　　나. 75[Ω]
다. 300[Ω]　　라. 600[Ω]

해설

$S = \frac{|V_{max}|}{|V_{min}|} = \frac{Z_R}{Z_0}(\text{단, 전압정재파비})$

$= \frac{Z_R}{75} = 4, \therefore Z_R = 300[\Omega]$

15. 특성임피던스가 50[Ω]인 급전선에 복사 임피던스가 70 + j 40[Ω]인 안테나를 연결하였다. 급전선상의 전압 정재파비의 크기는 약 얼마인가?

가. 2　　나. 1.5
다. 1　　라. 0.5

해설

$S = \frac{|V_{max}|}{|V_{min}|} = \frac{Z_R}{Z_0}$

$(\text{단, 전압정재파비}) = \frac{Z_R}{50},$

$(Z_R = \sqrt{70^2+40^2} \fallingdotseq 80.6) \fallingdotseq 1.6$

16. 선로의 특성 임피던스(Impedance)를 Z_0, 부하 임피던스를 Z_R이라고 할 경우 정재파비가 1이라고 한다면 다음 중 어느 경우인가?

가. 반사파가 없을 경우
나. 반사계수가 1인 경우
다. $Z_0 \neq Z_R$인 경우
라. 진행파와 반사파의 크기가 같은 경우

해설

S=1인 의미?

① 반사파가 없다.(진행파만 존재한다)
② Γ=0 이다.
③ $Z_0 = Z_R$이다.

정답 12. 라　13. 라　14. 다　15. 나　16. 가

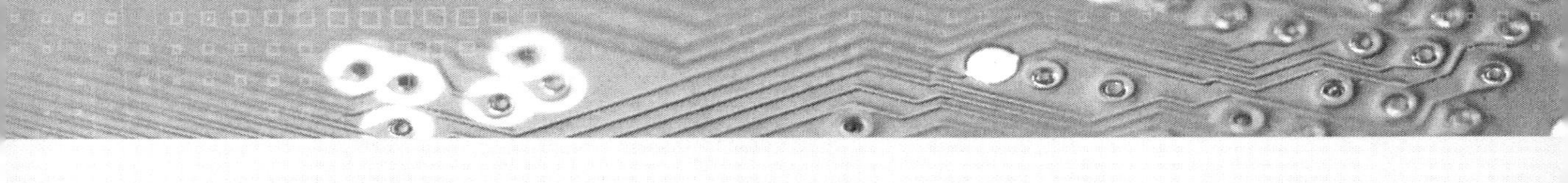

17. 정재파비(S.W.R) = 1일 때 도선에는 어떤 성분의 파가 실리게 되는가?

가. 정재파　　　나. 반사파
다. 진행파　　　라. 원편파

18. 전압 정재파비가 S인 급전선에서 부하의 입사전력 P_i와 부하에 공급되는 전력 P_L과의 비 $\frac{P_i}{P_L}$는 얼마인가?

가. 1/S2　　　나. (S-1)2/S
다. (S+1)2/4S　　　라. (S+1)2/S

해설

$$S = \frac{1+|\Gamma|}{1-|\Gamma|}, |\Gamma| = \frac{S-1}{S+1}, |\Gamma| = \sqrt{\frac{P_i - P_L}{P_i}}$$

$$\Rightarrow \therefore \frac{P_i}{P_L} = \frac{1}{1-\Gamma^2} = \frac{(S+1)^2}{4S}$$

19. 부하의 정규화 임피던스가 Z_n인 경우 무손실 급전선의 반사계수를 구하는 식은?(단, Z_0 : 선로의 특성 임피던스, Z_R : 종단 부하 임피던스)

가. $m = \frac{Z_n - 1}{Z_n + 1}$　　　나. $m = \frac{Z_n}{Z_n + Z_R}$
다. $m = \frac{Z_0 + Z_n}{Z_0 + Z_R}$　　　라. $m = \frac{Z_n}{Z_R + Z_0}$

해설

$$m = \left|\frac{Z_R - Z_0}{Z_R + Z_0}\right| = \left|\frac{\frac{Z_R}{Z_0} - 1}{\frac{Z_R}{Z_0} + 1}\right| = \left|\frac{Z_n - 1}{Z_n + 1}\right|$$

$$(\because \frac{Z_R}{Z_0} = Z_n)$$

20. 다음 중 진행파에 관한 특징으로서 옳지 않은 것은?

가. 선로의 특성 임피던스와 부하가 정합되어 있을 때 진행파가 발생한다.
나. 전류, 전압의 분포는 선로상의 어느 위치에서나 대체로 동일하다.
다. 전송 손실이 매우 적다.
라. 전류, 전압의 위상은 선로상의 어느 위치에서나 동일하다.

해설

진행파가 존재하기 위한 조건 및 특징	정재파가 존재하기 위한 조건 및 특징
① 정의:한방향으로만 진행하여 나아가는 파	진행파와 반사파가 섞인파
② 조건1:선로의 길이가 무한한 경우	선로의 길이가 짧은 경우
③ 조건2:임피던스 정합이 이루어진 경우(Zo=ZR)	임피던스 정합이 이루어지지 않은 경우(Zo≠ZR)
④ 특징1:선로의 길이 변화에 따라 전압, 전류의진폭은 일정하나 위상이 변한다.	선로의 길이 변화에 따라 전압, 전류의 위상은 일정하나 진폭이 변한다.
⑤ 특징2:전송 손실이 적다.	전송 손실이 크다.

21. 정재파를 설명하는데 옳지 못한 것은?

가. 한방향으로 진행하는 파이다.
나. 정합이 되어 있지 않았을 때 생기다.
다. 정재파가 크면 클수록 전송 손실이 크다.
라. 전류·전압의 위상은 선로상 어느점에서도 동일하다.

22. 진행파와 반사파가 있는 급전선은 어느 것인가?

가. 무한정 급전선
나. VSWR = 1 인 급전선
다. 정규화 부하 임피던스가 1인 급전선
라. 반사계수 1인 급전선

정답 17. 다　18. 다　19. 가　20. 라　21. 가　22. 라

핵심기출문제

해설

① 무한정 급전선⇒진행파만 존재
② VSWR = 1 인 급전선⇒정재파비가 1이다는 의미는 임피던스 정합이 이루어진 경우(Zo=ZR)이다.
③ 정규화 부하 임피던스가 1인 급전선
$\Rightarrow Z_n = \frac{Z_R}{Z_0} = 1, \therefore Z_R = Z_0$
④ 반사계수 1인 급전선⇒전반사를 의미한다.

23. 무손실 전송 신호(loss less transmission line)의 끝이 단락(short)된 경우 이 선로의 입력 임피던스는 얼마인가?

가. $Z_1 = -jZ_0 \tan\beta l$　　나. $Z_1 = jZ_0 \tan\beta l$
다. $Z_1 = jZ_0 \cot\beta l$　　라. $Z_1 = -Z_0 \cot\beta l$

해설

수단에서 l 떨어진 지점에서 부하측을 본 선로의 임피던스(Zs)는

$Z_s = Z_0 \frac{Z_R + jZ_0 tan\,\beta l}{Z_0 + jZ_R tan\,\beta l} [\Omega]$

① 수전단 단락($Z_R = 0$)인 경우
$Z_{SS} = jZ_0 tan\,\beta l [\Omega]$
② 수전단 개방($Z_R = \infty$)인 경우
$Z_{SO} = -jZ_0 cot\,\beta l [\Omega]$
$\therefore Z_O = \sqrt{Z_{SS} Z_{SO}}$ 가 된다.

24. 분포 정수 회로에서 수전단을 단락 또는 개방하였을 때 송전단에서 본 임피던스를 각각 Z_{ss}, Z_{so} 라고 한다면 이 선로의 특성 임피던스 Zo는 얼마인가?

가. $Z_0 = \frac{Z_{ss}}{Z_{so}}$　　나. $Z_0 = \frac{Z_{so}}{Z_{ss}}$
다. $Z_0 = \sqrt{Z_{ss} \cdot Z_{so}}$　　라. $Z_0 = Z_{ss} \cdot Z_{so}$

25. Z_0=60[Ω]의 $\frac{\lambda}{4}$ 길이 선로 송단에 80[Ω]의 순저항 부하가 접속 되었을 때 이 선로의 입력측에서 본 송단 임피던스는?

가. 12[Ω]　　나. 25[Ω]
다. 35[Ω]　　라. 45[Ω]

해설

수단에서 l 떨어진 지점에서 부하측을 본 선로의 임피던스(Z_s)는

$$Z_s = Z_0 \frac{Z_R + jZ_0 tan\,\beta l}{Z_0 + jZ_R tan\,\beta l} [\Omega]$$
$$= 60 \frac{80 + j60\, tan\frac{2\pi}{\lambda} \cdot \frac{\lambda}{4}}{60 + j80\, tan\frac{2\pi}{\lambda} \cdot \frac{4}{\lambda}}$$
$$= \frac{3600}{80} = 45[\Omega]$$

26. 급전선의 필요 조건이 아닌 것은?

가. 전송 효율이 좋을 것
나. 급전선의 파동 임피던스가 클 것
다. 송신용일 때는 절연 내력이 클 것
라. 유도 방해를 받거나 주지 말 것

해설 급전선의 필요조건

① 전송 효율이 좋을 것
② 급전선의 파동 임피던스가 적당할 것
③ 송신용의 경우 절연 내력이 클 것
④ 유도 방해를 주거나 받지 않을 것
⑤ 가격이 저렴하고 유지보수가 용이할 것

27. 평행 2선로에서 단위 길이당의 인덕턴스 L이 12[μH]이고, 정전용량 C가 500[pF]라 할 때 이 선로의 특성 임피던스는 어느 것인가? (단, 선로의 저항과 누설 컨덕턴스를 무시한다.)

가. 125[Ω]　　나. 135[Ω]
다. 145[Ω]　　라. 155[Ω]

정답 23. 나　24. 다　25. 라　26. 나　27. 라

해설

$$Z_0 = \sqrt{\frac{L}{C}} = \sqrt{\frac{12 \times 10^{-6}}{500 \times 10^{-12}}} \fallingdotseq 155[\Omega]$$

28. 아래 그림과 같은 무한히 긴 평행 2선식에서 D》 d 라 할 때 이 급전선의 특성 임피던스 식은?

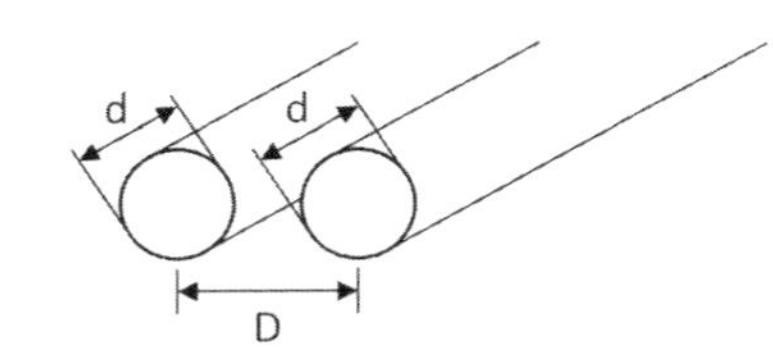

가. $277\log_{10}\frac{D}{2d}[\Omega]$　　나. $138\log_{10}\frac{2D}{d}[\Omega]$

다. $138\log_{10}\frac{D}{2d}[\Omega]$　　라. $277\log_{10}\frac{2D}{d}[\Omega]$

해설

$$Z_0 = \sqrt{\frac{L}{C}} = \frac{120}{\sqrt{\epsilon_s}}log_e\frac{2D}{d}$$
$$= \frac{276}{\sqrt{\epsilon_s}}log_{10}\frac{2D}{d}[\Omega]$$

(D : 두도선의 중심간의 거리, d : 도선의 직경)

29. 평행 2선식 급전선의 특성 임피던스는 다음 중 무엇에 의해서 정해지는가?

가. 선로의 길이
나. 선간 거리와 선의 굵기
다. 선의 굵기
라. 선간 거리

30. 평행2선식 급전선 중 특성임피던스가 가장 큰 것은?

가. 심선의 직경 1.2[mm], 선간격 10[cm]
나. 심선의 직경 1.2[mm], 선간격 20[cm]
다. 심선의 직경 2.9[mm], 선간격 10[cm]
라. 심선의 직경 2.9[mm], 선간격 20[cm]

해설

$$Z_0 = \frac{276}{\sqrt{\epsilon_s}}\log_{10}\frac{2D}{d}[\Omega]$$

(D : 두도선의 중심간의 거리, d : 도선의 직경),
$\frac{2D}{d}$가 클수록 Z_0가 크다.

31. 평행 2선식의 급전선의 감쇠 정수 α[dB/km]는?

가. $\alpha = 732\frac{\sqrt{f}}{d\,Z_0}$　　나. $\alpha = 276\frac{\sqrt{f}}{d\,Z_0}$

다. $\alpha = 732\frac{d}{Z_0}$　　라. $\alpha = 276\frac{d\sqrt{f}}{Z_0}$

32. 다음 조건이 정해졌을 때 동축 케이블의 특성 임피던스는 어느 것인가? (단, D:외부 도체의 직경, d:내부 도체의 직경)

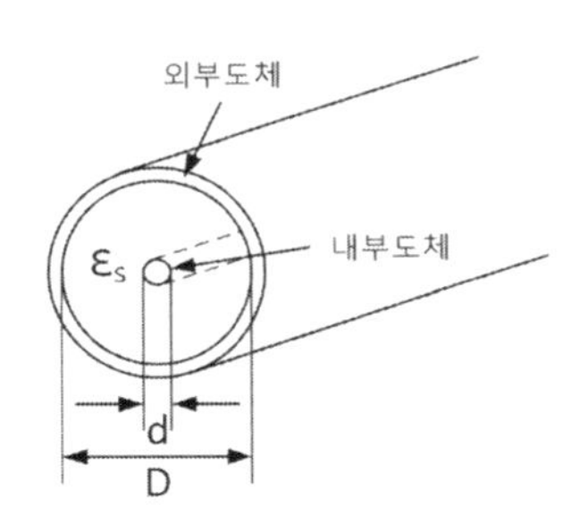

가. $Z_0 = \frac{276}{\sqrt{\epsilon_s}}log_{10}\frac{D}{d}\ [\Omega]$

나. $Z_0 = \frac{376}{\sqrt{\epsilon_s}}log_{10}\frac{D}{d}\ [\Omega]$

다. $Z_0 = \frac{138}{\sqrt{\epsilon_s}}log_{10}\frac{D}{d}\ [\Omega]$

라. $Z_0 = \frac{238}{\sqrt{\epsilon_s}}log_{10}\frac{D}{d}\ [\Omega]$

정답　28. 라　29. 나　30. 나　31. 가　32. 다

핵심기출문제

해설

$Z_0 = \sqrt{\frac{L}{C}} = \frac{60}{\sqrt{\epsilon_s}} log_e \frac{D}{d}$

$= \frac{138}{\sqrt{\epsilon_s}} log_{10} \frac{D}{d} [\Omega]$

(D : 두도선의 중심간의 거리, d : 도선의 직경)

33. 동축 케이블에 손실이 최소로 되는 조건을 구하면?

가. $\frac{D}{d} = 1.6$　　나. $\frac{D}{d} = 2.6$

다. $\frac{D}{d} = 3.6$　　라. $\frac{D}{d} = 4.6$

해설 감쇠를 가장 적게 하기 위한 내경과 외경의 비, 즉 최적비 $\frac{D}{d}$는 3.6이다.

34. 다음 그림은 동축케이블 급전선에 비유전율 2.3인 폴리 에틸렌을 절연물로 사용하였다. 이 급전선의 파동 임피던스는 얼마인가? (단, d=5.5[mm], D=19.8[mm])

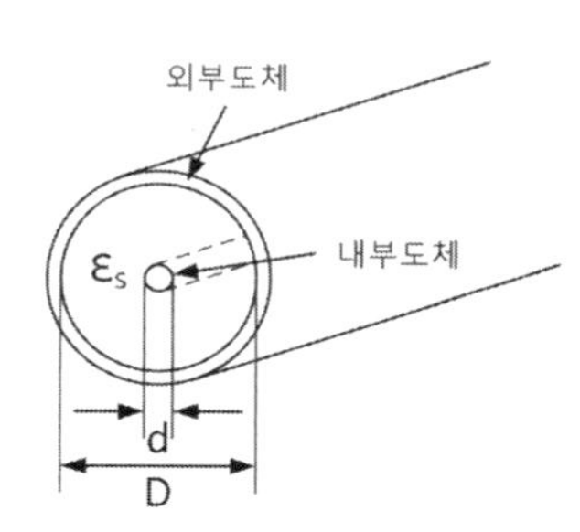

가. 50[Ω]　　나. 75[Ω]

다. 300[Ω]　　라. 600[Ω]

해설

$Z_0 = \frac{138}{\sqrt{\epsilon_s}} log_{10} \frac{D}{d}$

$= \frac{138}{\sqrt{2.3}} log_{10} \frac{19.8}{5.5} \fallingdotseq 50[\Omega]$

35. 동축케이블의 특성 임피던스는?(단, D : 외부도체의 지름 , d : 내부도체의 지름)

가. D가 클수록, d는 적을수록 커진다.

나. D가 적을수록, d는 클수록 커진다.

다. D와 d가 클수록 커진다.

라. D와 d가 적을수록 커진다.

36. 다음 중 동축급전선의 특징으로 옳은 것은?

가. 외부도체가 차폐역할을 하므로 복사손실은 없으나 외부전파의 영향은 막을 수 없다.

나. 외부도체 내경과 내부도체 직경의 비를 2.6으로 하면 전송손실을 최소화할 수 있다.

다. 극초단파 이하에서 주로 사용한다.

라. 적어도 두 개의 도체로 구성되어 있으므로 TEM모드의 전송이 불가능하다.

해설 동축급전선의 특징

① VHF대에서 가장 널리 사용된다.(50Ω, 75Ω)
② 평행 2선식 급전선에 비해 특성 임피던스가 낮다.
③ 특성 임피던스가 낮으므로 동일전력을 전송하는 경우 평행2선식 급전선보다 선간 전압이 낮도 된다.
④ 외부도체를 접지하여 사용하므로 외부로부터 유도방해를 거의 받지 않는다.
⑤ 내압을 높여 대전력에도 사용할 수 있으나 이때는 내경과 외경을 크게 하거나 특수하게 만들어야 한다.(내압에 약하여 대전력 전송에 부적합하다.)
⑥ 감쇠를 가장 적게 하기 위한 내경과 외경의 비, 즉 최적비($\frac{D}{d}$)는 3.6이다.
⑦ 특성 임피던스Z_0와 전파속도v를 이용하여 단위 길이 당 인덕턴스와 정전용량을 구할 수 있다.

정답 33. 다　34. 가　35. 가　36. 다

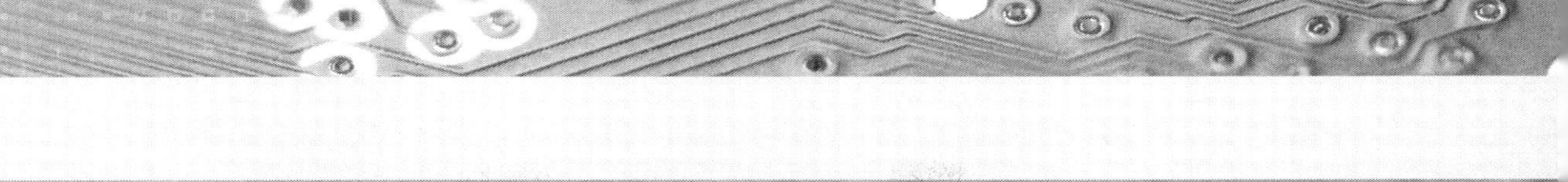

37. 급전선에 관한 설명 중 옳지 않은 것은?

가. 특성 임피던스는 주파수와 관계가 없다.
나. 동축 급전선이 평행 2선식 보다 특성 임피던스가 적다.
다. 평행 2선식이 동축 급전선보다 단위 길이 당 손실이 더 크다.
라. 길이에 따라 특성 임피던스가 달라진다.

해설 선로의 특성 임피던스는

$$Z_0 = \sqrt{\frac{Z}{Y}} = \sqrt{\frac{R + j\omega L}{G + j\omega C}}\,[\Omega]$$

여기서, $R = G = 0$ 이면 $Z_0 = \sqrt{\frac{L}{C}}$ 로 길이에 따라 달라지지 않는다.

38. 다음 중 잘못된 것은?

가. 동축 케이블은 불평형형이고 외부도체는 접지한다.
나. 평행 2선식은 folded dipole과 직접 연결하여 사용할 수 있다.
다. 동축 케이블은 평행 2선식보다 높은 주파수를 사용할 수 있다.
라. 평행 2선식 급전선의 특성 임피던스는 $Z_0 = 277\log_{10}\frac{D}{2d}[\Omega]$ 이다. (D는 간격, d는 선로의 직경이다.)

해설
평행2선식 급전선의 특성 임피던스는 $Z_0 = 277\log_{10}\frac{2D}{d}[\Omega]$ 이다.

39. 평행2선식 급전선이 동축급전선 보다 잘 사용되지 않고 있다. 그 이유로 가장 적합한 것은?

가. 건설비가 비싸고 수리가 어렵다.
나. 특성임피던스가 낮아서 정합회로가 복잡해진다.
다. 유도방해가 있으며 간격의 유지 등 취급이 불편하다.
라. 대전력용으로 매우 부적합하다.

해설

평행2선식 급전선	동축 급전선
특성 임피던스가 높다 (200~600Ω)	특성 임피던스가 낮다 (50~80Ω)
유도 방해에 약하다.	유도 방해에 강하다.
충격에 약하다.	충격에 강하다.
복사 손실이 크다.	복사 손실이 적다.
설치비가 싸고 고장수리가 간단하다.	설치비가 비싸고 고장수리가 어렵다.
내압에 강하다.	내압에 약하다.

40. 동축케이블에 비하여 도파관의 특징으로서 옳지 않은 것은?

가. 차단 파장이 없다.
나. 전송 전력이 크다.
다. 방사 손실이 없다.
라. 유전체 손실이 적다.

해설 도파관의 특징
① 도체에 의한 저항 손실이 적다.
② 유전체 손실이 적다.
③ 복사(방사) 손실이 적다.
④ 대전력 전송이 가능하다.
⑤ 외부의 신호와 완전 격리가 가능하다.
⑥ 고역 여파기(HPF)의 역할을 한다.(특유의 차단파장(λ_c)이 있다.)

정답 37. 라 38. 라 39. 다 40. 가

핵심기출문제

41. 도파관의 설명 중 틀린 것은?

가. 주파수가 높을수록 저항손실과 유전체 손실이 커진다.
나. 고역통과필터의 일종으로 볼 수 있다.
다. 전송할 수 있는 파장은 모드에 따라 다르다.
라. 각 모드마다 대응하는 하나의 차단파장이 존재한다.

해설
주파수가 높을수록 저항손실과 유전체 손실이 적다.

42. TE(Transverse Electronic)파의 설명 중 잘못 된 것은?

가. 전계 E만이 진행 방향에 대해서 완전히 직각이다.
나. 자계 H는 진행 방향의 성분이 있는 파이다.
다. E파라고도 한다.
라. 도파관에 있어서 전송 자태(mode)이다.

해설
도파관 내에 존재하는, 즉 도파관 내를 전송하는 전자계는 크게 TE mode와 TM mode가 있다.
① TE mode : 전파의 진행방향(Z 방향)에 전계가 존재하지 않는 전자계로($E_z = 0$), 전계는 Z 방향의 직각에 존재하고 Z 방향에는 자계가 존재하는 파로 H 파(M파)라 한다.
② TM mode : 전파의 진행방향(Z 방향)에 자계가 존재하지 않는 전자계로($H_z = 0$), 자계는 Z 방향의 직각에 존재하고 Z 방향에는 전계가 존재하는 파로 E 파라 한다.

43. 차단 파장 λ_c가 10[㎝]인 구형 도파관 5,000[㎒]의 전파를 전송할 때 관내 파장 λ_g는 얼마인가?

가. 5.0[㎝] 나. 7.5[㎝]
다. 6.0[㎝] 라. 10.0[㎝]

해설

$$\lambda_c = 0.1[m],\ \lambda = \frac{C}{f} = \frac{3\times10^8}{5000\times10^6} = 0.06[m],$$

$$\therefore \lambda_g = \frac{\lambda}{\sqrt{1-\left(\frac{\lambda}{\lambda_c}\right)^2}} = \frac{0.06}{\sqrt{1-\left(\frac{0.06}{0.1}\right)^2}} = 0.075[\mathrm{m}]$$

44. 구형 도파관의 단면 양변이 a, b일 때 TE_{11}파의 차단 파장 λ_c는?

가. $2a$ 나. $\frac{2a}{a^2+b^2}$
다. $\frac{2ab}{\sqrt{a^2+b^2}}$ 라. ab

해설 구형도파관의 차단파장은

$$\lambda_c = \frac{2\sqrt{\epsilon_s\mu_s}}{\sqrt{\left(\frac{m}{a}\right)^2+\left(\frac{n}{b}\right)^2}}$$ (a:장변, b:단변)

이므로 TE_{11}의 차단파장은 $m=1,\ n=1$ 이므로 $\lambda_c = \frac{2ab}{\sqrt{a^2+b^2}}$가 된다.

45. 단면이 a×b인 구형 도파관이 있다. 주 모드(dominant mode)에 대한 차단 파장 λ_c는? (단, a>b 이다.)

가. ab/2 나. 2ab
다. 2a 라. 4a

해설
구형도파관의 주모드는 TE_{10}모드와 TM_{11}모드 이므로 $\lambda_c = \frac{2}{\sqrt{\left(\frac{m}{a}\right)^2+\left(\frac{n}{b}\right)^2}}$에서 TE_{10} mode의 경우 $\lambda_c = 2a$이고 TM_{11} mode의 경우 $\lambda_c = \frac{2ab}{\sqrt{a^2+b^2}}$가 된다.

정답 41. 가 42. 다 43. 나 44. 다 45. 다

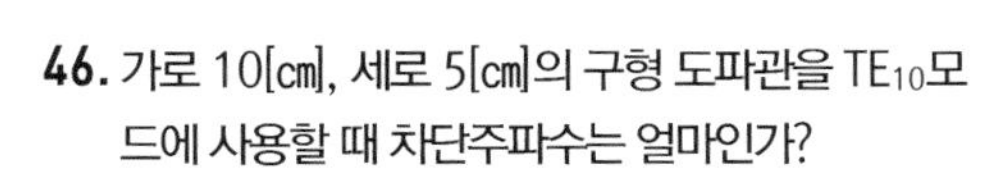

46. 가로 10[cm], 세로 5[cm]의 구형 도파관을 TE_{10}모드에 사용할 때 차단주파수는 얼마인가?

가. 100[MHz] 나. 1,000[MHz]
다. 1,500[MHz] 라. 3,000[MHz]

해설
구형도파관의 TE_{10}모드의 차단파장은
$\lambda_c = 2a$이다.
a:장변이므로
$\lambda_c = 20[\text{cm}] = 0.2[m]$,
$\therefore f_c = \dfrac{C}{\lambda_c} = \dfrac{3\times10^8}{0.2} = 1,500[\text{MHz}]$

47. 구형도파관의 장변 (a)과 단변 (b)의 길이가 각각 그림과 같을 때 기본 모드의 차단 주파수 f_c는 몇 [Hz]인가? (단, a = 6[cm], b = 3[cm])

가. 2.5[GHz] 나. 20[GHz]
다. 50[GHz] 라. 250[GHz]

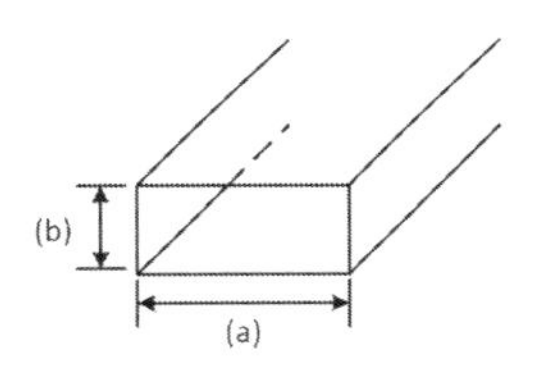

해설
구형도파관의 TE_{10}모드의 차단파장은
$\lambda_c = 2a$이다.
a:장변이므로
$\lambda_c = 2\times6[\text{cm}] = 0.12[m]$,
$\therefore f_c = \dfrac{C}{\lambda_c} = \dfrac{3\times10^8}{0.12} = 2.5[\text{GHz}]$

48. 다음 중 차단파장이 가장 긴 모드는?

가. TE_{01} 모드 나. TE_{11} 모드
다. TM_{11} 모드 라. TM_{01} 모드

해설

종류	기본 모드	차단 모드
원형 도파관	TE_{01}	1.64r
	TM_{11}	1.64r
	TE_{11}	3.41r
	TM_{01}	2.61r

49. 도파관의 특성 임피던스는? (단, 관내는 매질이 공기이고 TE_{10}이다.)

가. $Z_0 = \dfrac{377}{\sqrt{1-(\dfrac{\lambda}{\lambda_c})^2}}$

나. $Z_0 = 377\sqrt{1-(\dfrac{\lambda}{\lambda_c})^2}$

다. $Z_0 = \dfrac{377}{\sqrt{1-(\dfrac{\lambda_c}{\lambda})^2}}$

라. $Z_0 = 377\sqrt{1-(\dfrac{\lambda_c}{\lambda})^2}$

해설
도파관의 특성임피던스(Z_0)는
① H파(TE모드) : $Z_0 = \dfrac{377}{\sqrt{1-(\dfrac{\lambda}{\lambda_c})^2}}$
② E파(TM모드) : $Z_0 = 377\sqrt{1-(\dfrac{\lambda}{\lambda_c})^2}$ 이다.

50. 도파관에 관한 설명으로 옳지 않은 것은?

가. 도판관은 차단 주파수 이하의 주파수는 모두 통과시키지 않는다.
나. 구형 도파관의 기본 자태는 TE_{01}모드이다.
다. 원형 도파관의 기본 모드는 TE_{11}모드이다.
라. 관내 파장은 자유 공간에서의 파장보다 길다.

해설
구형 도파관의 기본 자태(모드)는 TE_{10}모드와 TM_{11}모드이다.

정답 46. 다 47. 가 48. 나 49. 가 50. 나

핵심기출문제

51. 극초단파 이상의 전송선로로 도파관이 쓰이는 이유는?

가. 동축케이블 보다 감쇠가 적기 때문에.
나. 관내 파장이 자유공간 파장 보다 길기 때문에.
다. 차단 주파수 이하의 신호는 통과시키지 않기 때문에.
라. 부정합 상태에서 정재파가 생기지 않기 때문에.

해설

극초단파 이상의 전송선로로 도파관이 쓰이는 이유는
① 도체에 의한 저항 손실이 적다.
② 유전체 손실이 적다.
③ 복사(방사) 손실이 적다.
④ 대전력 전송이 가능하다.
⑤ 외부의 신호와 완전 격리가 가능하다.
(참고) 고역 여파기(HPF)의 역할을 한다(특유의 차단 파장(λc)이 있다.)는 도파관의 특징이긴 하나 극초단파 이상의 전송선로로 도파관이 쓰이는 이유는 아니다.

52. 다음 동조 급전선의 설명 중 잘못 된 것은?

가. 급전선상에 정재파를 실어 급전한다.
나. 송신기와 안테나의 거리가 가까울 경우 사용한다.
다. 장거리 전송에도 손실이 적고 전송 효율이 높다.
라. 정합 장치가 필요 없다.

해설

동조급전	비동조급전
① 정의 : 급전선의 길이와 사용파장과 일정한 비례관계를 갖게하여 급전하는 방법	급전선의 길이에 제약을 받지 않고 급전하는 방법으로 급전점에 정합회로를 설치한다.
② 특징:정합장치가 불필요하다.	정합장치가 필요하다.
③ 특징:급전선상에 정재파가 존재한다.	급전선상에 진행파가 존재한다.
④ 특징:전송효율이 나빠 장거리 전송에 부적합하다.	전송효율이 높아 장거리 전송에 적합하다.
⑤ 특징:평형형 급전선만 사용할 수 있다.	평형형, 불평형 급전선 모두 사용할 수 있다.

53. 다음 그림과 같이 6[㎒]의 반파장 안테나의 끝에서 전압 급전을 하고자 한다. 급전선 l의 최소 길이는 얼마인가?

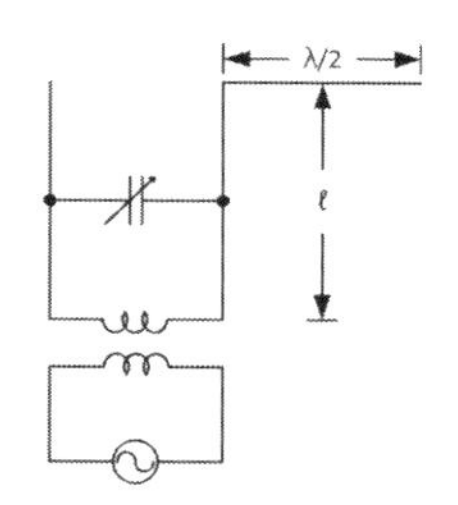

가. 10[m] 나. 15[m]
다. 25[m] 라. 30[m]

해설

동조급전의 경우 급전선의 길이는 다음과 같은 절차에 의하여 구한다.
① 안테나의 길이를 보고 전압급전인지 전류급전인지를 알아낸다.
- 안테나길이가 $\frac{\lambda}{4}$ 의 우수배(즉, $\frac{\lambda}{2}$)인점이 급전점일때⇒전압급전
- 안테나길이가 $\frac{\lambda}{4}$ 의 기수배(즉, $\frac{\lambda}{4}$)인점이 급전점일때⇒전류급전

② 수전단의 동조회로를 보고 급전선의 길이를 결정한다.
- 전압급전 – 직렬 공진회로 : 급전선 길이는 $\frac{\lambda}{4}$ 의 기수배(즉, $\frac{\lambda}{4}$)
  병렬 공진회로 : 급전선 길이는 $\frac{\lambda}{4}$ 의 우수배(즉, $\frac{\lambda}{2}$)
- 전류급전 – 병렬 공진회로 : 급전선 길이는 $\frac{\lambda}{4}$ 의 기수배(즉, $\frac{\lambda}{4}$)
  직렬 공진회로 : 급전선 길이는 $\frac{\lambda}{4}$ 의 우수배(즉, $\frac{\lambda}{2}$)

※ 다음 문제는 전압급전이며 병렬 공진회로 이므로 급전선의 길이는 $\frac{\lambda}{2}$가 된다.

정답 51. 가 52. 다 53. 다

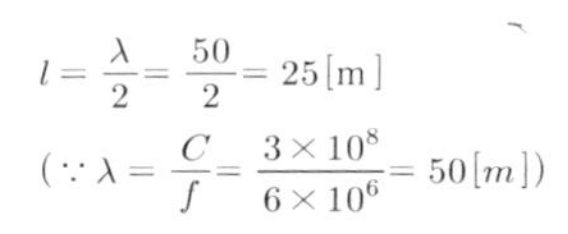

$l = \frac{\lambda}{2} = \frac{50}{2} = 25[m]$

$(\because \lambda = \frac{C}{f} = \frac{3 \times 10^8}{6 \times 10^6} = 50[m])$

54. 그림과 같은 반파장 안테나에서 급전선의 최소 길이 l은 얼마인가? (단, 파장은 10[m]이고 동조 급전 방식이다.)

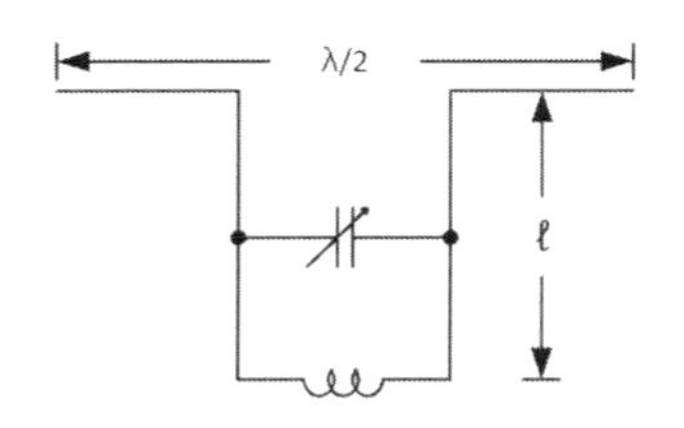

가. 2.5[m]　　나. 5[m]
다. 7.5[m]　　라. 10[m]

해설
다음 문제는 전류급전이며 병렬 공진회로 이므로 급전선의 길이는 $\frac{\lambda}{4}$가 된다.

$l = \frac{\lambda}{4} = \frac{10}{4} = 2.5[m](\because \lambda = 10[m])$

55. 다음의 동조급전 방식에 대한 설명 중 옳은 것은?

가. 송신기와 안테나 사이의 거리가 멀수록 많이 사용한다.
나. 전압급전일 때 직렬공진의 급전회로를 사용하려면 급전선의 길이를 $\lambda/4$의 기수배로 사용한다.
다. 전류급전일 때 병렬공진의 급전회로를 사용하려면 급전선의 길이를 $\lambda/4$의 우수배로 사용한다.
라. 임피던스 정합회로를 사용하므로 진행파가 급전된다.

해설 동조급전의 경우
① 송신기와 안테나 사이의 거리가 가까울 때 사용한다.
② 전압급전 - 직렬 공진회로 : 급전선 길이는 $\frac{\lambda}{4}$의 기수배(즉, $\frac{\lambda}{4}$)로 사용한다.
③ 전류급전 - 병렬 공진회로 : 급전선 길이는 $\frac{\lambda}{4}$의 기수배(즉, $\frac{\lambda}{4}$)로 사용한다.
④ 동조급전에서는 정합회로를 사용하지 않는다.

56. 동조 급전선에서 송신기의 결합회로와 급전선과의 접속점이 정재파 전류의 파복이 되는 경우에는 결합회로의 공진회로는 어떻게 해야 하나?

가. 직병렬 공진회로　　나. 병렬 공진회로
다. 직렬 공진회로　　라. 직결합 회로

해설 동조급전의 경우
• 전류급전 - 병렬 공진회로 : 급전선 길이는 $\frac{\lambda}{4}$의 기수배(즉, $\frac{\lambda}{4}$)
• 직렬 공진회로 : 급전선 길이는 $\frac{\lambda}{4}$의 우수배(즉, $\frac{\lambda}{2}$)

57. 급전점이 전류 정재파의 파복이 되는 것은?

가. 동조급전　　나. 비동조급전
다. 전류급전　　라. 전압급전

58. 다음에서 비동조 급전선의 설명 중 맞지 않는 것은?

가. 정합장치가 필요하다.
나. 전송 효율이 좋고 구간이 긴 경우 적합하다.
다. 급전선의 길이에는 사용 파장과 무관하다.
라. 급전선상에 정재파를 실린다.

해설
비동조급전는 급전선상에 진행파만 존재한다.

정답 54. 가　55. 나　56. 다　57. 다　58. 라

핵심기출문제

59. 다음 중 동조 급전선과 비동조 급전선에 대한 설명 중 틀린 것은?

가. 정재파가 분포되어 있는 급전선을 동조 급전선이라고 한다.
나. 비동조 급전선은 동조 급전선보다 전력의 손실이 크다.
다. 진행파로 여진되는 급전선을 비동조 급전선이라 한다.
라. 비동조 급전선은 동조 급전선보다 전력의 손실이 적다.

해설
비동조 급전선은 동조 급전선보다 전력의 손실이 적다.

60. 급전선과 안테나 간을 정합하는 이유 중 맞지 않은 것은?

가. 최대 전력을 전송한다.
나. 급전선의 손실 증가를 막는다.
다. 정재파비를 크게 한다.
라. 부정합 손실이 적다.

해설
급전선과 안테나 간을 정합하는 이유는 최대 수신전력을 얻기위함이며 정재파비는 적을 수록 좋다.

61. 파동저항 $R_o[\Omega]$인 비동조 급전선으로 안테나에 전력을 공급하는 경우에 안테나 전력 P[W]은 어느 것인가? (단, 급전선의 고주파 전류의 최대치는 I_{max}, 최소치는 I_{min} 이다.)

가. $I_{max} \cdot R_0 / I_{min}$ 나. $I_{max}^2 \cdot R_0$
다. $I_{max} \cdot I_{min} \cdot R_0$ 라. $(I_{max} \cdot I_{min}) / R_0$

해설
$P = I^2 R_0 \fallingdotseq I_{max} I_{min} R_0$

정답 59. 나 60. 다 61. 다 62. 나 63. 라

62. 특성 임피던스가 300[Ω]인 무손실 선로에 흐르는 전류의 최대값이 600[mA]이고 최소값이 200[mA]일 때, 이 선로에서 전송되고 있는 전력은 몇 [W]인가?

가. 20[W] 나. 36[W]
다. 46[W] 라. 56[W]

해설
$P = I_{max} \cdot I_{min} \cdot R_0$
$= 600 \times 10^{-3} \times 200 \times 10^{-3} \times 300 = 36[W]$

63. 특성 임피던스 $Z_0 = 3 + j2[\Omega]$인 부하에 반사파 없이 최대전력을 전달하려면 다음 중 어떤 특징의 선로를 접속해야 하는가?

가. 저항이 10[Ω], 리액턴스가 -10[Ω]인 선로
나. 저항이 3[Ω], 리액턴스가 -10[Ω]인 선로
다. 저항이 10[Ω], 리액턴스가 -2[Ω]인 선로
라. 저항이 3[Ω], 리액턴스가 -2[Ω]인 선로

해설
어떤 송전단으로부터 수전단으로 최대 전력을 전송하기 위해서는 수전단 임피던스 ($Z_R = R_R + jX_R$) 와 송전단 내부 임피던스($Z_s = R_s + jX_s$)가 정합이 되어야 한다. 이때 정합조건은 $R_s = R_R$, $X_s = -X_R$이며,
최대 전력은 $P_{max} = \frac{V_s^2}{4R_s} = \frac{V_s^2}{4R_R}[W]$이다.

64. 그림과 같은 도선의 길이가 $\frac{\lambda}{4}$ 인 선단을 단락할 경우 ab점에서 본 임피던스는? (단, λ는 전류의 파장임.)

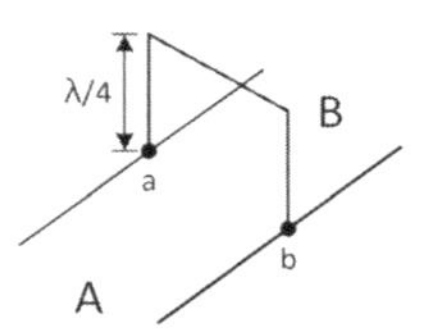

가. 0　　　　　　　　나. 유도성
다. 용량성　　　　　　라. ∞

해설

수단에서 l 떨어진 지점에서 부하측을 본 선로의 임피던스(Zs)는

$Z_S = Z_0 \frac{Z_R + jZ_0 tan\,\beta l}{Z_0 + jZ_R tan\,\beta l}[\Omega]$ 이므로

⇒ 수전단 단락($Z_0 = 0$)인 경우

$(\beta l = \frac{2\pi}{\lambda} \cdot \frac{\lambda}{4} = \frac{\pi}{2})$

$Z_{ss} = jZ_0 tan\,\beta l[\Omega] = j\infty$

65. A점에서 f(파장 λ) 및 2f를 동시에 공급하면 B쪽에는 어떤 주파수의 파가 나타나는가?

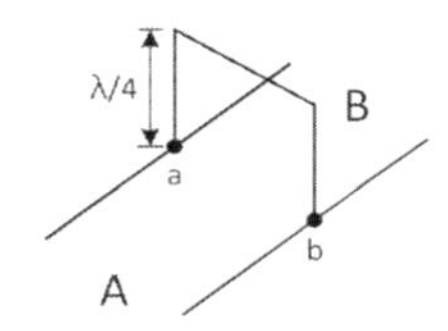

가. f
나. 2f
다. f와 2f
라. 아무것도 나타나지 않는다.

해설

수전단 단락($Z_R = 0$)인 경우 수단에서 l 떨어진 지점에서 부하측을 본 선로의 임피던스(Z_S)는 $Z_{ss} = jZ_0 tan\beta l[\Omega]$ 이므로 ① A점에서 f라는 신호를 B점으로 공급할때는 $\beta l = \frac{2\pi}{\lambda} \cdot \frac{\lambda}{4} = \frac{\pi}{2}$가 되므로 트랩쪽 저항은 $Z_{ss} = jZ_0 tan\beta l[\Omega] = j\infty$가 된다. ② A점에서 2f라는 신호를 B점으로 공급 할 때는 $\beta l = \frac{2\pi}{\lambda} \cdot \frac{\lambda}{2} = \pi$가 되므로 트랩쪽 저항은 $Z_{ss} = jZ_0 tan\beta l[\Omega] = 0$가 된다. 신호는 저항이 적은 쪽으로 흐르게 되므로 B점에서는 f만이 나타나게 된다.

66. 평행 2선식 선로에 λ/4단락 트랩을 설치하였을 때 출력 측에서는 다음 어떤 전류의 성분이 제거되는가?

가. 평형 전류　　　　나. 불평형 전류
다. 진행파 전류　　　라. 정재파 전류

해설

트랩의 설치목적은 급전선과 부하저항을 정합시켜 반사파를 없애 최대 수신전력을 얻는데 있다.

67. 그림은 $\frac{\lambda}{4}$ 변성기를 나타낸 것이다. 알맞은 것은?

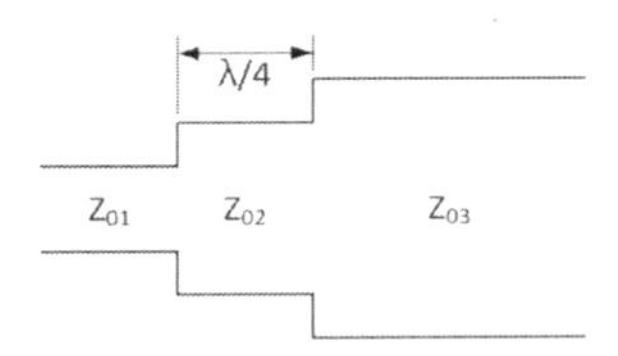

가. $Z_{01} = \sqrt{Z_{02} \cdot Z_{03}}$　　나. $Z_{01} = \sqrt{Z_{02} + Z_{03}}$
다. $Z_{03} = \sqrt{Z_{01} \cdot Z_{02}}$　　라. $Z_{02} = \sqrt{Z_{01} \cdot Z_{03}}$

해설

급전선과 안테나 사이에 길이가 $\frac{\lambda}{4}$인 도선을 삽입하여 임피던스를 정합시키는 방법을 $\frac{\lambda}{4}$ 임피던스 변환기(Q변성기)라 한다. Q변성기의 임피던스 값은 $Z_{02} = \sqrt{Z_{01} \cdot Z_{03}}$ 가 된다.

68. 안테나의 급전점 임피던스가 75[Ω]인 반파장 안테나와 특성 임피던스가 600[Ω]인 평행 2선식 선로를 $\frac{\lambda}{4}$ 임피던스 변환기로서 정합시키고자 할 때 특성 임피던스는?

가. 110[Ω]　　　　나. 210[Ω]
다. 310[Ω]　　　　라. 410[Ω]

정답 65. 가　66. 라　67. 라　68. 나

핵심기출문제

해설

$\frac{\lambda}{4}$ 임피던스 변환기의 임피던스 값은

$Z_{02} = \sqrt{Z_{01} \cdot Z_{03}} = \sqrt{75 \times 600} \fallingdotseq 212.1[\Omega]$이 된다.

69. 특성임피던스 600[Ω] 및 150[Ω]의 선로를 임피던스 변성기로 정합시키고자 한다. 파장이 λ일 때 삽입해야 할 선로의 특성임피던스와 길이는?

가. 75[Ω], λ/2　　나. 300[Ω], λ/3
다. 300[Ω], λ/4　　라. 377[Ω], λ/4

해설

Q변성기의 길이는 $\frac{\lambda}{4}$이며 임피던스 값은

$Z_{02} = \sqrt{Z_{01} \cdot Z_{03}} = \sqrt{600 \times 150} = 300[\Omega]$이 된다.

70. 다음 중 안테나의 정합 회로에 해당되지 않는 것은?

가. 전력 분배 회로　　나. 테이퍼 회로
다. T형 정합 회로　　라. Y형 정합 회로

해설

안테나의 정합방법은 ①집중정수회로에 의한 방법(L, C를 직접 회로에 삽입하여 정합하는 방법)과 ②분포정수회로에 의한 방법(트랩에 의한 방법, $\frac{\lambda}{4}$ 임피던스 변환기에 의한 방법, 테이퍼 정합, T형 정합,Y형 정합, gamma 정합등이 있다.

71. 다음 임피던스 정합방법 중 평행 2선식 급전선에 사용할 수 없는 방법은?

가. Y형 정합
나. stub에 의한 정합
다. taper에 의한 정합
라. gamma 정합

해설

gamma 정합:T형 정합의 반만을 사용하여 급전선과 안테나와의 정합에 이용하는 방법으로, 동축 급전선과 안테나와의 정합에 사용된다.

72. 안테나의 급전선(도파관)에 스터브(stub)를 다는 이유는?

가. 복사전력을 증폭시키기 위하여
나. 안테나의 지향성을 높이기 위하여
다. 안테나의 리액턴스 성분을 제거하여 임피던스를 정합시키기 위하여
라. 안테나의 서셉턴스 성분을 제거하여 대역폭을 증가시키기 위하여

해설

도파관 정합 방법으로는 ①$\frac{\lambda}{4}$임피던스 변환기에 의한 정합 ②stub(분기)에 의한 정합 ③도파관 창(window)에 의한 정합 ④도체봉(post)에 의한 정합등이 있다.

73. 분포 정수 회로를 이용한 평형 · 불평형 변환 회로에 해당되지 않는 것은?

가. 전자 결합형
나. 분기 도체
다. 저지투관(Sperrtopf)
라. 반파장 우회 선로(U자형)

해설

평형 불평형 변환(BALUN) 회로에는 ①집중정수회로에 의한 BALUN 회로(전자결합형,위상변환형) ②분포정수회로에 의한 BALUN 회로(저지투관(Sperrtopf), 분기 도체,반파장 우회 선로(U자형))등이 있다.

74. 도파관의 정합 방법 중 도체봉(Post)에 의한 정합 방법이 있는데, 도체봉의 길이 l를 $\frac{\lambda}{4}$보다 작게 할 경우 어떠한 성분이 되는가? (단, λ는 파장이다.)

가. 유도성　　나. 직렬 공진 상태
다. 병렬 공진 상태　　라. 용량성

정답 69. 다　70. 가　71. 라　72. 다　73. 가　74. 라

해설

도파관 내에 삽입된 도체봉의 길이 l에 따라 도파관 내의 리액턴스가 변화하게 되며 $l > \frac{\lambda}{4}$ 이면 유도성을, $l < \frac{\lambda}{4}$ 이면 용량성을, $l = \frac{\lambda}{4}$ 이면 LC 직렬 공진 상태가 된다.

75. 다음은 도파관 창을 이용한 리액턴스 소자에 대한 회로와 그 등가 회로이다. 맞게 나타낸 것은?

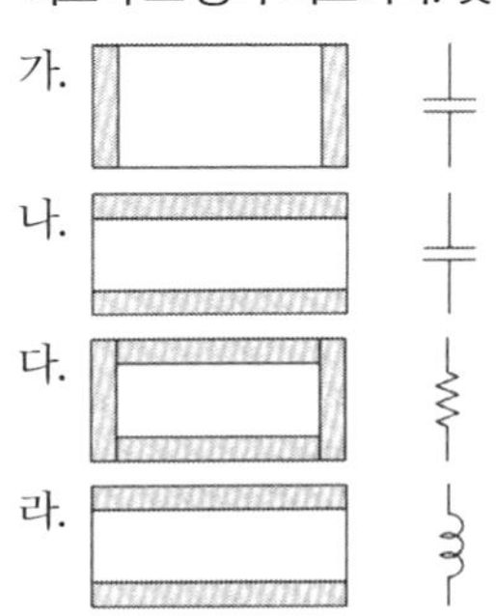

해설

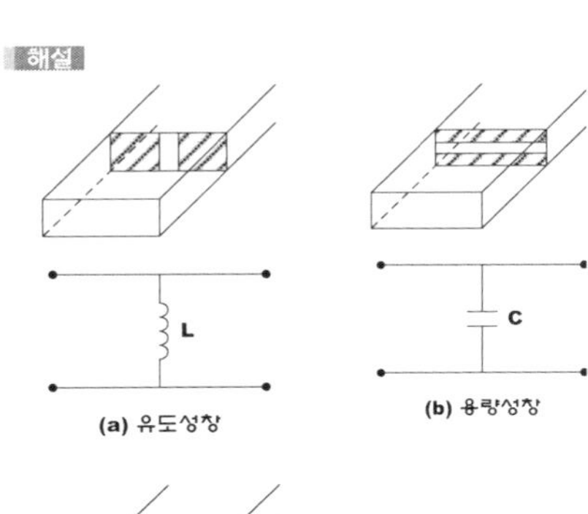

(a) 유도성창 (b) 용량성창

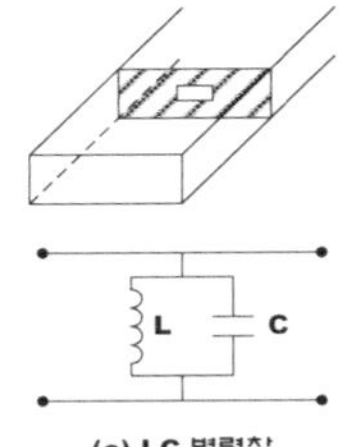

(c) LC 병렬창

76. 도파관 창(wave window)의 목적은?

가. 도파관내의 반사파를 감쇠시켜 정재파를 감소시킨다.
나. 도파관내의 임피던스를 변화시켜 정재파비를 1에 가깝게 한다.
다. 도파관내의 진행파를 방해하여 출력을 조절한다.
라. 도파관의 보호를 위한 차단망이다.

해설

도파관 창의 목적은 도파관내의 임피던스를 변화시켜 정합하는데 있다. 정합이 이루어지면 반사파가 없어지고 정재파비는 1에 가깝게 된다.

77. 도파관의 임피던스 정합방법으로 맞지 않는 것은?

가. 스터브(stub)에 의한 방법
나. 창(window)에 의한 방법
다. 금속막대(post)에 의한 방법
라. 1/2파장 변성기에 의한 방법

해설

도파관 정합 방법으로는 ① $\frac{\lambda}{4}$ 임피던스 변환기에 의한 정합 ② stub(분기)에 의한 정합 ③도파관 창(window)에 의한 정합 ④도체봉(post)에 의한 정합등이 있다.

78. 동축케이블에서 구형 도파관에 전력을 급전할 경우 여진 방법으로 해당되지 않는 것은 어느 것인가?

가. 스터브(stub)에 의한 여진
나. 정전결합에 의한 여진
다. 작은 루프 안테나에 의한 여진
라. 전자 결합에 의한 여진

해설

도파관 여진 방법으로는 ①정전적 결합에 의한 여진 ②전자적 결합에 의한 여진 ③작은 루프 안테나에 의한 여진 등이 있다.

정답 75. 나 76. 나 77. 라 78. 가

핵심기출문제

79. 도파관창의 용도로서 맞지 않은 것은?

가. 임피던스 정합용 소자로서 사용한다.
나. 도파관용 필터로 사용한다.
다. 공동공진기에서 출력을 얻는데 사용한다.
라. 도파관의 여진용으로 사용한다.

해설
도파관창은 여진용으로는 쓰이지 않는다.

정답 79. 라

CHAPTER 3

안테나 이론

1 임피던스 정합
2 미소 다이폴(short-wire, short-dipole)
3 각종 안테나 공식
4 안테나의 고유 주파수
5 복사 저항과 안테나의 효율
6 실효면적
7 지향 특성
8 안테나의 이득
9 수신 안테나의 특성

1 임피던스 정합★★★

(1) 정합의 필요성

급전선에서 수전단으로 최대 전송 효율을 얻기 위함이다. (최대 수신 전력을 얻기 위함이다.)

(2) 정합조건

수전단 임피던스($Z_R = R_R + jX_R$)와 송전단 내부 임피던스($Z_s = R_s + jX_s$)의 정합 조건은 $R_s = R_R$,$X_s = -X_R$이며, 최대전력(Pmax)은 $P_{max} = \frac{V_s^2}{4R_s} = \frac{V_s^2}{4R_R}[W]$가 된다.

실전문제 1 특성 임피던스 $Z_0 = 3 + j2[\Omega]$인 부하에 반사파 없이 최대전력을 전달하려면 다음 중 어떤 특징의 선로를 접속해야 하는가?

가. 저항이 10[Ω], 리액턴스가 -10[Ω]인 선로
나. 저항이 3[Ω], 리액턴스가 -10[Ω]인 선로
다. 저항이 10[Ω], 리액턴스가 -2[Ω]인 선로
라. 저항이 3[Ω], 리액턴스가 -2[Ω]인 선로

해설

수전단 임피던스($Z_R = R_R + jX_R$)와 송전단 내부 임피던스($Z_s = R_s + jX_s$)의 정합 조건은 $R_s = R_R$, $X_s = -X_R$이다.

답 라

2 미소 다이폴(short-wire, short-dipole)

두 개의 작은 금속 구를 사용파장에 비해 매우 짧고 대단히 얇은 도선으로 연결한 것으로 일명 헤르츠 다이폴(Hertz dipole, Hertz doublet)이라고도 한다.

(1) 미소 다이폴 안테나의 방사전계★★

길이 l 인 미소 다이폴로 부터 복사된 전자파가 거리 r만큼 떨어진 지점에서의 전계는

$$E_\theta = j\frac{60\pi Il}{\lambda r}(1+\frac{1}{j\beta r}-\frac{1}{\beta^2 r^2})\sin\theta[V/m]$$

① $\beta r \ll 1 \Rightarrow$ 정전계가 주성분 (정전계 〉 유도계 〉 복사계)

② $\beta r \gg 1 \Rightarrow$ 복사계가 주성분 (복사계 〉 유도계 〉 정전계)

③ $\beta r=1$ 일 때 (즉, $r=\frac{\lambda}{2\pi}=0.16\lambda$) $\Rightarrow$ 복사계 = 유도계 = 정전계인 점이된다.

즉, 안테나로부터 거리가 $\frac{\lambda}{2\pi}(=0.16\lambda)$ 이내에서는 정전계가 주가 되고 $\frac{\lambda}{2\pi}(=0.16\lambda)$ 이후에는 복사계가 주가 됨을 의미한다.

실전문제 1 주파수 10[MHz]에 대한 전기적 미소다이폴의 복사전계가 그 정전계보다 이론상 커지는 것은 송신 안테나에서 대략 얼마만큼 떨어진 곳에서 부터인가?

가. 5[m] 나. 10[m]

다. 15[m] 라. 30[m]

해설 ① r〈0.16λ ⇒ 정전계 성분이 주가된다.

② r=0.16λ⇒ 복사계 = 유도계 = 정전계인 점이된다.

③ r〉0.16λ ⇒ 복사계 성분이 주가된다.

따라서, $\lambda=\frac{C}{f}=\frac{3\times10^8}{10\times10^6}=30[m]$, $\therefore 0.16\times30=4.8[m]$

답 가

3 각종 안테나 공식★★★

(1) Hertz dipole 안테나

① 실효길이(effective length, h_e)

$$h_e = l \ [m]$$

② 전계강도(E)

$$E_\theta = \frac{60\pi Il}{\lambda r} sin\theta [V/m] \ (\theta=90° \text{ 일 때 최대복사 방향})$$

$$E_\theta = \frac{60\pi I h_e}{\lambda r} sin\theta [V/m] \ (l = h_e)$$

③ 복사전력 및 복사저항

$$P_r = 80\pi^2 (\frac{Il}{\lambda})^2 [W]$$

$$R_r = 80\pi^2 (\frac{l}{\lambda})^2 [\Omega]$$

④ E와 P_r의 관계식

$$E = \frac{\sqrt{45P_r}}{r} = \frac{6.7\sqrt{P_r}}{r} [V/m]$$

실전문제 1 미소 다이폴로부터 복사되는 전계의 세기는?

가. 파장에 반비례하고 거리에 비례하는 크기를 갖는다.

나. 파장에 비례하고 거리에 반비례하는 크기를 갖는다.

다. 파장과 거리에 비례하는 크기를 갖는다.

라. 파장과 거리에 반비례하는 크기를 갖는다.

해설

길이l 인 미소 다이폴로 부터 복사된 전자파가 거리 r 만큼 떨어진 지점에서의 전계(E)는 $E = \frac{60\pi Il}{\lambda r} sin\theta$ 이다. 그러므로 전계는 파장과 거리에 반비례 크기를 갖는다.

답 라

실전문제 2 미소 다이폴 안테나에서 발생된 전계 강도를 계산하는 식은?
(Pr : 급전 전력, R : 안테나로 부터 떨어진 거리)

가. $7\sqrt{P_r}/R$　　나. $7\sqrt{45P_r}/R$

다. $49\sqrt{P_r}/R$　　라. $\sqrt{45P_r}/R$

해설

안테나 종류	전계강도와 복사전력 관계
미소 다이폴 안테나	$E=\frac{\sqrt{45P_r}}{r} \fallingdotseq \frac{6.7\sqrt{P_r}}{r}$
$\lambda/4$ 수직접지 안테나	$E=\frac{7\sqrt{2P_r}}{r} \fallingdotseq \frac{9.8\sqrt{P_r}}{r}$
$\lambda/2$ 수평비접지 안테나	$E=\frac{7\sqrt{P_r}}{r}$
등방성 안테나	$E=\frac{\sqrt{30P_r}}{r}$

답 라

실전문제 3 길이 0.5[m]의 미소 다이폴 안테나에 60[MHz], 전류를 10[A] 흘렸을 때 복사전력은 약 얼마인가?

가. 290[W]　　나. 350[W]

다. 790[W]　　라. 870[W]

해설 $\lambda=\frac{C}{f}=\frac{3\times10^8}{60\times10^6}=5[m]$, $P_r=80\pi^2\left(\frac{Il}{\lambda}\right)^2=80\pi^2\left(\frac{10\times0.5}{5}\right)^2 \fallingdotseq 790[w]$

답 다

실전문제 4 미소 다이폴(dipole) 안테나에서 복사전력은?
(단, I:안테나 전류, l:다이폴 안테나의 길이, λ:파장)

가. $P_r=60\pi^2\left(\frac{Il}{\lambda}\right)^2$[W]　　나. $P_r=60\pi^2\left(\frac{Il}{\lambda}\right)$[W]

다. $P_r=80\pi^2\left(\frac{Il}{\lambda}\right)^2$[W]　　라. $P_r=80\pi^2I^2\left(\frac{l}{\lambda}\right)$[W]

답 다

(2) $\frac{\lambda}{4}$ 수직접지 안테나

지상에 수직인 도체를 접지시키고 기저부에 고주파 전력을 공급하는 형태의 안테나를 수직접지 안테나라고 한다.

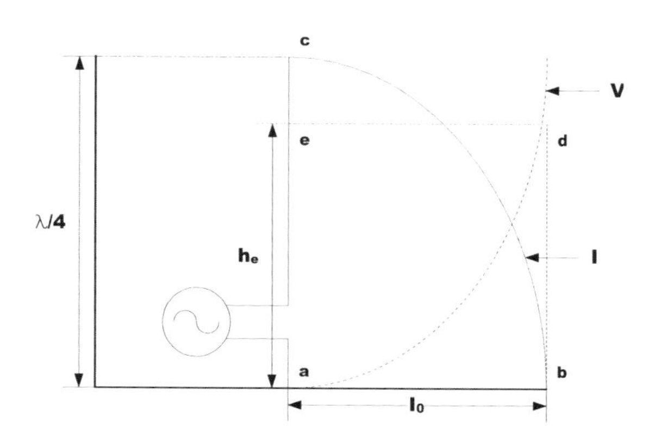

안테나의 기저부를 $x = 0$로 하여 전류 분포를 나타내면 $I_x = I_o \cos\frac{2\pi}{\lambda}x$(단, I_o : 기저부의 전류)가 되어 전류의 분포는 cosine분포를 이루며, 기저부의 전류는 최대(I_o), 선단에서의 전류는 최소값(o)을 갖는다.

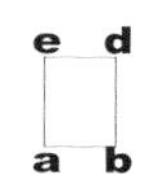

① **실효고(effective height)**

실제 안테나에 흐르는 전류분포( )와 기저부 전류I_o를 밑변으로 한 실제의 전류분포와 같은 면적( )이 되도록 취한 높이 h_e를 실효고라 한다.

$$h_e \cdot I_0 = \int_0^{\frac{\lambda}{4}} I_x\, dx = \int_0^{\frac{\lambda}{4}} I_o \cos\frac{2\pi}{\lambda}x\,dx$$

$$h_e = \frac{\lambda}{2\pi}\left[\sin\frac{2\pi}{\lambda}x\right]_0^{\frac{\lambda}{4}} = \frac{\lambda}{2\pi}[m]$$

② **전계강도(E)**

미소 dipole 안테나 : $E = \frac{60\pi Il}{\lambda r} sin\theta [V/m]$

수직접지 안테나($l = 2h_e$) : $E = \frac{120\pi Ihe}{\lambda r} sin\theta [V/m]$

$\frac{\lambda}{4}$ 수직접지 안테나($h_e = \frac{\lambda}{2\pi}$) : $E = \frac{60I}{r} sin\theta [V/m]$

③ **복사전력 및 복사저항**

미소 dipole 안테나 : $P_r = 80\pi^2 (\frac{Il}{\lambda})^2 [W]$

수직접지 안테나($l = 2h_e$ /반구면; $\frac{1}{2}$)

$P_r = \frac{1}{2} \cdot 80\pi^2 (\frac{I \cdot 2he}{\lambda})^2 [W] = 160\pi^2 (\frac{I \cdot he}{\lambda})^2 [W]$

$\frac{\lambda}{4}$ 수직접지 안테나($h_e = \frac{\lambda}{2\pi}$)

$P_r = 36.56 I^2 [W]$

$R_r = 36.56 [\Omega]$

④ **E와 P_r의 관계식**

$$E = \frac{7\sqrt{2P_r}}{r} = \frac{9.8\sqrt{P_r}}{r} [V/m]$$

실전문제 1 λ/4 수직접지 안테나에서 안테나의 기저부 전류가 10[A]일 때, 60[㎞]떨어진 점의 전계강도 E는? (단, 1[㎶/m]를 0[dB]로 함)

가. 10[㏈] 나. 20[㏈] 다. 40[㏈] 라. 80[㏈]

해설

$E = \frac{60I}{r} = \frac{60 \cdot 10}{60 \times 10^3} = 0.01 [V/m]$이며,

$20\log\frac{E}{1\mu V/m} = 20\log\frac{1 \times 10^{-2}}{1 \times 10^{-6}} = 80[dB]$이 된다.

답 라

실전문제 2 주파수 1.5[㎒]용인 1/4파장 수직접지 공중선의 실효고는?

가. 약 25[m]　　나. 약 32[m]
다. 약 44[m]　　라. 약 64[m]

해설

$\frac{\lambda}{4}$ 수직접지 안테나의 실효고(h_e)는

$h_e = \frac{\lambda}{2\pi} = \frac{200}{2\pi} \fallingdotseq 32[m]$, $\lambda = \frac{C}{f} = \frac{3\times10^8}{1.5\times10^6} = 200[m]$ 이다.

답 라

실전문제 3 $\frac{1}{4}$파장 수직접지 안테나에 있어서 실제 안테나의 길이가 16[m]일 경우 이 안테나의 실효 높이는?

가. 약 0.6[m]　　나. 약 5.1[m]
다. 약 10.2[m]　　라. 약 12.2[m]

해설

$\frac{\lambda}{4}$ 안테나의 파장은 $l = \frac{\lambda}{4}$에서 $\lambda = 4l = 4\times16 = 64[m]$이다.

$\therefore$ 실효고$(h_e) = \frac{\lambda}{2\pi} = \frac{64}{2\pi} \fallingdotseq 10.2[m]$가 된다.

답 라

(3) $\frac{\lambda}{2}$ 수평비접지 안테나

$\frac{\lambda}{4}$ 안테나 2개를 회로 적으로 접속시킨 형태로서 두 직선도체를 축방 향으로 일치시켜놓고 그 중앙에서 급전하는 형태의 안테나로 dipole 혹은 doublet 안테나라고 한다.

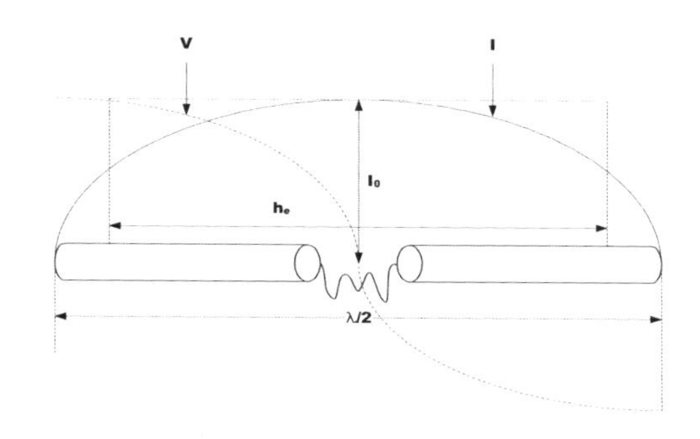

① **실효고(he)**

$$he \cdot Io = \int_{-\frac{\lambda}{4}}^{\frac{\lambda}{4}} I_x\, dx = \int_{-\frac{\lambda}{4}}^{\frac{\lambda}{4}} I_o \cos\frac{2\pi}{\lambda}x dx$$

$$h_e = \frac{\lambda}{2\pi}[\sin\frac{2\pi}{\lambda}x]_{-\frac{\lambda}{4}}^{\frac{\lambda}{4}} = \frac{\lambda}{\pi}[m]$$

② **전계강도(E)**

미소 dipole 안테나 : $E = \frac{60\pi Il}{\lambda r} sin\theta [V/m]$

수평비접지 안테나($l = h_e$) : $E = \frac{60\pi Ihe}{\lambda r} sin\theta [V/m]$

$\frac{\lambda}{2}$ 수평비접지 안테나($h_e = \frac{\lambda}{\pi}$) : $E = \frac{60I}{r} sin\theta [V/m]$

③ **복사전력 및 복사저항**

미소 dipole 안테나 : $P_r = 80\pi^2 (\frac{Il}{\lambda})^2 [W]$

수편비접지 안테나($l = h_e$)

$P_r = 80\pi^2 (\frac{Ihe}{\lambda})^2 [W]$

$\frac{\lambda}{2}$ 수평비접지 안테나($h_e = \frac{\lambda}{\pi}$)

$P_r = 73.13 I^2 [W]$

$R_r = 73.13 [\Omega]$

④ **E와 Pr의 관계식**

$$E = \frac{7\sqrt{P_r}}{r} [V/m]$$

실전문제 1 반파장 다이폴(dipole) 안테나의 실효길이는? (단, λ 는 파장)

가. λ/π　　나. π/λ　　다. $2\lambda/\pi$　　라. $2\pi/\lambda$

해설

안테나 종류	전계강도와 복사전력 관계
λ/4 수직접지 안테나	$h_e = \frac{\lambda}{2\pi}[m]$
λ/2 수평비접지안테나	$h_e = \frac{\lambda}{\pi}[m]$
역 L형 안테나	$h_e = \frac{h(h+2l)}{2(h+l)}[m]$
loop 안테나	$h_e = \frac{2\pi AN}{\lambda}[m]$ (단, A: 단면적, N: 권선수)

답 가

실전문제 2 자유공간에 수평으로 놓인 반파 다이폴 안테나의 중앙 급전점의 전류가 10[A]이다. 안테나와 직각인 방향으로 10[㎞]떨어진 점의 전계강도는?

가. 43[㎷/m]　　나. 47[㎷/m]　　다. 60[㎷/m]　　라. 84[㎷/m]

해설

$$E = \frac{60I}{r}sin\theta = \frac{60\times10}{10\times10^3}sin90^\circ = 60[mV/m]$$

답 다

실전문제 3 자유 공간에 놓인 반파장 다이폴 안테나의 중앙부 전류가 2[A]인 경우 이 안테나의 축과 직각방향으로 20[km] 떨어진 지점에서의 전계강도는 몇 [㎷/m]인가? (단, 안테나에서의 손실은 무시한다.)

가. 2　　나. 3　　다. 6　　라. 9

해설

$\frac{\lambda}{2}$ 다이폴 안테나 전계강도는 $E = \frac{60I}{r} = \frac{60\times2}{20\times10^3} = 6$[㎷/m]이다.

답 다

실전문제 4 주파수 200[㎒]에 대한 반파장 다이폴 안테나에서 10[㎾]의 전력을 복사할 경우 그 직각방향 10[㎞] 떨어진 지점에서의 전계의 세기는 얼마인가?

가. 7[㎷/m]　　나. 10[㎷/m]　　다. 70[㎷/m]　　라. 100[㎷/m]

해설 반파장 다이폴 안테나의 전계강도는

$$E = \frac{7\sqrt{P_r}}{r} = \frac{7\sqrt{10\times10^3}}{10\times10^3} = \frac{7\times10^2}{10^4} = 0.07[V/m] = 70[mV/m]$$

답 다

실전문제 5 사용주파수가 20[㎒]이고, 복사저항이 73.13[Ω]인 반파장 다이폴 안테나의 실효길이는 약 몇 [m]인가?

가. 2.4　　　　나. 3.6

다. 4.8　　　　라. 5.2

해설 반파장 다이폴 안테나의 실효고(h_e)는

$$h_e = \frac{\lambda}{\pi} = \frac{15}{\pi} \fallingdotseq 4.8[m],\ \lambda = \frac{C}{f} = \frac{3\times10^8}{20\times10^6} = 15[m]$$ 이다.

답 다

	Hertz dipole ANT	$\frac{\lambda}{4}$ 수직접지 ANT	$\frac{\lambda}{2}$ 수평비접지 ANT
실효고(h_e)	l [m]	$\frac{\lambda}{2\pi}$ [m]	$\frac{\lambda}{\pi}$ [m]
전계강도(E)	$\frac{60\pi Il}{\lambda r} sin\theta$ [v/m]	$\frac{60I}{r} sin\theta$ [v/m]	$\frac{60I}{r} sin\theta$ [v/m]
복사전력	$80\pi^2 (\frac{Il}{\lambda})^2$ [W]	$36.56\ I^2$ [W]	$73.13\ I^2$ [W]
복사저항	$80\pi^2 (\frac{l}{\lambda})^2$ [Ω]	36.56 [Ω]	73.13 [Ω]
E//Pr관계식	$E = \frac{\sqrt{45P_r}}{r} = \frac{6.7\sqrt{P_r}}{r}$	$E = \frac{7\sqrt{2P_r}}{r} = \frac{9.8\sqrt{P_r}}{r}$	$E = \frac{7\sqrt{P_r}}{r}$

4 안테나의 고유 주파수

안테나가 공진하는 주파수 가운데서 최저의 것을 고유주파수라고 하고 이에 대응하는 파장을 고유파장(λ_o)이라고 한다.

4.1 공진 주파수

$$f_0 = \frac{1}{2\pi\sqrt{L_e C_e}}$$

(1) $\frac{\lambda}{2}$ dipole 안테나의 고유파장(λ_o)

→ 고유파장은 안테나 길이의 2배이다.($\lambda_o = 2l$)

(2) $\frac{\lambda}{4}$ 수직접지 안테나의 고유파장(λ_o)

→ 고유파장은 안테나 길이의 4배이다.($\lambda_o = 4l$)

4.2 안테나의 선택도(Q)

$$Q = \frac{\omega L_e}{R_e} = \frac{1}{\omega C_e R_e} = \frac{1}{R_e}\sqrt{\frac{L_e}{C_e}}$$

실전문제 1 안테나의 실효정수가 Re, Le, Ce 라 할때 안테나의 Q에 해당되지 않는 것은? (단, Re : 실효저항, Le : 실효 인덕턴스, Ce : 실효 용량)

가. $Q=\frac{\omega_0 L_e}{R_e}$ 나. $Q=\frac{1}{\omega_0 C_e R_e}$

다. $Q=\frac{R_e}{\omega_0 L_e}$ 라. $Q=\frac{1}{R_e}\sqrt{\frac{L_e}{C_e}}$

답 다

4.3 안테나의 loading

안테나를 고유주파수 이외의 다른 주파수에서 사용하기 위하여 안테나의 입력 리액턴스 성분이 0이 되도록 코일(L)이나 콘덴서(C)를 넣어 동조시키는 기술을 loading이라 한다.

4.3.1 base loading★★★

안테나 길이를 연장이나 단축하는 효과를 갖기 위하여 안테나의 기저부에 L이나 C를 삽입하는 기술이다.

(1) 연장코일

$$공진주파수(f) = \frac{1}{2\pi\sqrt{(L_e+L_b)C_e}}[Hz] \ \langle \ f_0 = \frac{1}{2\pi\sqrt{L_e C_e}}[Hz]$$

∴ $f < f_o$이다 ⇒ 기저부에 삽입한 L_b는 공진주파수를 낮게 하여 안테나를 길게 한 효과를 가지므로 연장코일이라 한다.

(2) 단축콘덴서

$$공진주파수(f) = \frac{1}{2\pi\sqrt{L_e(\frac{C_e \cdot C_b}{C_e + C_b})}}[\text{Hz}] \quad > f_0 = \frac{1}{2\pi\sqrt{L_e C_e}}[\text{Hz}]$$

∴ $f > f_o$이다 ⇒ 기저부에 삽입한 C_b는 공진주파수를 높게 하여 안테나를 짧게 한 효과를 가지므로 단축콘덴서라 한다.

4.3.2 Top loading

안테나의 선단에 원형모양의 정관을 설치함으로써 병렬형태의 포유용량(C_t)이 발생하여 공진주파수를 낮추어 연장효과를 나타냄

$$공진주파수(f) = \frac{1}{2\pi\sqrt{L_e(C_e + C_t)}}[\text{Hz}]$$

4.3.3 Center loading

안테나의 선단에 원형(구형, 타원형 등)모양의 정관을 설치함으로써 병렬형태의 C_t가 발생하여 공진주파수를 낮추어 연장효과를 나타낸다.

$$공진주파수(f) = \frac{1}{2\pi\sqrt{L_e(C_e + C_t)}}[\text{Hz}]$$

실전문제 1 무선송신 설비에 있어서 안테나의 기저부에 코일(L)을 삽입 하였을 때의 효과는?

가. 등가연장 나. 등가단축 다. 영향무 라. 정합

답 가

실전문제 2 $\frac{\lambda}{4}$ 수직 접지 안테나의 길이(ℓ)가 $\frac{\lambda}{4} < l < \frac{\lambda}{2}$ 일 때 무엇을 삽입하여 안테나를 공진시키는가?

가. 연장 코일(coil)

나. 단축콘덴서 (condenser)

다. 안테나는 분포정수 회로이므로 항상 공진되어 있다.

라. 저항과 코일(coil)을 직렬로 연결한다.

해설

base loading

안테나 길이를 연장이나 단축하는 효과를 갖기 위하여 안테나의 기저부에 직렬로 L이나 C를 삽입하는 기술이다.

① 연장코일: 안테나 길이를 연장하기 위하여 안테나의 기저부에 직렬로 L를 삽입하는 기술이다.

② 단축콘덴서: 안테나 길이를 단축하기 위하여 안테나의 기저부에 직렬로 C를 삽입하는 기술이다.

답 나

실전문제 3 사용파장을 λ, 동조파장을 λ_0로하고 $\lambda > \lambda_0$조건일 때 무엇을 삽입하여 안테나를 공진시키는가?

가. 연장코일

나. 단축콘덴서

다. R, L, C직렬공진회로

라. 의사 안테나

해설

$\lambda > \lambda_0$조건일 때, 안테나의 기저부에 L를 직렬로 삽입함으로써 공진주파수를 낮게 하여 동조파장을 늘려줌으로 안테나를 길게 한 효과를 갖는다. 이러한 코일(L)를 연장코일이라 한다.

답 가

4.4 단축율(δ)★

실제 반파 다이폴의 복사 임피던스(Z_r)는 $73.13 + j42.55[\Omega]$으로 42.55의 리액턴스 성분이 존재하기 때문에 실제로 공진이 일어나지 않는다. 그러므로 실제 안테나길이는 $\frac{\lambda}{2}$ 보다 약간 짧아야한다. 이때 단축하는 비율을 반파장 다이폴 안테나의 단축 율이라 한다.

$$\therefore \delta = \frac{42.55}{\pi z_o} \times 100[\%],\ Z_o : \text{안테나 특성임피던스}$$

5 복사 저항과 안테나의 효율 ★★★

(1) 복사 저항

안테나에서 전파를 방사시키기 위해 꼭 필요한 저항을 말한다.

(2) 손실 저항

안테나에서 나타나는 저항 중에서 전파를 방사시키기 위해 불필요한 저항을 말한다.

※ 손실 저항의 종류

① 접지 저항에 의한 손실

대지와 안테나의 접촉 저항으로서 접지 안테나에서 손실의 대부분을 차지하는 저항이다.

② 도체 저항에 의한 손실

안테나 도선의 표피효과에 의한 고주파 저항 및 연장 코일등의 손실저항이다.

③ 유전체 손실

안테나의 지지물이나 안테나 주위의 유전체 물질 등에 의한 고주파손실이다.

④ 누설 저항 손실과 코로나 손실

애자의 절연불량으로 인한 누설전류가 발생되는 손실 및 안테나 끝의 고전압으로 국부적으로 절연파괴 되는 코로나 방전등이 생겨 발생되는 손실이다.

⑤ 와전류 손실

안테나 주변의 도체 내에 유기되어 지는 고주파 와전류에 의한 손실이다.

(3) 안테나의 효율(능률)

$$\eta = \frac{P_r(\text{복사전력})}{P_i(\text{입력전력})} \times 100\% = \frac{P_r(\text{복사전력})}{P_r + P_l(\text{손실전력})} \times 100\%$$

$$= \frac{R_r(\text{복사저항})}{R_r + R_l(\text{손실저항})} \times 100\%$$

실전문제 1 복사저항이 100[Ω]이고, 손실저항이 25[Ω]이라고 할 때 안테나의 복사효율은 몇[%]가 되는가?

가. 60%　　나. 70%　　다. 80%　　라. 90%

해설

$$\eta = \frac{P_r(\text{복사전력})}{P_i(\text{입력전력})} \times 100\% = \frac{R_r(\text{복사저항})}{R_r + R_l(\text{손실저항})} \times 100\% = \frac{100}{100+25} \times 100\% = 80\%$$

답 다

실전문제 2 복사저항이 35[Ω]이고 손실저항이 10[Ω] 및 도체 저항이 5[Ω]인 안테나의 효율은 몇 [%]인가?

가. 25[%]　　나. 50[%]　　다. 70[%]　　라. 80[%]

해설

$$\eta = \frac{P_r(\text{복사전력})}{P_i(\text{입력전력})} \times 100\% = \frac{R_r(\text{복사저항})}{R_r + R_l(\text{손실저항})} \times 100\%$$

$$= \frac{35}{35+(10+5)} \times 100\% \fallingdotseq 70\%$$

답 다

실전문제 3 복사저항이 100[Ω]이고, 손실저항이 25[Ω]이라고 할 때 안테나의 복사효율은 몇[%]가 되는가?

가. 60%　　나. 70%　　다. 80%　　라. 90%

해설

$$\eta = \frac{P_r(\text{복사전력})}{P_i(\text{입력전력})} \times 100\% = \frac{R_r(\text{복사저항})}{R_r + R_l(\text{손실저항})} \times 100\%$$

$$= \frac{100}{100+25} \times 100\% = 80\%$$

답 다

실전문제 4 안테나 도선의 표피효과에 의한 고주파 저항 및 연장 코일등의 손실저항은?

가. 접지저항　　나. 도체저항　　다. 유전체손　　라. 코로나손

답 나

6 실효면적★

마이크로파대에서는 전력이 문제가 되므로 실효고를 사용하지 않고 실효 면적을 사용한다.

① 반파장 다이폴의 실효 면적 : $A_e = \frac{30\lambda^2}{R\pi} \fallingdotseq 0.131\lambda^2[㎡]$

② 미소 다이폴의 실효 면적 : $A_e = 0.119\lambda^2[㎡]$

실전문제 1 주파수 100㎒에 사용되는 반파장 안테나의 실효면적은 얼마인가?

가. 0.5[m^2]　　나. 1.17[m^2]

다. 2.5[m^2]　　라. 3[m^2]

해설

반파장 다이폴의 실효 면적 $A_e = \frac{30\lambda^2}{R\pi} \fallingdotseq 0.131\lambda^2[㎡]$, $\lambda = \frac{C}{f} = \frac{3\times10^8}{100\times10^6} = 3[m]$,

$A_e = 0.131\times3^2 = 1.179[m^2]$

답 나

7 지향 특성

(1) 지향성(directivity)

복사도체를 원점으로 하여, 이로부터 복사되는 전파의 방향에 따른 상대적 크기를 극좌표 형식으로 나타낸 것을 지향성이라 한다.

(2) 지향성계수(지향계수)★★

복사도체로부터 복사되는 전파의 최대 크기는 최대복사 방향의 값을 1로 하여 상대적인 크기로 나타내며 이를 지향계수라 한다.

$$수직면내지향성계수 : D(\theta) = \frac{E_\theta(\theta 방향의\ 전계강도)}{E(최대복사\ 방향의 전계강도)}$$

$$수평면내지향성계수 : D(\phi) = \frac{E_\phi(\phi 방향의\ 전계강도)}{E(최대복사\ 방향의 전계강도)}$$

안테나	$D(\theta)$ (수직면내지향성계수)	$D(\phi)$ (수평면내지향성계수)
미소 dipole	$\sin\theta$	1(무지향성)
$\frac{\lambda}{2}$ dipole	$\frac{\cos\left(\frac{\pi}{2}cos\theta\right)}{\sin\theta}$	1(무지향성)

실전문제 1 반파장 다이폴 안테나의 지향성 계수는?

가. $\sin(\pi\sin\theta)/\cos\theta$　　나. $\cos(\frac{\pi}{2}\cos\theta)/\sin\theta$

다. $\cos(\pi\cos\theta)/\sin\theta$　　라. $\sin(\pi\cos\theta)/\sin\theta$

답 나

(3) 반치각(반치폭, 빔각, 빔폭)★★★

지향성의 정도를 나타내는 물리량으로 주빔의 첨예도(날카로운 정도)를 나타내며, 이 값이 작을수록 예리한 지향성을 갖는다.

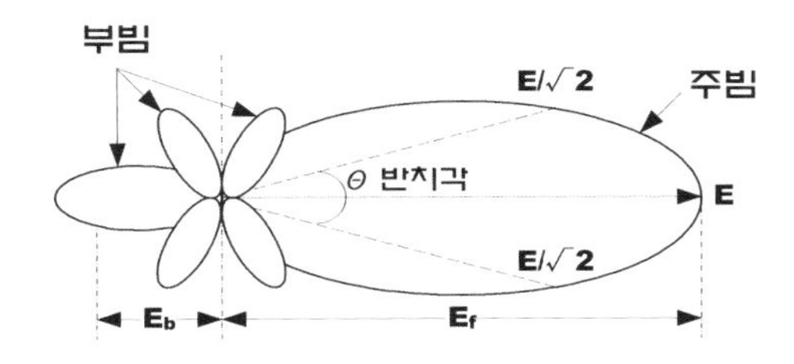

최대 복사 방향인 주빔에서 -3[dB](전계강도: $\frac{E}{\sqrt{2}}$, 복사전력: $\frac{P}{2}$)되는 두점을 이은 사이각을 말한다.

※ 전후방비(전방 및 후방의 전계강도의 비)

FB 비 $= 20\log_{10}\frac{E_f}{E_b}[dB]$ (E_f:전방의 전계강도, E_b:후방의 전계강도)

실전문제 1 복사전력밀도가 최대복사 방향의 1/2로 감소되는 값을 갖는 각도로 지향특성의 첨예도를 표시하는 것은?

가. 전후방비　　나. 주엽(main lobe)

다. 부엽(side lobe)　　라. 빔폭

해설

※ 반치각(반치폭, 빔각, 빔폭)

지향성의 정도를 나타내는 물리량으로 주엽의 날카로운 정도(첨예도)를 나타내며, 이 값이 작을수록 예리한 지향성을 갖는다.

① 최대 복사 방향인 주빔에서 -3dB되는 두점사이의 각도

② 최대 복사 방향인 주빔에서 전계강도의 크기가 $1/\sqrt{2}$되는 두점사이의 각도

③ 최대 복사 방향인 주빔에서 복사전력의 크기가 1/2되는 두점사이의 각도

답 라

실전문제 2 반치 각이란 주엽의 최대 복사방향에서 전계강도와 전력이 각각 얼마로 줄어드는 두 방향 사이의 각을 말하는가?

가. $\frac{1}{\sqrt{2}}, \frac{1}{\sqrt{2}}$　　나. $\frac{1}{\sqrt{2}}, \frac{1}{2}$

다. $\frac{1}{2}, \frac{1}{\sqrt{2}}$　　라. $\frac{1}{2}, \frac{1}{2}$

답 나

실전문제 3 전방 전계의 세기를 E_f, 후방전계의 세기를 E_b라고 할때 전후 전계비(front to back ratio)를 옳게 표현한 식은?

가. $10\log_{10}\frac{E_f}{E_b}$　　나. $10\log_{10}\frac{E_b}{E_f}$

다. $20\log_{10}\frac{E_f}{E_b}$　　라. $20\log_{10}\frac{E_b}{E_f}$

답 다

8 안테나의 이득★★★

8.1 이득의 정의

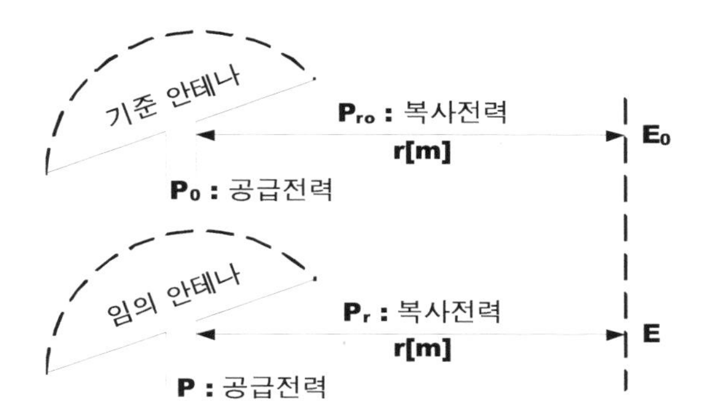

안테나에서 이득이란 기준 안테나와 사용하는 안테나에 동일한 전력을 공급했을 때 최대 복사방향으로 복사하는 전력의 비(전계강도의 제곱비)로써 나타낸다.

$$G = \frac{\text{임의안테나의복사전력}}{\text{기준안테나의복사전력}} = \frac{\frac{P_r}{P}}{\frac{P_{r_o}}{P_o}} = \frac{P_o}{P} \times \frac{P_r}{P_{r_o}}$$

$$= \frac{P_o}{P} \times (\frac{E}{E_o})^2|_{(P_o = P)} = \frac{P_r}{P_{r_o}} = (\frac{E}{E_o})^2$$

가 된다.

$$G[dB] = 10\log_{10}\frac{P_{r_0}}{P_r} + 20\log_{10}\frac{E}{E_o}$$

실전문제 1 임의의 안테나 입력전력을 P라 할때 거리 r 에서 최대 전계강도를 E 라 하고, 이에 대응해서 기준 안테나의 입력전력을 P_o, 전계강도를 E_o라 할때 안테나의 이득을 나타내는 식은 어느 것인가?

가. $G[dB]=10(\log\frac{E}{E_0}+\log\frac{P_0}{P})$ 나. $G[dB]=20\log\frac{E}{E_0}+10\log\frac{P_0}{P}$

다. $G[dB]=20\log\frac{E_0}{E}+10\log\frac{P_0}{P}$ 라. $G[dB]=20\log\frac{E_0}{E}+10\log\frac{P}{P_0}$

답 나

8.2 이득의 종류

8.2.1 절대이득(G_a)

기준 안테나로 등방성 안테나를 사용하여 임의의 안테나 이득을 측정 했을 때 그 이득을 절대이득이라 하며 일반적으로 G_a라 표시하고 입체 안테나의 이득을 나타내는데 사용한다.

등방성 안테나: $E_o = \frac{\sqrt{30P_o}}{r}$ [v/m]

임의의 안테나: $E = E_o\sqrt{G_a} = \frac{\sqrt{30G_aP_o}}{r}$ [v/m]

8.2.2 상대이득(G_h)

기준 안테나로 무손실 반파장 dipole을 사용하여 임의의 안테나 이득을 측정했을 때 그 이득을 상대이득이라 하며 일반적으로 G_h라 표시하고 선형 안테나의 이득을 나타내는 데 사용한다.

$$\text{무손실 } \frac{\lambda}{2} \text{ 안테나 : } E_o = \frac{7\sqrt{P_o}}{r} \text{[v/m]}$$

$$\text{임의의 안테나 : } E = E_o\sqrt{G_h} = \frac{7\sqrt{G_h P_o}}{r} \text{[v/m]}$$

8.2.3 지상이득(G_v)

기준 안테나로 $\frac{\lambda}{4}$보다 극히 짧은 안테나를 사용하여 임의의 안테나 이득을 측정했을 때 그 이득을 지상이득이라 하며 일반적으로 G_v라 표시하고 접지 안테나의 이득을 나타내는데 사용한다.

$$l \ll \frac{\lambda}{4} \text{ 수직접지 안테나 : } E_o = \frac{\sqrt{90P_o}}{r} \text{[v/m]}$$

$$\text{임의의 안테나 : } E = E_o\sqrt{G_v} = \frac{\sqrt{90G_v P_o}}{r} \text{[v/m]}$$

※ G_a, G_h, G_v의 관계

$$G_a = 1.64G_h = 3G_v$$

실전문제 1 절대이득의 기준 안테나로 사용되는 안테나는?

가. 무손실 $\frac{\lambda}{4}$수직 접지 안테나 나. 무손실 등방성 안테나

다. 무손실 $\frac{\lambda}{2}$다이폴 안테나 라. 무손실 루우프 안테나

해설

※ 이득의 종류

① 절대 이득: 기준 안테나를 등방성 안테나를 기준으로 사용

② 상대 이득: $\frac{\lambda}{2}$다이폴 안테나를 기준으로 사용

③ 지상 이득: $\frac{\lambda}{4}$단소 수직 안테나를 사용

답 나

실전문제 2 복사전력 2[KW]의 반파장 다이폴 안테나에서 거리 1[KM]인 점의 전계강도가 700[mV/m]가 되게 하자면 상대이득이 얼마인 안테나를 사용해야 하는가?

가. 2 나. 3

다. 4 라. 5

해설

반파장 다이폴 안테나의 전계강도(E)는

$E=\frac{7\sqrt{P_r \cdot G_h}}{r}$, ($P_r$: 복사전력, G_h: 상대이득, r: 거리)이므로

$G_h=\frac{(E \cdot r)^2}{49P_r}=\frac{(0.7\times1000)^2}{49\times2\times10^3}=5$가 된다.

답 라

9 수신 안테나의 특성★

(1) 수신개방전압(V_o) $= h_e \cdot E \cdot D(\theta) = h_e \cdot E \cdot \sin\theta$

$\Rightarrow V_o = h_e \cdot E$ (θ = 90° 일 때 최대)

(2) 수신전력(P_a)

$$\Rightarrow P_a = \frac{V_o^2}{4R}[W]$$

실전문제 1 주파수 100[MHz], 전계강도 40[dB]의 전파를 수신 하였더니 수신 안테나에 유기된 전압이 300 [μV]이 었다. 이 안테나의 실효길이는?

가. 1[m] 나. 3[m]

다. 5[m] 라. 7[m]

해설

전계강도 40[dB]는 $40[dB] = 20\log\frac{E}{1[\mu V/m]}$ 에서 E= 100[μV/m]가 된다.

$$V_o = h_e \cdot E\ ,\ \therefore h_e = \frac{V_o}{E} = \frac{300[\mu V]}{100[\mu V/m]} = 3[m]$$

답 나

실전문제 2 주파수 30[MHz],전계강도 40[mV/m]인 전파를 $\lambda/4$ 수직 접지 안테나로 수신했을 때 안테나에 유기되는 기전력은? (단, 대지는 완전도체로 가정한다.)

가. 0.318[mV] 나. 6.36[mV]

다. 31.8[mV] 라. 63.6[mV]

해설

$$V_0(\text{유기 기전력}) = E \cdot h_e = 40 \times 10^{-3} \times \frac{\lambda}{2\pi} = 63.6[mV]$$

$$(\because \lambda = \frac{3 \times 10^8}{30 \times 10^6} = 10[m])$$

답 라

핵심기출문제

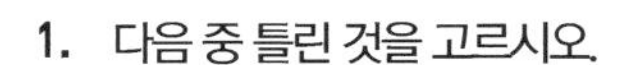

1. 다음 중 틀린 것을 고르시오.

가. 정전계와 유도 전계가 같아지는 거리는 0.16 λ이다.

나. UHF란 파장이 10 〔cm〕 ~100 〔cm〕 인 범위를 말한다.

다. 복사 전계의 크기는 거리에 비례한다.

라. 정전계에 수반하는 자계는 없다.

해설

$E_\theta = j\dfrac{60\pi Il}{\lambda r}(1+\dfrac{1}{j\beta r}-\dfrac{1}{\beta^2 r^2})\sin\theta$ [v/m],

복사전계의 크기는 거리(r)에 반비례한다.

2. 헤르츠 다이폴 안테나에 고주파 전류가 흐르면 전파가 발생한다. 안테나 부근에서 가장 주가되는 성분부터 차례로 쓴 것은?

가. 복사계, 유도계, 정전계

나. 유도계, 정전계, 복사계

다. 정전계, 유도계, 복사계

라. 복사계, 정전계, 유도계

해설

① $\beta r \ll 1$ 일 때 ⇒ 정전계가 주성분

② $\beta r \gg 1$ 일 때 ⇒ 복사계가 주성분

③ $\beta r = 1$ 일 때 (즉, $r = \dfrac{\lambda}{2\pi} = 0.16\lambda$)

⇒복사계 = 유도계 = 정전계인 점이된다.
그러므로 안테나 부근에서 가장 주가 되는 성분의 순서는 정전계, 유도계, 복사계 순이다.

3. 헤르츠 다이폴에서 발생하는 세가지 전자계에 관한 설명으로 옳지 않은 것은?

가. 복사전계는 파장과 관계가 있다.

나. 0.16λ 이내의 거리에서는 복사전계의 크기가 가장 크다.

다. 정전계는 수반하는 자계가 없으며 에너지 이동이 없다.

라. 복사계는 통신에 이용되고 있다.

해설

① $r < 0.16\lambda$ ⇒ 정전계 성분이 주가된다.

② $r = 0.16\lambda$ ⇒ 복사계 = 유도계 = 정전계인 점이 된다.

③ $r < 0.16\lambda$ ⇒ 복사계 성분이 주가된다.

4. 주파수 1[MHz]에 대한 전기적 미소다이폴의 복사전계가 고정전계보다 이론상 커지는 것은 송신 안테나에서 대략 얼마만큼 떨어진 것에서 부터인가?

가. 50[m] 나. 300[m]

다. 1000[m] 라. 1500[m]

해설

$\beta r = 1$ 일 때

(즉, $r = \dfrac{\lambda}{2\pi} \fallingdotseq 0.16\lambda = 0.16\times300 = 48[m]$,

$(\because \lambda = \dfrac{C}{f} = \dfrac{3\times10^8}{1\times10^6} = 300[m])$)

$\beta r \gg 1$ 일 때 ⇒ 복사계가 주성분이 되므로 r=48[m]이상 이면 복사계성분이 가장 커진다.

5. 자유 공간에 놓인 미소 Dipole에 의한 임의의 점 P의 방사 전계 강도의 절대치 E_Θ는? (단, l : 안테나이 길이[cm]$(\lambda \gg l)$ I:안테나의 전류(실효치)[A], r:중심에서 P점까지의 거리[m]$(\lambda \gg l)$, θ: 안테나 축에서 P에의 각도이다.)

가. $E_\theta = \dfrac{60\pi Il}{\lambda r}sin\theta(V/m)$

나. $E_\theta = \dfrac{60\pi Il}{\lambda r}cos\theta(V/m)$

다. $E_\theta = \dfrac{120\pi Il}{\lambda r}sin\theta(V/m)$

라. $E_\theta = \dfrac{120\pi Il}{\lambda r}sin\theta(V/m)$

정답 1. 다 2. 다 3. 나 4. 가 5. 가

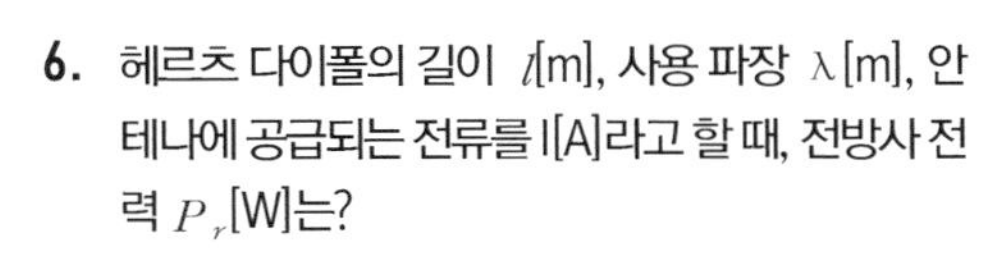

6. 헤르츠 다이폴의 길이 l[m], 사용 파장 λ[m], 안테나에 공급되는 전류를 I[A]라고 할 때, 전방사 전력 P_r[W]는?

가. $P_r = 80\pi^2\left(\frac{Il}{\lambda}\right)^2$　　나. $P_r = 60\pi^2\left(\frac{Il}{\lambda}\right)^2$

다. $P_r = 60\pi^2\left(\frac{I\lambda}{l}\right)^2$　　라. $P_r = 80\pi^2\left(\frac{I\lambda}{l}\right)^2$

7. 길이 3[cm]인 헤르츠(Hertz) 쌍극자에 주파수 1,000[MHz]의 5[A]의 흐를 때의 복사 전력은 얼마인가?

가. 98 [W]　　나. 197 [W]
다. 294 [W]　　라. 394 [W]

해설

$\lambda = \frac{C}{f} = \frac{3\times10^8}{1000\times10^6} = 0.3[m]$,

$P_r = 80\pi^2\left(\frac{Il}{\lambda}\right)^2 = 80\pi^2\left(\frac{5\times0.03}{0.3}\right)^2 = 197[w]$

8. 미소 다이폴(short dipole) 안테나의 복사저항은?

가. $R_r = 60\pi^2\left(\frac{l}{\lambda}\right)^2$　　나. $R_r = 80\pi^2\left(\frac{l}{\lambda}\right)^2$

다. $R_r = 30\pi^2\left(\frac{l}{\lambda}\right)^2$　　라. $R_r = 40\pi^2\left(\frac{l}{\lambda}\right)^2$

9. 미소 다이폴 안테나에서 발생된 전계 강도를 계산하는 식은? (P_r : 급전 전력, R : 안테나로 부터 떨어진 거리)

가. $7\sqrt{P_r}/R$　　나. $7\sqrt{45P_r}/R$
다. $49\sqrt{P_r}/R$　　라. $\sqrt{45P_r}/R$

10. 100[kW]의 전력이 안테나에서 사방으로 균일하게 방사될 때 안테나에서 1[km] 떨어진 점의 전계의 실효값은 얼마인가?

가. 0.23 [V/m]　　나. 1.73 [V/m]
다. 2.12 [V/m]　　라. 4.32 [V/m]

해설

$E = \frac{\sqrt{45P_r}}{r} = \frac{\sqrt{45\times100\times10^3}}{1\times10^3}$
$= 2.12[V/m]$

11. 실효 정전 용량 $C_e = 5[\mu F]$, 실효 인덕턴스 $L_e = 2[\mu H]$ 되는 수직 접지 안테나의 고유주파수(f_0)는?

가. 25 [kHz]　　나. 50 [kHz]
다. 100 [kHz]　　라. 150 [kHz]

해설

$f_0 = \frac{1}{2\pi\sqrt{L_e C_e}}$
$= \frac{1}{2\pi\sqrt{2\times10^{-6}\times5\times10^{-6}}} = 50[kHz]$

12. 다음 중에서 수직 접지 안테나의 고유파장은 어느 것인가?

가. 안테나 길이의 1/4배
나. 안테나 길이의 4배
다. 안테나 길이의 1/4배
라. 안테나 길이의 2배

정답 6. 가　7. 나　8. 나　9. 라　10. 다　11. 나　12. 나

핵심기출문제

해설

고유파장은 공진파장 중에서 가장 긴 파장을 말한다.

① $\frac{\lambda}{4}$ 수직접지 안테나의 고유파장 $(\lambda_0) = 4l$, (l :안테나의 길이)

② $\frac{\lambda}{2}$ 수평 비접지 안테나의 고유파장 $(\lambda_0) = 2l$, (l :안테나의 길이)

13. 길이 30[m]의 λ/4수직 접지안테나의 고유파장과 고유주파수는 얼마인가?

가. λ: 120[m], f: 2.5[MHz]
나. λ: 80[m] , f: 3.75[MHz]
다. λ: 120[m], f: 7.5[MHz]
라. λ: 80[m] , f: 2.5[MHz]

해설

$\frac{\lambda}{4}$ 수직접지 안테나의 고유파장

$(\lambda_0) = 4l = 4 \times 30 = 120\,[m]$,

$f_0 = \frac{C}{\lambda_0} = \frac{3 \times 10^8}{120} = 2.5\,[\text{MHz}]$

14. 수직 접지 안테나의 실효고 설명중 잘못된 것은?

가. 대지에 수직으로 세운 접지 안테나로서 기저부의 전류는 최대이다.
나. 전류는 선단이 0인 $\cos\theta$분포 상태를 나타낸다.
다. $\frac{\lambda}{4}$ 접지 안테나의 실효고는 $\frac{\lambda}{2\pi}$ 이다.
라. 실제의 안테나 높이를 h라고 할 때 실효고는 $\frac{h}{\pi}$가 된다.

해설

고유파장$(\lambda_0) = 4l = 4h$, $\frac{\lambda}{4}$ 수직접지 안테나의 실효고(he) $= \frac{\lambda}{2\pi} = \frac{4h}{2\pi} = \frac{2h}{\pi}$ [m]가 된다.

15. 길이가 λ/4인 수직 접지 안테나가 공진하고 있을 경우의 실효 높이를 나타내는 식은?

가. λ/π　　나. λ/2π
다. π/λ　　라. 2π/λ

해설

$\frac{\lambda}{4}$ 수직접지 안테나의 실효고(he) $= \frac{\lambda}{2\pi}\,[m]$

16. 주파수 1000(kHz)용의 1/4파장 수직접지 안테나의 실효길이는 얼마인가?

가. 37.7[m]　　나. 47.7[m]
다. 57.7[m]　　라. 67.7[m]

해설

$\frac{\lambda}{4}$ 수직접지 안테나의

실효고(he) $= \frac{\lambda}{2\pi} = \frac{300}{2\pi} \fallingdotseq 47.7\,[m]$

$(\because \lambda = \frac{C}{f} = \frac{3 \times 10^8}{1000 \times 10^3} = 300)$

17. 실효고에 관한 설명으로 맞는 것은?

가. 실효고는 작은 것이 좋다.
나. 연장선륜을 사용하면 실효고를 감소시킬 수 있다.
다. 복사전력은 실효고의 자승에 반비례한다.
라. λ/4 수직접지 안테나의 전계강도는 실효고에 비례한다.

해설

$\frac{\lambda}{4}$ 수직접지 안테나의 전계강도(E):

$E = \frac{60I}{r} sin\theta = \frac{9.8\sqrt{P}}{r}\,[V/m]$

정답 13. 가　14. 라　15. 나　16. 나　17. 라

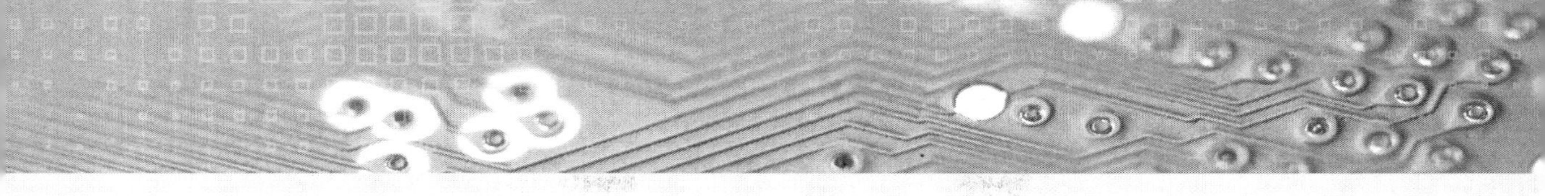

18. $\frac{\lambda}{4}$ 수직 접지 안테나로부터 d[m]떨어진 점의 전계 강도 E는?

가. $E=\frac{7\sqrt{P}}{d}[V/m]$

나. $E=\frac{9.8\sqrt{P}}{d}[V/m]$

다. $E=\frac{222\sqrt{P}}{d}[V/m]$

라. $E=\frac{300\sqrt{P}}{d}[V/m]$

19. λ/4 수직접지 Antenna 의 전류가 5[A]일 때 30[㎞] 지점에서 생기는 전계강도는 얼마인가? (단, 주파수를 1[㎒]라고 한다.)

가. 1.2[㎷/m] 나. 2.5[㎷/m]
다. 5.0[㎷/m] 라. 10[㎷/m]

해설

$$E=\frac{60I}{r}sin\theta=\frac{60\cdot 5}{30\times 10^3}=0.01[V/m]$$

($\because$단, $\sin\theta=1$이라고할때)

20. 주파수 30[㎒], 전계강도 40[㎷/m]인 전파를 λ/4 수직 접지 안테나로 수신했을 때 안테나에 유기되는 기전력은? (단, 대지는 완전도체로 가정한다.)

가. 0.318[㎷] 나. 6.36[㎷]
다. 31.8[㎷] 라. 63.6[㎷]

해설

V_0(유기 기전력) $=E\cdot h_e$

$$=40\times 10^{-3}\times\frac{\lambda}{2\pi}=63.6[mV]$$

$$(\because \lambda=\frac{3\times 10^8}{30\times 10^6}=10[m])$$

21. 무선송신 설비에 있어서 안테나의 기저부에 코일(L)을 삽입 하였을 때의 효과는?

가. 등가연장 나. 등가단축
다. 영향무 라. 정합

해설

$$공진주파수(f)=\frac{1}{2\pi\sqrt{(L_e+L_b)C_e}}[Hz]$$

$$<f_0=\frac{1}{2\pi\sqrt{L_eC_e}}[Hz]$$

⇒ 기저부에 삽입한 Lb는 공진주파수를 낮게 하여 안테나를 길게 한 효과를 가지므로 연장코일이라 한다.

22. 사용 파장을 λ, 동조 파장을 λ_0로 할 때 $\lambda>\lambda_0$조건일 때 무엇을 삽입하여 안테나를 공진시키는가?

가. 연장코일 나. 단축 콘덴서
다. R,L,C 라. 의사 안테나

해설

$\lambda>\lambda_0$조건일 때, 안테나의 기저부에 L를 삽입함으로써 공진주파수를 낮게 하여 안테나를 길게 한 효과를 가지므로 연장코일이라 한다.

23. 연장 선륜은 어느 때 사용하는가?

가. 사용 안테나가 고유 파장보다 긴 파장의 전파를 발사할 때
나. 사용 안테나가 고유 파장보다 짧은 파장의 전파를 발사할 때
다. 사용 안테나가 고유 파장보다 같은 전파를 발사할 때
라. 사용 안테나가 고유 파장보다 길거나 짧은 전파를 발사할 때

해설

사용하고자 하는 신호의 파장이 고유파장보다 길 때 연장선륜을 사용한다.

정답 18. 나 19. 라 20. 라 21. 가 22. 가 23. 가

핵심기출문제

24. 안테나에 사용되는 연장선륜(loading coil)을 사용하는 목적은?

가. 안테나의 고유파장보다 짧은 파장의 전파에 공진시키기 위하여
나. 안테나의 고유파장보다 긴 파장의 전파에 공진시키기 위하여
다. 지향성을 개선하기 위하여
라. 방사저항을 개선하기 위하여

25. 다음은 단축 콘덴서의 설명이다. 틀린 것은?

가. 안테나를 고유 파장보다 짧은 파장에 공진시키고자 할 때 사용된다.
나. 안테나에 병렬로 적당한 콘덴서를 삽입한다.
다. 안테나의 인덕턴스 성분의 일부가 상쇄된다.
라. 콘덴서의 삽입으로 안테나의 공진 파장이 달라진다.

해설 base loading

안테나 길이를 연장이나 단축하는 효과를 갖기 위하여 안테나의 기저부에 직렬로 L이나 C를 삽입하는 기술이다.

① 연장코일 :안테나 길이를 연장하기 위하여 안테나의 기저부에 직렬로 L를 삽입하는 기술이다.
② 단축콘덴서:안테나 길이를 단축하기 위하여 안테나의 기저부에 직렬로 C를 삽입하는 기술이다.

26. $\lambda/4$수직 접지 안테나의 길이(ℓ)가 $\lambda/4 < \ell < \lambda/2$일 때 무엇을 삽입하여 안테나를 공진시키는가?

가. 연장 코일(coil)
나. 단축콘덴서 (condenser)
다. 안테나는 분포정수 회로이므로 항상 공진되어 있다.
라. 저항과 코일(coil)을 직렬로 연결한다.

해설

사용하고자 하는 안테나의 길이를 단축시키고자 할 때는 안테나의 기저부에 직렬로 C를 삽입한다.

27. 안테나의 고유 주파수를 높게 하려면 다음 중 어느 방법을 사용하면 되는가?

가. 안테나와 직렬로 coil을 접속한다.
나. 안테나와 병렬로 coil을 접속하다.
다. 안테나와 직렬로 condenser를 접속한다.
라. 안테나와 병렬로 condenser를 접속한다.

해설

사용주파수가 높아지면 안테나 길이는 짧아져야 함으로 안테나 기저부에 직렬로 C를 첨가해 주는 단축콘덴서 방법을 사용한다.

28. 길이 20[m]되는 안테나에 주파수 10[MHz]를 발사시켜 반파장 다이폴 안테나로 사용하고자 한다. 송신기의 출력 회로와 안테나사이에 어떠한 것을 접속시키면 되는가?

가. 단축 콘덴서
나. 저항
다. 연장 코일
라. 단축콘덴서와 연장코일

해설

$\lambda = \frac{C}{f} = \frac{3\times10^8}{10\times10^6} = 30[m]$, $l = \frac{\lambda}{2} = \frac{30}{2} = 15[m]$

가 된다. 현재 안테나길이는 20[m]이고 공진 길이는 15[m]이므로 안테나의 길이를 짧게 해야된다.

29. 인덕턴스가 30[μH], 정전용량이 40[pF]인 안테나가 있다. 이 안테나를 6[MHz]로 사용하기 위해 직렬로 연결된 단축 콘덴서는 얼마인가?

가. 36.7 [pF] 나. 46.7 [pF]
다. 56.7 [pF] 라. 66.7 [pF]

정답 24. 나 25. 나 26. 나 27. 다 28. 가 29. 다

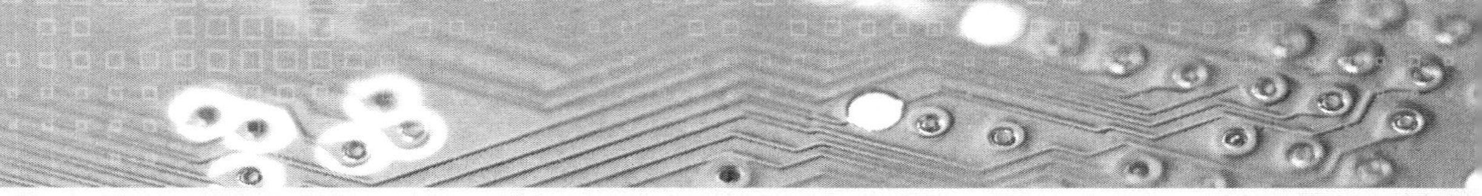

해설
단축콘덴서(Cb)를 직렬로 연결했을 때

$$공진주파수(f) = \frac{1}{2\pi\sqrt{L_e(\frac{C_e \cdot C_b}{C_e + C_b})}}[Hz]$$

가 된다. 그러므로

$$f = \frac{1}{2\pi\sqrt{30\times10^{-6}(\frac{40\times10^{-12}\cdot C_b}{40\times10^{-12}+C_b})}} = 6\times10^6[Hz]$$

가 성립하기 위한 Cb는 약 56.7 [pF]가 된다.

30. 다음 중 톱 로오딩(top loading)의 효과는?

가. 고유주파수의 증가
나. 실효길이의 감소
다. 복사저항의 감소
라. 복사효율의 증가

해설 Top loading
안테나의 선단에 원형(구형,타원형등)모양의 정관을 설치함으로써 병렬형태의 Ct가 발생하여 공진주파수를 낮추어 연장효과를 나타냄.

$$공진주파수(f) = \frac{1}{2\pi\sqrt{L_e(C_e+C_t)}}[Hz]$$

31. 주파수 3[MHz]의 전파에 사용하는 반파장 다이폴 안테나의 길이는?

가. 32 [m]　　나. 50 [m]
다. 80 [m]　　라. 150 [m]

해설

$$\lambda = \frac{C}{f} = \frac{3\times10^8}{3\times10^6} = 100[m], l = \frac{\lambda}{2} = \frac{100}{2} = 50[m]$$

32. 반파장 다이폴(dipole) 안테나의 실효길이는? (단, λ 는 파장)

가. $\frac{\lambda}{\pi}$　　나. $\frac{\pi}{\lambda}$
다. $\frac{2\lambda}{\pi}$　　라. $\frac{2\pi}{\lambda}$

33. 주파수 60[MHz]인 반파장 다이폴 안테나의 실효길이는?

가. 1.6 [m]　　나. 3 [m]
다. 4 [m]　　라. 5 [m]

해설

$$\lambda = \frac{C}{f} = \frac{3\times10^8}{60\times10^6} = 5[m], h_e = \frac{\lambda}{\pi} = \frac{5}{\pi} \fallingdotseq 1.6[m]$$

34. 반파장 안테나에서 5[A]의 전류가 흐를 때 300[km] 점에서 최대 복사 방향에서의 전계강도는?

가. 1 [mV/m]　　나. 2 [mV/m]
다. 4 [mV/m]　　라. 10 [mV/m]

해설

$$E = \frac{60I}{r}sin\theta = \frac{60\times5}{300\times10^3}sin90° = 1[mV/m]$$

35. $\frac{\lambda}{2}$ 안테나로부터 d[m] 떨어진 점의 전계 강도(E)는?

가. $E = \frac{3.6\sqrt{P}}{d}[V/m]$　　나. $E = \frac{5\sqrt{P}}{d}[V/m]$
다. $E = \frac{7\sqrt{P}}{d}[V/m]$　　라. $E = \frac{9.8\sqrt{P}}{d}[V/m]$

정답 30. 라　31. 나　32. 가　33. 가　34. 가　35. 다

핵심기출문제

36. 자유공간에 수평으로 놓인 반파 다이폴 안테나의 중앙 급전점의 전류가 10[A]이다. 안테나와 직각인 방향으로 10[㎞]떨어진 점의 전계강도는?

가. 43[㎷/m]　　나. 47[㎷/m]
다. 60[㎷/m]　　라. 84[㎷/m]

해설

$$E_\theta = \frac{60I}{r} sin\theta = \frac{60 \cdot 10}{10^4} sin90^\circ$$
$$= 60[mV/m]$$
(즉, $r = 10 \times 10^3[m], I = 10[A], \theta = 90^\circ$)

37. 자유공간에 있는 반파장 다이폴 안테나에서 최대 방사 방향으로 10[km] 지점에서 전계강도가 5[mV/m]일 때 안테나의 방사 전력은?

가. 약 51[W]　　나. 약 101[W]
다. 약 151[W]　　라. 약 201[W]

해설

$$E = \frac{7\sqrt{P}}{d}[V/m] \Rightarrow P = (\frac{E \cdot d}{7})^2$$
$$= (\frac{5 \times 10^{-3} \times 10 \times 10^3}{7})^2 \fallingdotseq 51[W]$$

38. 동일 주파수를 사용하고 있는 $\frac{\lambda}{2}$ 다이폴 안테나와 $\frac{\lambda}{4}$ 수직 접지 안테나의 방사 전력이 동일할 때 실효고의 비 및 전계 강도의 비는?

가. (2 : 1), (1 : $\sqrt{2}$)
나. (2 : 1), ($\sqrt{2}$: 1)
다. (1 : 2), (1 : $\sqrt{2}$)
라. (1 : 2), ($\sqrt{2}$: 1)

해설

	$\frac{\lambda}{4}$ 수직접지 ANT	$\frac{\lambda}{2}$ 수평비접지 ANT
실효고(he)	he = $\frac{\lambda}{2\pi}$[m]	he = $\frac{\lambda}{\pi}$[m]
E//Pr 관계식	E = $\frac{7\sqrt{2P_r}}{r}$ = $\frac{9.8\sqrt{P_r}}{r}$	E = $\frac{7\sqrt{P_r}}{r}$

39. 반파장 다이폴 안테나의 길이를 감소해가면, 입력 임피던스의 저항과 리액턴스는 어떻게 변하는가?

가. 저항은 증가하고 리액턴스는 감소한다.
나. 저항과 리액턴스 모두 증가한다.
다. 저항과 리액턴스 모두 감소한다.
라. 저항은 감소하고 리액턴스가 증가한다.

40. 반파장 더플렛(doublet)의 단축률 δ의 표시로써 옳은 것은 어느 것인가?(단, $Z_0 = 138\log_{10}\frac{2D}{d}$ 이다.)

가. $\delta \fallingdotseq 42.55/Z_0$　　나. $\delta \fallingdotseq 42.55/\pi Z_0$
다. $\delta \fallingdotseq 73.13/Z_0$　　라. $\delta \fallingdotseq 73.13/\pi Z_0$

41. 반파장 더블렛 안테나의 복사 임피던스는?

가. 75.24+j46.24[Ω]
나. 300+j50[Ω]
다. 73.12+j42.55[Ω]
라. 100+j21.5[Ω]

정답 36. 다　37. 가　38. 가　39. 다　40. 나　41. 다

42. 지향성계수의 식은? (단, E는 최대 방사 방향의 전계강도, E_θ는 Θ 방향의 전계강도이다.)

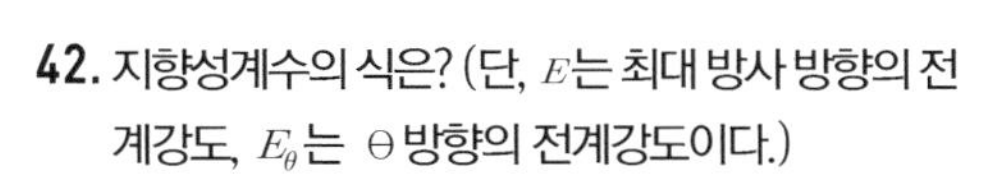

가. $D(\theta)=\dfrac{E}{E_\theta}$　　나. $D(\theta)=\dfrac{E_\theta}{E}$

다. $D(\theta)=\left(\dfrac{E}{E_\theta}\right)^2$　　라. $D(\theta)=\left(\dfrac{E_\theta}{E}\right)^2$

해설

수직면내지향성계수:

$$D(\theta)=\frac{E_\theta(\theta\text{방향의 전계강도})}{E(\text{최대복사 방향의 전계강도})}$$

43. 미소 다이폴 공중선의 지향성 계수는?

가. $\sin\theta$　　나. $\cos\theta$

다. $\dfrac{\cos\left(\dfrac{\pi}{2}cos\theta\right)}{\sin\theta}$　　라. $\dfrac{\cos\left(\dfrac{\pi}{2}sin\theta\right)}{\sin\theta}$

해설

안테나	$D(\theta)$ (수직면내지향성계수)	$D(\phi)$ (수평면내지향성계수)
미소 dipole	$\sin\theta$	1(무지향성)
$\dfrac{\lambda}{2}$ dipole	$\dfrac{\cos\left(\dfrac{\pi}{2}cos\theta\right)}{\sin\theta}$	1(무지향성)

44. 반파장 다이폴 안테나의 지향성 계수는?

가. $\dfrac{\sin(\pi\sin\theta)}{\cos\theta}$　　나. $\dfrac{\cos\left(\dfrac{\pi}{2}cos\theta\right)}{\sin\theta}$

다. $\dfrac{\cos(\pi\cos\theta)}{\sin\theta}$　　라. $\dfrac{\sin(\pi\cos\theta)}{\sin\theta}$

45. 안테나의 빔 폭에 관한 설명으로써 맞는 것은?

가. 복사 전력 밀도가 최대 복사 방향의 $\dfrac{1}{2}$이 되는 두 방향 사이각

나. 복사 전계가 0이 되는 두 방향 사이각

다. 복사 전계가 최대 복사 전계 강도의 $\dfrac{1}{2}$이 되는 두 방향 사이각

라. 최대 복사 방향을 중심으로 총복사 전력의 90 %를 포함하는 범위의 사이각

해설 반치각(반치폭, 빔각, 빔폭)

지향성의 정도를 나타내는 물리량으로 주엽의 날카로운 정도(첨예도)를 나타내며, 이 값이 작을수록 예리한 지향성을 갖는다.

① 최대 복사 방향인 주빔에서 -3dB되는 두점사이의 각도

② 최대 복사 방향인 주빔에서 전계강도의 크기가 $1/\sqrt{2}$ 되는 두점사이의 각도

③ 최대 복사 방향인 주빔에서 복사전력의 크기가 1/2 되는 두점사이의 각도

46. 복사전력밀도가 최대복사 방향의 1/2로 감소되는 값을 갖는 각도로 지향특성의 첨예도를 표시하는 것은?

가. 전후방비　　나. 주엽(main lobe)

다. 부엽(side lobe)　　라. 빔폭

47. 다음 중에서 안테나의 전후방비(front to ratio)를 나타내는 식은? (단, E_f: 전방으로 복사되는 전계, E_b: 후방으로 복사되는 전계)

가. $10\log_e\left(\dfrac{E_b}{E_f}\right)$　　나. $10\log_{10}\left(\dfrac{E_b}{E_f}\right)$

다. $20\log_{10}\left(\dfrac{E_f}{E_b}\right)$　　라. $20\log_e\left(\dfrac{E_b}{E_f}\right)$

정답 42. 나　43. 가　44. 나　45. 가　46. 라　47. 다

핵심기출문제

해설 전후방비(전방 및 후방의 전계강도의 비)

$FB비 = 20\log_{10}\frac{E_f}{E_b}[dB]$,

(E_f : 전방의 전계강도, E_b : 후방의 전계강도)

48. 안테나의 지향성을 높이는 방법이 아닌 것은?

가. 반사기를 사용한다.
나. 반파장 다이폴을 평면상에 배열한다.
다. 가능한 한 연장선륜을 여러 개 사용한다.
라. 도파기를 사용한다.

해설
안테나에 연장선륜을 연결하는 것은 공진 주파수를 낮추어 실효고를 높이기 위함이다.

49. 다음 중 혼신의 방해를 가장 적게 하는 방법은?

가. 안테나의 접지를 완전하게 한다.
나. 안테나의 도체 저항을 적게 한다.
다. 지향성 안테나를 사용한다.
라. 안테나의 높이를 높게 한다.

50. 안테나의 이득에 관한 설명 중 잘못된 것은?

가. 수신 전계 강도를 일정하게 하기 위한 입력 전력의 비
나. 입력 전력을 동일하게 했을 때 전계 강도의 제곱의 비
다. 출력 전력을 동일하게 했을 때 전계 강도의 비
라. 안테나 길이와 이득은 무관하다.

해설 이득의 정의
안테나에서 이득이란 안테나의 효율을 나타내는 한가지 방법으로 사용되며 기준 안테나와 사용하는 안테나에 동일한 전력을 공급했을 때 최대 복사방향으로 복사하는 전력의 비(전계강도의 제곱비)로써 나타낸다.

51. 임의의 안테나 입력전력을 P 라 할 때 거리 r 에서 최대 전계강도를 E라 하고, 이에 대응해서 기준 안테나의 입력전력을 P_o, 전계강도를 E_o라 할 때 안테나의 이득을 나타내는 식은 어느 것인가?

가. $G[dB] = 10(\log\frac{E}{E_0} + \log\frac{P_0}{P})$
나. $G[dB] = 20\log\frac{E}{E_0} + 10\log\frac{P_0}{P}$
다. $G[dB] = 20\log\frac{E_0}{E} + 10\log\frac{P_0}{P}$
라. $G[dB] = 20\log\frac{E_0}{E} + 10\log\frac{P}{P_0}$

해설

$$G = \frac{\text{임의안테나의복사전력}}{\text{기준안테나의복사전력}} = \frac{\frac{P_r}{P}}{\frac{P_{r_o}}{P_o}}$$

$$= \frac{P_r}{P_{r_o}} \cdot \frac{P_o}{P} = (\frac{E}{E_o})^2 \cdot \frac{P_o}{P} \text{가 되므로}$$

$$\therefore G[dB] = 20\log\frac{E}{E_0} + 10\log\frac{P_0}{P} \text{가 된다.}$$

52. 안테나의 이득의 정의를 나타낸 것이다. 잘못된 것은 어느 것인가?

가. 절대 이득: 기준 안테나를 등방성 안테나를 기준으로 사용
나. 상대 이득: $\frac{\lambda}{2}$ 다이폴 안테나를 기준으로 사용
다. 지상 이득: $\frac{\lambda}{4}$ 단소 수직 안테나를 사용
라. 지상 이득: $\frac{\lambda}{4}$ 수직 안테나를 기준 안테나로 사용

정답 48. 다 49. 다 50. 다 51. 나 52. 라

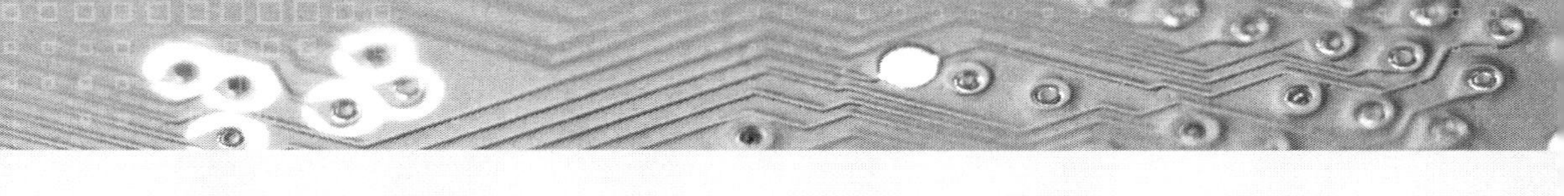

해설 이득의 종류

① 절대 이득: 기준 안테나를 등방성 안테나를 기준으로 사용

② 상대 이득: $\frac{\lambda}{2}$ 다이폴 안테나를 기준으로 사용

③ 지상 이득: $\frac{\lambda}{4}$ 단소 수직 안테나를 사용

53. 등방성 안테나의 방사 전력을 P_O라고 한다면 안테나로부터 d[m]되는 전계강도 E_0는?

가. $E_0 = \frac{\sqrt{30P_0}}{d}[V/m]$

나. $E_0 = \frac{\sqrt{30P_0}}{d^2}[V/m]$

다. $E_0 = \frac{\sqrt{30}\,P_0}{d}[V/m]$

라. $E_0 = \frac{\sqrt{30}\,P_0}{d}[V/m]$

해설

각 안테나의 방사전력(Pr)과 전계강도(E)의 관계식

미소 dipole 안테나	$E = \frac{\sqrt{45P_r}}{d}[V/m]$
$\frac{\lambda}{2}$ 수평 비접지 안테나	$E = \frac{7\sqrt{P_r}}{d}[V/m]$
$\frac{\lambda}{4}$ 수직 접지 안테나	$E = \frac{7\sqrt{2P_r}}{d}[V/m]$
등방성 안테나	$E = \frac{\sqrt{30P_r}}{d}[V/m]$

54. 반파장 안테나와 피측정 안테나에 같은 전력을 급전한다. 같은 거리 떨어진 값에서 측정된 전계 강도가 각각 100[$\mu V/m$], 500[$\mu V/m$]일 때 피측정 안테나의 상대이득은 몇[dB]인가?

가. 14 　　나. 15

다. 16 　　라. 17

해설

$$G_h[dB] = 20\log\frac{E}{E_0} = 20\log\frac{500\times10^{-6}}{100\times10^{-6}} \fallingdotseq 14[dB]$$

55. 등방성 안테나의 상대 이득은?

가. 0 　　나. 1.64

다. 1 　　라. $\frac{1}{1.64}$

해설 G_a, G_h, G_v의 관계

$G_a = 1.64G_h = 3G_v$ 에서 등방성 안테나는 $G_a = 1$이므로 $G_h = \frac{1}{1.64}$가 된다.

56. 복사전력 2[㎾]의 반파장 다이폴 안테나에서 거리 1[㎞]인 점의 전계강도가 700[㎷/m]가 되게 하자면 상대이득이 얼마인 안테나를 사용해야 하는가?

가. 2 　　나. 3

다. 4 　　라. 5

해설

$$E = \frac{7\sqrt{G_hP_o}}{r} = \frac{7\sqrt{G_h\times2\times10^3}}{1\times10^3} = 700\times10^{-3}, \therefore G_h = 5$$

57. 어떤 안테나의 복사전력이 100[W]이고, 최대 복사 방향으로 거리 r인 점의 전계강도가 300[㎶/m]이었고 같은 송신점에 반파장다이폴 안테나를 세워 복사전력 200[W]일때 동일지점 r점에서 100[㎶/m]의 전계강도가 측정 되었다면 피측정 안테나의 상대이득은 몇[㏈]인가?

가. 9.54 　　나. 12.55

다. 15.03 　　라. 20.14

정답 53. 가 　54. 가 　55. 라 　56. 라 　57. 나

해설

$$G[dB] = 20\log\frac{E}{E_0} + 10\log\frac{P_0}{P}$$
$$= 20\log\frac{300\times10^{-6}}{100\times10^{-6}} + 10\log\frac{200}{100} \fallingdotseq 12.55[dB]$$

58. 복사저항을 R_r, 안테나의 손실저항을 R_o라 할 때 안테나 효율은?

가. $\eta = \frac{R_r + R_0}{R_r} \times 100[\%]$

나. $\eta = \frac{R_r}{R_r + R_0} \times 100[\%]$

다. $\eta = \frac{R_0}{R_r + R_0} \times 100[\%]$

라. $\eta = \frac{R_r + R_0}{R_0} \times 100[\%]$

59. 방사 저항이 100[Ω]이고 손실 저항이 25[Ω]이라고 할 때 안테나의 복사 효율이 몇 [%]인가?

가. 60 [%] 나. 70 [%]
다. 80 [%] 라. 90 [%]

해설

$$\eta = \frac{P_r(\text{복사전력})}{P_i(\text{입력전력})} \times 100\%$$
$$= \frac{R_r(\text{복사저항})}{R_r + R_l(\text{손실저항})} \times 100\%$$
$$= \frac{100}{100+25} \times 100\% = 80\%$$

60. 접지 안테나의 복사저항이 36.6[Ω]이고 접지저항이 4.4[Ω]이며 그 외의 손실저항이 10[Ω]이다. 이 안테나의 효율은?

가. 63[%] 나. 72[%]
다. 78[%] 라. 89[%]

해설

$$\eta = \frac{P_r(\text{복사전력})}{P_i(\text{입력전력})} \times 100\%$$
$$= \frac{R_r(\text{복사저항})}{R_r + R_l(\text{손실저항})} \times 100\%$$
$$= \frac{36.6}{36.6+4.4+10} \times 100\% \fallingdotseq 72\%$$

61. 접지저항이 5[Ω]인 $\frac{\lambda}{4}$ 수직접지 안테나의 복사능률 η는 얼마인가? (단, 안테나의 저항은 무시한다.)

가. 94 [%] 나. 80 [%]
다. 88 [%] 라. 75 [%]

해설

$\frac{\lambda}{4}$ 안테나의 복사저항(Rr) = 36.56 [Ω],

$$\eta = \frac{R_r(\text{복사저항})}{R_r + R_l(\text{손실저항})} \times 100\%$$
$$= \frac{36.56}{36.56+5} \times 100\% \fallingdotseq 88\%$$

62. 복사 저항20[Ω], 손실 저항5[Ω]인 안테나에 100[W]의 전력이 공급되고 있을 때 방사 전력은 얼마인가?

가. 80 [W] 나. 90 [W]
다. 100 [W] 라. 110 [W]

해설

$$\eta = \frac{R_r(\text{복사저항})}{R_r + R_l(\text{손실저항})} = \frac{20}{20+5}$$
$$= 0.8, \eta = \frac{P_r(\text{복사전력})}{P_i(\text{입력전력})} \times 100\%$$
$$\Rightarrow P_r = \eta \cdot P_i = 0.8 \times 100 = 80[W]$$

정답 58. 나 59. 다 60. 나 61. 다 62. 가

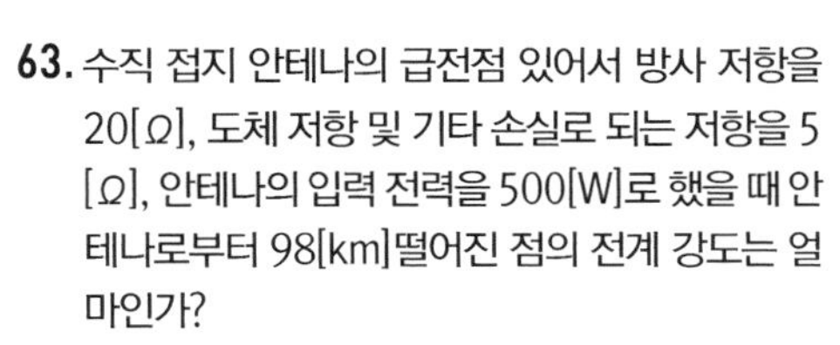

63. 수직 접지 안테나의 급전점 있어서 방사 저항을 20[Ω], 도체 저항 및 기타 손실로 되는 저항을 5[Ω], 안테나의 입력 전력을 500[W]로 했을 때 안테나로부터 98[km]떨어진 점의 전계 강도는 얼마인가?

가. 2.02 [mV/m]　　나. 2.94 [mV/m]
다. 3.94 [mV/m]　　라. 4.94 [mV/m]

해설

$P_r = \eta P_i = \frac{20}{20+5} \times 500 = 400[W]$,

$E = \frac{9.8\sqrt{P_r}}{r} = \frac{9.8\sqrt{400}}{98 \times 10^3} = 2[mV]$

64. 안테나의 손실 저항을 설명한 것이다 틀린 것은?

가. 도체 저항: 안테나의 도선 자신이 갖는 저항
나. 접지 저항: 접지 안테나에서 도선과 대지 사이의 접촉 저항
다. 유전체 손실 저항: 안테나 주의의 유전체에 의한 손실에 상당하는 저항
라. 누설 저항: 전계에 의한 안테나 주의의 유전체내의 손실

해설

- 누설 저항 손실과 코로나 손실 : 애자의 절연불량으로 누설전류가 생겨 발생되는 손실 및 안테나 끝단의 고전압으로 첨단 또는 굴곡부의 공기가 국부적으로 절연파괴되는 코로나 방전이 생겨 발생되는 손실이다.
- 와전류 손실 : 안테나 주위의 도체내에 유기되어 지는 고주파 와전류에 의해 주울 열로 발생된 손실이다.

65. 안테나 도선 자신의 고주파 저항 및 연장 코일등의 저항에 따른 손실저항은?

가. 접지저항　　나. 도체저항
다. 유전체손　　라. 코로나손

66. 안테나의 손실 저항이 발생하는 원인이 아닌 것은?

가. 접지 저항에 의한 손실
나. 복사 저항의 증가에 따른 손실
다. 도체 저항에 의한 손실
라. 유전체에 의한 손실

67. 다음 중 접지안테나의 능률을 나쁘게 하는 것은?

가. 복사 저항을 작게 한다.
나. 코로나 손을 작게한다.
다. 접지 저항을 작게 한다.
라. 실효고를 높인다.

68. 접지 안테나의 손실의 대부분을 차지하는 것은?

가. 도체 저항　　나. 유전체 손실 저항
다. 코로나 손실 저항　　라. 접지 저항

해설

접지 안테나에서 손실의 대부분을 차지하는 저항은 접지 저항이다.

69. 파장 λ인 전파의 전계 강도가 E[$\mu V/m$] 되는 지점에 $\frac{\lambda}{2}$ 더블렛 안테나를 설치 하였을 때 이것에 유기되는 기전력은 다음 어느 것인가? (단, 안테나는수직 더블렛으로 하고, 전파는 수평 방향에서 오는 수직 편파로 한다.)

가. $\frac{\lambda}{2}E[\mu V]$　　나. $\frac{2}{\pi}E[\mu V]$
다. $\frac{\lambda}{\pi}E[\mu V]$　　라. $E[\mu V]$

해설

$V_o = h_e \cdot E = \frac{\lambda}{\pi} \cdot E (\because \frac{\lambda}{2}$ 안테나의 $h_e = \frac{\lambda}{\pi})$

정답 63. 가　64. 라　65. 나　66. 나　67. 가　68. 라　69. 다

핵심기출문제

70. 주파수 3[MHz]의 전파를 전계 강도 2.3[mV/m]인 지점에서 $\frac{\lambda}{4}$ 수직 접지 안테나로 수신했을 때 이 안테나에 유기되는 전압은 얼마인가?

가. 24 [mV]　　나. 25.6 [mV]
다. 33.6 [mV]　　라. 37 [mV]

해설

$$V_o = h_e \cdot E = \frac{\lambda}{2\pi} \cdot E = \frac{100}{2\pi} \cdot 2.3[mV] = 37[mV]$$

$(\because \frac{\lambda}{4}$ 안테나의 $h_e = \frac{\lambda}{2\pi}$,

$\lambda = \frac{C}{f} = \frac{3\times10^8}{3\times10^6} = 100[m])$

71. 전계강도가 10[mV/m]인 전파를 유효 길이 1.5[m]인 안테나로 수신했다. 수신안테나의 복사 저항 및 수신기의 입력 임피던스가 각각 300[Ω]일 때 수신 전력은 얼마인가?

가. 0.19[μW]　　나. 2.5[μW]
다. 27[μW]　　라. 360[μW]

해설

$$P_a = \frac{V_0^2}{4R} = \frac{(h_e \times E)^2}{4R} = \frac{(1.5\times10\times10^{-3})^2}{4\times300} \fallingdotseq 0.19[\mu W]$$

72. 안테나의 방사 효과를 나타내는 것 중 틀린 것은?

가. 장파 안테나 - 미터 · 암페어($h_e \cdot I$)
나. 중파 안테나 - 이득
다. 단파 안테나 - 이득
라. 초단파 안테나 - 실효 개구 면적

해설 안테나의 방사 효과
① 장 · 중파 안테나 - 미터 · 암페어($h_e \cdot I$)
② 단파 안테나 - 이득
③ 초단파 이상의 안테나 - 실효 개구 면적

73. 안테나의 m-A(meter-Ampere)에 대한 설명 중 틀린 것은?

가. 안테나의 실효고와 기저부 전류의 곱이다.
나. 안테나의 복사 능력을 나타낸다.
다. 수신 전계 강도는 m-A에 반비례한다.
라. 안테나의 복사 전력은 m-A의 자승에 비례한다.

74. 길이 2π[m]의 $\frac{\lambda}{4}$ 수직접지 안테나의 Ampere-meter를 20[A · m]로 하고자 할때 기저부에 공급해야 할 전류는 얼마로 해야 할까?

가. 5[A]　　나. 10[A]
다. 20[A]　　라. 40[A]

해설

미터·암페어 $(h_e \cdot I) = 20, I = \frac{20}{h_e} = \frac{20}{\frac{\lambda}{2\pi}}$

$(\because \frac{\lambda}{4}$ 안테나의 $h_e = \frac{\lambda}{2\pi}$,

$\lambda = 4l = 4\times 2\pi) = 5[A]$

75. 미소 다이폴 안테나의 실효면적은?

가. 0.119 λ^2　　나. 0.119 λ
다. 0.113 λ^2　　라. 0.113 λ

해설
① 반파장 다이폴의 실효 면적
$A_e = \frac{30\lambda^2}{R\pi} \fallingdotseq 0.131\lambda^2[m^2]$
② 미소 다이폴의 실효 면적
$A_e = 0.119\lambda^2[m^2]$

정답 70. 라　71. 가　72. 나　73. 다　74. 가　75. 가

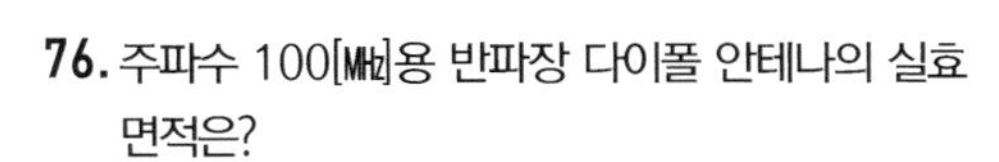

76. 주파수 100[㎒]용 반파장 다이폴 안테나의 실효 면적은?

가. 1.178[㎡]　　나. 2.238[㎡]
다. 3.256[㎡]　　라. 4.167[㎡]

해설 반파장 다이폴의 실효 면적:

$A_e = \dfrac{30\lambda^2}{R\pi} \fallingdotseq 0.131\lambda^2 \fallingdotseq 1.178[\text{m}^2]$

(단, $\lambda = \dfrac{3 \times 10^8}{100 \times 10^6} = 3$)

77. 주파수 15[㎒]에서 미소 다이폴 안테나의 실효면적은 몇[㎡]인가?

가. 12.5[㎡]　　나. 27.4[㎡]
다. 35.4[㎡]　　라. 47.7[㎡]

해설 미소 다이폴의 실효 면적:

$A_e = 0.119\lambda^2 = 0.119 \times 20^2 = 47.7[\text{m}^2]$

$(\because \lambda = \dfrac{C}{f} = \dfrac{3 \times 10^8}{15 \times 10^6} = 20[m])$

정답 76. 가　77. 라

CHAPTER 4

안테나의 종류 및 특성

1 안테나의 분류
2 장 · 중파(LF · MF:30㎑ ~ 3㎒)용 안테나
3 단파(HF:3~30㎒)용 안테나
4 초단파(VHF:30~300㎒)용 안테나
5 극초단파대(UHF:300[㎒]~3[㎓]) 이상의 안테나

1 안테나의 분류

1.1 사용 주파수대에 의한 분류★★★

(1) 장・중파용 안테나(LF・MF) : 30[㎑]~3[㎒]

① $\frac{\lambda}{4}$ 수직 접지 안테나
② 원정관 안테나
③ Wave 안테나
④ Loop 안테나
⑤ Adcock 안테나
⑥ Bellini-tosi 안테나

(2) 단파용 안테나(HF) : 3[㎒]~30[㎒]

① $\frac{\lambda}{2}$ 다이폴 안테나
② Zeppeline 안테나
③ Beam 안테나
④ Rhombic 안테나
⑤ v형 안테나
⑥ Fish bone 안테나
⑦ Comb 안테나

(3) 초 단파용 안테나(VHF) : 30[㎒]~300[㎒]

① Folded 안테나
② Yagi 안테나
③ Helical 안테나
④ Coner reflector 안테나
⑤ Wip 안테나
⑥ Turnstile 안테나
⑦ Super turnstile 안테나
⑧ Super gain 안테나
⑨ 대수주기(Log periodic) 안테나

(3) 극초 단파대 이상 안테나(UHF) : 300[㎒]~3[㎓]이상

① 전자나팔 안테나
② Horn Reflector 안테나
③ Slot 안테나
④ Parabolar 안테나
⑤ Cassegrain 안테나
⑥ Lens 안테나
⑦ 유전체 안테나

1.2 용도별 분류

용도	종류
방송용 안테나	정관용 안테나, Turnstyle 안테나, Super turnstyle 안테나, Super gain 안테나 등
통신용 안테나	Beam 안테나, Rhombic 안테나, Yagi 안테나, Helical 안테나 등
방향 탐지용 안테나	Loop 안테나, Adcock 안테나, Bellini-tosi 안테나 등
우주 통신용 안테나	Cassegrain 안테나

1.3 동작 원리별 분류

(1) 정재파 안테나

① 다이폴 안테나
② 수직 접지 안테나
③ Beam 안테나
④ 정재파 v형 안테나

(2) 진행파 안테나★★★

① Wave 안테나
② Rhombic 안테나
③ 진행파 v형 안테나
④ Fish bone 안테나
⑤ Comb 안테나
⑥ Helical 안테나

1.4 구조별 분류

(1) 선상 안테나

① $\frac{\lambda}{4}$수직 접지 안테나　② 역L형 안테나

③ Wave 안테나 등

(2) 판상 안테나

① Coner reflector 안테나　② Super Turnstile 안테나

③ Slot 안테나 등

(3) 개구면 안테나★★

① 전자 나팔 안테나　② Horn Reflector 안테나

③ Parabolar 안테나　④ Cassegrain 안테나

⑤ Lens 안테나　⑥ 유전체 안테나 등

1.5 주파수 특성에 의한 분류

(1) 광대역 안테나

① 대수주기(Log periodic) 안테나★★★　② Helical 안테나

③ 원추형 안테나 등

(2) 협대역 안테나

① 수직접지 안테나　② 역L형 안테나 등

2 장 · 중파(LF · MF:30㎑ ~ 3㎒)용 안테나

※ 장 · 중파대 통신의 특징★★★

① 고유 파장의 안테나를 얻기 어려워 복사 효율이 낮고 이득이 낮다.

② 주요 전파: 지표파

③ 주요 편파: 수직 편파

④ 기본 안테나: $\frac{\lambda}{4}$ 수직 접지 안테나

⑤ 설치비가 비싸고 광대역성을 얻기 어렵다.

※ 접지 방식

장 · 중파대에서 주로 사용되는 수직 접지 아테나에서의 손실저항의 대부분은 접지저항이므로 이를 감소시키는 것이 중요하며 다음과 같은 접지방식들이 사용되고 있다.

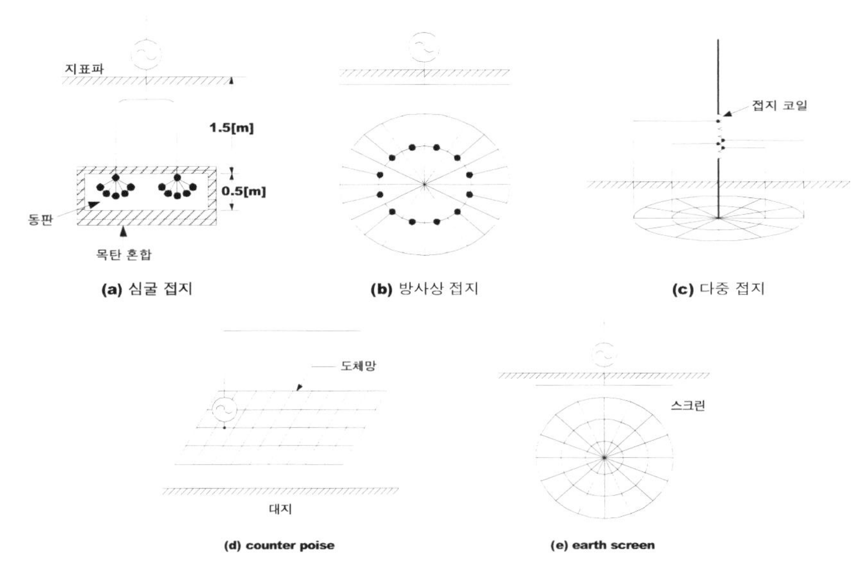

[접지 방식의 종류]

① 심굴식 접지(지중동판식)

② 방사상접지(지선망접지)

③ 다중 접지

④ Counter poise(가상접지)★★

- 지상고 2.5[m] 이상에 도체 망을 설치하는 방식으로 도체 망과 대지 사이에 변위 전류가 흐르게 하여 접지하는 접지 방식으로 일명 가상접지라고도 한다.
- 대지의 도전율이 극히 나쁜 곳(건조지, 암반, 건물옥상, 지면요철이 심한 곳, 수목이 가득한 곳 등)에서 사용된다.

실전문제 1 장 · 중파용 안테나의 특징 중 옳지 못한 것은?

가. 설치가 저렴하고 광대역성이다.

나. 안테나의 이득이 낮다.

다. 고유파장의 안테나를 얻기 어렵다.

라. 주로 수직편파에 의한 지표파를 이용하므로 접지가 필요하다.

답 가

실전문제 2 다음 중 접지 안테나의 능률을 나쁘게 하는 것은?

가. 복사 저항을 작게 한다.

나. 코로나 손을 작게 한다.

다. 접지 저항을 작게 한다.

라. 실효고를 높인다.

해설

안테나의 효율(η)은 $\eta = \frac{R_r(\text{복사저항})}{R_r + R_l(\text{손실저항})} \times 100\%$이다. 그러므로 복사저항은 클수록 손실저항(접지 저항, 도체 저항, 유전체 손실, 누설 저항 손실과 코로나 손실 등)은 적을수록 효율은 좋다.

답 가

실전문제 3 다음 중 건조지, 바위산, 건물의 옥상 등에 사용되는 접지방식으로 가장 적합한 것은?

가. 심굴식접지 나. 방사상접지

다. 다중접지 라. 카운터포이즈

답 라

실전문제 4 장·중파대의 송신 안테나의 접지 방식 중 대전력 방송국에 가장 적합한 것은?

가. 심굴식 접지　　나. 방사상 접지

다. 다중접지　　라. 카운터 포이즈

해설

※ 장·중파대에서 접지방식

① 심굴식 접지(소전력용)

② 방사상접지(중전력용)

③ 다중 접지(대전력용)

④ Counter poise(가상접지): 대지의 도전율이 극히 나쁜 곳(건조지, 암반, 건물옥상, 지면요철이 심한 곳, 수목이 가득한 곳 등)에서 사용된다.

답 다

(1) 수직 접지 안테나★★★

※ $\frac{\lambda}{4}$ 수직접지 안테나 특징

① 실효고 : $\frac{\lambda}{2\pi}$[m]

② 복사전력 : $P_r = 160\pi^2 I^2\left(\frac{h_e}{\lambda}\right)^2 \fallingdotseq 36.56I^2[\mathrm{W}]$

③ 복사저항 : $R_r = 160\pi^2\left(\frac{h_e}{\lambda}\right)^2 \fallingdotseq 36.56[\Omega]$

④ 전계강도 : $E = \frac{120\pi I h_e}{\lambda d} = \frac{60I}{d} = \frac{9.8\sqrt{P_r}}{d}$[V/m]

⑤ 장·중파대 방송용 안테나에 사용된다.

⑥ 수직면내 지향성은 쌍반구형이며, 수평면내 지향성은 무지향성이다.

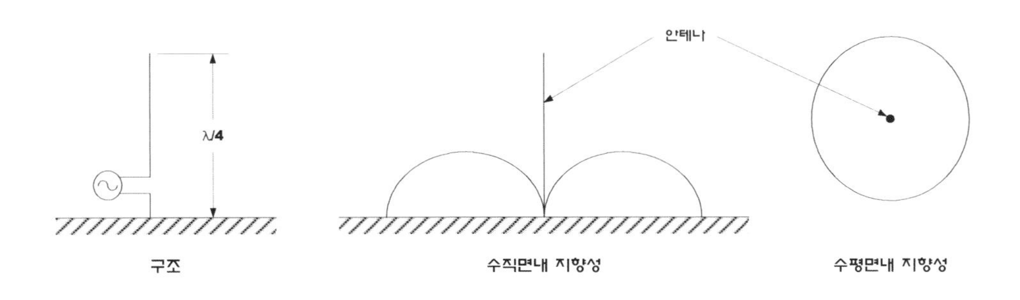

(2) 역 L형 안테나★★

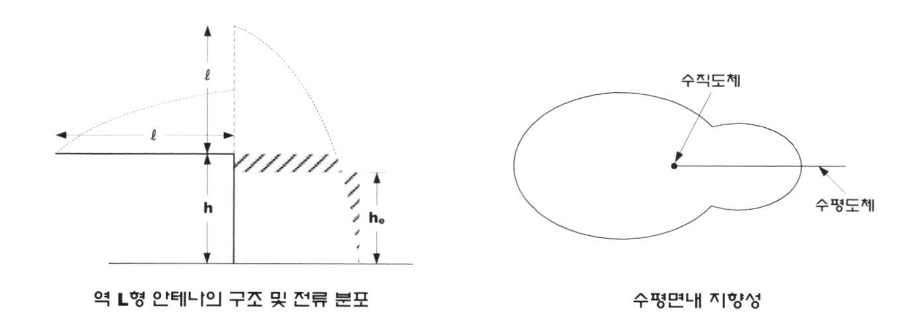

역 L형 안테나의 구조 및 전류 분포　　　　수평면내 지향성

※ 역 L형 안테나 특징

① 수평부(l)의 역할: 수평도체와 대지와의 정전용량에 의해 실효고를 높이는 역할을 한다.

② 수평도체는 실제 전파복사에서 아무런 도움을 주지 못하므로 무효 복사부라 한다.

③ 실효고는 $h_e = \dfrac{h(h+2l)}{2(h+l)}$ 이다.

④ 용도: 수직접지 안테나를 설치 곤란한 경우나 선박 등의 이동국에서 고정항로의 항해용으로 사용된다.

실전문제 1 지상 높이가 같은 역 L형 안테나와 수직 안테나를 비교하면 역 L형 안테나 쪽이 실효고가 높은데 그 이유는?

가. 공진이 날카롭기 때문이다.
나. 접지저항이 작기 때문이다.
다. 상부의 정전용량이 증가하기 때문이다.
라. 도체저항이 작기 때문이다.

해설

역 L형 안테나의 경우 수평부도체와 대지 사이의 포유용량이 존재하게 되어 공진주파수가 낮아져 실효고가 증가하는 효과 때문이다.

답 다

(3) 원정관(圓頂冠) 안테나★★★

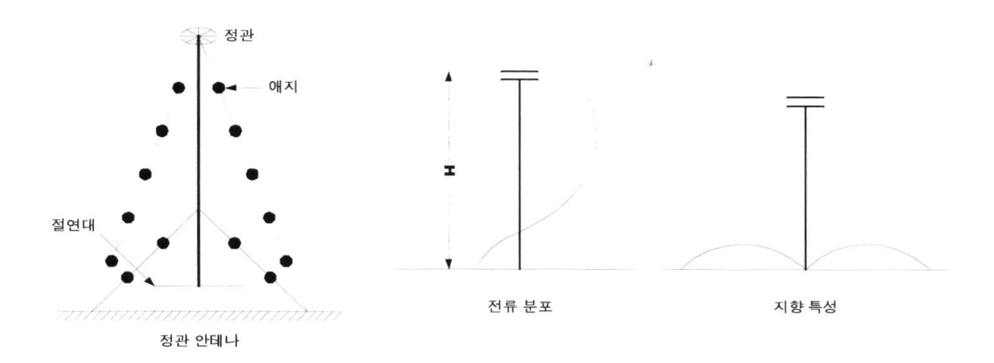

※ 정관형 안테나 특징

① 중파대 페이딩 방지 방송용 안테나이다.

② 정관을 설치하므로 써 고각도 복사가 억제되어 근거리 fading을 경감시켜 양청구역을 넓힌다.

③ 정관과 대지 사이에는 표유용량이 병렬로 존재하게 되어 공진주파수가 낮아진다.

④ 공진파장이 증가하므로 실효고의 증가효과를 갖는다.

⑤ 복사저항이 증가한 결과가 되어 효율이 증가한다.

실전문제 1 **정관 안테나에서 정관의 역할에 해당되지 않는 것은?**

가. 실효 길이를 증가시킨다.
나. 대지와의 정전용량을 증가시킨다.
다. 고유주파수를 증가시킨다.
라. 고각도 복사를 억제 시킨다.

해설

정관 안테나에서 정관(top loading)의 역할
① 대지와의 정전용량을 증가시킨다.
② 증가된 용량에 의하여 공진 주파수가 낮아진다.
③ 안테나의 실효고는 길어진다.
④ 고각도 복사가 억제 되므로 수직면내 지향성이 예민하게 되어 근거리 fading을 경감시켜 양청구역을 넓힌다.

답 다

실전문제 2 수직접지 안테나에 정관부하(top loading)를 설치할 경우 맞는 효과는 어느 것인가?

가. 고유 주파수 증대　　나. 실효고의 감소

다. 복사저항의 감소　　라. 고각도 방사의 감소

답 라

실전문제 3 정관형 안테나에 관한 설명이다. 틀린 것은?

가. 전리층 반사를 적게 하여 양청구역을 넓힐 수 있다.

나. $\lambda/4$ 수직접지 안테나에 원정관을 설치한다.

다. 고유파장을 길게 할 수 있다.

라. 실효고를 작게 할 수 있다.

답 라

(4) 미소 Loop 안테나★★★

※ Loop 안테나 특징

① 소형으로 이동이 용이하다.

② 수평면내 지향특성은 8자 지향특성을 나타내며, 수직면내 지향 특성은 반원형을 갖는다.

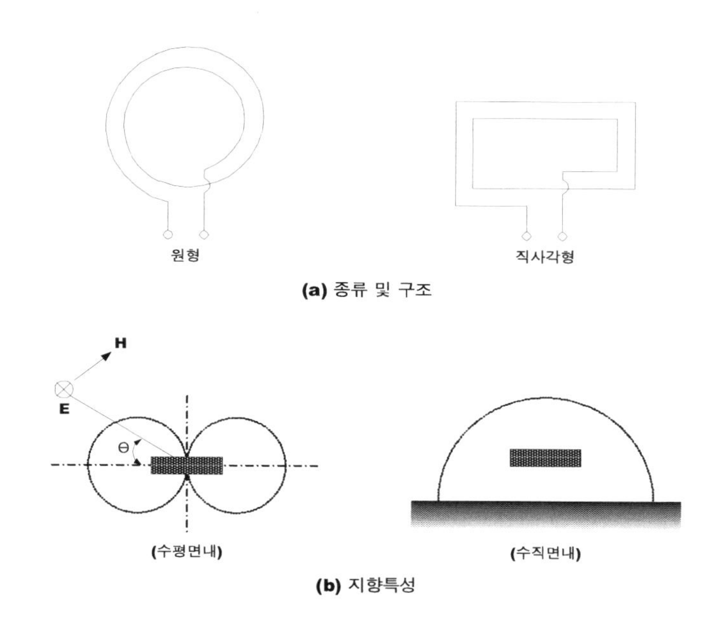

(a) 종류 및 구조

(b) 지향특성

③ 실효고(he)는 $\frac{2\pi AN}{\lambda}$ [m]이며 비교적 낮다. (N:권선수, A:안테나의 단면적)

④ 전파의 도래 방향을 탐지할 수 있으나, 전후대칭이므로 전방 도래전파인지 후방 도래전파인지 정확히 알 수 없다.(180° 불확실성) ⇒ 대책 안테나: Bellini-Tosi 안테나

⑤ 야간에는 전리층 반사파(E층)의 수평 편파성분이 안테나의 수평도선에 유기되어 측정오차(야간오차)가 발생한다. ⇒ 대책 안테나: Adcock 안테나

실전문제 1 다음 중 루우프 안테나 특성에 속하지 않는 것은?

가. 소형이고 이동이 용이하다.
나. 주파수에 관계없이 8자 지향특성을 갖는다.
다. 방위측정에 사용된다.
라. 야간보다 주간에 오차가 발생되어 불완전 동작을 한다.

답 라

실전문제 2 루우프 안테나를 방향 탐지용으로 사용하려고 할 때는 수직 안테나의 출력과 루우프 안테나의 출력을 합산한 것을 동시에 받아들이고 있는 이유로서 가장 타당한 것은?

가. 측정 정밀도를 향상시키기 위한 것이다.
나. 도래 방향과 수직 안테나에 의한 실효고를 높이기 위함이다.
다. 루우프 안테나의 실효고는 수직부보다 길어야 하므로 이를 수직부와 비교하기 위함이다.
라. 전파의 도래 방향 중 루우프 안테나만으로서는 전후 방향의 식별이 안되기 때문이다.

해설

루프 안테나의 수평면내 지향성이 8자 지향성이기 때문에 전파의 도래 방향 중 전후 방향의 식별이 안되기 때문이다.

답 라

실전문제 3 다음 중 루프(Loop) 안테나의 수평면내의 지향특성은?

가. 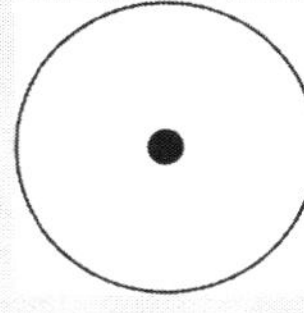

나.

다. 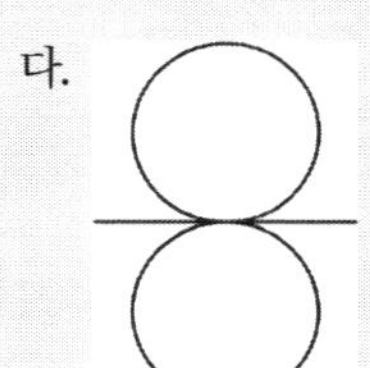

라. 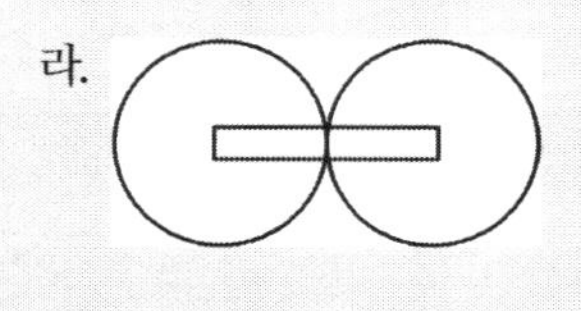

해설 루프 안테나의 지향특성은 수평면내 8자지향성, 수직면내 반원형이다.

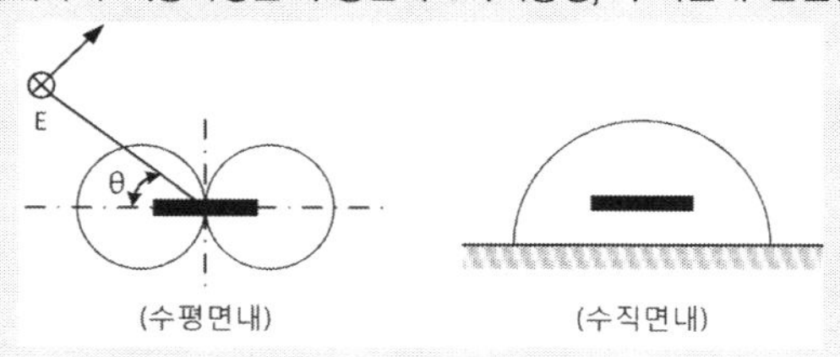

답 라

실전문제 4 **루프 안테나를 방향탐지에 사용할 경우 180° 불확정이 발생하여 전파의 도래방향을 결정할 수 없다. 다음 중 이러한 단점을 개선한 안테나는?**

가. 수직접지 안테나와 루프 안테나를 조합한 안테나

나. 비버리지 안테나와 루프 안테나를 조합한 안테나

다. 애드콕 안테나와 루프 안테나를 조합한 안테나

라. 벨리니토시 안테나와 루프 안테나를 조합한 안테나

해설

루프 안테나는 수평면내 지향특성이 8자 지향특성을 나타내며 전파의 도래 방향을 탐지할 수 있으나, 전후대칭이므로 전방 도래전파인지 후방 도래전파인지 정확히 알 수 없다.(180° 불확실성) 이를 해결하기 위해서 루프 안테나와 수직접지 안테나를 조합하여 사용하게 되는데 그 지향특성이 심장형을 나타내어 180° 불확실성을 제거할 수 있다.

답 가

실전문제 5 **루프 안테나를 방향 탐지용으로 사용하려고 할 때 수직 안테나의 출력과 루프 안테나의 출력을 합산한 것을 동시에 받아들이고 있는 이유로서 가장 타당한 것은?**

가. 측정의 정밀도 및 해상도를 향상시키기 위해

나. 수직 안테나에 의한 실효고를 높이기 위해

다. 루프 안테나의 실효고는 수직부보다 길어야 하므로 이를 수직부와 비교하기 위해

라. 전파의 도래 방향 중 루프 안테나만으로는 전후 방향의 식별이 안 되기 때문에 이를 해소하기 위해

답 라

(5) Bellini-Tosi 안테나★★

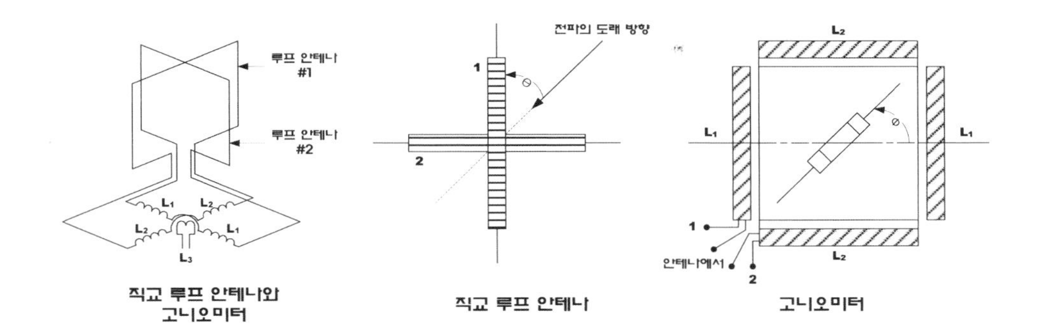

※ Bellini-Tosi 안테나 특징

① 쌍 loop와 Goniometer(고니오미터)를 조합한 것으로 전파의 전・후방을 포착할 수 있다.

② $(\theta - \phi) = 90°, 270°$ 때 영감도, $(\theta - \phi) = 0°, 180°$ 때 최대감도가 되며, 감도가 최대일 때 탐색 코일과 전파 도래 방향이 일치할 때 이다.

③ 완전한 방탐용 안테나로 사용하기 위해 수직안테나와 조합해서 사용한다.

(6) Adcock 안테나★★

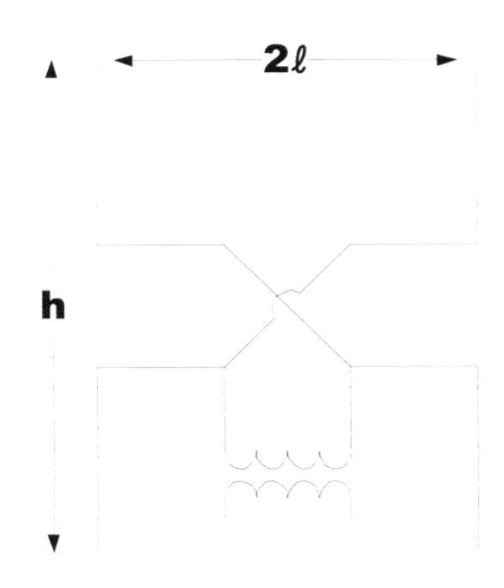

※ Adcock 안테나 특징

① 실효고(he)는 $\frac{2\pi AN}{\lambda} = \frac{2\pi \times 2lh \times 1}{\lambda} = \frac{4\pi lh}{\lambda}$ [m] 이다. (N:권선수, A:안테나의 단면적)

② 수평도체가 없다.

③ 수평편파를 수신할 수 없다.

④ 야간오차 경감효과를 갖는다.

실전문제 1 **방향 탐지용 안테나로 적합하지 않는 것은?**

가. 애드콕 안테나(Adcock antenna)

나. 루프 안테나(Loop antenna)

다. 벨리니 토시 안테나(Bellini-Tosi antenna)

라. 웨이브 안테나(Wave antenna)

해설

방향을 탐지할 수 있는 안테나에는 Loop 안테나, Adcock 안테나, Bellini-tosi 안테나 등이 있으며 수평면내 지향성은 8자 지향성을 갖는다.

답 라

실전문제 2 **방향 탐지용 안테나로서 야간 오차를 경감하는데 사용하는 안테나는?**

가. 애드콕 안테나　　나. 비버리지 안테나

다. 휩 안테나　　라. 야기 안테나

답 가

(7) Wave 안테나(Beverage 안테나)★★★

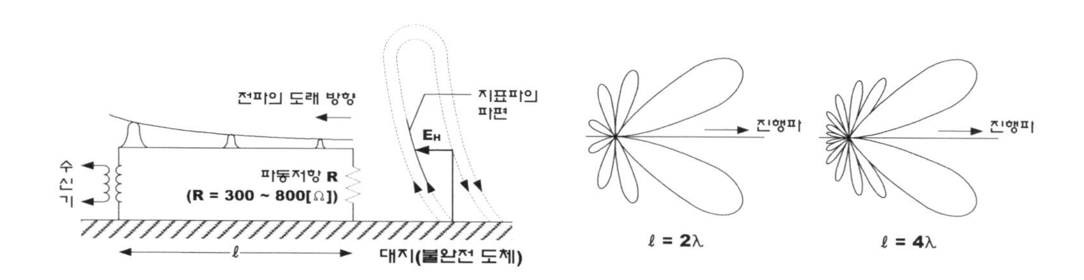

※ Wave 안테나의 특징

① 진행파 안테나

② 주로 수백[㎑] 이하의 수신용 공중선에 쓰인다.

③ 광대역성이다.

④ 다중 수신이 가능하다.

⑤ 효율이 낮다.

⑥ 간단한 구조에 비해 이득이 크다.

	진행파 안테나	정재파 안테나
지향성	단일 지향성	쌍방향성
이득	고이득	저이득
대역폭	광대역성	협대역성
효율	낮다	높다
부엽	많다	적다
면적	넓다	좁다
종단저항	있다	없다

실전문제 1 웨이브(Wave) 안테나에 관한 설명 중 틀린 것은?

가. 지향특성은 단일 지향 특성이다.

나. 도선의 길이가 사용파장에 비해 길수록 빔폭이 넓어진다.

다. 광대역 특성을 갖는다.

라. 한 개의 안테나를 여러 주파수에 사용 할 수 있다.

해설

Wave 안테나의 특징

① 지향성은 단향성이지만 주방사와 도선과의 작은 도선의 길이와 파장에 따라 다르다.

② 주로 수백[㎑] 이하의 수신용 공중선에 쓰인다.

③ 광대역성이다.(진행파형 공중선)

④ 다중 수신이 가능하다.

⑤ 효율이 낮다.

⑥ 구조가 간단하다.

⑦ 대전력에도 사용할 수 있다.

답 나

실전문제 2 다음 설명 중 옳은 것은?

가. 원정관 안테나의 용량환은 등가적으로 안테나의 단축효과가 있다.

나. 역L형에서 수평부분은 무효 복사부로 본다.

다. 기저부에 연장 선륜을 삽입하는 것을 center loading이라고 한다.

라. 역L형의 실효고가 $\lambda/4$수직접지 안테나보다 2배 정도 높다.

해설

① 원정관 안테나의 용량환은 안테나에 병렬로 C성분을 제공하여 공진 주파수를 낮게 하여 등가적으로 안테나의 연장효과가 있다.

② 역L형에서 수평도체는 전파 복사에 아무런 역할을 못하는 무효 복사부이다.

③ 기저부에 연장 선륜을 삽입하는 것을 base loading이라고 한다.

④ 역L형의 실효고가 $\lambda/4$ 수직접지 안테나보다 약간 작다.

답 나

실전문제 3 장중파대용 안테나로서 진행파만 존재하는 것은?

가. beverage 안테나

나. 루우프(loop) 안테나

다. 역L형 안테나

라. bellini-tosi 안테나

해설

진행파 안테나의 종류

① 장·중파대: wave 안테나(beverage 안테나) 등

② 단 파 대: 롬빅, V형, 어골형, 빗형 안테나 등

③ 초단파대: 헬리컬 안테나 등

답 가

3 단파(HF:3~30㎒)용 안테나

※ 단파대 통신의 특징★★★

① 고유 파장의 안테나를 얻기 쉽고 복사 효율이 좋다.

② 주요 전파: 전리층 반사파(F층)

③ 주요 편파: 수평 편파

④ 기본 안테나: $\frac{\lambda}{2}$ 수평 비접지 안테나

(1) 반파장 다이폴 안테나★★★

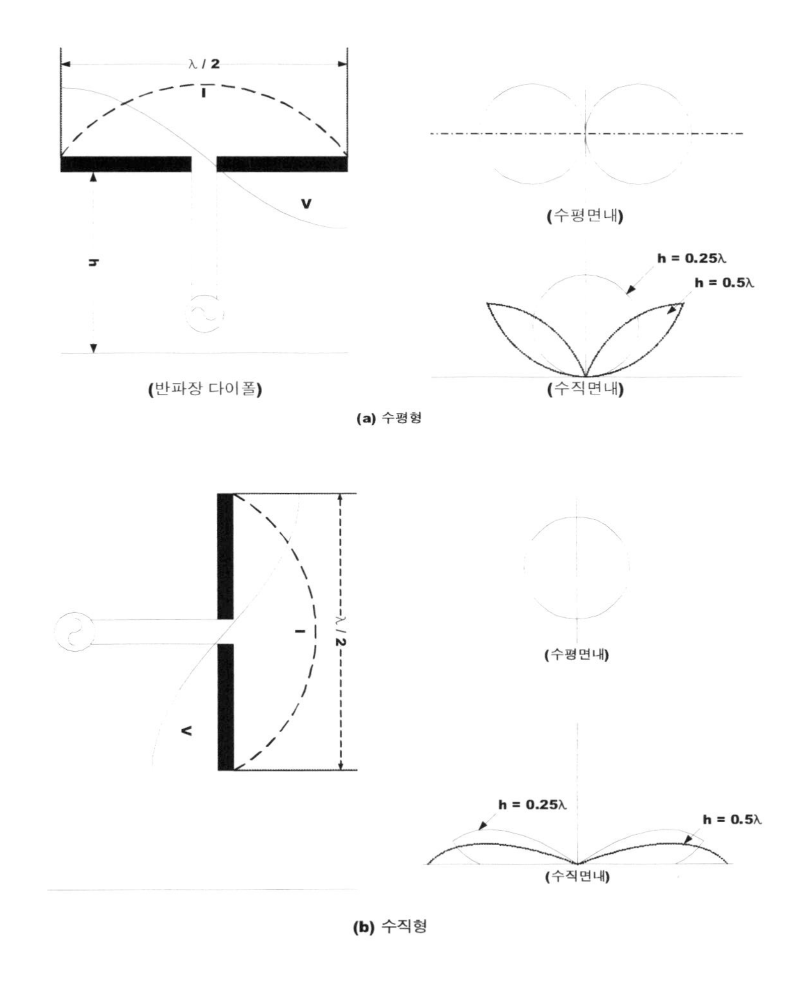

※ $\frac{\lambda}{2}$ dipole 안테나 특징

① 실효 길이 : $\frac{\lambda}{\pi}$

② 전계 강도 : $E = \frac{60\pi I h_e}{\lambda r} = \frac{60I}{r} = \frac{7\sqrt{P_r}}{r}$ [V/m]

③ 실효 면적 : $0.131\lambda^2$

비교 사항	수평 다이폴	수직 다이폴
안테나 높이	비교적 낮다.	지면으로부터 방사 방해를 고려하여 높게 설치한다.
급전선의 영향	급전선과 공중선이 직각이므로 방사의 방해가 적다.	급전선과 공중선이 평행하므로 방사의 방해가 많게 되며 지향성을 교란시킨다.
수평면 지향성	8자형	무지향성
혼신 방해	적다.	크다.
잡음 방해	적다.	크다.
정합 회로	정합 회로 사용이 편리하다.	정합 회로 사용이 불편하다.

실전문제 1 $\frac{\lambda}{2}$ 다이폴 안테나의 전류 분포식은? (단, 끝단을 기준으로 한다.)

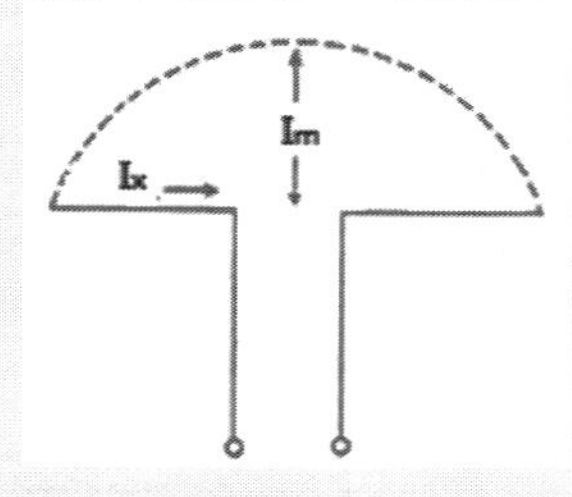

가. $I_x = I_m \sin\beta x$

나. $I_x = I_m \cos\beta x$

다. $I_x = I_m \sin\frac{\lambda}{2\pi}x$

라. $I_x = I_m \cos\frac{\lambda}{2\pi}x$

해설

$\frac{\lambda}{2}$ 다이폴 안테나의 전류 분포식은 급전점을 중심으로 하면 $I_x = I_m \cos\beta x$가 되고, 끝점을 기준으로 한다면 $I_x = I_m \sin\beta x$가 된다. 여기서 $\beta = \frac{2\pi}{\lambda}$이다.

답 가

(2) Zeppeline 안테나★★

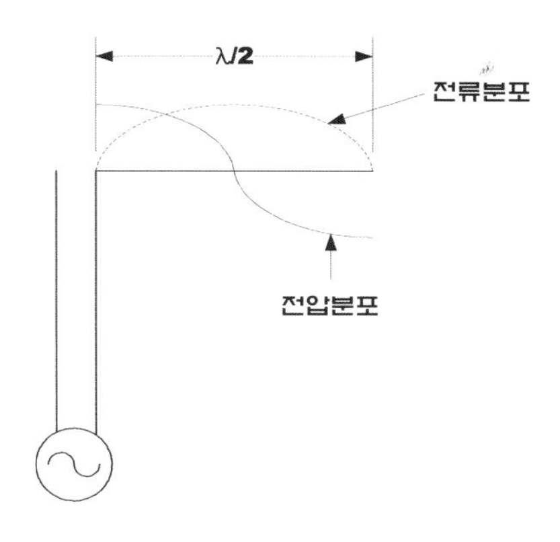

※ Zeppeline 안테나 특징

① 전압급전 방식이다.

② 평형형 동조급전선을 이용한다.

③ 임피던스 정합회로는 필요 없다.

④ 정재파형 안테나이다.

⑤ 수평면내 지향특성은 8자 지향성을 나타낸다.

⑥ 용도: 구조가 간단하므로 $\frac{\lambda}{2}$ dipole 안테나의 설치 곤란한 간이 시설에 주로 사용한다.

⑦ 수신기 급전회로에서 직렬공진 시 급전선의 길이는 $\lambda/4$의 기수배로 한다.

실전문제 1 제펠린 안테나는 어떤 경우에 많이 사용하는가?

가. 급전선의 영향을 적게 할 때

나. 임피던스 정합회로가 필요 할 때

다. 전류급전을 할 때

라. 공간적으로 반파장 더블렛을 설치하기 곤란할 때

답 라

실전문제 2 제펠린(zeppelin)안테나에 관한 설명이다. 틀린 것은?

가. 전압급전 방식을 사용한다.

나. 평형형 동조급전방식을 사용한다.

다. 수신기 급전회로에서 직렬공진 시 급전선의 길이는 $\lambda/4$의 우수배로 한다.

라. 수평면내 지향성은 8자형 패턴을 가진다.

답 다

(3) Beam 안테나★★

※ beam 안테나의 특징

① 고이득과 고지향성을 얻을 수 있다.

$$G(\text{이득}) = n^2 \cdot \frac{R_r}{R_o} \left(n : \text{소자수},\ R_r : \frac{\lambda}{2}\text{의 복사저항},\ R_o : beam\text{의 복사저항}\right)$$

② 개별소자의 송신출력은 작아도 큰 복사전력을 낼 수 있어 경제적이다.

실전문제 1 빔(beam) 안테나의 특성에 관한 설명으로 틀린 것은?

가. 고이득과 고지향성을 얻을 수 있다.

나. 큰 복사전력을 얻을 수 있다.

다. 주파수 이용도가 제한되어 있다.

라. 근접 주파수의 혼신, 공전 및 인공잡음의 방해가 적다.

해설

beam 안테나특성

① 고이득과 고지향성을 얻을 수 있다.

$$G(\text{이득}) = n^2 \cdot \frac{R_r}{R_o}\left(n : \text{소자수}, R_r : \frac{\lambda}{2}\text{안테나의 복사저항}, R_o : beam\ \text{안테나의 복사저항}\right)$$

② 개별소자의 송신출력이 작으면서도 큰 복사전력을 낼 수 있어 전력 사용이 경제적이다.

③ 주파수 이용도가 넓다.

④ 근접 주파수의 혼신, 공전 및 인공잡음의 방해가 적다.

⑤ 정재파 안테나이다.

답 다

③ 주파수 이용도가 넓다.

④ 근접 주파수의 혼신, 공전 및 인공잡음의 방해가 적다.

(4) Rhombic 안테나★★

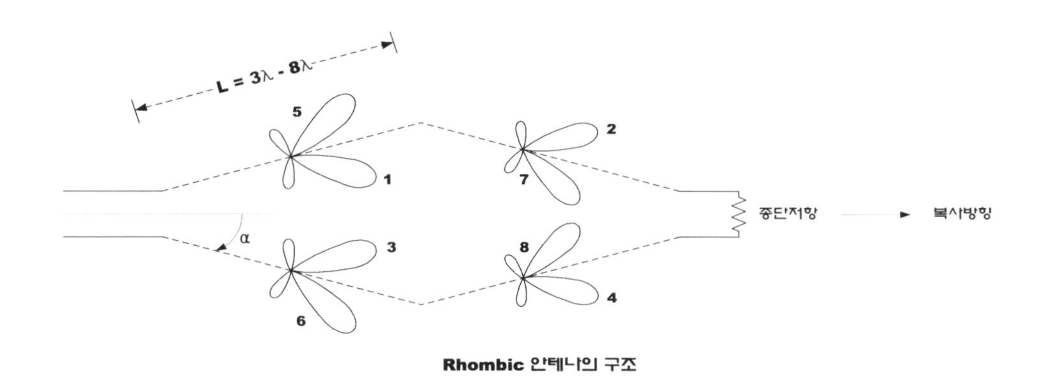

Rhombic 안테나의 구조

4개의 도선을 다이아몬드 형으로 배치하고, 종단에 종단저항을 달아 진행파만 존재하도록 한 안테나로 다이아몬드형 안테나라 한다.

※ 롬빅 안테나의 특징

① 진행파 안테나이다.

-단방향성 -광대역성 -효율이 낮다 -부엽이 많다 -이득이 크다 -설치 면적 넓다 -종단저항 필요

실전문제 1 롬빅(rhombic) 안테나의 특징으로 맞지 않는 것은?

가. 단방향성 안테나로 예리한 지향특성을 갖는다.

나. 도선 양측의 복사위상은 동상이며 부엽이 적다.

다. 진행파 안테나로 10-13[dB]정도의 상대이득을 얻을 수 있다.

라. 효율이 나쁘고 넓은 설치장소를 필요로 한다.

답 나

⑸ 진행파 V형 안테나

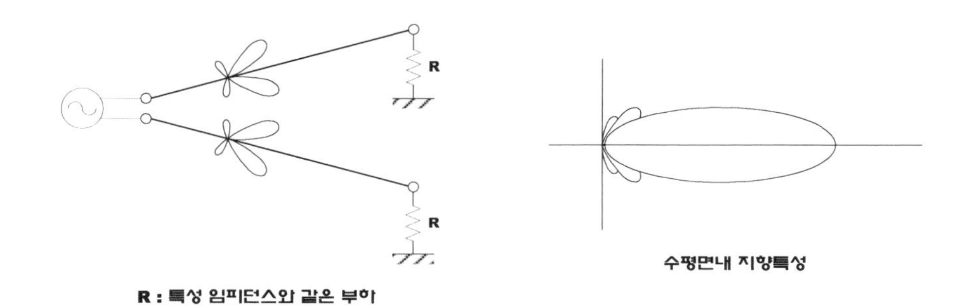

진행파 안테나이다.

⑹ 정재파 V형 안테나

⑺ Fish bone 안테나(어골형 안테나)

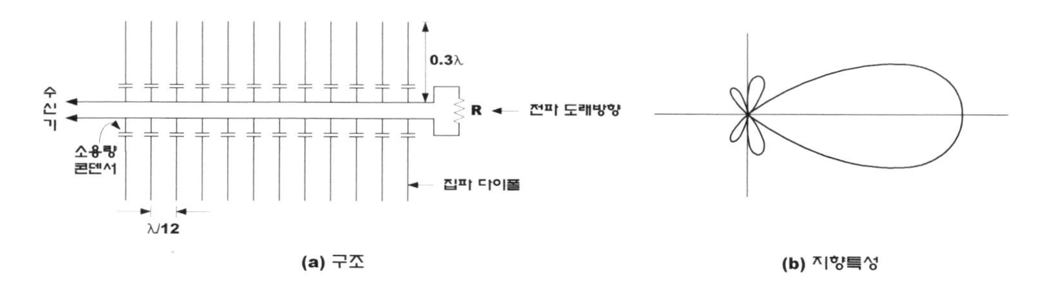

집파 dipole에서 모은 전파와 종단저항 쪽에서 오는 전파가 급전선상에서 더해져 큰 유기기전력이 수신기 측에 유기된다. 그러나 반대 방향에서 도래되는 전파는 종단저항에 흡수되므로 파가 한 방향으로만 진행하는 진행파 안테나가 된다.

실전문제 1 다음 중 집파다이폴(collector)을 여러 개 설치하여 전파를 모으고 그 기전력을 급전선에 결합시키는 원리를 사용한 단파대의 수신용 안테나는?

가. 어골형 안테나　　　나. 롬빅(rhombic) 안테나
다. 고조파 안테나　　　라. 벤트(bent) 안테나

해설

어골형 안테나는 집파 dipole에서 모은 전파와 종단저항 쪽에서 오는 전파가 급전선상에서 더해져 큰 유기기전력이 수신기 측에 유기된다. 그러나 반대 방향에서 도래되는 전파는 종단저항에 흡수되므로 파가 한 방향으로만 진행하는 진행파 안테나가 된다.

답 가

(8) comb 안테나(빗형 안테나)

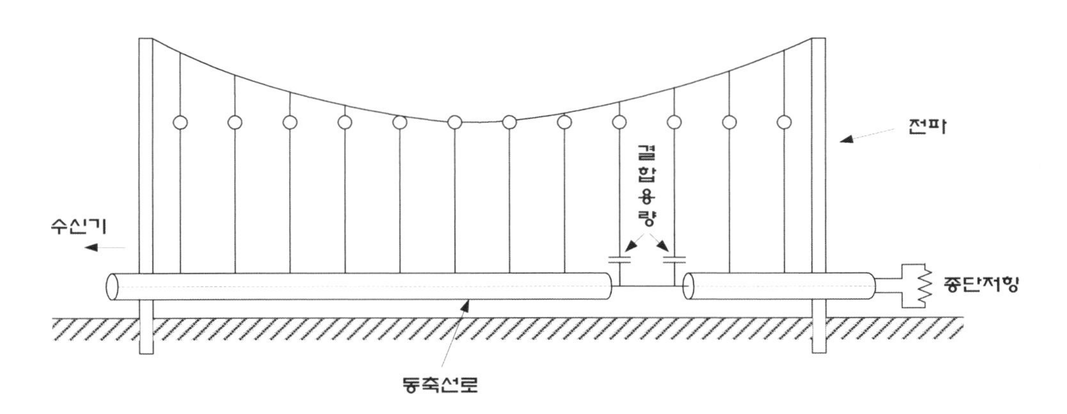

진행파 안테나이다.

4 초단파(VHF:30~300㎒)용 안테나

(1) 접어진 안테나(Folded dipole)★★

반파장 dipole 안테나의 수평도체를 2중으로 만든 다음 양단을 접속시켜 복사부분을 2중으로 만든 안테나로서 단일직선 안테나에 비하여 실효면적과 복사저항이 크게 되어 광대역 특성이 되고 다소자로 구성된 안테나에서 선형안테나대신 사용하는 경우 그 안테나의 복사특성을 변화시키지 않고 입력임피던스만을 적당히 변화 시킬 수 있기 때문에 초단파대 기본안테나로 folded dipole 안테나라 한다.

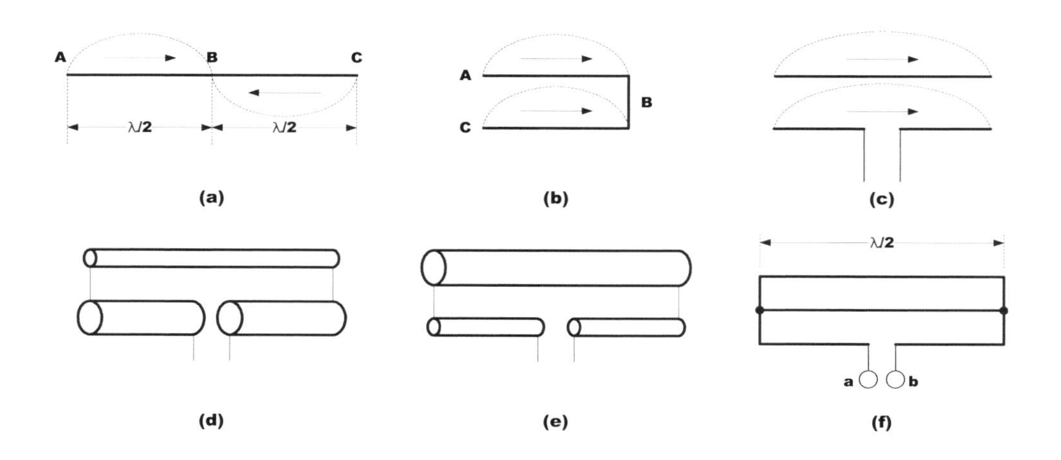

※ folded dipole 특징

① $P = I^2R$에 의거 $\frac{\lambda}{2}$dipole의 경우 $P = 73.131^2$인데 folded dipole $\frac{\lambda}{2}$dipole 전류분포의 2배가 생기므로 $P = (2I)^2R = 4I^2R = 4 \times 73.13I^2 = 293I^2$이 되어 급전점 임피던스가 293Ω(약 300Ω)이 된다.

② 급전점 임피던스가 약 300Ω이므로 평행 2선식 급전선과 정합회로 필요 없이 직결할 수 있다.

③ 전계강도, 이득, 지향성 수신최대 유효전력은 반파장 dipole과 같다.

④ 수평부 도체가 2개인 경우 실효길이, 개방전압은 반파장 dipole의 2배가 된다.

⑤ 광대역성을 갖는다.

⑥ 급전점 임피던스는 다음과 같이 구한다. $R = 73.13 \times n^2$ (여기서, n:수평 도체의 소자 수)

실전문제 1 Folded Antenna를 만들 때 일반적으로 n(소자수)개로 접으면 급전점 임피던스는 몇 배로 증가하는가?

가. n^2　　나. n

다. $1/n$　　라. $1/n^2$

해설

folded dipole 안테나의 급전점 임피던스는 다음과 같이 구한다.

$R = 73.13 \times n^2$ (여기서, n:수평 도체의 소자 수)

답 가

실전문제 2 임피던스 정합회로를 쓰지 않고도 평행2선식 급전선과 직접 연결 가능한 안테나는?

가. 반파장 안테나　　나. 폴디드 안테나

다. 빔안테나　　라. 야기 안테나

답 나

실전문제 3 3개의 도체를 사용하여 3단의 폴디드(folded) 안테나를 구성할 경우 복사저항은 얼마인가?

가. 73[Ω]　　나. 110[Ω]

다. 292[Ω]　　라. 658[Ω]

해설

folded dipole 안테나의 급전점 임피던스는 다음과 같이 구한다.

$R = 73.13 \times n^2$ (여기서, n:수평 도체의 소자 수)

$R = 73.13 \times 3^2 = 658[\Omega]$

답 라

실전문제 4 접어진(folded) 안테나의 특징에 대한 설명으로 잘못된 것은?

가. TV의 300[Ω] 평행2선식과 직결하여도 거의 임피던스정합이 이루어진다.

나. 전계강도, 이득, 지향성은 반파장 안테나와 동일하다.

다. 반파장 안테나에 비해서 도체의 유효 단면적이 크다.

라. 실효길이는 반파장 안테나의 2배이고 수신안테나로서 사용할 때 개방전압은 같게 된다.

답 라

실전문제 5 폴디드 다이폴(folded dipole) 안테나에 관한 설명 중 틀린 것은?

가. 반파장 다이폴의 변형으로 급전점 임피던스를 낮게 할 수 있다.

나. 75[Ω] 급전선과 정합시키려면 4:1 Balun이 있어야 한다.

다. 안테나의 이득은 반파장 다이폴과 같다.

라. 단파에도 사용되나 주로 텔레비전 또는 초단파용 안테나로서 사용한다.

답 가

실전문제 6 그림과 같은 폴디드 다이폴 안테나의 특징 중 잘못 설명한 것은?

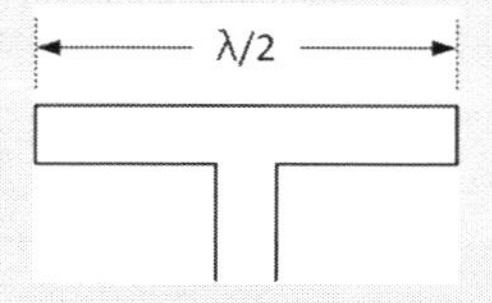

가. 반파장 다이폴 안테나에 비해서 협대역 특성을 갖는다.

나. 실효 길이는 반파장 다이폴 안테나보다 약 2배이다.

다. 복사전력은 $\frac{\lambda}{2}$ 다이폴 안테나보다 약 4배이다.

라. 복사저항은 약 292[Ω]이다.

답 가

(2) Whip 안테나

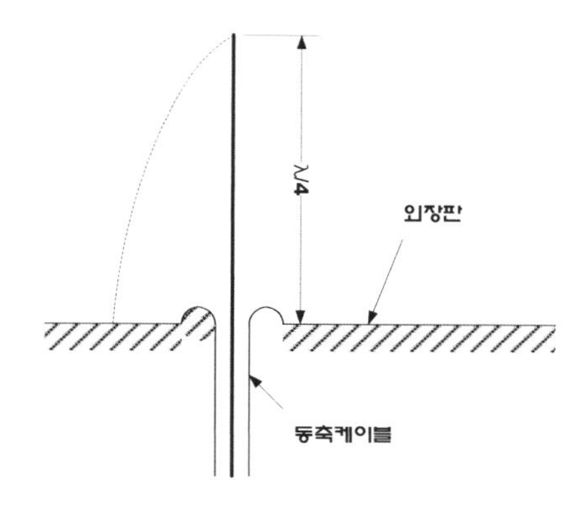

※ Whip 안테나 특징

① 주로 이동체의 안테나로 사용한다.(차량용 안테나)

② $\frac{\lambda}{4}$ 수직접지 안테나와 등가이다.

(3) Braun 안테나

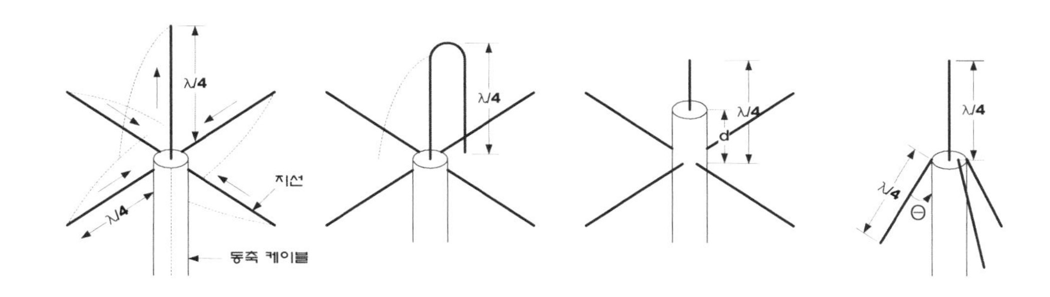

(4) 동축 다이폴(Sleeve 안테나)

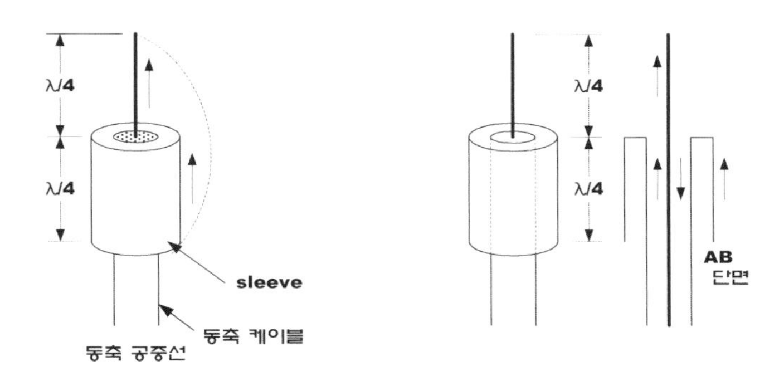

(5) Yagi 안테나★★★

투사기와 반사기, 도파기로 구성되며 단향성 안테나가로 구조가 간단하면서도 이득이 크나 협대역이라는 단점이 있다.

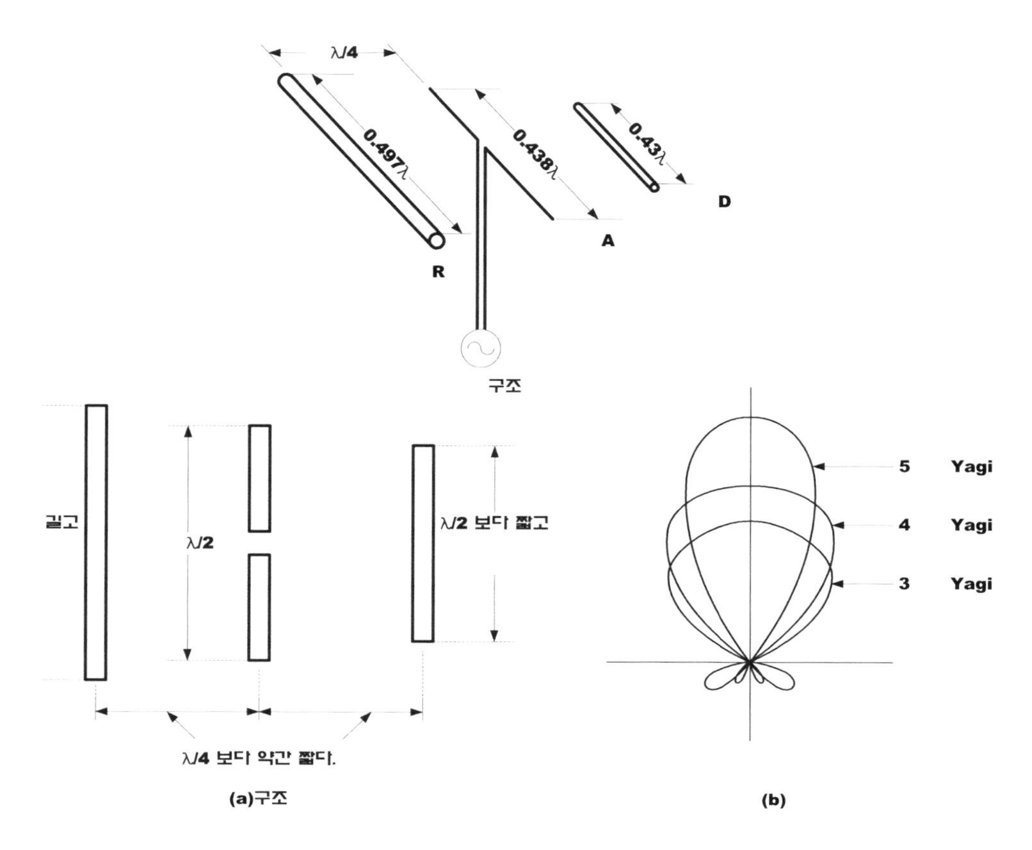

① **반사기**(Reflector)

$\frac{\lambda}{2}$ 보다 길어서 유도성분을 갖으며 전파를 반사시켜 투사기에 보내는 역할을 담당한다.

② **투사기**(Radiator)

복사기로서 약 $\frac{\lambda}{2}$ 길이로 공진시켜 전파를 수신한다.

③ **도파기**(Director)

$\frac{\lambda}{2}$ 보다 짧아서 용량성을 갖으며 전파를 유도한다.

※ 야기 안테나의 특징

① 지향성은 단향성이다.

② 구조가 간단하면서 이득은 크나 협대역이다.

③ 수신용 안테나로 사용된다.

④ 임피던스 정합을 용이하게 하기 위하여 투사기로 folded dipole을 사용하기도 한다.

실전문제 1 야기 안테나의 소자중 가장 긴 소자의 역할과 리액턴스 성분은 무엇인가?

가. 도파기, 용량성　　나. 반사기, 유도성

다. 지향기, 유도성　　라. 복사기, 용량성

해설

반사기: 투사기보다 긴 소자로 유도성을 갖는다.

투사기: 약 $\frac{\lambda}{2}$ 길이를 갖는다.

도파기: 투사기보다 짧게 하여 용량성을 갖는다.

답 나

실전문제 2 Yagi 안테나의 특징이 아닌 것은?

가. TV(텔레비젼) 전파수신용으로 사용된다.

나. 쌍향성의 예민한 지향성을 갖는다.

다. 소자수가 많을수록 임피던스가 낮아진다.

라. 도파기의 수를 증가 시키면 이득이 증대된다.

해설

야기 안테나의 특징

① 지향성은 단일 지향성이다.

② 구조가 간단하면서 이득은 크나 협대역이다.

③ 방송 송신용으로 부적합하여 TV 수신용 안테나로 사용된다.

④ 이득을 높이기 위해서는 도파기의 수를 증가시킨다. 반사기의 수를 증가 시키면 이득이 약간은 증가하나 급전점 임피던스가 높아진다.

⑤ 임피던스 정합을 용이하게 하기 위하여 투사기로 folded dipole을 사용하기도 한다.

답 나

실전문제 3 안테나를 설계할 때 반사기를 붙이는 이유는?

가. 임피던스 정합을 위해

나. 광대역화를 위해

다. 접지저항을 적게 하기 위해

라. 전파를 한 방향으로 보내기 위해

해설

안테나에 반사기를 붙이는 이유는 전파를 한쪽 방향으로 집중시켜 단일 방향성을 만들기 위해서이다.

답 라

⑹ TV 수신용 광대역 야기 안테나★★

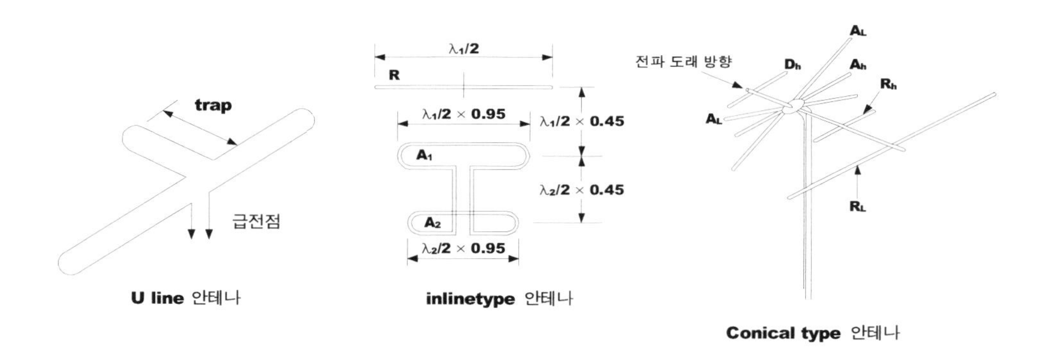

① U line 안테나

② inline형 안테나

③ conical형 안테나

④ 복합형 안테나

실전문제 1 **다음 중 광대역 텔레비전 수신용 안테나가 아닌 것은?**

가. U line 안테나　　나. In line 안테나

다. Conical 안테나　　라. 수퍼턴스타일 안테나

답 라

실전문제 2 **다음 중 높은 채널에서 3소자 야기 안테나로 동작하여 이득이 약 6dB, 낮은 채널에서는 2소자 야기 안테나로 동작하여 이득이 약 4dB인 텔레비전 수신용 안테나는?**

가. 브라운 안테나　　나. 인라인 안테나

다. 코니컬 안테나　　라. 제펠린 안테나

해설

TV는 VHF(30[㎒]~300[㎒])대역을 사용하는데 low band(54~88[㎒])와 high band(174~216[㎒]) 주파수가 사용되고 있다. high band에서는 안테나 이득이 커야 수신이 잘되기 때문에 3소자 야기 안테나로 동작하며, low band에서는 이득이 낮아도 되기 때문에 2소자 야기 안테나로 동작하는 코니컬 안테나가 TV 수신용 안테나로 사용된다.

답 다

(7) Coner reflector 안테나

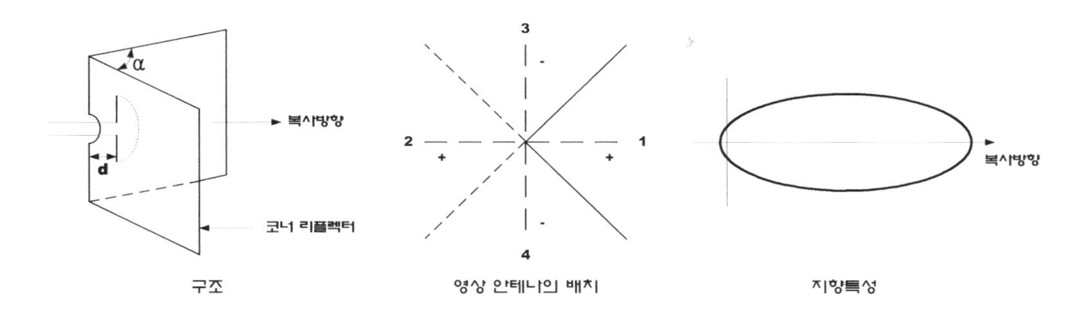

※ corner reflector 안테나 특징

① 판상 안테나의 일종이다.

② FB비가 극히 우수하다.

(8) Helical 안테나★★★

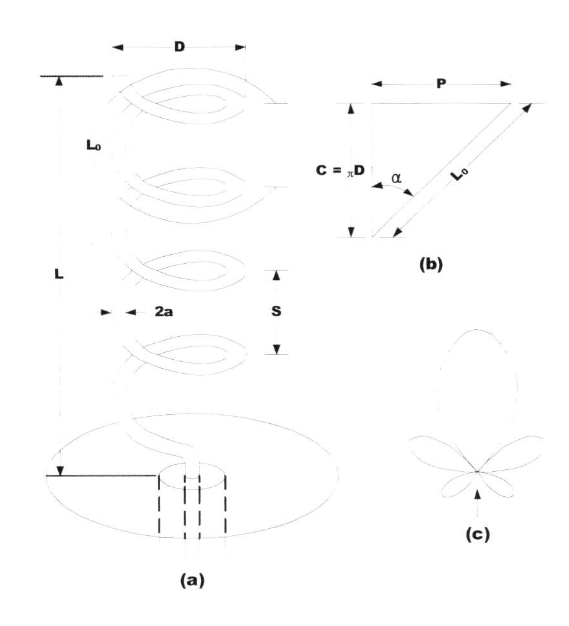

※ helical 안테나 특징

① 진행파 안테나이다.

② 나선형 빔 안테나

③ 직선편파, 원편파, 타원편파 안테나로 사용 가능하다.

④ 반치각은 $\theta = \dfrac{52}{\dfrac{c}{\lambda}\sqrt{\dfrac{np}{\lambda}}}$, [여기서 c : 원둘레(πD), n : 권수, p : πtch]

실전문제 1 **Helical 안테나 설명 중 틀린 것은?**

가. 구조가 간단하고 고 이득이므로 방송용으로 사용한다.

나. 반사파에 의해서 동작한다.

다. 광대역 주파수 특성이 있다.

라. 나선형 안테나라고도 한다.

해설

Helical 안테나의 특징

① 진행파 안테나이다.

- 단향성이다.
- 광대역성이다.
- sidelobe가 많다.
- 효율이 낮다.
- 고 이득이다.

② 나선형 빔 안테나라 한다.(loop 안테나가 여러 개 있는 것으로 생각되므로)

③ 직선편파, 원편파, 타원편파 안테나로 사용 가능하다.

④ 방사저항(R) 은 $R = \dfrac{140c}{\lambda}$[Ω]이며 보통 100~200[Ω] 정도를 갖는다.

⑤ 낮은 주파수대 전파의 송수신을 위한 위성통신용 및 100~1,000[MHz]대의 고 이득 송・수신 안테나로 사용된다.

답 나

실전문제 2 **아래 안테나 중에서 직선 편파나 원형 편파가 가능하며 진행파 안테나로 되는 것은?**

가. 야기(Yagi) 안테나

나. 나선(Helical) 안테나

다. 루 - 프(Loop) 안테나

라. 폴디드 다이폴(Folded dipole)안테나

답 나

(9) 대수 주기 안테나(log periodic 안테나)★★★

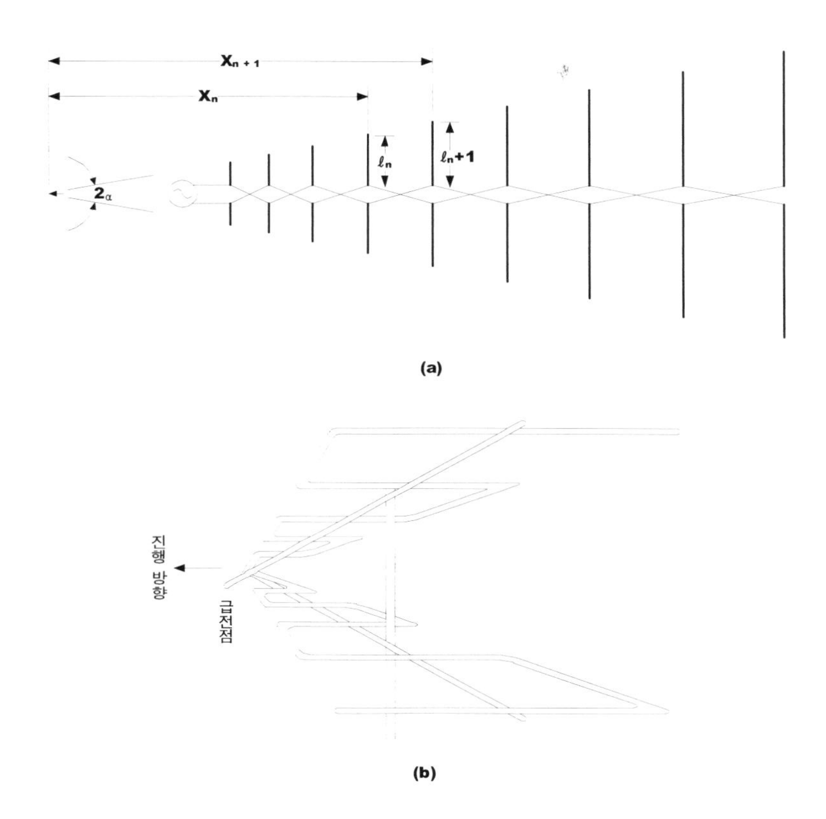

(a)

(b)

※ 대수주기 안테나 특징

① 정 임피던스 안테나이다.(주파수에 따라 입력 임피던스와 지향 특성이 변화하지 않는 안테나를 말한다.)

② 초 광대역성을 갖는다.(진행파 안테나가 아니면서도 광대역임에 유의)

③ 자기상사 원리를 사용한다.

④ 지향성은 급전점 방향으로 단향성을 나타낸다.

⑤ 안테나의 크기와 모양이 비례적으로 커지는 여러 개의 소자로 구성된다.

실전문제 1 대수주기형 안테나에 대한 기술로서 옳지 않은 것은?

가. 안테나의 크기와 모양이 비례적으로 커지는 여러개의 소자안테나로 되어 있다.

나. 안테나의 전기적 특성은 주파수의 대수로서 주기적으로 변화한다.

다. 수평면내 쌍향성의 8자 지향특성을 나타낸다.

라. 매우 넓은 주파수 대역을 갖는다.

답 다

실전문제 2 다음 안테나 중에서 가장 광대역 특성을 갖는 것은 어느 것인가?

가. 폴디드 다이폴 안테나(folded dipole antenna)

나. 혼 안테나(horn antenna)

다. 롬빅 안테나(rhombic antenna)

라. 대수주기 안테나(log periodic antenna)

답 라

실전문제 3 대수주기형 안테나(Log periodic antenna)에 대한 기술로서 옳지 않는 것은?

가. 안테나의 크기와 모양이 비례적으로 커지는 여러개의 안테나 소자로 되어 있다.

나. 주파수의 대수값이 일정한 값만큼씩 달라지는 주파수때마다 동일한 복사특성을 나타낸다.

다. 무지향성의 안테나로 이득이 매우 높다.

라. 매우 넓은 주파수 대역을 갖는다.

답 다

(10) turnstile 안테나

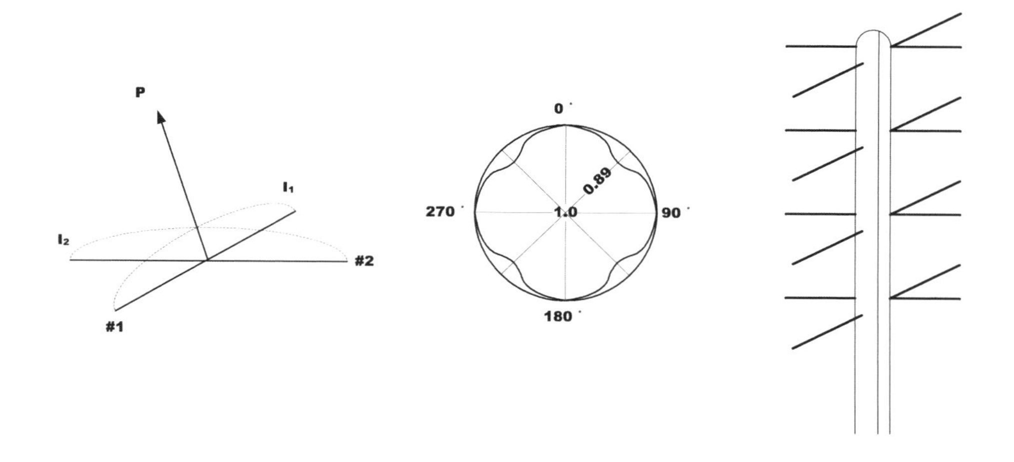

두 개의 반파장 다이폴 안테나를 대지에 수평으로 직교시켜 만든 안테나이다.

※ turnstile 안테나 특징

① 수평편파 수평면내 거의 무지향성을 갖는다.

② 이득을 증가시키기 위하여 적립하여 사용하며 적립간격 d와 이득 G는 다음과 같다.

$$d = \frac{N}{N+1}\lambda,\ \ G \fallingdotseq 1.22N\frac{d}{\lambda},$$ 여기서 N : 적립단 수

③ VHF대 기지용 및 초단파 FM 방송용 등에 사용된다.

(11) Super-turnstile 안테나★★

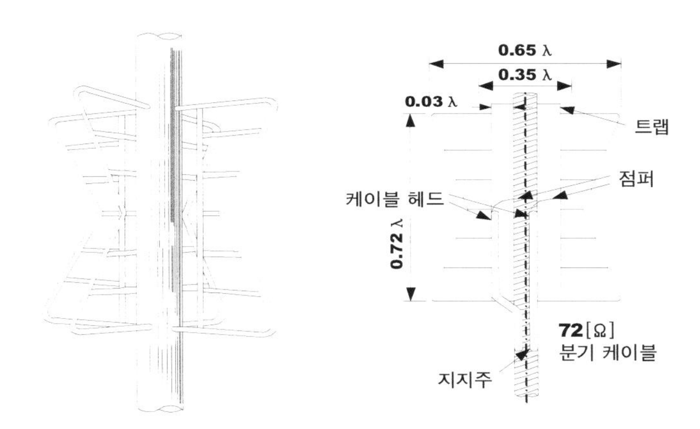

박쥐 날개형(batwing) 안테나 2개를 직각으로 교차시킨 것으로 이득을 크게 하기 위하여 수직방향으로 6~12단 정도 적립하여 사용한다.

※ Super-turnstile 안테나 특징

① 수평면내 무지향성을 갖는다.

② 이득을 증가시키기 위하여 적립하여 사용하며 적립간격 d와 이득 G는 다음과 같다.

$$d = \frac{N}{N+1}\lambda,\ \ G \fallingdotseq 1.22N\frac{d}{\lambda},$$ 여기서 N : 적립단 수

③ VHF대 TV 방송용으로 사용된다.

④ 판상 안테나이다.

실전문제 1 **슈퍼 턴스타일 안테나를 송신에 사용할 경우 수신용으로 수직 다이폴 안테나를 사용할 수 없는 이유는?**

가. 전파의 회절성 때문에

나. 전파의 편파성 때문에

다. 전파의 직진성 때문에

라. 전파는 횡파이므로

해설

송신 안테나가 슈퍼 턴스타일 안테나처럼 TV 송신용 수평안테나인 경우라면 수신 안테나도 전파를 잘 수신하기 위해서는 편파가 일치되어야 하므로 수평편파 안테나이어야 한다.

답 나

실전문제 2 **박쥐날개형 안테나를 직각으로 교차시켜 구성한 것으로 여러 단 겹쳐서 사용하며, 단위 안테나의 표면적이 넓게 되므로 실효적으로 안테나의 Q 가 저하하여 광대역 특성을 갖게 되는 안테나는?**

가. 헤리칼 안테나

나. 턴스타일 안테나

다. 슈퍼 턴스타일 안테나

라. 슈퍼 게인 안테나

해설

슈퍼 턴스타일(Super Turnstile) 안테나는 박쥐 날개 모양의 안테나 두장을 직각으로 교차시킨 것으로 대 표적인 판상 안테나이며 TV방송용 안테나이다.]

답 다

실전문제 3 **다음 중 슈퍼턴 스타일 안테나(Super-turn style antenna)의 특성을 나타낸 것으로 가장 타당한 것은?**

가. 반사기를 많이 사용하므로 지향성이 예민하다.

나. 주파수 특성을 광대역으로 하고자 박쥐날개 모양(bat wing)으로 만든다.

다. 방송국으로부터 양청거리(양청구역)를 넓히고자 원정관(top loading)을 쓴다.

라. 이 안테나를 구성하는 각 소자에는 동상의 전류로 하기 때문에 공중선 이득이 매우 적다.

답 나

실전문제 4 슈퍼턴스타일 안테나에 대하여 잘못 설명한 것은?

가. 수평면내 지향성을 세밀하게 조정하기 쉽다.

나. 최대 이득을 얻을 수 있는 적립간격이 있다.

다. 광대역성으로 만들기 위하여 batwing안테나를 사용한다.

라. 2개의 소자 안테나는 90도 위상차를 두어 급전한다.

답 가

⑿ Super-gain 안테나

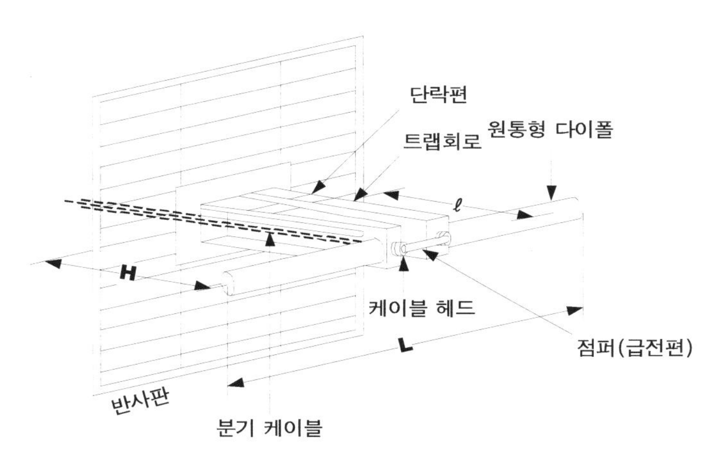

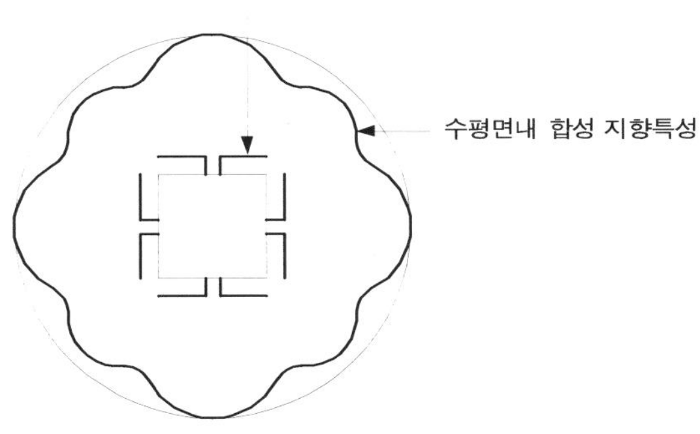

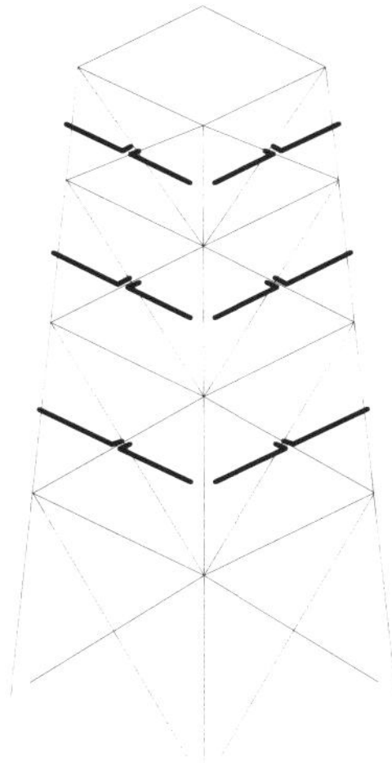

※ super-gain 안테나 특징

① 수평면내 무지향성을 갖는다.

② 이득을 증가시키기 위하여 적립하여 사용하며 적립간격 d와 이득 G는 다음과 같다.

$$d = \frac{N}{N+1}\lambda, \quad G \fallingdotseq 1.22N\frac{d}{\lambda}, \quad \text{여기서 N : 적립단 수}$$

③ 수평면내 지향 특성을 바꾸는 것이 용이하므로 현재 VHF대 TV 방송용으로 가장 많이 사용된다.

실전문제 1 **텔레비전 방송의 송신용으로 적당하지 않은 안테나는?**

가. 슈퍼게인 안테나 나. 슈퍼턴스타일 안테나

다. 쌍루프 안테나 라. 인라인 안테나

해설

TV 방송 송신용 안테나는 슈퍼게인 안테나, 슈퍼 턴스타일 안테나, 쌍루프 안테나 등이 있다. 인라인 안테나는 광대역성을 갖는 TV수신용 안테나이다.

답 라

5 극초단파대(UHF:300[MHz]~3[GHz]) 이상의 안테나

※ 마이크로파용 안테나의 특징★★★

① 파장이 짧기 때문에 크기를 소형화할 수 있고 고이득을 얻을 수 있다.

② 고지향성이다.

③ 이득이나 지향성은 안테나의 개구면적에 비례한다.

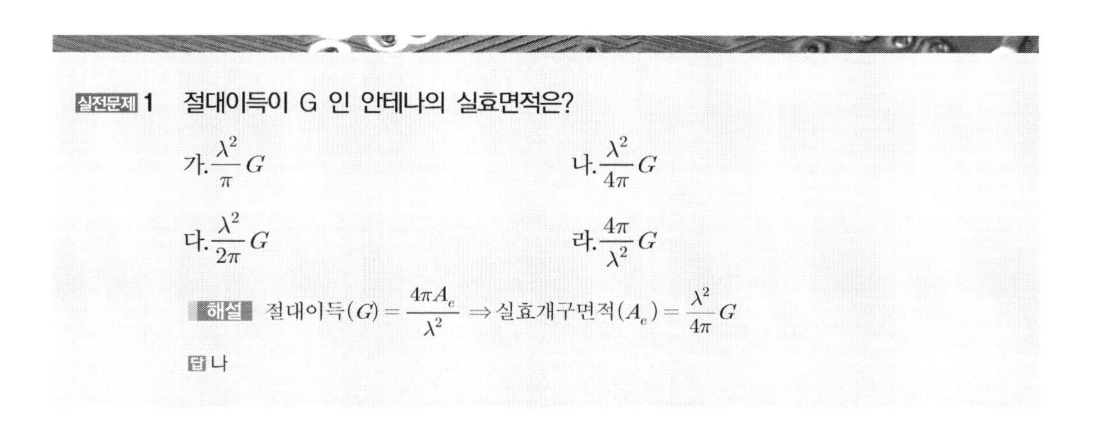

실전문제 1 절대이득이 G 인 안테나의 실효면적은?

가. $\frac{\lambda^2}{\pi}G$　　나. $\frac{\lambda^2}{4\pi}G$

다. $\frac{\lambda^2}{2\pi}G$　　라. $\frac{4\pi}{\lambda^2}G$

해설 절대이득$(G) = \frac{4\pi A_e}{\lambda^2}$ ⇒ 실효개구면적$(A_e) = \frac{\lambda^2}{4\pi}G$

답 나

(1) 전자나팔(Electromagnetic horn) 안테나

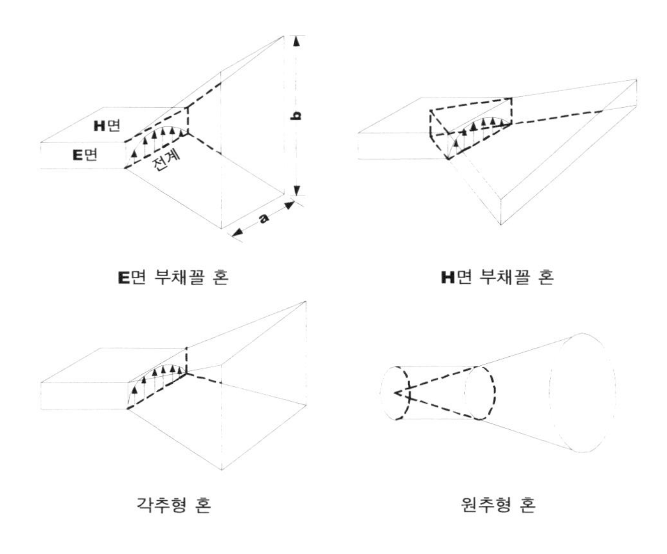

E면 부채꼴 혼　　H면 부채꼴 혼

각추형 혼　　원추형 혼

① **특징**

㉠ 구조가 간단하고 광대역성이다.

㉡ 부엽이 적다.

㉢ 절대이득(Ga)는 $G_a = \frac{4\pi A_e}{\lambda^2} = \frac{4\pi \eta_a A}{\lambda^2}$ 이다.

㉣ parabola 안테나의 1차 복사기에 사용된다.

㉤ 지향성이 예리하다.

→ 개구각(개구면적)을 일정하게 하고 혼의 길이를 길게 하는 경우.

→ 혼의 길이를 일정하게 하고 개구 각을 크게 하는 경우.

(단, 어떤 각도에서 이득이 최대가 되지만 그 개구 각을 넘으면 나빠진다.)

실전문제 1 다음 중 전자 혼(horn)의 특징과 다른 것은?

가. 지향성이 예리하다.

나. 개구면적이 클수록 이득이 커진다.

다. 이득측정의 표준안테나로 사용할 수 있다.

라. 이득은 파장에 비례한다.

해설

전자 혼 안테나의 특징

① 구조가 간단하고 광대역성이다.

② 부엽이 적다.

③ 절대이득(Ga)는 $G_a = \frac{4\pi A_e}{\lambda^2} = \frac{4\pi \eta_a A}{\lambda^2}$ 이다.

④ parabola 안테나의 1차 복사기에 사용된다.

⑤ 지향성이 예리하다.

답 라

⑵ 혼 리플렉터(Horn reflector) 안테나

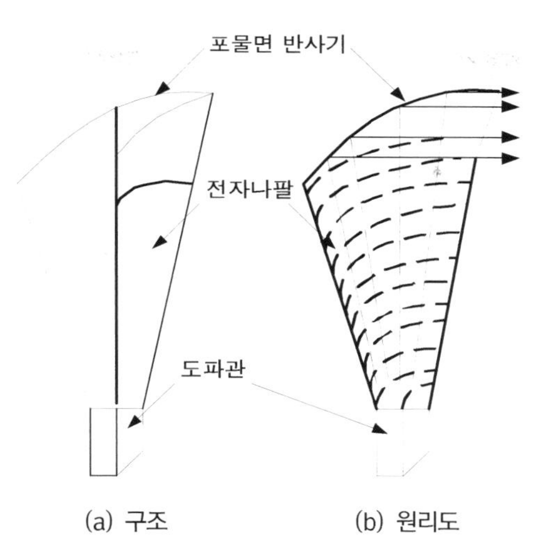

(a) 구조 (b) 원리도

파라볼라 반사면과 전자나팔을 조합시킨 안테나로써 고이득 저잡음성 안테나이다.

① **특징**

㉠ 초 광대역성이다.

㉡ 고이득, 고효율의 저잡음성 안테나이다.

㉢ 부엽이 적다.

㉣ casegrain 안테나의 1차 복사기로 쓰인다.

⑶ 슬롯(slot) 안테나★★★

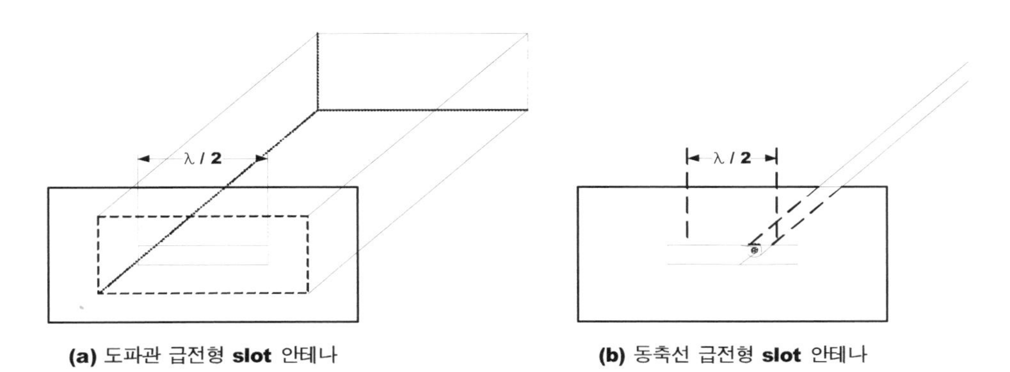

(a) 도파관 급전형 **slot** 안테나 **(b)** 동축선 급전형 **slot** 안테나

① **특징**

㉠ 동축 급전선으로 급전할 때는 중심부에서 급전한다.

㉡ slot 길이가 $\frac{\lambda}{2}$에 가깝게 되면 반파 다이폴과 동일하게 효율이 좋고 강한 전파가 복사된다.

㉢ parabola 안테나의 1차복사기로 이용된다.

㉣ 면을 이용한 판상 안테나이다.

실전문제 1 선박용 레이다 송신기에 가장 많이 사용되는 안테나에 해당되는 것은?

가. 루프(loop) 안테나

나. 애드콕(adcock) 안테나

다. 헤리컬(helical) 안테나

라. 슬롯 어레이(Slot array) 안테나

해설

선박용 레이다 송신기에는 도파관에 slot을 엇갈려 만들어 놓은 slot array 안테나가 많이 사용된다.

답 라

실전문제 2 개구면 안테나에 해당되지 않는 것은?

가. 렌즈 안테나 나. 곡면 반사경 안테나

다. 슬롯(slot) 안테나 라. 유전체봉 안테나

해설

슬롯(slot) 안테나은 판상 안테나이다.

답 다

(4) 파라볼라(Parabola) 안테나★★★

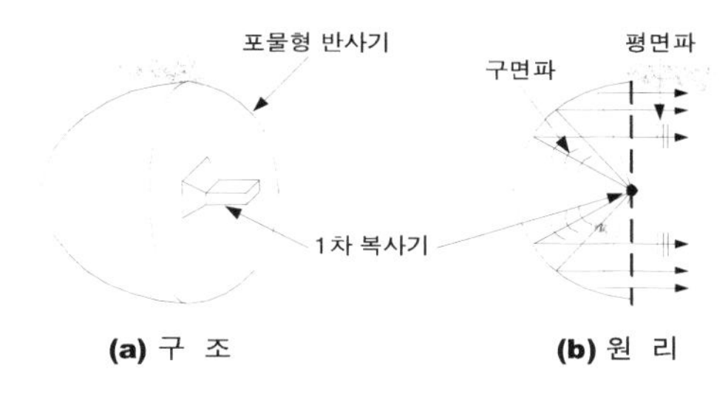

(a) 구 조　　(b) 원 리

① **원리**

포물면 반사기부 안테나로서, 포물면 반사기의 초점에 1차 복사기(반사기가 붙은 반파장 다이폴, 전자나팔, 슬롯 등)를 부가한 초단파 및 극초단파용 안테나이다.

② **특징**

㉠ 비교적 소형이며 구조가 간단하다.

㉡ 부엽이 비교적 많고 협대역성이다.

㉢ 효율이 나쁘다.

㉣ 지향성이 예민하며 이득이 크다.

이득(Ga)는 $G_a = \dfrac{4\pi A_e}{\lambda^2} = \dfrac{4\pi \eta_a A}{\lambda^2} = (\dfrac{\pi D}{\lambda})^2 \eta_a$이다. 여기서, η_a : 개구효율 ,

$A(=(\dfrac{D}{2})^2\pi)$: 개구면적, D : 포물면의 직경

㉤ 파라볼라 반사기는 horn 안테나에서 나온 구면파를 평면파로 변환하는데 사용되며 개구에서 완전한 평면파를 얻게 되면 지향성 및 이득이 향상된다.

실전문제 1 파라볼라 반사기의 역할로 맞는 것은?

가. 전자 나팔에서 나온 구면파를 평면파로 변환한다.
나. 카세그레인 안테나에서 부반사로 사용한다.
다. 원편파만 사용할 수 있다.
라. 광대역 특성을 갖도록 만들어 준다.

답 가

실전문제 2 파라볼라 안테나의 절대이득을 계산하는 식은? (η : 개구 효율, D : 파라볼라의 직경, λ : 파장)

가. $\frac{\eta\pi^2 D}{\lambda}$

나. $\eta(\frac{\pi D}{\lambda})^2$

다. $\eta(\frac{\lambda}{\pi D})^2$

라. $\frac{\eta\lambda}{(\pi D)^2}$

답 나

실전문제 3 파라볼라 반사기의 역할로 맞는 것은?

가. 전자 나팔에서 나온 구면파를 평면파로 변환한다.

나. 카세그레인 안테나에서 부반사로 사용한다.

다. 원편파만 사용할 수 있다.

라. 광대역 특성을 갖도록 만들어 준다.

해설

파라볼라안테나의 반사기는 포물형으로 1차 복사기에서 복사된 구면파가 파라볼라 반사기에 반사되어 나오면 완전 평면파가 된다. 카세그레인 안테나에서 파라볼라 반사기는 주반사기로 사용된다.

답 가

(5) 카세그레인(Cassegrain) 안테나★★★

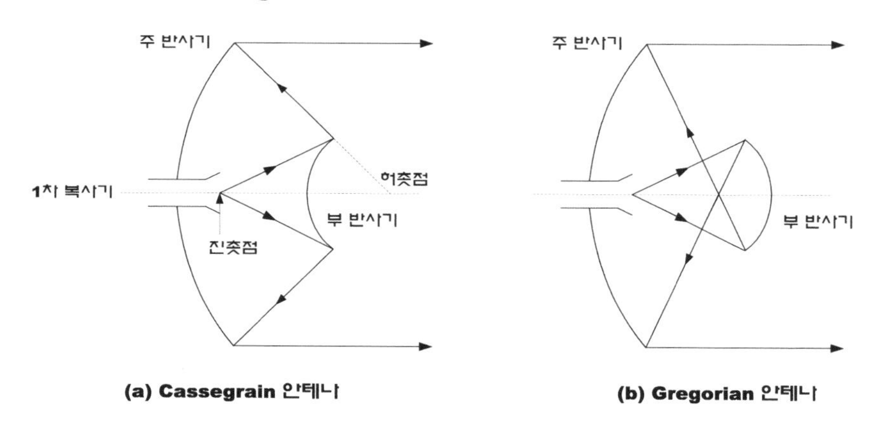

(a) Cassegrain 안테나　　(b) Gregorian 안테나

① 원리

1개의 1차 복사기와 2개의 반사기(주반사기, 부반사기)로 구성된 안테나이다.

② **용도**

고이득 저잡음 특성을 이용한 위성 통신 지구국용 안테나로 사용된다.

실전문제 1 정지위성을 이용하는 대형 지구국 안테나로 적합한 것은?

가. 카세그레인(cassegrain) 안테나

나. 이퀴앵귤러(equiangular) 안테나

다. 패스렝스(path-length) 안테나

라. 파라볼라(parabola) 안테나

해설

카세그레인 안테나의 특징

① 위성통신 지구국용 안테나이다.

② 1차 복사기와 송수신가 직결되기 때문에 급전계 전송 손실이 적다.

③ 초점거리가 짧고, 반사기에서 고이득이 얻어진다.

④ 부엽이 매우 작다.

⑤ 대지에서의 잡음을 적게 받기 때문에 저잡음 특성의 안테나이다.

답 가

(6) 기타 안테나

※ 렌즈(Lens) 안테나

① 유전체 렌즈

② 금속(metal) 렌즈

※ 유전체 안테나

※ 반사판 안테나

① **안테나의 방사효과를 표현하는 방법**

㉠ 장・중파대 안테나 ⇨ 미터・암페어($h_e \cdot I$)

㉡ 단파대 안테나 ⇨ 이득(G)

㉢ 초단파대이상 안테나 ⇨ 실효개구 면적(A_e)

실전문제 1 **안테나의 지향성을 높이는 방법이 아닌 것은?**

가. 반사기를 사용한다.

나. 반파장 다이폴을 평면상에 배열한다.

다. 가능한 한 연장선륜을 여러 개 사용한다.

라. 도파기를 사용한다.

해설

안테나의 지향성을 높이기 위한 방법

① 반사기를 사용한다. ② 도파기를 사용한다. ③ array 안테나를 만든다.

답 다

실전문제 2 **2점간 원거리 통신용으로 가장 적합한 안테나는?**

가. Helical 안테나　　나. Turnstile 안테나

다. Rhombic 안테나　　라. Loop 안테나

해설

2점간 가장 원거리 통신이 가능한 주파수대는 전리층 반사파를 이용하는 단파대이다. 단파대 안테나로는 $\frac{\lambda}{2}$ 다이폴 안테나, Zeppeline 안테나, Beam 안테나, Rhombic 안테나, v형 안테나, fish bone 안테나, comb 안테나 등 이 있다.

답 다

실전문제 3 **다음 안테나 중 단방향성이 아닌 것은?**

가. 롬빅 안테나　　나. 야기 안테나

다. 웨이브 안테나　　라. 루프 안테나

해설

단일 지향성을 갖는 안테나로는 대표적으로 진행파 안테나(웨이브 안테나, 롬빅 안테나), 수신용 안테나(야기 안테나), 개구면 안테나 등이 있다. 루프 안테나는 방향 탐지용 안테나로 수평면내 지향성이 8자형이다.

답 라

실전문제 4 **모든 방향으로 균일하게 전파를 복사하는 안테나는?**

가. 파라보라(Parabola) 안테나

나. 카세그레인(Cassegrain) 안테나

다. 아이소트로픽(Isotropic) 안테나

라. 인라인(In-line) 안테나

해설 등방성(Isotropic) 안테나 : 모든 방향으로 균일하게 전파를 복사하는 안테나를 말한다.

답 다

실전문제 5 선박 레이더용으로 사용하기에 가장 적합한 안테나는?

가. 루프(loop) 안테나

나. 애드콕(adcock) 안테나

다. 헤리컬(helical) 안테나

라. 슬롯 어레이(slot array) 안테나

해설

선박 레이더용으로는 도파관에 slot을 배열시켜 놓은 슬롯 어레이(slot array) 안테나가 사용된다.

답 라

핵심기출문제

1. 대지의 도전율이 나쁜 경우(건조지, 암산, 건물의 옥상)에 적용되는 접지 방식은?

가. 지선망 방식
나. 카운터 포이즈 방식
다. 다중 접지 방식
라. 동판을 지하에 매설하는 방식

해설 Counter poise(가상접지)

- 지상고 2.5[m] 이상에 도체망을 설치하는 방식으로, 도체망과 대지 사이에 변위 전류가 흐르게 하여 접지하는 용량 접지 방식이다.
- 대지의 도전율이 극히 나쁜 곳(건조지, 암반, 건물옥상, 지면요철이 심한 곳, 수목이 가득한 곳 등)에서 사용된다.
- 도체망의 가설면적을 크게 해야 좋은 효과를 얻을 수 있다.
- 중전력용으로 사용된다.

2. 장 · 중파용 안테나의 특징 중 옳지 못한 것은?

가. 고유 파장의 안테나를 얻기 어려우므로 복사 능률이 낮다.
나. 설치비가 저렴하고 광대역성이다.
다. 주로 수직 편파에 의한 지표파를 이용하여 접지가 필요하다.
라. 안테나 이득도 낮다.

해설 장 · 중파대 통신의 특징

① 고유 파장의 안테나를 얻기 어려워 복사 효율이 낮고 이득이 낮다.
② 주요 전파: 지표파
③ 주요 편파: 수직 편파
④ 기본 안테나: $\frac{\lambda}{4}$ 수직 접지 안테나
⑤ 장 · 중파용 안테나는 설치비가 비싸다.

3. 장 · 중파대에서 주가되는 지상파는?

가. 직접파　　　나. 대지 반사파
다. 지표파　　　라. 회절파

4. 수직 접지 안테나에 대한 설명 중 틀린 것은?

가. 방송업무용으로 많이 쓰인다.
나. 방사 저항은 거의 36.56[Ω]이다.
다. 발사전파는 수직편파이다.
라. 선박 통신용으로 많이 사용된다.

해설

수직 접지 안테나는 장 · 중파 방송용 안테나이다.

5. 지향성 안테나가 아닌 것은?

가. 헬리컬 안테나 (Helical Antenna)
나. 파라볼라 안테나(Parabola Antenna)
다. 야기 안테나(Yagi Antenna)
라. 수직 안테나(Rod Antenna)

해설

수직 접지 안테나는 장 · 중파 방송용 안테나으로 수평면내 무지향성을 갖는다.

6. 수직 접지 안테나의 수직면내 지향 특성은?

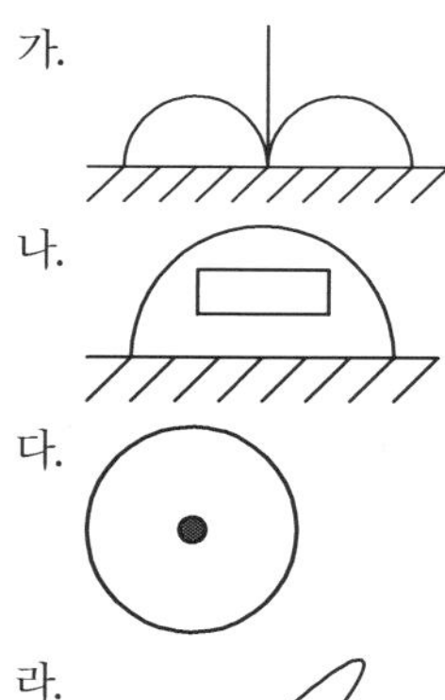

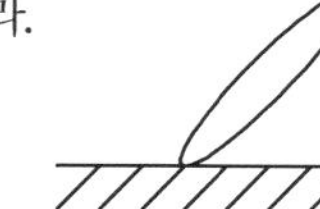

정답 1. 나　2. 나　3. 다　4. 라　5. 라　6. 가

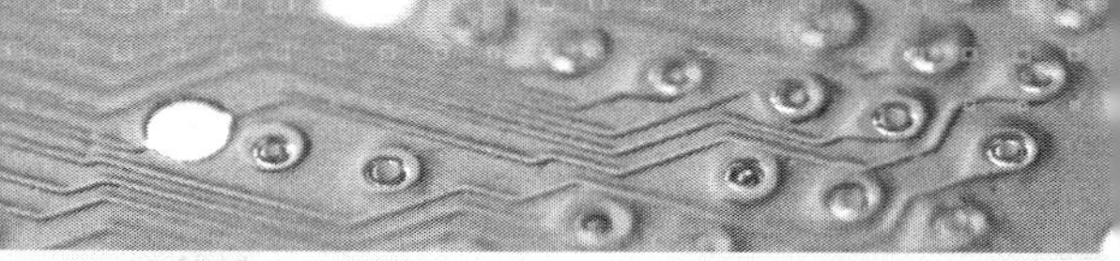

해설

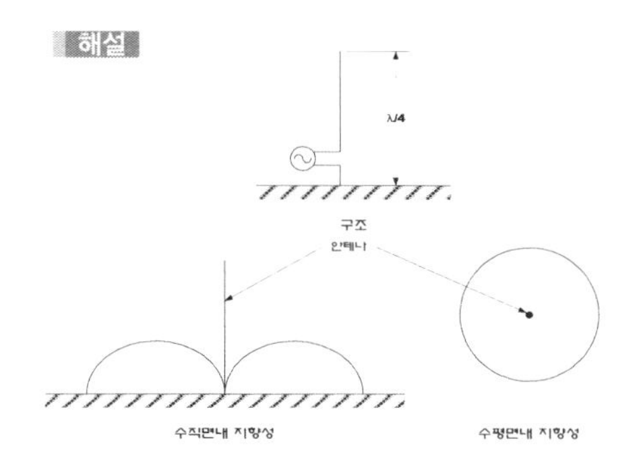

7. 다음은 역L형 안테나에 대한 설명이다. 틀린 것은?

가. 지형적 조건이 수직접지 안테나를 설치할 수 없는 경우에 쓰인다.
나. 선박과 같은 고정항로를 이동하는 무선국에 쓰인다.
다. 방송 업무용으로 쓰인다.
라. 수평도체는 실효고를 높이는 역할을 한다.

해설 역L형 안테나 용도

지형적인 조건이 수직접지 안테나를 설치할 수 없는 경우나 선박 등의 이동국에서 사용된다.

8. 역L형 안테나는 어느 때 사용되는가?

가. 수직부의 높이가 충분하지 못할 때 방사 전계를 크게하기 위하여
나. 사용 주파수가 고유 주파수보다 적을 때
다. 사용 파장이 고유 파장보다 길 때
라. 손실이 많을 때

9. 역 L형 안테나의 수평부분의 기능 중 틀린 것은?

가. top loading의 일종이다.
나. 수신전압을 최대로 유지시킨다.
다. 안테나의 대지 용량을 증가한다.
라. 안테나의 실효고를 크게 한다.

해설 역L형 안테나의 수평부 기능

① 수평부와 대지의 용량을 증가시킨다.
② 증가된 용량에 의하여 공진 주파수가 낮아진다.
③ 안테나의 실효고는 길어진다.
④ top loading의 일종이다.

10. 역L형 공중선의 실효 길이 h_1은 다음 중 어느 것인가?(수직으로)

가. $h_1 = \dfrac{h(h+2l)}{(h+l)}$
나. $h_1 = \dfrac{h(2l+h)}{2(h+l)}$
다. $h_1 = \dfrac{(h+2l)}{(h+l)}$
라. $h_1 = \dfrac{h(h+l)}{2}(h+l)$

11. 수직 접지 안테나의 정관 부하를 설치할 경우 맞게 설명된 효과는?

가. 고유 주파수 증대
나. 실효고의 감소
다. 방사 저항의 감소
라. 고각도의 복사의 감소

해설

정관(원정관 또는 용량환)을 설치하므로써 고각도 복사가 억제되므로 수직면내 지향성이 예민하게 되어 근거리 fading을 경감시켜 양청구역을 넓힌다.

정답 7. 다 8. 가 9. 나 10. 나 11. 라

핵심기출문제

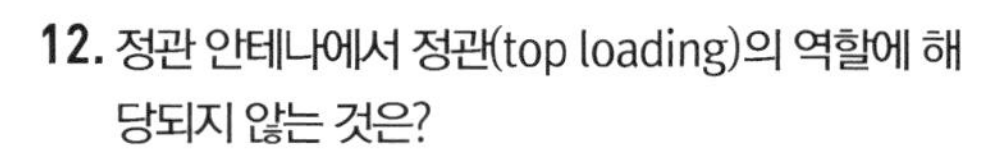

12. 정관 안테나에서 정관(top loading)의 역할에 해당되지 않는 것은?

가. 실효길이를 증대시킨다.
나. 대지와의 정전용량을 증가시킨다.
다. 고유주파수를 증가시킨다.
라. 고각도 방사를 억제시킨다.

해설 정관 안테나에서 정관(top loading)의 역할
① 대지와의 정전용량을 증가시킨다.
② 증가된 용량에 의하여 공진 주파수가 낮아진다.
③ 안테나의 실효고는 길어진다.
④ 고각도 방사를 억제시킨다.

13. fading 방지용 중파대 안테나는?

가. loop 안테나　　나. Top ring 안테나
다. dipole 안테나　　라. rhombic 안테나

해설
정관형 안테나는 페이딩 방지용 중파대 안테나이다.

14. 중파방송의 양청구역을 제한하는 페이딩(fading)은 주로 다음의 어느 것인가?

가. 도약성 페이딩　　나. 신틸레이션 페이딩
다. 근거리 페이딩　　라. 원거리 페이딩

15. 탑 로딩(top loading)의 효과는 다음 중 어느 것인가?

가. 고유주파수의 증가　나. 실효길이의 감소
다. 복사저항의 감소　　라. 복사효율의 증가

16. 정관형 안테나에 관한 설명이다. 틀린 것은?

가. 전리층 반사를 적게 하여 양청구역을 넓힐 수 있다.
나. $\lambda/4$ 수직접지 안테나에 원정관을 설치한다.
다. 고유파장을 길게 할 수 있다.
라. 실효고를 작게 할 수 있다.

17. 루프(Loop)의 면적A[㎡], 권선수 N인 루프 안테나의 실효 길이는 몇[m]인가? (단, 파장은 [m]이다)

가. $\frac{AN}{\lambda}$　　나. $\frac{2\pi AN}{\lambda}$
다. $\frac{AN^2}{\lambda}$　　라. $\frac{2\pi AN^2}{\lambda}$

18. 반지름 1[m], 권수 10회의 루프 안테나가 있다. 주파수 10[㎒]에 대한 실효고는?

가. 6[m]　　나. 1[m]
다. 6.6[m]　　라. 10[m]

해설

$$h_e = \frac{2\pi AN}{\lambda} = \frac{2\pi \times 3.14 \times 10}{30} \fallingdotseq 6.6[m],$$
$$(A = 1 \times 1 \times \pi \fallingdotseq 3.14, \lambda = \frac{3 \times 10^8}{10 \times 10^6} = 30)$$

19. 다음 중 루프(Loop)안테나의 수평면내의 지향특성은?

가.
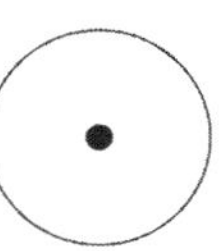

나.
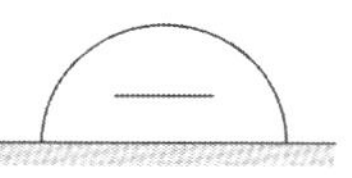

다.
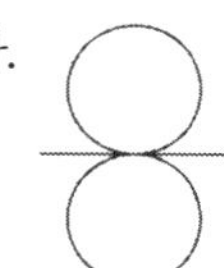

라.
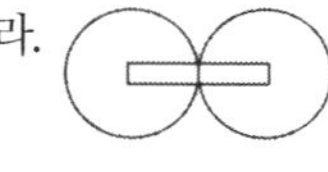

정답 12. 다　13. 나　14. 다　15. 라　16. 라　17. 나　18. 다　19. 라

20. 단일 방향성이 아닌 안테나는?

가. 롬빅(Rhombic) 안테나
나. 야기(Yagi) 안테나
다. 웨이브(Wave) 안테나
라. 루프(Loop) 안테나

해설
루프(Loop) 안테나는 수직면내 지향성: 반원형, 수평면내 지향성: 8자 지향성이다.

21. 미소 Loop안테나에 관한 설명이다. 틀리게 설명한 것은?

가. 소형으로 이동이 용이하다.
나. 방향 탐지, 무선 표지 또는 측정에 이용된다.
다. 주의의 도체에 대한 방해를 받는다.
라. 8자형 지향특성을 갖는다.

해설
미소 Loop안테나는 주의의 도체에 대한 방해를 적게 받는다.

22. 다음 중 루프 안테나의 특성에 속하지 않는 것은?

가. 소형으로 이동이 용이하다.
나. 주파수에 관계없이 8자 지향특성을 갖는다.
다. 방위측정에 사용된다.
라. 야간보다 주간에 오차가 발생되어 불완전 동작을 한다.

해설
루프 안테나는 야간에 전리층 반사파의 수평 편파성분이 안테나의 수평도선에 유기되어 측정오차(야간오차)가 발생한다.

23. 루프(loop)안테나에 관한 설명으로 옳지 못한 것은?

가. 실효길이는 권수에 비례하고 파장에 반비례한다.
나. 루프 안테나의 수평면내 지향특성은 8자형이다.
다. 전파도래 방향과 루프면이 일치할 때 최대 감도이다.
라. 급전선과 정합이 쉬워 효율이 좋다.

해설
루프 안테나는 효율이 나쁘며 급전선과의 정합이 어렵다는 단점이있다.

24. 다음 중 루우프 안테나 특성에 속하지 않는 것은?

가. 소형이고 이동이 용이하다.
나. 주파수에 관계없이 8자 지향특성을 갖는다.
다. 방위측정에 사용된다.
라. 야간보다 주간에 오차가 발생되어 불완전 동작을 한다.

25. 루우프 안테나를 방향 탐지용으로 사용하려고 할 때는 수직 안테나의 출력과 루우프 안테나의 출력을 합산한 것을 동시에 받아들이고 있는 이유로서 가장 타당한 것은?

가. 측정 정밀도를 향상시키기 위한 것이다.
나. 도래 방향과 수직 안테나에 의한 실효고를 높이기 위함이다.
다. 루우프 안테나의 실효고는 수직부보다 길어야 하므로 이를 수직부와 비교하기 위함이다.
라. 전파의 도래 방향 중 루우프 안테나만으로서는 전후 방향의 식별이 안되기 때문이다.

정답 20. 라 21. 다 22. 라 23. 라 24. 라 25. 라

핵심기출문제

해설

Loop 및 수직접지 안테나의 조합 안테나: 하나의 루프 안테나는 180o의 불확정성으로 인하여 전파의 도래방향을 결정할 수 없으므로, 방향탐지를 위해 조합 구성된 안테나이다.

26. 루우프 안테나와 수직 안테나를 조합하면 수평면 내 지향성은 어떻게 되는가?

가. 전방향성이 된다.

나. 단일 지향성이 된다.

다. 8자 지향성이 된다.

라. 무지향성이 된다.

해설

Loop 및 수직접지 안테나의 조합 안테나의 지향특성은 수직안테나의 무지향특성과 Loop 안테나의 8자형 지향특성의 합성으로 심장형(heart형)의 단일 지향특성이 얻어진다.

27. 수직 안테나와 루프 안테나를 조합한 안테나에 관한 설명이다. 틀린 것은?

가. 방향탐지용 안테나로 사용된다.

나. 두 안테나를 합성함으로써 동상의 방향이 합성되어 단일 지향특성을 가진다.

다. 수직안테나에 유기되는 전압은 전파의 도래 방위각에 따라 진폭이 변화된다.

라. 루프안테나에서 전계와 유기기전력사이에는 90도의 위상차가 있다.

해설

Loop 및 수직접지 안테나의 조합 안테나에서 수평방향에서 도해하는 전파에 의해서 수직안테나에 유기되는 전압은 전파의 진행 방위각에 관계없이 일정한 진폭을 가진다.

28. 쌍 loop 안테나에 대한 설명 중 틀린 것은?

가. 2개의 원형구조의 1파장형 loop 안테나를 약 $\lambda/2$의 평형형 급전선으로 직렬 접속하고 그 중앙에서 여진한 안테나이다.

나. 장중파용으로 수직편파 지향성 안테나로 동작한다.

다. loop 상하 부분으로 흐르는 전류는 동일한 방향이고, UHF대에서 사용된다.

라. 무지향성을 얻기 위해 4각 철탑의 각 면에 안테나를 배치하여 사용한다.

해설 쌍 loop 안테나

① 구조:2개의 원형구조의 1파장형 loop 안테나를 약 $\lambda/2$의 평형형 급전선으로 직렬 접속하고 그 중앙에서 여진한 안테나이다.

② 특성
- 수평면내 거의 부지향성,수직면내는 다단으로 겹쳐 쌓을수록 예민한 지향특성이된다.
- 광대역의 주파수 특성을 가지나 loop수가 증가하면 대역폭이 좁아진다.
- 조정이 용이하고 급전도 간단하다.

③ 용도: UHF-TV 송신용 및 지향성 안테나로서 제작이 용이하다.

29. 다음 각 안테나의 실효고를 잘못 나타낸 것은?

가. $\frac{\lambda}{4}$수직 접지 안테나 $h_e = \frac{\lambda}{2\pi}$

나. 반파장 안테나 $h_e = \frac{\lambda}{\pi}$

다. 루프 안테나 $h_e = \frac{2\pi NA}{\lambda}$

라. 역 L형 접지 안테나 $h_e = \frac{\lambda}{2\pi} sin\frac{2\pi}{\lambda}$

해설 역 L형 접지 안테나이 실효고는 $h_e = \frac{h(h+2l)}{2(h+l)}$ 이다.

정답 26. 나 27. 다 28. 나 29. 라

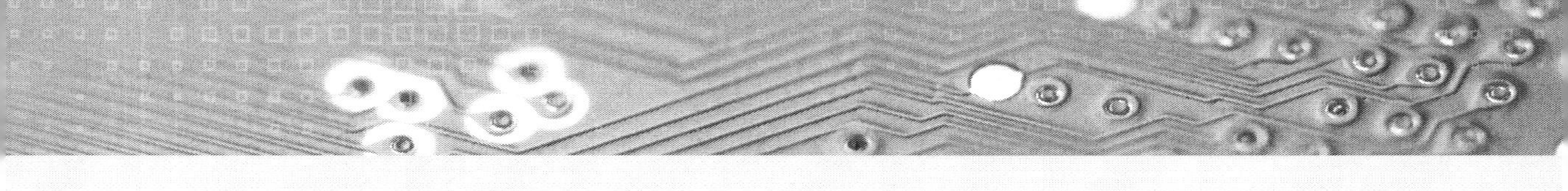

30. 방향 탐지용 안테나로 사용되지 않는 것은?

가. 루프 안테나
나. 애트콕 안테나
다. 파라볼라 안테나
라. 베르니 - 토시 안테나

해설 방향 탐지용 안테나에는 Loop 안테나, Adcock 안테나, Bellini-tosi 안테나등이 있다.

31. 수평 편파 성분에 대해서는 감도를 갖지 않는 안테나는?

가. Beverage Antenna
나. Adcock Antenna
다. Loop Antenna
라. Bellini - Tosi Antenna

32. 다음 그림은 애드콕(Adcock) 안테나이다. 실효고를 나타내는 식은?

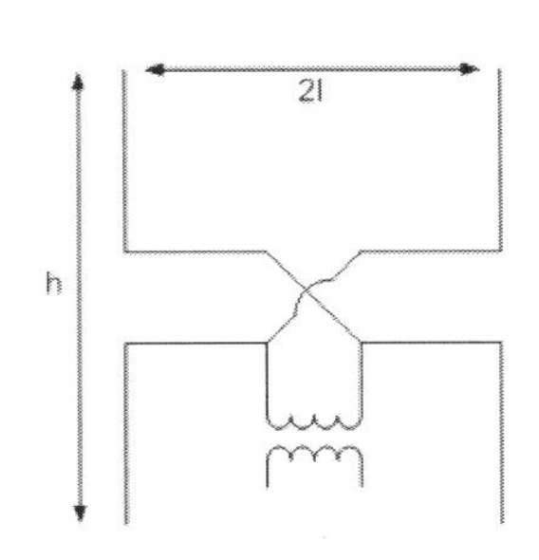

가. $\frac{4\pi l}{\lambda}h$　　나. $\frac{\pi l}{2\lambda}h$

다. $\frac{2\pi l}{\lambda}h$　　라. $\frac{2\pi l}{3\lambda}h$

해설 Adcock 안테나

① 실효고(he)는
$\frac{2\pi AN}{\lambda}=\frac{2\pi \cdot 2lh}{\lambda}=\frac{4\pi lh}{\lambda}$ [m]이다.
(N:권선수, A:안테나의 단면적)
② 수평도체가 없다.
③ 수평편파를 수신할 수 없다.
④ 수직면 지향성으로 위쪽으로부터 경사지게 들어오는 전파를 거의 수신하지 않으므로 방향탐 야간오차 경감효과를 갖는다.

33. 루프 안테나를 장 · 중파대의 방향탐지에 사용하는 경우 발생되는 문제점은 야간오차이다. 이를 방지하기 위하여 루프 안테나의 수평부분을 제거한 안테나는?

가. 애드콕(adcock) 안테나
나. 웨이브(wave) 안테나
다. T형 안테나
라. 역 L형 안테나

34. 방향 탐지용 안테나로서 야간 오차를 경감하는데 사용되는 안테나는?

가. 애드콕 안테나
나. 베버리지 안테나
다. 루프 안테나
라. 다소자 야기 안테나

정답 30. 다　31. 나　32. 가　33. 가　34. 가

핵심기출문제

35. 루프 안테나를 방향탐지에 사용할 경우 180° 불확정이 발생하여 전파도래 방향을 결정할 수 없다. 다음 중 이러한 단점을 개선한 안테나는?

가. 수직안테나와 루프안테나를 조합한 안테나
나. 비버리지 안테나와 루프 안테나를 조합한 안테나
다. 애드콕 안테나
라. 베르니토시 안테나와 루프 안테나를 조합한 안테나

해설 Bellini-Tosi 안테나

쌍 loop와 Goniometer(고니오미터)를 조합한 것으로 수신측에 회전 코일인 search coil을 부착해 회전시키면 쌍 loop가 회전하는 효과와 동일해 전파의 전·후방을 포착할 수 있다.

① $(\theta-\phi)=90°, 270°$ 때 영감도가 되고, $(\theta-\phi)=0°, 180°$ 때 최대감도가 되며, 감도 0일 때 탐색 coil의 직각방향이 전파 도래 방향이다.
② 완전한 방탐용 안테나로 사용하기 위해서는 수직 안테나와 조합해서 사용한다.
③ 자동 방향 탐지기 (ADF : Automatic Direction Finding)에 이 안테나가 사용된다.

36. 루프 안테나를 방향탐지에 사용할 경우 180° 불확정성이 발생하여 전파도래 방향을 결정할 수 없다. 다음 중 이러한 단점을 개선한 안테나는?

가. 베르니 - 토시 안테나
나. 애트콕 안테나
다. 파라볼라 안테나
라. 웨이브 안테나

37. Bellini-Tosi안테나에서 전계강도를 최대로 하려면 탐색코일의 방향과 전파도래 방향의 위상차를 얼마로 해야 하는가?

가. 0°　　나. 15°
다. 30°　　라. 45°

38. Wave안테나의 특징이 아닌 것은?

가. 광대역성이다.
나. 지향성은 단일 지향성이다.
다. 주로 수신용에 이용된다.
라. 진행파형 안테나가 아니다.

해설 Wave 안테나의 특징은 다음과 같다.

① 지향성은 단향성이지만 주방사와 도선과의 작은 도선의 길이와 파장에 따라 다르다.
② 주로 수백[kHz] 이하의 수신용 공중선에 쓰인다.
③ 광대역성이다.(진행파형 공중선)
④ 다중 수신이 가능하다.
⑤ 효율이 낮다.
⑥ 구조가 간단하다.
⑦ 대전력에도 사용할 수 있다.

39. 다음 중에서 웨이브 안테나의 설명 중 잘못 된 것은?

가. 장중파의 수신안테나로 사용한다.
나. 수평면내 지향특성은 단일 방향이다.
다. 효율이 높다.
라. 다중수신이 가능하다.

정답 35. 가　36. 가　37. 가　38. 라　39. 다

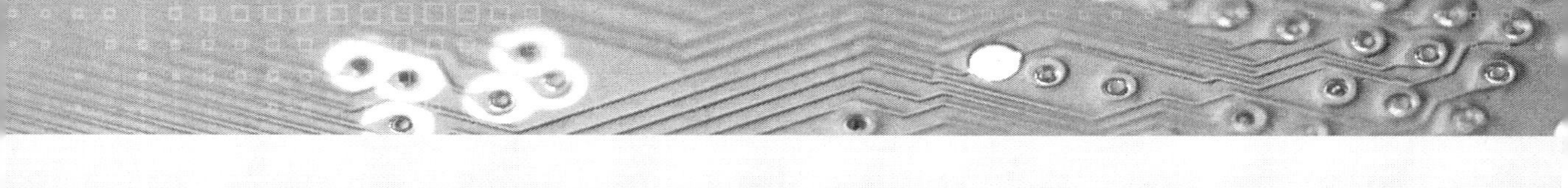

40. 다음 중 주파수 100[MHz] 이상에서 사용되는 안테나가 아닌 것은?

가. 슈퍼 게인 안테나(Super gain antenna)
나. 야기 안테나(Yagi antenna)
다. 코너 리플렉터 안테나(Corner reflector antenna)
라. 웨이브 안테나(Wave antenna)

해설
초단파대(30[MHz]~300[MHz]) 이상에서 사용되지 않는 안테나를 고르는 문제이다.
웨이브 안테나는 장·중파대 안테나이다.

41. 다음은 단파대 안테나에 관한 설명이다. 잘못 된 것은 어느 것인가?

가. 접지 안테나를 기본으로 한 안테나가 많이 사용된다.
나. 고이득 안테나 설계가 가능하다.
다. 국제 통신용으로 저각도 방사의 안테나가 사용된다.
라. 페이딩 방지 대책으로서 고이득 안테나를 조합한 합성 수신용 안테나가 사용된다.

해설
접지 안테나는 장·중파대 안테나에 사용되는 안테나이다.

42. 다음 중 반파장 다이폴 안테나의 설명이 아닌 것은?

가. 실효고는 $\frac{\lambda}{\pi}$ 이다.
나. 방사 저항은 37[Ω]이며, 방사 리액턴스는 43[Ω]이다.
다. 수평면내에 지향 특성은 8자형 특성을 갖고 있다.
라. 단파 이상의 송·수신 안테나로 고정 통신에 주로 사용한다.

해설
반파장 디아폴 안테나의 방사 저항은 73.13[Ω]이며, 방사 리액턴스는 42.55[Ω]이다.

43. 실효 높이를 크게 하기 위한 구조물이 설치되지 않은 안테나는?

가. 정관형 안테나　　나. T형 안테나
다. 역 L형 안테나　　라. 반파장 안테나

44. 반파장 다이폴 안테나에 관한 설명 중 틀린 것은?

가. 반송주파수의 $\lambda/2$ 길이를 갖는 공진 안테나이다.
나. 진행파형 안테나이다.
다. 전류는 양쪽 끝에서 0이 된다.
라. 전압은 양쪽 끝에서 최대가 된다.

해설
반파장 디아폴 안테나는 반송주파수의 λ/2 길이를 갖는 공진 안테나이며, 양쪽 끝에 흐르는 전류는 0이 되고 전압은 최대가 된며 정재파형 안테나이다.

45. 수직다이폴 안테나에 비해 수평다이폴 안테나의 특징은?

가. 지향특성은 도전율에 크게 영향을 받는다.
나. 정합회로를 안테나에 직접 부착하기가 어렵다.
다. 도시 잡음의 방해가 적다.
라. 높게 치지 않으면 도선의 하단이 지상에 접촉방사에 방해가 된다.

정답　40. 라　41. 가　42. 나　43. 라　44. 나　45. 다

핵심기출문제

해설

비교 사항	수평 다이폴	수직 다이폴
안테나 높이	비교적 낮다.	높게 하지 않으면 방사가 방해된다.
급전선의 영향	급전선과 공중선이 직각이므로 방사 의 방해가 없다.	방사의 방해가 되며 지향성을 교란 시킨다.
수평면 지향성	8자형	무지향성
혼신 방해	방해가 적다.	크다.
잡음 방해	적다.	크다.
정합 회로	정합 회로를 안테나에 붙이는데 편리 하다.	불편하다.

46. 제펠린 안테나는 어떤 경우에 많이 사용하는가?

가. 급전선의 영향을 적게할 때
나. 임피던스 정합회로가 필요할 때
다. 전류급전을 할 때
라. 공간적으로 반파장 doublet을 설치하기 곤란할 때

해설
Zeppeline 안테나는 다음과 같은 특성을 갖는다.
① 전압급전 방식이다.
② 평형형 동조급전선을 이용한다.
③ 임피던스 정합회로는 필요없다.
④ 정재파형 안테나이다.
⑤ 수평면내 지향특성은 수평다이폴과 같이 8자 지향성을 나타낸다.
⑥ 용도: 구조가 간단하므로 $\frac{\lambda}{2}$ dipole 안테나의 설치 곤란한 간이 시설에 주로 사용한다.

47. 제펠린(zeppelin)안테나에 관한 설명이다. 틀린 것은?

가. 전압급전 방식을 사용한다.
나. 평형형 동조급전방식을 사용한다.
다. 수신기 급전회로에서 직렬공진시 급전선의 길이는 $\lambda/4$의 우수배로 한다.
라. 수평면내 지향성은 8자형 패턴을 가진다.

해설
제펠린(zeppelin)안테나는 수신기 급전회로가 직렬공진회로이면 급전선의 길이는 $\lambda/4$의 기수 배로하며, 병렬공진회로이면 우수배로 한다.

48. 다수의 반파장 안테나를 동일 평면상에 규칙적인 종횡으로 배열하고, 각 소자에 동일 진폭, 동일 위상의 전류를 급전하면 배열면과 직각 방향으로 예민한 지향성을 갖는 안테나는?

가. 루프(Loop) 안테나
나. 애드콕(Adcock) 안테나
다. 롬빅(Rhombic) 안테나
라. 비임(Beam) 안테나

49. 빔 안테나의 이점이 아닌 것은?

가. 이득이 적다.
나. 지향성이 예민하다.
다. 송신 출력이 적어도 되고 전력이 경제적이다.
라. 외래 잡음의 방해가 적다.

해설
beam 안테나는 다음과 같은 특성을 갖는다.
① 고이득과 고지향성을 얻을 수 있다.
② 개별소자의 송신출력이 작으면서도 큰 복사전력을 낼 수 있어 전력 사용이 경제적이다.
③ 주파수 이용도가 넓다.
④ 근접 주파수의 혼신, 공전 및 인공잡음의 방해가 적다.
⑤ 정재파 안테나이다.

정답 46. 라 47. 다 48. 라 49. 가

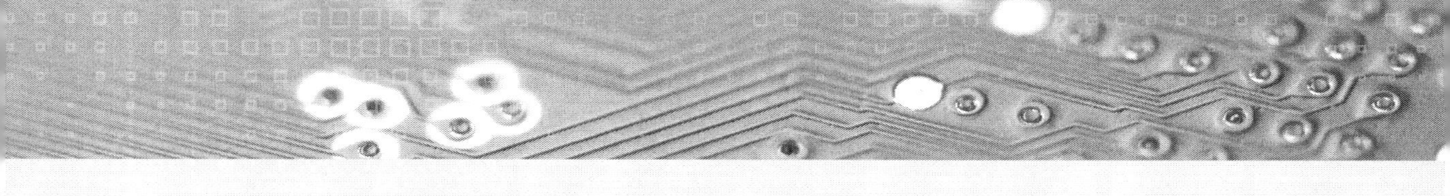

50. 빔(beam) 안테나의 특성에 관한 설명으로 틀린 것은?

가. 고이득과 고지향성을 얻을 수 있다.
나. 큰 복사전력을 얻을 수 있다.
다. 주파수 이용도가 제한되어 있다.
라. 근접 주파수의 혼신, 공전 및 인공잡음의 방해가 적다.

51. 빔 안테나는 수개의 반파장 안테나를 동일 평면 내에 규칙적으로 배치하는데 일반적인 배열간격은?

가. $\frac{\lambda}{4}$　　나. $\frac{\lambda}{2}$
다. $\frac{3}{4}\lambda$　　라. λ

해설
beam 안테나는 다수의 반파장 안테나를 동일 평면상에 규칙적인 종횡으로 배열하고, 각 소자에 동일 진폭, 동일 위상의 전류를 급전하면 배열면과 직각 방향으로 예민한 지향성을 갖게 되는데 이 때의 안테나 배열간격은 $\frac{\lambda}{2}$이며, 반파장 안테나의 뒷면에 평면 반사기를 설치하여 안테나 이득을 높이려고 할 때 안테나와 반사기 간격은 $\frac{\lambda}{4}$이다.

52. 빔 안테나(Beam Antenna)소자의 총수를 N, 복사저항을 R1, 표준 더블렛 안테나(doublet antenna)의 복사저항율 R2라 하면 이득은?

가. $G=N\frac{R_1}{R_2}$　　나. $G=N\frac{R_2}{R_1}$
다. $G=N^2\frac{R_1}{R_2}$　　라. $G=N^2\frac{R_2}{R_1}$

53. 위상차 배열(Phased Array)안테나의 각 소자에 공급하는 전류의 위상을 조정하여 어떤 특성을 얻는가?

가. 급전선의 VSWR을 낮춘다.
나. 복사패턴의 방향을 바꿀 수 있다.
다. 복사전력이 증가한다.
라. 위상을 바꾸면 임피던스 정합이 잘 된다.

54. 배열 안테나에서 안테나간의 위상차를 주기 위한 소자는?

가. 이상기(Phase shifter)
나. 감쇄기(Attenuator)
다. 마그네트론(Magnetron)
라. 아이소레이터(Isolator)

55. 반파장 안테나의 뒷면에 평면 반사기를 설치하여 안테나 이득을 높이려 한다. 안테나와 반사기의 거리는?

가. λ　　나. $\frac{\lambda}{8}$
다. $\frac{\lambda}{4}$　　라. $\frac{\lambda}{2}$

56. 빔 안테나의 소자수를 2배로 하면 이득의 증가는 보통 몇[dB]가 되는가?

가. 2 [dB]　　나. 4 [dB]
다. 6 [dB]　　라. 8 [dB]

해설
$$G=N^2\frac{R_2}{R_1}=2^2\frac{R_2}{R_1}=4\frac{R_2}{R_1}$$
(N: 소자수, R_1: 빔안테나의 방사저항, R_2: 반파장안테나의 방사저항)

$\therefore 10\log 4 = 6[dB]$

정답 50. 다　51. 나　52. 라　53. 라　54. 가　55. 다　56. 다

핵심기출문제

57. 빔 안테나의 특징이 아닌 것은?

가. 이득이 높다.
나. 주파수의 이용도가 넓어진다.
다. 지향성이 예민한 안테나로 만들 수 있다.
라. 진행파 전류가 흐른다.

58. 진행파형 안테나가 갖는 일반적인 성질이 아닌 것은?

가. 광대역이다.
나. 단일 지향성이다.
다. 효율이 좋다.
라. 부엽(Side lobe)이 많다.

해설 진행파 안테나의 성질
① 단일지향성
② 고이득
③ 광대역성
④ 부엽이 많아 효율이 낮다.
⑤ 면적이 넓다.

59. 롬빅 안테나의 특징 중 틀린 것은?

가. 진행파형으로 광대역성이다.
나. 단일 방향의 예리한 지향특성을 갖는다.
다. 수평편파 성분이 주로 사용된다.
라. 넓은 설치장소가 필요하므로 효율이 좋다.

해설
롬빅 안테나는 다음과 같은 특성을 갖는다.
① 진행파 안테나이다.
- 단방향성
- 광대역성
- 효율이 낮다.
- sidelobe가 많다.
- 구조가 간단한데 비해 이득이 크다.
② 이득은 8~13[dB]이다.
③ 수평편파용 안테나이다.
④ 넓은 설치장소를 필요로 한다.
⑤ 종단저항은 큰 전력소모로 가열될 염려가 있으므로 온도가 상승하더라도 저항값이 변화하지 않는 steel wire를 설치하여 사용한다.
⑥ 주로 단파고정국 또는 해안국의 송・수신용에 사용한다.

60. 롬빅(Rhombic)안테나의 특징으로서 맞지 않는 것은?

가. 광대역성을 갖는다.
나. 수직 편파 성분이 주로 된다.
다. 단일 방향성으로 상대이득은 10-13 [dB]이다.
라. 효율이 나쁘다.

해설
롬빅 안테나는 수평편파용 안테나로서 수평 편파 성분이 주가된다.

61. 다음은 롬빅(Rhombic)안테나의 특징들이다. 맞지 않는 것은?

가. 진행파형으로 광대역성이다.
나. 단일방향의 예리한 지향특성을 갖는다.
다. 수평편파 성분이 주로 사용된다.
라. 넓은 설치 장소가 필요하므로 효율이 좋다.

62. 도선을 대지와 평행하게 다이아몬드 형으로 치고 한쪽 끝에 특성임피던스와 같은 저항을 접속한 안테나는?

가. 루프 안테나　　나. 슈퍼게인 안테나
다. 애드콕 안테나　　라. 롬빅 안테나

63. 롬빅(Rhombic)안테나에 대한 설명으로 맞는 것은?

가. 구조는 빔 안테나보다 간단하고 수직편파 성분이 주가 된다.

정답 57. 라　58. 다　59. 라　60. 나　61. 라　62. 라　63. 다

나. 각 변의 주변이 안테나계의 축방향을 향하지 않도록 정한다.
다. 부엽이 비교적 많고 매우 넓은 장소가 필요하고 효율은 좋지 않다.
라. 초단파대 안테나로 협대역성이다.

64. 진행파 안테나의 특성중 적합하지 않은 것은?

가. 대역폭이 좁다.
나. 구조가 간단하다.
다. 단방향성이다.
라. 설계 및 설치가 용이하다.

65. 진행파 안테나에 해당하지 않는 것은?

가. 롬빅(Rhombic) 안테나
나. 베버리지(Beverage) 안테나
다. 야기(Yagi) 안테나
라. V형 (Progressive wave V-type) 안테나

해설 진행파 안테나의 종류
① 장・중파대: wave 안테나 등
② 단 파 대: 롬빅,V형,어골형,빗형 안테나 등
③ 초단파대: 헬리컬 안테나 등

66. 다음 중 집파다이폴(collector)을 여러 개 설치하여 전파를 모으고 그 기전력을 급전선에 결합시키는 원리를 사용한 단파대의 수신용 안테나는?

가. 어골형 안테나
나. 롬빅(rhombic) 안테나
다. 고조파 안테나
라. 벤트(bent) 안테나

67. 다음 중 진행파 안테나에 해당하지 않은 것은?

가. 롬빅 안테나
나. 비버리지 안테나
다. 반파 다이폴 안테나
라. 진행파 V형 안테나

68. 단방향 지향성 안테나가 아닌 것은?

가. 헤리컬 안테나(End fire Helical Antenna)
나. 파라볼라 안테나(Parabola Antenna)
다. 코너 리플렉터 안테나(Corner reflector Antenna)
라. 루프 안테나(Loop Antenna)

해설
루프(Loop) 안테나는 수직면내 지향성: 반원형, 수평면내 지향성: 8자 지향성이다.

69. 다음중 종단 저항이 없는 안테나는 어느 것인가?

가. 웨이브 안테나　　나. 어골형 안테나
다. 롬빅 안테나　　라. 정관형 안테나

해설
웨이브 안테나, 롬빅 안테나, 어골형 안테나, 진행파 V형 안테나등의 진행파형 안테나에는 종단 저항이 있다.

70. 단향성 안테나가 아닌 것은?

가. 애드콕 안테나　　나. 롬빅 안테나
다. 야기 안테나　　라. 웨이브 안테나

해설 단일지향성 안테나
① 대다수의 수신용 안테나
② 진행파 안테나
③ 대다수의 개구면 안테나 등

정답 64. 가　65. 다　66. 가　67. 다　68. 라　69. 라　70. 가

핵심기출문제

71. 단파 안테나에 주로 사용되는 안테나가 아닌 것은?

가. 다이폴 안테나　　나. 빔 안테나
다. 롬빅 안테나　　라. 애드콕 안테나

해설
애드콕 안테나는 장·중파대 안테나로 방향 탐지용으로 쓰인다.

72. 초단파(VHF)대 안테나로 적당하지 않은 것은?

가. 롬빅(rhombic)안테나
나. 슬리브(sleeve)안테나
다. 브라운(brown)안테나
라. 휩(Whip)안테나

73. 사용 파장을 λ[m]라 할 때 폴디드(folded) 안테나의 실효 길이는 얼마인가?

가. $\frac{\lambda}{2\pi}$　　나. $\frac{\lambda}{\pi}$
다. $\frac{3\lambda}{2\pi}$　　라. $\frac{2\lambda}{\pi}$

해설
폴디드(folded) 안테나의 실효 길이는 $\frac{\lambda}{2}$ 안테나의 $h_e(=\frac{\lambda}{\pi})$ 의 2배이다.

74. 다음은 접어진 다이폴(folded dipole)안테나의 설명으로 옳지 않은 것은?

가. 한번 접었을 때 급전선의 임피던스는 293[Ω]이다.
나. 도체의 굵기가 다르면 임피던스도 달라진다.
다. 실효길이는 반파장 다이폴의 2배이다.
라. 텔레비전의 평형 2선식 급전선과 정합이 불가능하다.

해설 폴디드(folded) 안테나의 특징
① 급전점 임피던스가 약 300Ω이므로 평행 2선식 급전선과 직결할 수 있다.(임피던스 정합 불필요).
② 전계강도, 이득, 지향성 수신최대 유효전력은 반파장 dipole과 같다.
③ 실효길이는 반파장 dipole의 약 2배이며, 따라서 수신안테나로 사용할 때 개방전압은 반파장 dipole의 2배가 된다.
④ 반파장 dipole에 비해 도체 유효단면적이 크므로 도선의 파동 임피던스가 낮아져 Q가 작아지므로써 광대역성을 갖는다.
⑤ 기계적으로 구조가 견고하다.
⑥ folded dipole 안테나의 급전점 임피던스는 다음과 같이 구한다.
$R = 73.13 \times n^2$ (여기서, n:수평 도체의 소자 수)

75. 임피던스 정합회로를 쓰지 않고도 평행2선식 급전선과 직접 연결 가능한 안테나는?

가. 반파장 안테나　　나. 폴디드 안테나
다. 빔안테나　　라. 야기 안테나

76. 폴디드(folded)안테나의 특징 중 틀린 것은?

가. 반파장 안테나에 비해서 도체의 유효 단면적이 크고, 방사저항이 크며, Q가 낮게되어 약간 광대역성을 갖는다.
나. TV의 75[Ω] 동축케이블과 정합장치가 필요없다.
다. 전계강도, 이득, 지향성은 반파장 안테나와 동일하다.
라. 실효길이는 반파장 안테나의 2배이고, 수신안테나로서 사용할 때 개방전압은 2배로 한다.

정답 71. 라　72. 가　73. 라　74. 라　75. 나　76. 나

77. Folded Antenna를 만들때 일반적으로 n(소자수)개로 접으면 급전점 임피던스는 몇 배로 증가하는가?

가. n^2　　나. n
다.1/n　　라.$1/n^2$

78. 길이가 반파장인 2선식 폴디드(folded)안테나(도선의 굵기는 같고 두 도선은 충분히 접근해 있는 것으로 한다)의 급전점 임피던스는?

가. 36.56[Ω]　　나. 73[Ω]
다. 192[Ω]　　라. 292[Ω]

해설
folded dipole 안테나의 급전점 임피던스는 $R = 73.13 \times n^2 = 73.13 \times 2^2 \fallingdotseq 293[\Omega]$ (n:소자수)

79. 3개의 도체를 사용하여 3단의 폴디드(folded) 안테나를 구성할 경우 복사저항은 얼마인가?

가. 73[Ω]　　나. 110[Ω]
다. 292[Ω]　　라. 658[Ω]

해설 folded dipole 안테나의 급전점 임피던스는 $R = 73.13 \times n^2 = 73.13 \times 3^2 \fallingdotseq 658[\Omega]$ (n:소자수)

80. 폴디드 다이폴 안테나(Folded dipole Antenna)의 특성 중 옳지 않은 것은?

가. 평행 2선식 급전선과는 정합장치를 요하지 않는다.
나. 반파 다이폴과 비슷한 복사저항을 갖는다.
다. 실효고는 반파 다이폴의 약 2배이다.
라. 광대역성을 갖는다.

81. 접어진(folded) 안테나의 특징에 대한 설명으로 잘못된 것은?

가. TV의 300[Ω] 평행2선식과 직결하여도 거의 임피던스정합이 이루어진다.
나. 전계강도, 이득, 지향성은 반파장 안테나와 동일하다.
다. 반파장 안테나에 비해서 도체의 유효 단면적이 크다.
라. 실효길이는 반파장 안테나의 2배이고 수신안테나로서 사용할 때 개방전압은 같게 된다.

해설
폴디드(folded) 안테나를 수신안테나로 사용할 때 개방전압은 반파장 dipole의 2배가 된다.

82. 폴디드(folded) 안테나(소자수 2개)에 10[A] 의 전류가 흐를 때 복사전력은 얼마인가?

가. 11.2[KW]　　나. 29.2[KW]
다. 58.4[KW]　　라. 117[KW]

해설
2번 접어진 folded dipole 안테나인 경우의 복사전력(P)는
$P = (2I)^2 R_o = 2^2 \times 10^2 \times 73.13 = 7 \fallingdotseq 29.25[\mathrm{kW}]$
(단, R_o : 반파장다이폴 안테나의 복사저항)

83. 야기 안테나에서 1번 접어진 Folded dipole 안테나를 방사 소자로 사용했을 때 입력 임피던스는 대략 얼마정도 되는가?

가. 45 [Ω]　　나. 50 [Ω]
다. 150 [Ω]　　라. 300[Ω]

해설
folded dipole 안테나의 급전점 임피던스는 $R = 73.13 \times n^2 = 73.13 \times 2^2 \fallingdotseq 300[\Omega]$(n :수평 도체의 소자 수)

정답 77. 가　78. 라　79. 라　80. 나　81. 라　82. 나　83. 라

핵심기출문제

84. 주로 자동차나 모터-보트 등에 사용되고 자동차나 보트의 외장 판이 어스가 되는 안테나는?

가. 폴디드 안테나　　나. 동축 안테나
다. 휩 안테나　　라. 브라운 안테나

해설
휩(whip) 안테나는 자동차와 같은 이동체의 안테나로 주로 사용된다.

85. 다음 중 원편파 안테나는 어떤 것인가?

가. 헬리컬 안테나
나. 미소 원형 루프 안테나
다. 파라볼라 반사형 안테나
라. 야기 안테나

해설 Helical 안테나의 특징
① 진행파 안테나이다.
- 단향성이다.
- 광대역성이다.
- sidelobe가 많다.
- 효율이 낮다.
- 고 이득이다(11~16[dB]).

② 나선형 빔 안테나라 한다.(loop 안테나가 여러 개 있는 것으로 생각되므로)
③ 직선편파, 원편파, 타원편파 안테나로 사용 가능하다.
④ 방사저항(R) 은 $R = \frac{140c}{\lambda}$[Ω]이며
보통 100~200[Ω] 정도를 갖는다.
⑤ 낮은 주파수대 전파의 송수신을 위한 위성통신용 및 100~1,000[MHz]대의 고 이득 송・수신 안테나로 사용된다.

86. Helical 안테나 설명 중 틀린 것은?

가. 구조가 간단하고 고이득이므로 방송용으로 사용한다.
나. 반사파에 의해서 동작한다.
다. 광대역 주파수 특성이 있다.
라. 나선형 안테나라고도 한다.

87. 아래 안테나 중에서 직선 편파나 원형 편파가 가능하며 진행파 안테나로 되는 것은?

가. 야기(Yagi) 안테나
나. 나선(Helical) 안테나
다. 루프(Loop) 안테나
라. 폴디드 다이폴(Folded dipole) 안테나

88. 엔드 파이어 헬리컬 안테나의 특성이 아닌 것은?

가. 광대역, 고이득 진행파 안테나이다.
나. 전력이득은 약 11~15[dB]정도이다.
다. 복사저항은 약 100~200[Ω]정도이다.
라. 반치각은 $\theta = \frac{50C}{\sqrt{\frac{np}{\lambda}}}$이다.

해설 엔드 파이어 헬리컬(End fire helical)안테나
동축 급전선의 중심도체에 나선형의 도체를 연결하고, 외부 도체는 접지 평면과 연결한 형태의 안테나이다.
① 광대역성
② 고이득(전력이득은 약 11~16[dB]정도)
③ 진행파 안테나
④ 복사저항은 약 100~200[Ω]정도
⑤ 반치각은 $\theta = \frac{52}{\frac{C}{\lambda}\sqrt{\frac{nP}{\lambda}}}$이다.
(C : 원둘레, P : 나선간 거리)
⑥ 원편파 안테나

89. 턴 스타일(turnstile)안테나의 수평면내 지향특성은?

가. 전방향 지향성
나. 단방향 지향성
다. 양방향 지향성
라. 카이디오이드 지향성

해설
턴 스타일(turnstile)안테나는 반파장 안테나 2개를 직교해서 만든 안테나로써 수평면내 무지향성을 갖는다.

정답 84. 다　85. 가　86. 나　87. 나　88. 라　89. 가

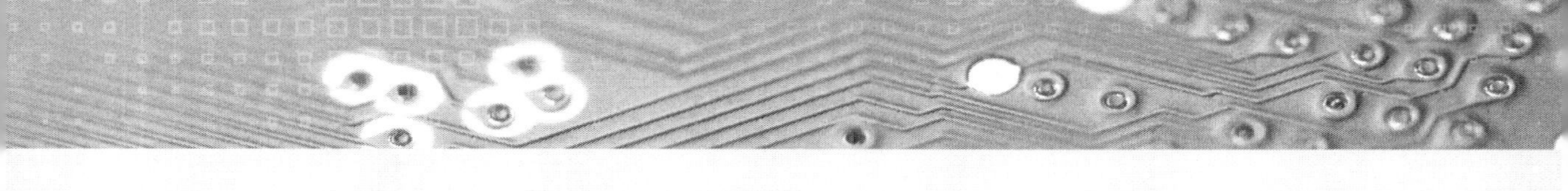

90. 박쥐 날개형 안테나를 두장 직각으로 교차시킨 것으로 보통 이것을 6~12단 정도 겹쳐서 사용하며 자신의 표면적을 넓게 하고 실효적으로 Q를 작게 하여 광대역화하고 있는 안테나는?

가. 턴스타일(Turnstile)안테나
나. 헬리컬(Helical) 안테나
다. 슈퍼 게인(Super gain) 안테나
라. 슈퍼 턴스타일(Super Turnstile) 안테나

해설
슈퍼 턴스타일(Super Turnstile) 안테나는 박쥐 날개 모양의 안테나 두장을 직각으로 교차시킨 것으로 대표적인 판상 안테나이며 TV방송용 안테나이다.

91. 슈퍼 턴스타일 안테나에 대한 설명 중 옳지 않은 것은?

가. 직교한 두 안테나의 급전 전류의 위상차는 $\frac{\pi}{4}$ 이다.
나. 전력이득은 적립단수에 비례한다.
다. 수평면에서 지향성은 무 지향성이다.
라. 초단파대의 송신용으로 사용한다.

해설
슈퍼 턴스타일(Super Turnstile) 안테나의 이득은 G=1.2NS(N:적립단수, S:겹쳐 쌓은 간격)이다.
직교한 두 안테나의 급전 전류의 위상차는 $\frac{\pi}{2}$ 이다.

92. 슈퍼 턴스타일 안테나에 대한 설명중 틀린 것은?

가. VHF용 TV방송 안테나로 많이 사용된다.
나. 이득은 적입단수 N 및 각소자 사이의 간격 d에 비례한다.
다. 광대역성이 있다.
라. $\lambda/2$ 다이폴을 두 개 직교 시켜서 만든 안테나이다.

해설
$\lambda/2$ 다이폴을 두 개 직교 시켜서 만든 안테나는 턴 스타일(turnstile)안테나이다.

93. 송신안테나가 슈퍼 턴 스타일(Super turn style) 안테나인 경우에 수신안테나로서 수평 다이폴 안테나를 사용하여야 하는 이유는? (즉, 수직 dipole은 안되는 이유)

가. 전파의 직진성 때문에
나. 전파의 회절현상 때문에
다. 전파는 횡파이기 때문에
라. 전파의 편파성 때문에

94. 슈퍼 게인(Super gain) 안테나의 특징 중 옳지 않은 것은?

가. 수평면내는 무지향성이다.
나. 텔레비전 수신용이다.
다. 광대역성이다.
라. $G = 1.22N\frac{d}{\lambda}$

해설
슈퍼 게인(Super gain) 안테나는 TV 방송용 안테나로서 수평면내 무지향성을 갖는다.

95. 슈퍼게인(super gain) 안테나를 TV 송신용으로 사용하려고 할 때 고려하여야 할 사항으로 맞지 않는 것은?

가. 직렬공진과 병렬 공진을 조합하여 합성 리액턴스 성분을 크게하여 광대역 특성을 갖게 한다.
나. 안테나의 Q를 낮게 하여 광대역성으로 한다.

정답 90. 라 91. 가 92. 라 93. 라 94. 나 95. 가

핵심기출문제

다. 광대역으로 하기 위하여 안테나의 소자의 직경을 크게 한다.
라. 트랩회로를 설치하여 광대역성으로 한다.

해설 슈퍼 게인(Super gain) 안테나

TV방송과 같은 광대역 특성이 요구되는 경우

- 안테나 소자의 직경을 크게하여 Q를 낮게 한다.
- 급전선에서 길이 약 $\frac{\lambda}{4}$ 의 트랩을 설치하면 병렬공진 되므로 다이폴 소자의 직렬 공진과 합해져서 광대역 특성을 갖게 된다.

96. 야기안테나에서 도파기의 특성에 관한 설명중 가장 적당한 것은?

가. $\frac{\lambda}{2}$ 보다 짧게 하여 용량 성분으로 한다.

나. $\frac{\lambda}{2}$ 보다 짧게 하여 유도 성분으로 한다.

다. $\frac{\lambda}{4}$ 보다 짧게 하여 유도 성분으로 한다.

라. $\frac{\lambda}{4}$ 보다 짧게 하여 유도 성분으로 한다.

해설

도파기는 $\frac{\lambda}{2}$ 보다 짧게 하여 용량 성분으로 한다.

97. Yagi안테나의 특징이 아닌 것은?

가. TV전파수신용으로 사용한다.
나. 쌍향성의 예민한 지향성을 갖는다.
다. 이득이 크다.
라. 도파기의 수를 증가시키면 이득이 증대된다.

해설 야기 안테나의 특징

① 지향성은 단일 지향성이다.
② 구조가 간단하면서 이득은 크나 협대역이다.
③ 방송 송신용으로 부적합하여 수신용 안테나로만 사용된다.
④ 이득을 높이기 위해서는 도파기의 수를 증가시킨다. 반사기의 수를 증가 시키면 이득이 약간은 증가하나 급전점 임피던스가 높아진다.
⑤ 임피던스 정합을 용이하게 하기 위하여 투사기로 folded dipole을 사용하기도 한다.

98. 야기 안테나에서 도파기와 투사기의 전류 위상차이는?

가. 도파기와 투사기와는 동위상이다.
나. 도파기가 투사기보다 180。빠르다.
다. 투사기가 도파기보다 90。빠르다.
라. 도파기가 투사기보다 90。빠르다.

해설

야기 안테나에서 투사기가 도파기보다 전류의 위상이 90° 빠르다.

99. 야기 안테나의 소자중 가장 긴 소자의 역활과 리액턴스 성분은 무엇인가?

가. 도파기, 용량성　　나. 반사기, 유도성
다. 지향기, 유도성　　라. 복사기, 용량성

해설

반사기-투사기보다 긴 소자로 유도성을 갖는다.

투사기-약 $\frac{\lambda}{2}$ 길이를 갖는다.

도파기-투사기보다 짧게 하여 용량성을 갖는다.

100. 다음 중 비접지형 단일소자로 구성되지 않는 안테나는?

가. 헬리컬 안테나　　나. 루프 안테나
다. 야기 안테나　　라. 슬리브 안테나

정답 96. 가　97. 나　98. 다　99. 나　100. 다

101. 다음은 야기 안테나에 대한 설명이다. 옳지 않은 것은?

가. 지향성은 단일 방향이다.
나. 반사기의 길이는 반파장보다 길고 투사기보다 길다.
다. 도파기의 길이는 반파장 보다 투사기보다도 짧다.
라. 각 소자의 간격은 0.5파장 정도로 한다.

해설

각 소자의 간격은 $\frac{\lambda}{4}$ 정도로 한다.

102. Yagi 안테나의 특징이 아닌 것은?

가. TV(텔레비젼) 전파수신용으로 사용된다.
나. 쌍향성의 예민한 지향성을 갖는다.
다. 소자수가 많을수록 임피던스가 낮아진다.
라. 도파기의 수를 증가 시키면 이득이 증대된다.

해설

야기 안테나는 TV(텔레비젼) 전파수신용으로 단일 지향성을 갖는다.

103. 야기(Yagi)안테나의 설명으로서 틀린 것은?

가. 단향성의 예민한 지향특성을 갖는다.
나. 반사기(reflector)의 길이는 반파장 이상이다.
다. 도파기(director)의 길이는 반파장보다 짧다.
라. 각 소자의 간격은 $\lambda/4$ 보다 크다.

해설

이론상 소자의 간격은 $\frac{\lambda}{4}$ 이지만 실제 제작시 이보다 약간 짧게 만든다.

104. 광대역 TV수신용 안테나가 아닌 것은?

가. U Line antenna
나. In Line antenna
다. Log periodic antenna
라. Horn antenna

해설

광대역 TV수신용 안테나에는 ①U Line antenna ②In Line antenna ③conical형 안테나 ④Log periodic antenna 등이 있다.

105. 다음중 텔레비젼 수신용 안테나로 사용되지 않는 것은?

가. 브라운 안테나
나. 인라인 안테나
다. 코니컬 야기 안테나
라. U라인(line) 안테나

106. 코너 리플렉터 안테나의 설명 중 옳지 않은 것은?

가. 반사기의 교차선 중앙부에서 거리 S에 반파장 다이폴 안테나를 붙인다.
나. 보통은 정각 α를 90°로 하고 S=0.3 ~10.6 λ로 한다.
다. 구조가 간단하고 고이득이며 수평・수직편파용으로 용이하게 설치할수 있다.
라. FB비가 극히 불량하고 지향성이 나쁘다.

해설 corner reflector 안테나

① 반사기의 교차선 중앙부에서 거리 S에 반파장 다이폴 안테나를 붙인다.
② 구조가 간단하고 고이득이며 수평・수직편파용으로 용이하게 설치할수 있다.
③ 보통은 정각 α를 90。로 하고 S=0.3~10.6 λ로 한다.
④ FB비가 극히 우수하고 지향성이 좋다.
⑤ 판상 안테나의 일종이다.

정답 101. 라 102. 나 103. 라 104. 라 105. 가 106. 라

핵심기출문제

107. 아래 안테나 중에서 직선 편파나 원형 편파가 가능하며 진행파 안테나로 되는 것은?

가. 야기 안테나
나. 헬리컬 안테나
다. 루프 안테나
라. 폴디드 다이폴 안테나

108. 가장 광대역인 안테나는?

가. 디스콘 안테나 (Discone antenna)
나. 대수주기 안테나(Log periodic antenna)
다. 혼 리플렉터 안테나
(Horn reflector antenna)
라. 다이폴 안테나 (Dipole antenna)

109. 대수 주기 안테나의 특성과 관계없는 것은?

가. 초단파대역에서 사용할 수 있다.
나. 자기 상사의 원리를 이용한 것이다.
다. 광대역 특성을 갖는다.
라. 입력 임피던스는 인가되는 신호의 주파수에 따라 많이 변한다.

해설 대수주기 안테나의 특징
① 정 임피던스 안테나이다.
② 초 광대역성을 갖는다.(진행파 안테나가 아니면서도 광대역임에 유의)
③ 자기상사 원리를 사용한다.
④ 지향성은 급전점 방향으로 단향성을 나타낸다.

110. 대수주기형 안테나(Log periodic an tenna)에 대한 기술로서 옳지 않는 것은?

가. 안테나의 크기와 모양이 비례적으로 커지는 여러 개의 안테나 소자로 되어 있다.
나. 주파수의 대수 값이 일정한 값만큼씩 달라지는 주파수 때마다 동일한 복사특성을 나타낸다.
다. 무지향성의 안테나로 이득이 매우 높다.
라. 매우 넓은 주파수 대역을 갖는다.

111. 대수주기형 안테나에 대한 기술로서 옳지 않은 것은?

가. 안테나의 크기와 모양이 비례적으로 커지는 여러개의 소자안테나로 되어 있다.
나. 안테나의 전기적 특성은 주파수의 대수로서 주기적으로 변화한다.
다. 수평면내 쌍향성의 8자 지향특성을 나타낸다.
라. 매우 넓은 주파수 대역을 갖는다.

112. 다음 안테나 중에서 가장 광대역 특성을 갖는 것은 어느 것인가?

가. 폴디드 다이폴 안테나
(folded dipole antenna)
나. 혼 안테나(horn antenna)
다. 롬빅 안테나(rhombic antenna)
라. 대수주기 안테나
(log periodic antenna)

113. 파장에 따라 크기를 달리하고 단파대에서 마이크로파대까지 사용할 수 있는 광대역 안테나는?

가. 대수주기형 안테나
나. 빔 안테나
다. 롬빅 안테나
라. 어골형 안테나

정답 107. 나 108. 나 109. 라 110. 다 111. 다 112. 라 113. 가

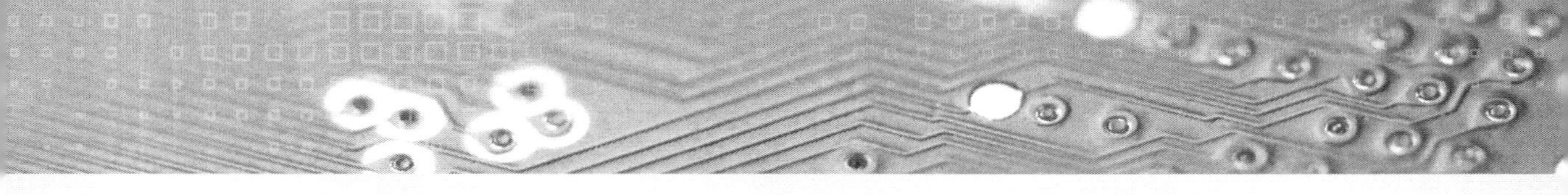

114. 다음 안테나 중에서 자기상사형이 아닌 것은?

가. 쌍원추형(biconical) 안테나
나. 대수주기형(log periodic) 안테나
다. 스파이럴 슬롯(spiral slot) 안테나
라. 원통 슬롯(slot) 안테나

115. 안테나에 반사기를 붙이면 어떤 효과가 나타나는가?

가. 급전선과의 정합이 용이하다.
나. 광대역 특성이 얻어진다.
다. 지향성을 갖도록 만들 수 있다.
라. 접지 저항이 작아진다.

116. 안테나를 설계할 때 반사기를 붙이는 이유는?

가. 임피던스 정합을 위해
나. 광대역화를 위해
다. 접지저항을 적게 하기 위해
라. 전파를 한 방향으로 보내기 위해

117. 전자혼의 설명중 잘못 된 것은?

가. 혼의 길이를 일정하게 하고 개구각(또는 개구면적)을 증가시켜가면 어떤 각도에서 이득이 최대로 된다.
나. 개구면이 일정할 때 혼의 길이를 길게 할수록 지향성은 예리하게 되고 이득은 크게된다.
다. 각추 혼이 가장 널리 사용된다.
라. 혼 안테나는 고이득의 안테나로 적당하므로 전자 렌즈 parabola 반사경과 조합시킬 필요가 없다.

해설 전자 혼 안테나의 특징
① 구조가 간단하고 광대역성이다.
② 부엽이 적다.
③ 절대이득(Ga)는 $G_a = \frac{4\pi A_e}{\lambda^2} = \frac{4\pi \eta_a A}{\lambda^2}$ 이다.
④ parabola 안테나의 1차 복사기에 사용된다.
⑤ 지향성이 예리하다.
⇒ 개구각(개구면적)을 일정하게 하고 혼의 길이(l)를 길게 하는 경우.
⇒ 혼의 길이를 일정하게 하고 개구각을 크게 하는 경우.
(단, 어떤 각도에서 이득이 최대가 되지만 그 개구각을 넘으면 나빠진다.)

118. 그림과 같은 각뿔 혼(horn) 안테나에서 주파수가 일정하다면 옳은 것은?

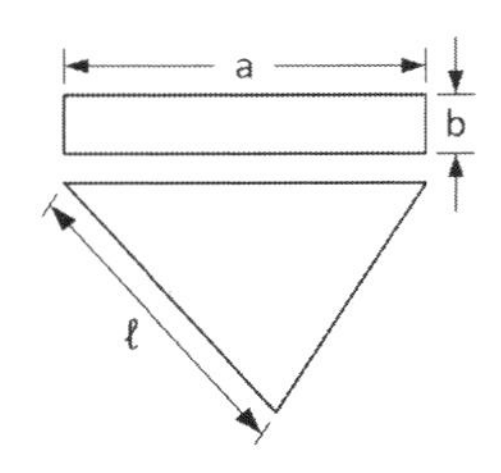

가. 개구 면적이 (a× b)일정할 때 혼의 길이l이 작을수록 이득이 커진다.
나. l 이 일정하고 a가 클수록 이득이 커진다. 이때 b= λ 이다.
다. 개구각이 일정할 때 l이 길수록 지향성이 예민하다.
라. l 이 일정할 때 개구 면적이 적으면 적을수록 지향성이 예민해 진다.

정답 114. 라 115. 다 116. 라 117. 라 118. 다

핵심기출문제

119. 전자 혼 안테나의 특징 중 잘못 된 것은?

가. 구조가 복잡하고 협대역성이다.

나. 절대 이득 $G_a = \frac{4\pi ab}{\lambda^2}\eta_a$

다. 이득은 20~30[dB]이다.

라. 실효 개구 면적 $A_e = \frac{G_a\lambda^2}{4\pi}$ [㎡]

120. 혼 안테나(horn antenna)는 도파관의 한쪽을 나팔형으로 확장하여 만들고 있다. 그 이유로 가장 타당한 것은?

가. 도파관과 자유공간의 임피던스정합을 위하여

나. 제작을 용이하게 하기 위하여

다. 정재파 안테나로 만들기 위하여

라. 관내전파를 TE파로 변환시켜 원거리통신을 위하여

121. 다음중 전자 혼(horn)의 특징과 다른 것은?

가. 지향성이 예리하다.

나. 개구면적이 클수록 이득이 커진다.

다. 이득측정의 표준안테나로 사용할 수 있다.

라. 이득은 파장에 비례한다.

122. 다음 중에서 판상 안테나가 아닌 것은?

가. 박쥐 날개형 안테나

나. 슬롯 안테나

다. 코너 리플렉터 안테나

라. 혼 리플렉터 안테나

해설 안테나의 구조별 분류

(1) 선상 안테나
① $\frac{\lambda}{4}$ 수직 접지 안테나
② 역L형 안테나
③ Wave 안테나 등

(2) 판상 안테나
① Coner reflector 안테나
② Super turnstyle 안테나
③ Slot 안테나 등

(3) 개구면 안테나
① 전자 나팔 안테나
② Horn Reflector 안테나
③ Parabolar 안테나
④ Cassegrain 안테나
⑤ Lens 안테나
⑥ 유전체 안테나 등

123. 슬롯 안테나(Slot Antenna)에 관해서 틀린 것은?

가. 길이가 $\lambda/4$에 가깝게 되면 지향 특성은 $\lambda/2$ 다이폴과 비슷하다.

나. VHF대 이상에서만 사용한다.

다. Slot가 수평・수직이냐에 따라 편파 특성이 달라진다.

라. 도체 평면판에 $\lambda/2$간격을 만들고 그 중앙부에서 급전한다.

해설 슬롯 안테나(Slot Antenna)의 특징

① 급전은 평행2선식이나 동축급전선을 사용할 수 있고 도파관의 관벽 전류를 방해하도록 가로 지르면 slot에서 전파가 복사된다. 동축 급전선으로 급전할 때는 정합시키기 위하여 중심부에서 조금 끝쪽으로 움직인 점에서 급전한다.

② slot 길이가 $\frac{\lambda}{2}$에 가깝게 되면 반파 다이폴과 동일하게 효율이 좋고 강한 전파가 복사된다.
반파 다이폴과 다른점은 전계방향이 축과 직각인 방향 즉, 자기 다이폴이며 수평 slot에서는 수직편파가, 수직 slot에서는 수평편파가 복사된다.

③ parabola 안테나의 1차복사기로 이용된다.

④ 면을 이용한 판상 안테나이다.

정답 119. 가 120. 가 121. 라 122. 라 123. 가

124. 개구면 안테나에 해당되지 않는 것은?

가. 렌즈 안테나
나. 곡면 반사경 안테나
다. 슬롯(slot) 안테나
라. 유전체봉 안테나

125. 슬롯(slot) 안테나에 관해서 틀린 것은?

가. UHF대 이상에서 사용한다.
나. 지향 특성은 $\lambda/2$ 다이폴과 흡사하다.
다. 차폐형 공동을 설치하면 단향성이다.
라. 도체 평면판에 $\lambda/4$의 간격을 만들고 그 중앙부에서 급전한다.

126. 개구면 안테나의 해당되지 않은 것은?

가. 렌즈 안테나
나. 곡면 반사경 안테나
다. 슬롯(slot) 안테나
라. 유전체봉 안테나

127. 다음 중 슬롯(slot)안테나를 광대역화하기 위한 방법으로 타당한 것은?

가. 도파관에 슬롯을 여러 개 설치한다.
나. 슬롯에 공동(cavity)를 설치한다.
다. 슬롯의 폭을 넓게 한다.
라. 슬롯에 저항을 설치한다.

128. 선박용 레이다 송신기에 가장 많이 사용되는 안테나에 해당되는 것은?

가. 루프(loop) 안테나
나. 애드콕(adcock) 안테나
다. 헤리컬(helical) 안테나
라. 슬롯 어레이(Slot array) 안테나

129. 다음 안테나 중 극초단파대에서 사용되는 것이 아닌 것은?

가. 파라볼라(Parabola) 안테나
나. 카세그레인(Cassegrain) 안테나
다. 혼 리플렉터(Horn reflector) 안테나
라. 롬빅(Rhombic) 안테나

해설
롬빅(Rhombic) 안테나는 단파대 안테나로 대표적인 진행파 안테나이다.

130. 다음 중 극초단파 안테나가 아닌 것은?

가. 슬롯(slot) 안테나
나. 유전체 막대(Dielectric rod) 안테나
다. 혼(Horn) 안테나
라. 제펠린(Zeppelin) 안테나

131. 파라볼라 안테나(Parabola Antenna)용 1차 복사기로서 적합하지 않은 것은?

가. 반사기가 붙은 다이폴 안테나
나. 도파관에 종단되는 전자 혼 안테나
다. 단순한 다이폴 안테나
라. 동축선으로 종단되는 동축 슬롯 안테나

해설
파라볼라 안테나(Parabola Antenna)의 1차 복사기로는 ①반사기가 붙은 반파장 다이폴 ②전자나팔 ③슬롯 안테나 등이 사용된다.

정답 124. 다 125. 라 126. 다 127. 다 128. 라 129. 라 130. 라 131. 다

핵심기출문제

132. 파라볼라 안테나의 이득을 계산하는 식은 어느 것인가? (단, A는 개구 면적, η는 개구 능률, λ는 파장이다.)

가. $\dfrac{2\pi A}{\lambda^2}$　　나. $\dfrac{4\pi A}{\lambda^2}$

다. $\dfrac{2\eta\pi A}{\lambda^2}$　　라. $\dfrac{4\eta\pi A}{\lambda^2}$

133. 파라보라안테나의 유효개구면적 Aeff 와 절대이득 Ga 와의 관계식은?

가. $A_{eff} = \dfrac{\lambda^2}{4\pi} G_a$　　나. $G_a = \dfrac{\lambda^2}{4\pi} A_{eff}$

다. $G_a = \dfrac{\pi}{4\lambda^2} A_{eff}$　　라. $A_{eff} = \dfrac{\pi}{4\lambda^2} G_a$

134. 지름 D[m]인 파라볼라 안테나의 개구효율을 η 라 할 때 파장(λ)의 전파에 대한 절대이득 G의 식은?

가. $G = \dfrac{\eta\pi^2 D^2}{\lambda^2}$　　나. $G = \dfrac{\eta\pi^2 D^2}{16}$

다. $G = \dfrac{4\eta\pi^2 D^2}{\lambda^2}$　　라. $G = \dfrac{\eta\pi^2 D^2}{4}$

135. Parabola Ant의 반치각 θ를 구하는 식은? (단, K:상수, λ:파장, D:개구직경)

가. $\theta = \dfrac{K\cdot\lambda}{D}[rad]$　　나. $\theta = \dfrac{K\cdot\lambda}{D^2}[rad]$

다. $\theta = \dfrac{K\cdot\lambda^2}{D}[rad]$　　라. $\theta = \dfrac{K\cdot D}{\lambda}[rad]$

136. 파라볼라 안테나 (Parabola Antenna)에서 파라볼라의 개구 직경이 클수록 어떻게 되는가?

가. 지향성이 커지고 이득은 적어진다.
나. 지향성은 변함 없으나 이득은 커진다.
다. 지향성이 커지고 이득도 커진다.
라. 지향성은 커지나 이득은 변함 없다.

137. 파라볼라 안테나의 직경이 커질 때 일어나는 변화는?

가. 이득이 작아지고 효율은 커진다.
나. 이득은 커지고 효율은 변화가 없다.
다. 이득도 커지고 효율도 커진다.
라. 이득은 변화하지 않고 효율은 작아진다.

138. 파라볼라 안테나(Parabola Antenna)의 특징 설명 중 잘못 된 것은?

가. 비교적 소형이고, 구조가 간단하다.
나. 지향성이 예민하고 이득이 높다.
다. 부엽(Side lobe)이 비교적 적다.
라. 광대역 임피던스가 정합이 어렵다.

해설 파라볼라 안테나(Parabola Antenna)의 특징

① 비교적 소형이며 구조가 간단하다.
② 경량이며 제작이 용이하다.
③ 부엽이 비교적 많고 협대역성이다.
④ 지향성이 예민하며 이득이 크다.
이득(Ga)는
$G_a = \dfrac{4\pi A_e}{\lambda^2} = \dfrac{4\pi\eta_a A}{\lambda^2} = (\dfrac{\pi D}{\lambda})^2\eta_a$이다.
여기서, η_a : 개구효율, $A(=(\dfrac{D}{2})^2\pi)$: 개구면적,
D : 포물면의 직경
⑤ 상하·좌우의 약간의 움직임에 대해서는 이득에 큰 영향을 주지 않고 반사경은 고정한 채로 복사주축의 방향만 1~2。 정도 바꿀 수 있으므로 방향 미조정용으로 이용된다.

정답 132. 라　133. 가　134. 가　135. 가　136. 다　137. 나　138. 다

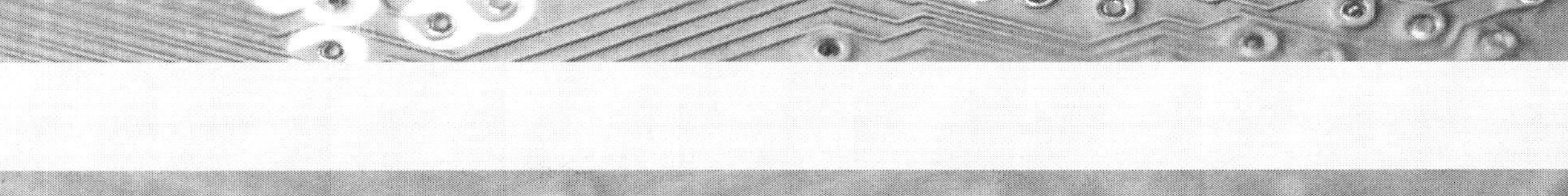

139. 파라볼라 안테나(Parabola Antenna)의 특성 중 옳지 않은 것은?

가. 이득은 안테나의 개구면적에 비례한다.
나. 같은 크기에서는 파장이 짧을수록 이득은 크다.
다. 지향성은 3배 정도 얻을 수 있으나 방향조정은 잘 안 된다.
라. 반사면을 망으로 하거나 도전도료를 칠하여도 특성에는 커다란 변동이 없다.

140. 파라보라 안테나(parabola antenna)의 1차 복사기로 사용되지 않는 것은?

가. 원주형 혼(horn)
나. λ/2다이폴(dipole)
다. 슬롯(slot) 안테나
라. 전파렌즈(Lens)

141. 파라볼라 안테나의 이득은 사용파장과 어떤 관계가 있는가?

가. 파장에 비례한다.
나. 파장에 반비례한다.
다. 파장의 제곱에 비례한다.
라. 파장의 제곱에 반비례한다.

142. 파라볼라 반사기의 역할로 맞는 것은?

가. 전자나팔에서 나온 구면파를 평면파로 변환한다.
나. 카세그레인 안테나에서 부반사로 사용한다.
다. 원편파만 사용할 수 있다.
라. 광대역 특성을 갖도록 만들어 준다.

143. 안테나 특성을 광대역으로 하기 위한 방법으로 적합하지 않은 것은?

가. 안테나의 Q를 적게 한다.
나. 진행파 공중선으로 한다.
다. 파라볼라 안테나처럼 개구면적을 크게 한다.
라. 슈퍼게인 안테나처럼 보상회로를 사용한다.

144. 파라볼라 안테나(parabola antenna)의 특징으로 잘못된 것은?

가. 비교적 소형이고 구조가 간단하다.
나. 지향성이 예리하고 이득이 높다.
다. 부엽(side lobe)이 비교적 많다.
라. 광대역 임피던스 정합이 쉽다.

145. 파라보라안테나(Parabola antenna)에서 파라보라의 개구직경이 클수록 어떻게 되는가?

가. 지향성이 커지고 이득은 적어진다.
나. 지향성은 변함없으나 이득은 커진다.
다. 지향성이 커지고 이득도 커진다.
라. 지향성은 커지나 이득은 변함없다.

해설
파라볼라 안테나(Parabola Antenna)의
이득$(G)=\frac{\eta\pi^2D^2}{\lambda^2}$, 반치각$(\theta)=\frac{K\cdot\lambda}{D}[rad]$
(단, D는 반치각)이므로 개구직경이 클수록 이득이 커지고 반치각이 작아지므로 지향성도 커진다.

146. 파라볼라 안테나(Parabola Antenna)에서 비나 눈에 대한 처치 방법은?

가. 업세트 파드 혼을 사용한다.
나. 타원 편파용 피이드 혼을 사용한다.
다. 레이돔(Radom)으로 안테나를 씌운다.
라. 오프셋 피드 혼을 사용한다.

정답 139. 다 140. 라 141. 라 142. 가 143. 다 144. 라 145. 다 146. 다

핵심기출문제

해설

- 파라볼라 안테나(Parabola Antenna)에서 비나 눈에 대한 처치 방법
① 레이돔(Radom)으로 안테나를 씌운다.
② 타원 편파용 피이드 혼을 사용한다.
- 파라볼라 안테나(Parabola Antenna)에서 정재파비를 좋게 하는 방법
① 업세트 파드 혼을 사용한다.
② 오프셋 피드 혼을 사용한다.

147. 위성통신 지구국용의 고이득, 저잡음 안테나로서 위성 통신 지구국에서 사용하고 있는 안테나는?

가. 파라볼라 안테나
나. 카세그레인 안테나
다. 혼 리플렉터 안테나
라. 열 슬롯 안테나

해설 카세그레인 안테나의 특징
① 위성통신 지구국용 안테나이다.
② 1차 복사기와 송수신가 직결되기 때문에 급전계 전송 손실이 적다.
③ 초점거리가 짧고, 반사기에서 고이득이 얻어진다.
④ 부엽이 매우 작다.
⑤ 대지에서의 잡음을 적게 받기 때문에 저잡음 특성의 안테나이다.

148. 다음 중 부 반사기로 볼록 타원체를 사용하고 있으며, 위성통신 지구국용 고이득, 저잡음 안테나는?

가. 패스랭스(path length)안테나
나. 카세그레인 안테나
다. 대수주기(log periodic)안테나
라. 슬롯 안테나

149. 정지위성을 이용하는 대형 지구국 안테나로 적합한 것은?

가. 카세그레인(cassegrain) 안테나
나. 이퀴앵귤러(equiangular) 안테나
다. 패스렝스(path-length) 안테나
라. 파라볼라(parabola) 안테나

150. 마이크로파 안테나로 적합하지 못한 것은?

가. 파라볼라 안테나　나. 혼 안테나
다. 렌즈 안테나　라. 웨이브 안테나

해설
웨이브 안테나는 장·중파대 안테나로서 진행파 안테나이다.

151. 마이크로파 통신에 사용되는 안테나가 아닌 것은?

가. 롬빅 안테나　나. 렌즈 안테나
다. 파라볼라 안테나　라. 혼 반사기 안테나

152. 마이크로파용 안테나의 특징으로 옳지 않은 것은?

가. 고지향성이다.
나. 파장이 짧기 때문에 크기를 소형으로 할수 있고, 고이득을 얻을 수 있다.
다. 이득과 지향성은 안테나의 개구면에 반비례한다.
라. 송수신 안테나의 결합도를 작게 할 수 있으므로 송수신기를 동일 장소에 설치할 수 있다.

해설
개구면 안테나의 이득과 지향성은 안테나의 개구면에 비례한다.

153. 마이크로파에 사용하는 안테나의 이득과 관계 없는 것은?

가. 구경(aperture)　나. 주파수
다. 송신기 출력　라. 반사면의 고르기

정답 147. 나　148. 나　149. 가　150. 나　151. 가　152. 다　153. 다

CHAPTER 5

전파의 전파 이론

1 파장에 따른 전파의 특성

1.1 장파

장파는 주로 지표파에 의해 전파된다.

(1) 지표파의 전파★★

① 지표파는 도전율이 클수록, 유전율이 작을수록 감쇠가 적다.

② 지표파는 낮은 주파수(긴 파장)일수록, 수직편파일수록 감쇠가 적다.

③ 전계강도가 큰 순서대로 나열하면 해상, 해안, 평야, 구릉, 산악, 시가지 순이다.

실전문제 1 지표파 전파의 특징 중 틀린 것은?

가. 지면도중의 凸凹에 별로 영향을 받지 않는다.
나. 대지의 도전율이 클수록 멀리 도달한다.
다. 주파수가 높을수록 멀리까지 전파한다.
라. 수직편파가 잘 전파한다.

해설

대지가 지표파 전계강도에 미치는 영향

① 지표파의 전계 강도 E는(대지를 완전도체 평면으로 간주)

$$E = \frac{120\pi Ihe}{\lambda d}[V/m]$$

② 대지의 도전율이 작을수록, 유전율이 클수록 감쇠가 커진다.
③ 전계강도의 감쇠는 해수, 습지, 건지 순으로 커진다.
④ 전계강도가 큰 순서대로 나열하면 해상, 해안, 평야, 구릉, 산악, 시가지 순이다.
⑤ 주파수가 낮을수록 감쇠가 적다.
⑥ 수직편파 쪽이 수평편파 쪽보다 감쇠가 적다.

답 다

1.2 중파

중파는 지표파와 E층 전리층 반사파에 의해 전파된다.

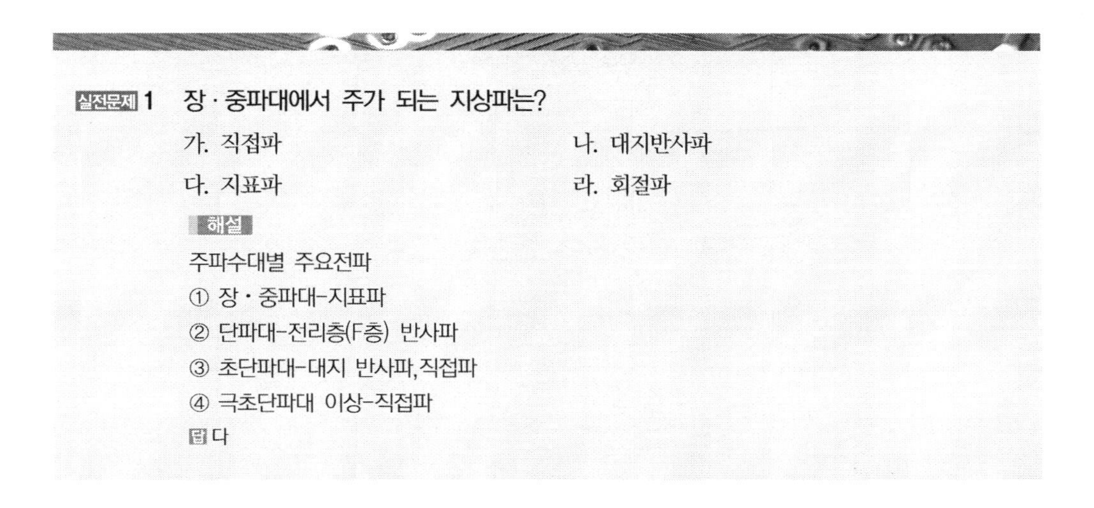

실전문제 1 장 · 중파대에서 주가 되는 지상파는?

가. 직접파 나. 대지반사파

다. 지표파 라. 회절파

해설

주파수대별 주요전파

① 장 · 중파대-지표파

② 단파대-전리층(F층) 반사파

③ 초단파대-대지 반사파, 직접파

④ 극초단파대 이상-직접파

답 다

1.3 단파

단파대의 주요전파는 주로 전리층반사파(F층)에 의해 이루어진다.

※ 단파통신의 특징

① 혼신의 영향을 받기 쉽다.

② 지향성이 예민한 송수신 안테나의 이용이 용이하다.

③ 소전력으로 원거리 통신회선이 구성될 수 있다.

④ 페이딩, 델린저 현상, 에코, 산란 등의 영향을 받는다.

실전문제 1 **단파대의 불감지대에서 신호가 잡히는 현상으로 가장 적합한 원인은?**

가. 회절파　　나. 산악회절파

다. 대류권 산란파　　라. 전리층 산란파

해설

불감지대(dead zone)란 단파대 통신에서 지표파와 전리층 반사파 모두 수신되지 않는 지대를 말한다. 이러한 불감지대 내에서도 전리층에서 산란되는 전파가 약간 수신되는 경우가 있다.

답 라

실전문제 2 **HF대를 이용한 장거리 통신에 가장 적합한 전파 방식은?**

가. 회절파　　나. 지상파

다. 대류전파　　라. 전리층파

해설 주파수대별 주요전파

① 장・중파대-지표파

② 단파대-전리층(F층) 반사파

③ 초단파대-대지 반사파,직접파

④ 극초단파대 이상-직접파

답 라

실전문제 3 **단파대 통신에서 주간보다 야간에 낮은 주파수를 사용하는 이유는 무엇인가?**

가. 전리층에서의 전파 흡수가 작으므로

나. 주간보다 야간의 전자밀도가 낮으므로

다. 주간보다 야간의 전자밀도가 커지므로

라. 낮은 주파수가 전파의 회절이 강하므로

해설 야간에는 전리층의 전자밀도가 낮아지므로 MUF도 낮아진다.

답 나

실전문제 4 **단파의 전파특성 중 주 ・ 야간과 주파수의 관계에 대한 설명이 옳은 것은?**

가. 주・야간에 높은 주파수를 사용

나. 주・야간에 낮은 주파수를 사용

다. 주간에 낮은 주파수, 야간에 높은 주파수를 사용

라. 주간에 높은 주파수, 야간에 낮은 주파수를 사용

해설

단파대의 주요전파는 전리층 반사파이며 전리층의 전자 밀도가 주간에는 높고 야간에는 낮아져서 주간에는 높은 주파수를 사용할 수 있으나 야간에는 사용주파수를 낮춰야 한다.

답 라

1.4 초단파대 이상

초단파대 이상의 주파수는 직접파와 대지 반사파에 의해 전파된다.

(1) 가시거리 내의 전파

① 직접파와 대지반사파에 의해 통신을 행할 수 있다.

② 전파의 실제 가시거리는 대기의 굴절현상 때문에 기하학적(광학적) 가시거리보다 약간 멀다.

③ 신틸레이션 페이딩, K형 페이딩, 감쇠형 페이딩, 산란형 페이딩, duct형 페이딩이 발생 한다.

④ 해상전파는 육상전파에 비해 불안정하고 심한 페이딩을 받는다.

(2) 초가시거리 전파★★

① 산악회절파, radio duct, 대류권 산란파, 산재 E층에 의한 전파, 전리층 산란파를 이용해 초단파대 초 가시거리 통신을 행할 수 있다.

② 산악회절파는 송・수신점의 중간에 산악이 있어야 하는 등의 지리적 제한을 받으나 손실이 적기 때문에 많이 사용된다.

③ radio duct와 산재 S층에 의한 전파는 시간적, 공간적으로 불안정하여 고정통신용으로는 사용할 수 없다.

④ 대류권 산란파와 전리층 산란파는 안정회선을 구성할 수 있어 실용화되어 사용되고 있다.

실전문제 1 다음 중 초단파 통신의 특징이 아닌 것은? (단, 중파 통신과 비교)

가. 라디오덕트에 의한 원거리 전파가 될 수 있다.

나. 광대역 전송이 가능하다.

다. 기생 진동의 발생이 적다.

라. 가시거리 내에서 전파 손실이 크다.

해설

초단파 통신은 파장이 짧으므로 가시거리 내에서는 전파손실이 적으나 초 가시거리에서는 전파 손실이 크다.

답 라

실전문제 2 초단파가 가시거리를 넘어서 이례적으로 멀리 전파하는 일이 있는데 그 원인이 아닌 것은?

가. 초굴절 또는 라디오 덕트에 의한 전파

나. 대류권 산란에 의한 전파

다. 산악회절파에 의한 전파

라. F층의 반사에 의한 전파

해설

초단파대 가시거리 외통신이 가능한 경우

① 초굴절 또는 라디오 덕트(Radio duct)에 의한 전파

② 대류권 산란파

③ 산재 E층에 의한 전파

④ 산악회절파

⑤ 전리층(E_s층)에 의한 산란파

답 라

실전문제 3 초단파대를 사용할 경우 가시거리 내에서 전계강도에 영향을 주는 사항이 아닌 것은?

가. 회절계수

나. 사용 주파수

다. 송 · 수신 안테나 높이

라. 송 · 수신 안테나 거리

해설

초단파대 가시거리 내의 전계강도에 영향을 주는 것에는 송 · 수신 안테나 높이, 송 · 수신 안테나 거리, 사용 파장(주파수), 복사전력, 안테나의 상대이득 등이 있다.

답 가

(3) 마이크로파 통신의 특징★★

① 직접파를 이용하며 원거리 통신을 하기 위해서는 다수의 중계소를 필요로 한다.

② 예민한 지향성과 고이득을 가진 안테나를 소형으로 만들 수 있다.

③ 전파손실이 적고 외부잡음의 영향이 적어 S/N비를 크게 할 수 있다.

④ 광대역성이 가능하다.

⑤ PTP(Point To Point) 통신이 가능하다.

⑥ 회선 건설기간이 짧고 경비가 저렴하며 재해 등의 영향이 적다.(회선구성의 융통성)

실전문제 1 마이크로웨이브(microwave) 통신의 장점이 아닌 것은?

가. 광대역 통신이 가능하며 사용주파수의 범위가 넓다.

나. 외부잡음의 영향이 적고 PTP(point to point)통신이 가능하다.

다. 전리층을 통과하여 전파하며 중계기 없이도 원거리 통신이 가능하다.

라. 예민한 지향성과 고이득을 가진 안테나를 사용하여 간섭을 적게 할 수 있다.

해설

마이크로파 통신의 특징

① 통신범위는 가시거리 이내이며 전파는 직접파를 이용한다. 따라서 장거리 통신을 하기 위해서는 도중에 여러 개의 중계소를 필요로 한다.
② 예민한 지향성과 고이득을 가진 안테나를 소형으로 만들 수 있다.
③ 전파손실이 적어 안정된 전파 특성을 나타낸다.
④ 광대역성이 가능하다.
⑤ S/N비를 크게 할 수 있다.
⑥ 외부잡음의 영향이 적다.
⑦ 전리층을 통과하여 전파한다.
⑧ PTP(Point To Point) 통신이 가능하다.
⑨ 회선 건설기간이 짧고 경비가 저렴하며 재해 등의 영향이 적다.

답 다

실전문제 2 SHF대의 전파발사형식과 관계 적은 것은?

가. 직접파　　　　나. 라디오 덕트

다. 대류권 산란파　　　　라. 전리층(F2층)반사파

해설

주파수대별 주요전파

① 장 · 중파대-지표파　　② 단파대-전리층(F층) 반사파
③ 초단파대-대지 반사파, 직접파　　④ 극초단파대 이상-직접파

답 라

2 지상파 종류와 특징

※ 전파 통로에 의한 분류

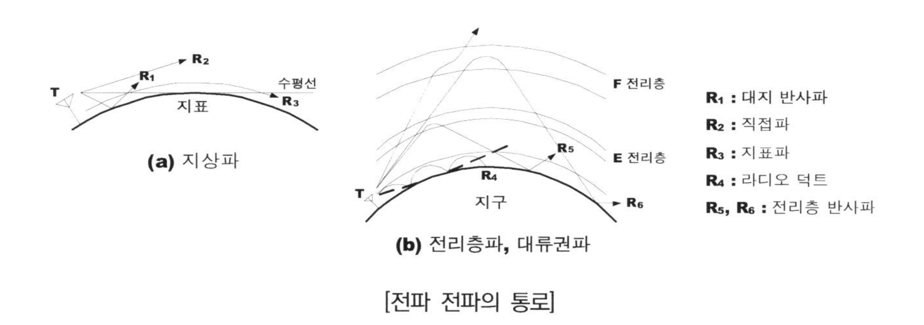

[전파 전파의 통로]

① **지상파**

- 지표파
- 직접파
- 대지반사파
- 회절파

② **공중파**

- 대류권파: 대류권 굴절파, 대류권 산란파, 대류권 반사파
- 전리층파: 전리층 반사파, 전리층 산란파, 전리층 활행파

2.1 지표파

2.1.1 대지가 지표파 전계강도에 미치는 영향★★

① 지표파의 전계 강도 E는 $\mathrm{E} = \dfrac{120\pi \mathrm{Ihe}}{\lambda \mathrm{d}}[\mathrm{V/m}]$이다.

② 대지의 도전율이 클수록, 유전율과 투자율이 작을수록 감쇠는 적어진다.

③ 주파수가 낮을수록 감쇠가 적다.

④ 수직편파 쪽이 수평편파 쪽보다 감쇠가 적다.

⑤ 전계강도의 감쇠는 해수, 습지, 건지 순으로 커진다.

⑥ 전계강도가 큰 순서대로 나열하면 해상, 해안, 평야, 구릉, 산악, 시가지 순이다.

2.1.2 대지가 전파속도에 미치는 영향

※ 해안선 오차

전파가 전파하는 도중 대지의 전기적 성질이 변한 곳이 있으면, 그 지점에서 전파의 굴절 작용이 생겨서 진행방향이 변하게 되며 이는 방향 탐지에서 오차를 일으키게 되는데 이를 해안선 오차라 한다.

실전문제 1 지표파 전파의 특징 중 틀린 것은?

가. 지면 도중의 凸凹에 별로 영향을 받지 않는다.
나. 대지의 도전율이 클수록 멀리 도달한다.
다. 주파수가 높을수록 멀리까지 전파한다.
라. 수직편파가 잘 전파한다.

답 다

실전문제 2 다음은 지표파에 대한 설명이다. 잘못된 것은?

가. 전파는 평지에서 가장 잘 전파한다.
나. 유전율이 작을수록 감쇠가 적어진다.
다. 수평편파가 수직편파보다 감쇠가 크다.
라. 장·중파대에서 감쇠가 적다.

답 가

실전문제 3 다음 중 지표파의 진행에 가장 손실이 적은 지역은?

가. 해면이나 수면　　나. 시가지
다. 산악지역　　라. 사막지대

답 가

2.2 직접파

2.2.1 가시거리

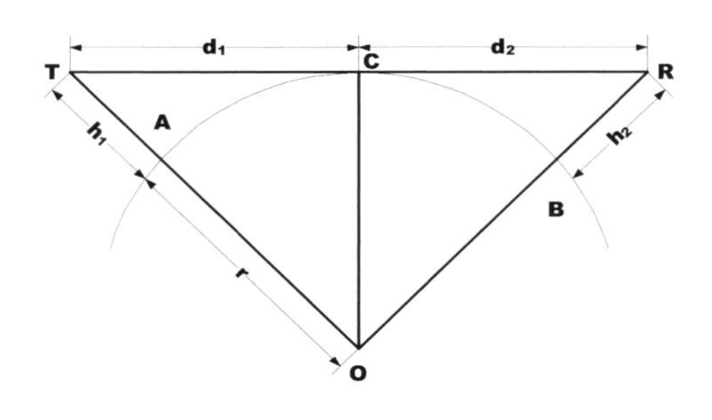

(1) 기하학적 가시거리

$$d = 3.57(\sqrt{h_1} + \sqrt{h_2})[km]^{\star}$$

실전문제 1 VHF대에서 송수신 공중선의 높이가 다같이 1[m]라면 직접파에 의한 전파 가시거리는?

가. 약7.14[km] 나. 약8.22[km]
다. 약10.15[km] 라. 약12.4[km]

해설 $d = 4.11(\sqrt{h_1} + \sqrt{h_2})[km] = 4.11(\sqrt{1} + \sqrt{1}) = 8.22[km]$

답 나

(2) 등가지구와 등가지구 반경계수

① **등가지구** : 실제 지구보다 더 큰 지구를 가상하면 전파통로를 직선으로 취급할 수 있으며 이러한 지구를 등가지구라 한다.

② **등가지구 반경계수(K)** : $K = \frac{등가지구반경(R)}{실제지구반경(r)}$ ★★★

온대(중위도)지방: $K = \frac{4}{3}$, 열대(저위도,적도)지방: $K = \frac{4}{3} \sim \frac{3}{2}$, 한 대(고위도,극)지방: $K = \frac{6}{5} \sim \frac{4}{3}$

실전문제 1 지구의 실제 반경을 r, 등가지구반경을 R, 또 지구의 등가반경 계수를 K라 할 때 이들은 어떤 관계식을 갖는가?

가. $R = K^2 r$ 나. $R = Kr^2$

다. $R = r/K$ 라. $R = Kr$

해설 등가지구 반경계수(K)

등가지구반경계수(K) : $K = \frac{등가지구반경(R)}{실제지구반경(r)}$

답 라

(3) 전파 가시거리

$$d = 4.11(\sqrt{h_1} + \sqrt{h_2})[km]^{\star\star\star}$$

2.2.2 전파투시도(지형단면도)★★

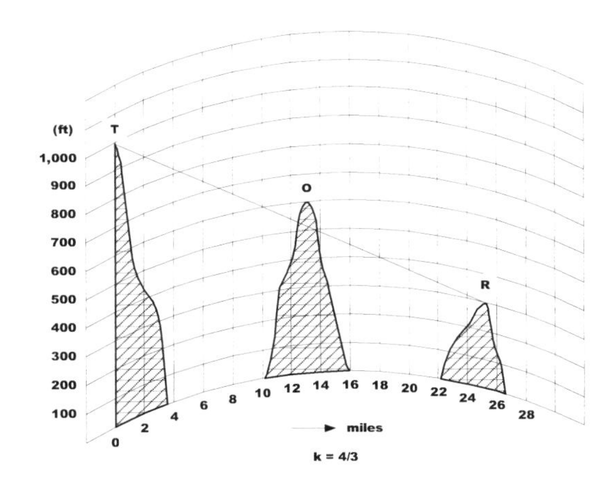

[profile map의 사용 예]

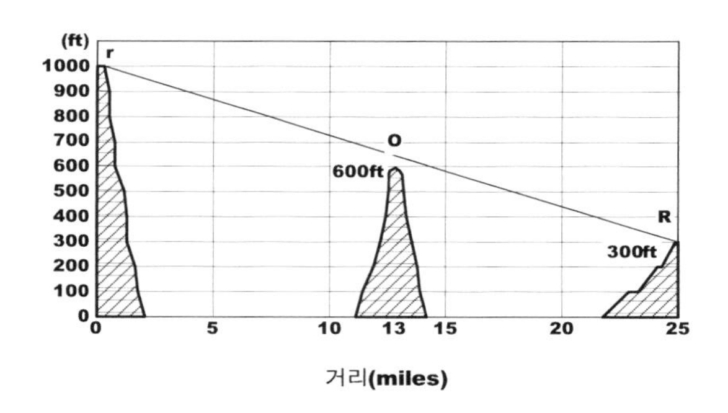

[평면 좌표상에 표시한 전파 통로와 장애물]

대기의 굴절률이 수직방향으로만 변화한다고 가정하고(수평방향으로는 일정) 송・수신점을 포함해 대지에 수직으로 그림 지형 단면도를 전파투시도라 하면 다음과 같은 특징을 갖는다.

① 전파통로를 나타내는 지형단면도로 profile map 이라고도 한다.

② 전파통로상에서 수직방향의 장애물을 살펴볼 때 편리하다.

③ 등가지구 반경계수 K를 고려해서 작성해야 하며, 이렇게 함으로써 전파통로를 직선으로 취급할 수 있게 된다.

실전문제 1 **전파투시도(profile map)에 관한 설명으로 적합하지 않은 것은?**

가. 전파통로 상에서 수평방향의 장애물을 탐색할 때 사용한다.

나. 전파통로는 직선으로 계산한다.

다. 등가지구 반경계수를 고려해서 그린다.

라. 송수신점을 포함한 대지에 수직인 지형 단면도이다.

답 가

2.3 대지 반사파

2.4 회절파

주파수가 낮을수록, 장애물의 끝이 뾰족할수록 회절이 심하게 일어난다.

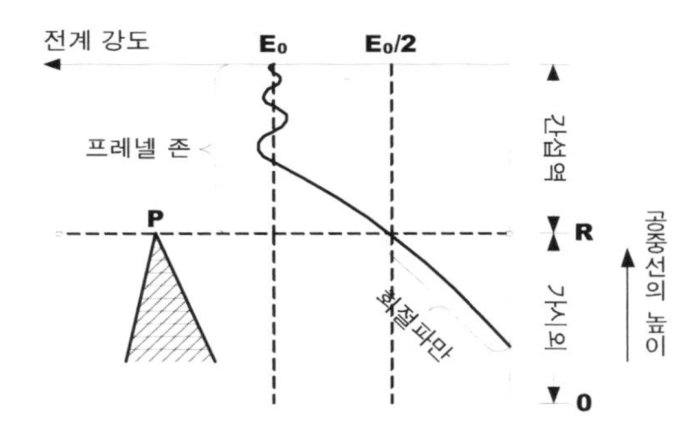

2.4.1 프레즈넬 존(Fresnel Zone)

프레즈넬 존이란 가시선 위에서 직접파와 회절파가 간섭을 일으키기 때문에 파가 진동하는 영역을 말한다.

※ 제 n Fresnel Zone의 반경(파장의 제곱근에 비례한다.)★★

$F_n = \sqrt{n\lambda \frac{d_1 d_2}{d}}$ [m] d : 송신점과 수신점 사이의 거리 [m], d_1 : 송신점에서 장애물까지의 거리 [m], d_2 : 장애물에서 수신점까지의 거리 [m]

실전문제 1 제 1 Fresnel Zone의 반경과 파장과의 관계는?

가. 파장의 평방근에 반비례한다. 나. 파장의 평방근에 비례한다.
다. 파장의 자승에 반비례한다. 라. 파장의 자승에 비례한다.

해설 $F_1 = \sqrt{\lambda \frac{d_1 d_2}{d}}$ [m] ⇒ Fresnel Zone의 넓이는 $\sqrt{\lambda}$ 에 비례한다.

답 나

실전문제 2 프레넬(Fresnel) 타원체에 관한 설명 중 옳지 않은 것은?

가. 구면 회절손실을 일으키는 영역의 해석에 관련된 것이다.
나. 직접파와 회절파가 간섭현상이 일어나는 영역이다.
다. VHF대 이상에서 전파의 직선통로와 곡선통로의 차이가 $\lambda/2$의 정수배인 점들의 궤적이다.
라. 전파통로상의 장애물이 적어도 제1 프레넬 영역(Fresnel Zone)을 가리지 않는 것이 통신에 유리하다.

해설

프레즈넬 존이란 가시선 위의 진동영역을 말하며 이와 같이 진동하는 이유는 직접파와 회절파가 간섭을 일으키기 때문이다. VHF대 이상에서 전파의 직선통로와 곡선통로의 차이가 $\lambda/2$의 정수배인 점들의 궤적이며 제1 프레넬 영역(Fresnel Zone) 이상을 무장애 전파지역이라 하여 전파통로상의 장애물이 적어도 제1 프레넬 영역을 가리지 않는 것이 통신에 유리하다.

답 가

2.4.2 Clearance

클리어런스란 knife edge의 정점과 전파통로와의 간격을 말하는 것

2.4.2 산악회절파

※ 산악회절파 특징

① 산악회절파를 이용하여 아주 작은 손실로 초단파대 초 가시거리 통신을 수행할 수 있다.

② 페이딩이 적고 안정하다.

③ 지리적 제한을 받는다.

3 대류권파의 종류와 특징

대류권이란 비, 구름, 바람, 안개 등의 기상변화가 생기는 영역으로 지표면부터 10~20[㎞] (극지방:약 9[㎞], 온대지방:약 10~12[㎞], 적도지방:약 16[㎞]) 높이 이하의 범위를 말한다.

※ 기상 변화의 3요소: 온도, 습도, 기압

3.1 대류권 굴절파

3.1.1 M단위 수정 굴절률

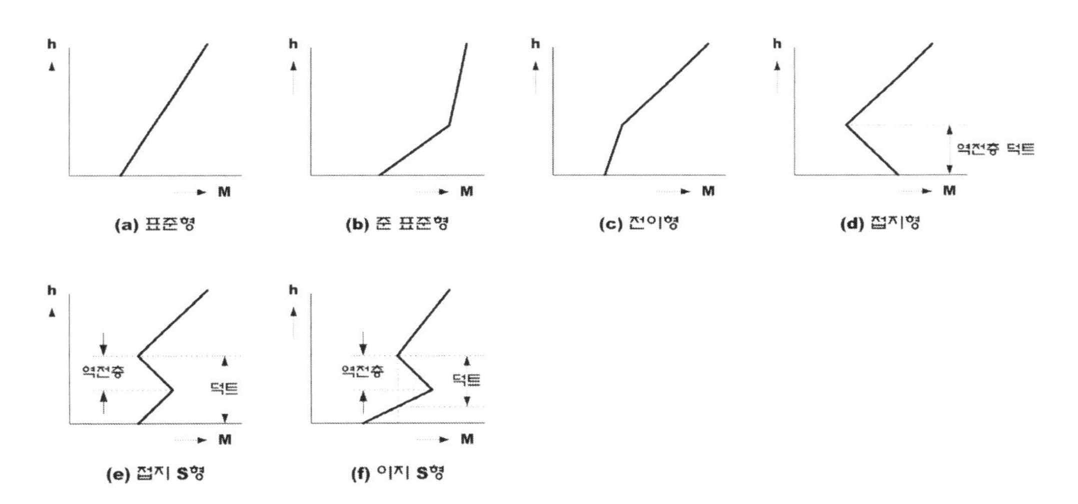

실전문제 1 지구의 반경을 6,370[km]라고 할 때 표준대기의 굴절률이 1.000313 이고 대류권내의 전파 통로의 높이를 318.5[m]라 하면 M 단위 수정 굴절률은 얼마인가?

가. 313　　나. 340　　다. 353　　라. 363

해설 $M=(n+\frac{h}{R}-1)\times 10^6=(1.000313+\frac{318.5}{6370\times 10^3}-1)\times 10^6=363$

답 라

※ Radio duct(초굴절 전파)

① 초단파대 초가시거리 통신에서 이용할 수 있다. 단, 시간적, 공간적으로 불안정하여 고정통신용으로는 이용할 수 없다.

② radio duct의 발생원인★★

㉠ 전선(前線)(온난한 기단의 아래에 한랭한 기단이 끼어든 현상)에 의한 duct

㉡ 이류(移流)(육상의 건조한 대기가 해상으로 이동)에 의한 duct

㉢ 야간 냉각(육상에서 주간에 가열된 지면이 야간에는 쉽게 냉각됨)에 의한 duct

㉣ 침강(하강 기류가 생기는 현상)에 의한 duct

㉤ 대양상(大洋上)(무역풍이 부는 저위도의 대양상에서 발생)의 duct

실전문제 1 전파의 대류권 전파에 있어서 라디오 덕트의 생성 원인이 아닌 것은?

가. 전선에 의한 덕트　　나. 주간 냉각에 의한 덕트

다. 대양상의 덕트　　라. 이류성 덕트

답 나

실전문제 2 서울에서 송신된 FM 방송신호가 부산에서 어떤 시간동안에만 일시적으로 수신되었다면 다음 중에서 어떤 경로의 전파일 가능성이 제일 높은가?

가. 라디오 덕트(radio duct) 전파　　나. 전리층 반사파

다. 자기폭풍 전파　　라. 산악회절이득 전파

해설

Radio duct(초굴절 전파)

(1) 대류권에서 갑작스런 기상변화에 의한 공기의 역 전층이 발생하여 굴절률의 역전이 발생되는 현상으로 초단파대 초가시거리 통신에서 이용할 수 있다. 단, 시간적, 공간적으로 불안정하여 고정통 신용으로는 이용할 수 없다.

(2) radio duct의 발생 원인

① 전선(前線)에 의한 duct

② 이류(移流)에 의한 duct

③ 야간 냉각에 의한 duct

④ 침강에 의한 duct

⑤ 대양상의 duct

답 가

3.2 대류권 산란파

※ 대류권 산란파의 특징★★

① 초단파대 초 가시거리 광대역 통신에 적합하다.

② 지리적 제약을 받지 않는다.

③ 시간적 공간적으로 큰 제약을 받지 않는다.

④ 너무 예민한 지향성 공중선을 사용해서는 안 된다.

⑤ 산란현상을 이용하여 통신하므로 기본 전파손실이 크다.

⑥ 대 출력 송신기가 필요하다.

⑦ 수신전계가 산란파의 합이므로 짧은 주기의 fading이 발생하며 space diversity를 이용하여 방지할 수 있다.

⑧ distortion이 작고 안정도가 높다.

실전문제 1 **대류권 산란파의 특징 중 잘못 된 것은?**

가. 적당한 주파수파수는 200[MHz]~3,000[MHz]이다.
나. 아주 첨예한 지향특성을 갖는 안테나가 필요하다.
다. 지리적 조건의 제한을 받지 않는다.
라. 다이버시티방식에 의해서 실용화가 가능하다.

답 나

3.3 대류권에서의 감쇠와 페이딩

3.3.1 대류권에서의 감쇠

3.3.2 대류권에서의 페이딩

(1) 생성원인에 따른 분류★★★

① **신틸레이션 페이딩**(scintillation fading) : 대기중의 와류에 의해 유전율이 불규칙한 공기뭉치가 발생하고 여기에 입사된 전파는 산란을 하게 된다.

㉠ 전계강도의 변화폭 : 2~3[dB]

㉡ 주기가 빠르고 불규칙하다.

② **K형 페이딩** : 대기의 높이에 따라 굴절효과가 다르기 때문에 생기는 페이딩으로 이는 곧 등가지구 반경계수 K가 변화하기 때문에 생기게 되므로 K형 페이딩이라 한다.

③ **감쇠형 페이딩** : 비, 구름, 안개등에 의한 대기에 의한 흡수 및 감쇠상태나 산란상태가 변화하기 때문에 발생하는 페이딩

④ **산란형 페이딩** : 수신된 산란파가 다수 간섭파의 합성이기 때문에 발생되는 페이딩

⑤ **duct형 페이딩** : 전파통로상에 radio duct가 발생할 때 나타나는 페이딩으로 마이크로파대에서 실용상 문제가 되며 전계강도의 변동폭이 크다.

(2) 주파수에 따른 분류

① **동기성 페이딩** : 둘 이상의 서로 다른 주파수를 동시에 전파시킬 때 페이딩이 동기하여 둘 이상의 주파수에 동시에 일어나는 페이딩으로 K형 페이딩과 감쇠형 페이딩이 이에 속한다.

② **선택성 페이딩** : 둘 이상의 서로 다른 주파수를 동시에 전파시킬 때 페이딩이 따로 따로 일어나는 페이딩으로 산란형 페이딩과 duct형 페이딩이 이에 속한다.

실전문제 1 대기의 작은 기단군(氣團群), 난류 등에 의해 초가시거리 전파에서 가장 심하게 수반하는 페이딩(fading)은?

가. 감쇠형　　나. K 형

다. 신틸레이션(scintillation)형　　라. 산란파형

해설

대류권에서의 페이딩 종류
① 신틸레이션 페이딩(scintillation fading)
② K형 페이딩
③ 감쇠형 페이딩
④ 산란형 페이딩
⑤ duct형 페이딩 등

대기의 난류 및 소기단군 등에 의해 산란파가 발생하여 이러한 다수 산란파를 수신하는 경우 다수 산란파의 합성전파를 수신하게 되므로 페이딩이 발생한다. 이때 발생된 페이딩을 산란형 페이딩이라 하며 대류권 페이딩 중 가장 심한 페이딩으로 그 주기는 짧다.

답 라

실전문제 2 육상이동통신환경에서 가장 문제가 되는 페이딩은?

가. 신틸레이션 페이딩(scintillation fading)

나. 다중경로 페이딩(multipath fading)

다. 산란형 페이딩

라. 감쇠형 페이딩

해설

육상 이동통신에서는 안테나에서 방사된 동일한 전파가 여러 경로를 거쳐 수신점에 도달함에 따라 이들 전파끼리 간섭현상을 일으키는 다중경로 페이딩(multipath fading)이 가장 문제가 된다.

답 나

4 전리층 전파의 특징

태양으로부터 복사되는 자외선 등의 에너지를 받아 대기중의 공기분자가 이온화를 일으키고 이들이 모여 도전성을 갖는 구름모양의 층을 형성하는데 이를 전리층이라 한다. 전리현상은 자외선이 강할수록, 공기분자가 많을수록 크게 일어나며, 전리층에서 전파는 굴절, 반사, 산란, 감쇠 및 편파등이 있다.

4.1 전리층의 종류와 특성★★★

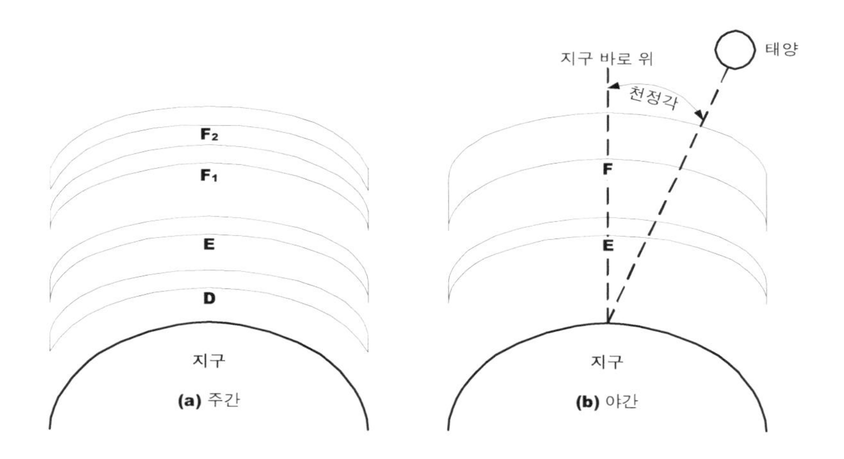

(a) 주간 (b) 야간

4.1.1 전리층의 종류

(1) D층

① 지상으로 부터 60~90[km] 상공에 위치하여 높이가 가장 낮은 층으로 전자밀도도 가장 낮다.

② 주간에 발생하여 야간에 소멸되는 층으로 일출・일몰 시 강한 fading이 발생하는 원인이 된다.

(2) E층

① 지상으로 부터 100[km]~120[km]상공에 위치한다.

② 겨울보다 여름이 야간보다는 주간에 전자밀도가 높다.

(3) F층

① 지상 200~400[km] 상공에 위치하며, 높이가 가장 높고 전자밀도가 높은 층이다.

② F층은 주간에 F_1층(200~250km)과 F_2층(250~400km)으로 구분되나 야간에는 구분할 수 없게 된다.

③ 한낮에는 겨울의 전자밀도가 여름의 전자밀도보다 크다.

(4) 산재 E층(E_s층 : Sporadic E층)

① 지상 100[km] 상공에 존재하며 전자밀도가 가장 높은 층이다.(E층과 거의 같은 높이에 있다.)

② 초단파대 초 가시거리 통신용으로 사용할 수 있으나 발생지역과 장소가 불규칙하므로 고정통신용으로는 이용할 수 없다.

③ 6~8월에 주간에 한하여 국지적으로 나타난다.

실전문제 1 **E_s(산재 E) 층에 대한 설명 중 틀린 것은?**

가. E_s층은 항상 존재하며 계절에 따른 변화가 없다.

나. E_s층의 출현은 장소에 따라 다르다.

다. E_s층은 태양의 흑점주기와 별로 관계가 없는 것으로 알려져 있다.

라. E_s층은 E층과 거의 비슷한 높이에서 생긴다.

답 가

4.1.2 전리층의 특성

(1) 전리층의 굴절률(n)★

$$n = \sqrt{1 - \frac{81N}{f^2}} \text{ (N: 전자밀도, f: 주파수)}$$

(2) 전리층의 관측과 임계주파수

① 전리층의 관측방법

㉠ 로켓에 관측장비를 실어보내 관측하는 방법(직접관측)

㉡ 전리층 관측위성으로부터 발사된 신호가 전리층을 통과시 발생시키는 물리적 현상을 관측하는 방법(접속관측)

㉢ 지상에서 펄스파를 수직으로 발사하여 직접파와 전리층 반사파의 시간차를 oscilloscope로 수신하여 관측하는 방법(수직관측)

② 전리층의 이론상 높이(h')★★

$h' \doteqdot \frac{1}{2}Ct$, C(광속도)=$3 \times 10^8$ [㎧], t: 직접파와 전리층 반사파의 시간차

실전문제 1 지구표면에서 상공으로 향하여 충격파를 발사하였더니 $\frac{2}{3}$[ms]후에 반사파를 감지하였다. 이때의 반사층의 높이는 얼마인가?

가. 50 [Km] 나. 100 [Km]
다. 200 [Km] 라. 400 [Km]

해설

전리층의 이론상 높이는 $h' \doteqdot \frac{1}{2}Ct = \frac{1}{2} \times 3 \times 10^8 \times \frac{2}{3} \times 10^{-3} = 100$[㎞] 이 된다.(C(광속도)= 3×10^8 [㎧], t: 직접파와 전리층 반사파의 시간차)

답 나

③ **임계주파수(f_o)** ★★★

임계주파수는 수직 입사파의 반사되는 주파수와 투과되는 주파수의 경계주파수로 정의된다. 실제 전리층에서는 반사되는 가장 높은 주파수라 할 수 있으며 전리층을 투과하는 주파수 중 가장 낮은 주파수를 의미한다.

※ 임계주파수(f_o) 특징

① 각 전리층마다 임계주파수는 다르다.

② 굴절률이 0이 되는 주파수를 의미한다.

③ $f_o = 9\sqrt{N_{\max}}$ (단, $N_{\max}$: 전리층의 최대전자밀도)이다.

실전문제 1 다음 전리층 중 임계주파수가 가장 낮은 전리층은?

가. D층 　　나. E층

다. 스포라딕 E층 　　라. F층

해설

임계주파수는 수직 입사파의 반사되는 주파수와 투과되는 주파수의 경계주파수로 $f_o = 9\sqrt{N_{\max}}$ (단, $N_{\max}$: 전리층의 최대전자밀도)로 구할 수 있는데

N은 $E_s > F > E > D$층 의순이므로 D층의 임계주파수가 가장 낮다.

답 가

4.1.3 MUF와 LUF

(1) MUF(Maximum Usables Frequency): 최고 사용 주파수★★★

송·수신점이 정해져 있을 경우 전리층 반사파를 이용하여 수신하는 주파수 중 가장 높은 주파수를 말한다.

$$f_{MUF} = f_o\sqrt{1 + (\frac{D}{2h})^2}\ [\text{Hz}],\ f_o = 9\sqrt{N_{\max}}\ [\text{Hz}],$$

D: 송·수신간의 거리, h: 전리층의 이론상 높이

※ MUF 특징

① MUF보다 높은 주파수는 전리층을 통과하여 수신점에 도달하지 못한다.

② MUF는 임계주파수(f_o), 입사각(θ), 송・수신점간의 거리(d), 전리층의 이론상 높이(h)에 의해 결정되며, 송신전력과는 무관하다. (MUF는 전리층의 상태와 송・수신간의 거리에 따라 결정된다는 것이다.)

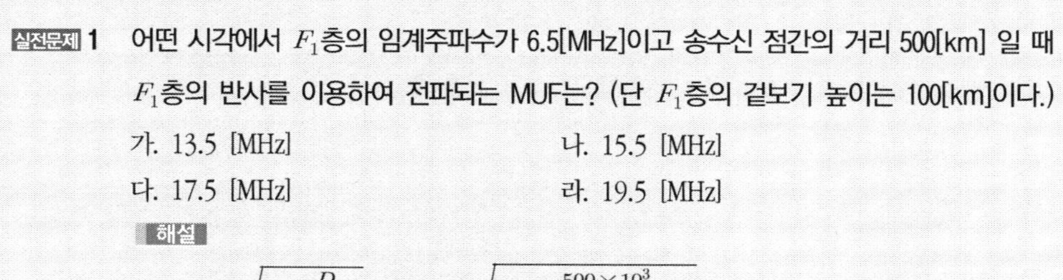

실전문제 1 어떤 시각에서 F_1층의 임계주파수가 6.5[MHz]이고 송수신 점간의 거리 500[km] 일 때 F_1층의 반사를 이용하여 전파되는 MUF는? (단 F_1층의 겉보기 높이는 100[km]이다.)

가. 13.5 [MHz]　　나. 15.5 [MHz]

다. 17.5 [MHz]　　라. 19.5 [MHz]

해설

$$f_{MUF} = f_o\sqrt{1+(\frac{D}{2h})^2} = 6.5\times10^6\sqrt{1+(\frac{500\times10^3}{2\times100\times10^3})^2} = 17.5[\text{Hz}]$$

답 다

실전문제 2 MUF(Maximum Usable Frquency)와 관계가 적은 것은?

가. 송신전력　　나. 임계주파수

다. 송, 수신점간의 거리　　라. 전리층의 높이

답 가

(2) FOT(Frequency of Optimum Transmission): 최적 운용 주파수★★★

주・야 관계없이 안정된 통신을 할 수 있도록 MUF의 85%에 해당하는 주파수를 사용하는데 이 주파수를 FOT(Frequency of Optimum Transmission;최적운용주파수)라 한다.

$$\text{FOT} = \text{MUF} \times 0.85$$

실전문제 1 전리층 F층의 임계 주파수를 $f_0 = 20[\text{MHz}]$라 하고 입사각 60도로 입사시킬 때 최적운용 주파수 FOT는 몇 MHz인가?

가. 21　　　　나. 24

다. 31　　　　라. 34

해설

최고사용주파수$(MUF) = f_0 \sec 60° = 20[\text{MHz}] \times 2 = 40[\text{MHz}]$

$\therefore FOT = MUF \times 0.85 = 40[\text{MHz}] \times 0.85 = 34[\text{MHz}]$가 된다.

답 라

(3) 도약거리(D):전파의 송신 점으로부터 전리층 최초 반사파가 도달한 지점간의 거리

$$D = 2h' \sqrt{(\frac{f_m}{f_o})^2 - 1}\ [m]$$

(단, h' : 전리층 높이, f_m : 사용 주파수, f_o : 임계주파수)

실전문제 1 임계 주파수가 4[MHz]인 전리층에 8[MHz]를 인가하였을 때의 도약거리는? (전리층의 겉보기 높이는 150[km]이다.)

가. 420[km]　　나. 470[km]　　다. 520[km]　　라. 570[km]

해설

도약거리(D):전파의 송신 점으로부터 전리층 최초 반사파가 도달한 지점간의 거리

$D = 2h' \sqrt{(\frac{f_m}{f_o})^2 - 1}\ [m] = 2 \times 150 \times 10^3 \sqrt{(\frac{8 \times 10^6}{4 \times 10^6})^2 - 1} = 520[Km]$

(단, h' : 전리층 높이, f_m : 사용 주파수, f_o : 임계주파수)

답 다

실전문제 2 도약거리에 대한 설명으로 옳지 않은 것은?

가. 사용주파수/임계주파수가 클수록 크게 된다.

나. 사용주파수가 전리층의 임계주파수보다 높을 때에 생긴다.

다. 직접파의 도달지점에서 전리층 1회 반사지점까지의 거리를 말한다.

라. 전리층의 이론적인 높이에 비례한다.

답 다

실전문제 3 도약거리에 대한 설명 중 틀린 것은?

가. 단파에서의 불감지대와 연계된다.

나. 사용주파수가 높을수록 크게 된다.

다. 전리층의 겉보기 높이에 반비례한다.

라. 사용주파수가 임계 주파수보다 높을 때 생긴다.

답 다

4.1.4 전리층에서의 감쇠

(1) 제 1종 감쇠(α_1)

① **제 1종 감쇠의 정의** : 전리층 반사파가 전리층을 통과(투과)할 때 받는 감쇠

$$\alpha_1 = K\frac{NVP}{f^2 n\cos\theta}$$

(여기서,α_1: 제 1종 감쇠 량, K: 비례 상수, N: 전자밀도, V: 평균 충돌횟수, P: 대기압, n: 굴절률)

② **특징**

ⓐ 사용주파수의 자승에 반비례한다.

ⓑ 전자밀도에 비례한다.

ⓒ 평균 충돌횟수, 대기압에 비례한다.

ⓓ 입사각이 클수록 크다.

$\cos\theta_0$에 반비례한다. (θ_0는 입사각)

ⓔ 굴절률에 반비례한다.

(2) **제 2종 감쇠(α_2)**

① **제 2종 감쇠의 정의 :** 전파가 전리층에서 반사될 때 받는 감쇠

$$\alpha_2 = Kf^2 V\cos\theta$$

실전문제 1 **전리층에서 반사될 때 받는 제2종 감쇠의 특징을 바르게 설명한 것은?**

가. MUF 근처에서 감쇠가 최대로 되며, 파장이 길수록 심하다.

나. MUF 근처에서 감쇠가 최대로 되며, 파장이 짧을수록 심하다.

다. MUF 근처에서 감쇠가 최소로 되며, 파장이 길수록 심하다.

라. MUF 근처에서 감쇠가 최소로 되며, 파장이 짧을수록 심하다.

해설

제 2종 감쇠(α_2) : 전파가 전리층에서 반사될 때 받는 감쇠이며 다음과 같다.

$\alpha_2 = Kf^2 V\cos\theta$ (여기서, K: 비례 상수, V: 평균 충돌횟수, θ: 입사각)

∴ 제 2종 감쇠는 MUF(최고사용주파수) 근처에서 최대가 되며 파장이 짧을수록 심하다.

답 나

실전문제 2 **전파가 전리층에서 받는 제2종 감쇠의 설명 중 가장 타당한 것은?**

가. E층 또는 F층을 투과할 때 받는 감쇠를 말한다.

나. D층을 투과할 때 받는 감쇠를 말한다.

다. E층 또는 F층에서 반사할 때 받는 감쇠를 말한다.

라. D층에서 반사할 때 받는 감쇠를 말한다.

답 나

실전문제 3 **전리층의 제2종 감쇠에 대한 설명 중 틀린 것은?**

가. 전리층에서 반사할 때에 받는 감쇠이다.

나. 감쇠량은 전자밀도에 반비례한다.

다. 감쇠량은 수직으로 입사할수록 작아진다.

라. 감쇠량은 주파수가 높을수록 커진다.

답 다

4.2 전리층 전파에서 발생하는 여러 가지 현상

4.2.1 페이딩(fading)★★★

(1) 간섭성 페이딩

① **발생원인** : 동일한 전파가 반사 또는 굴절 등에 의해 둘 이상의 서로 다른 통로를 통해 수신점에 도달하는 경우 이들 전파끼리 서로 간섭을 일으키므로 써 생기는 페이딩으로 근거리 페이딩과 원거리 페이딩으로 구분된다.

② **방지대책** : 주파수 합성수신법(frequency diversity) 또는 공간 합성수신법(space diversity)

(2) 편파성 페이딩

① **발생원인** : 직선편파로 방사된 전파가 전리층에서 반사될 때 지구자계의 영향을 받아 타원편파가 되며, 이러한 타원편파는 수신 전계강도가 시시각각으로 변화하는 페이딩이 발생하게 되며 이러한 페이딩을 편파성 페이딩이라 한다.

② **방지대책** : 편파 합성수신법(polarization diversity)

(3) 흡수성 페이딩

① **발생원인** : 전파가 전리층을 통과(투과)하거나 반사할 때 감쇠를 받음으로써 생기는 페이딩

② **방지대책** : 수신기에 AGC(Automatic Gain Control)회로 또는 AVC(Automatic Volume Control) 회로 사용

(4) 도약성 페이딩

① **발생원인** : 전파가 전리층 전자밀도의 불규칙적인 변동에 의해 전리층을 시각에 따라서 반사하거나 투과하므로 써 생기는 페이딩으로 일출, 일몰시에 많이 나타나며 도약거리 근처에서 발생하기 때문에 도약성 페이딩이라 한다.

② **방지대책** : 주파수 합성수신법(frequency diversity) 또는 공간 합성수신법(space diversity)

(5) 선택성 페이딩

① **발생원인** : 전리층에서 전파가 받는 감쇠는 주파수와 밀접한 관계를 가지고 있으므로, 반송파와 측파대가 받는 감쇠의 정도가 다르므로 생기거나 또는 전리층이 변동하였을 때 각 주파수 성분마다 받는 감쇠의 정도가 다르기 때문에 발생하는 페이딩으로 이러한 페이딩을 선택성 페이딩이라 한다.

② **방지대책** : 주파수 합성수신법(frequency diversity)

4.2.2 델린저 현상(Dellinger effect)★★★

태양 폭발에 의해 방출된 자외선이 E층 또는 D층의 전자밀도를 증가시킴으로 단파통신에 있어 수신전계가 갑자기 저하되어 수신불능 상태로 되었다가 수분에서 수 시간에 걸쳐 점차적으로 회복되는 현상으로 소실현상이라 불린다.

(1) 원인

태양면의 폭발에 의해 방출된 다량의 자외선

(2) 발생구역과 시간

주간에 저위도 지방에서 발생한다.(야간에는 발생하지 않는다.)

(3) 상황

돌발적으로 발생

⑷ 통신에 주는 영향

낮은 주파수쪽이 영향을 많이 받는다.

(∴ 대책방법: 사용주파수를 높인다.)

⑸ 출현주기

명확한 주기성은 없다.

4.2.3 자기람(Magnetic Storm ;자기폭풍)★★★

태양활동에 따라 방출된 하전미립자가 지구로 날라와서 지구자계에 현저한 혼란을 일으키고, 극지방에 강한 전리층 교란을 일으키는 자기현상을 폭풍 또는 전리층 교란이라 한다.

⑴ 원인

태양폭발에 의해 방출된 하전 미립자군이 지구 가까이 도달되면, 지구자계의 작용으로 굴절되어 극지방 상공에 집결하게 되고 전리층을 교란시키기 때문이다.

⑵ 발생구역과 시간

주야 구분없이 지구전역에서 발생한다. (특히 고위도 지방에서 심하다.)

⑶ 상황

느린 속도로 발생하나 지속시간은 비교적 길어 1~2일 때로는 수일동안 계속된다.

⑷ 통신에 주는 영향

높은 주파수의 전파에 영향이 심하다.

(∴ 대책방법: 사용주파수를 낮춘다.)

(5) 출현주기

빈발성(돌발성)이 적으며 태양폭발이 선행되기 때문에 미리 예측할 수 있다.(주기성이 있다.)

실전문제 1 델린저(Dellinger)현상의 특징이 아닌 것은?

가. 야간에만 나타난다.
나. 태양면의 폭발에 기인한다.
다. 단파통신에 주로 영향을 준다.
라. 주파수를 높게 선정하여 극복한다.

답 가

실전문제 2 중위도 지방(한국)에서는 태양폭발이 관측된 후 얼마 후에 자기람이 발생되는가?

가. 수 분후
나. 수십 분후
다. 수시간~수십 시간 후
라. 수일~수십일 후

답 다

실전문제 3 태양의 폭발로 인하여 발생하는 강력한 자외선 방출에 의해 D, E 층의 전자 밀도가 급격히 증가하여 전파의 감쇠가 심하게 발생하는 현상은?

가. 페이딩
나. 자기폭풍
다. 델린저 현상
라. 공전

답 다

실전문제 4 태양의 폭발에 의해 방출된 자외선이 E층 또는 D층의 전자밀도를 증가시켜 통신을 불가능하게 만드는 현상은?

가. 델린져 현상(Dellinger effect)
나. 자기 폭풍(Magnetic storm)
다. 룩셈부르크 현상(Luxemburg effect)
라. 페이딩 현상(Fading effect)

해설

델린져 현상은 태양 폭발에 의해 방출된 자외선이 E층 또는 D층의 전자밀도를 증가시킴으로 단파통신에 있어 수신전계가 갑자기 저하되어 수신불능 상태로 되었다가 수분에서 수 시간에 걸쳐 점차적으로 회복되는 현상으로 소실현상이라 불린다.

답 가

실전문제 5 델린져(dellinger)현상의 특징으로 맞지 않는 것은?

가. 자외선의 이상(異常)증가로 발생한다.

나. 발생지역은 저위도 지방이 심하다.

다. 1.5[㎒]~20[㎒] 정도의 단파통신에 영향을 준다.

라. E층 또는 D층의 전자밀도가 감소한다.

답 라

실전문제 6 델린저 현상의 전반적인 특징으로 옳은 것은?

가. 15일 주기로 발생하고 전자밀도가 증가한다.

나. 저위도보다 고위도 지방이 심하다.

다. 소실현상이라고 한다.

라. 지속시간은 2일에서 5일간 계속된다.

답 다

4.2.4 대척점 효과(antipode effect)

대척점(지구상 한점의 정반대에 위치하는 한점) 관계에 있는 두 지점간의 대원통로는 많이 있으므로, 수신점에는 모든 방향에서의 전파가 도달하게 되어 수신 전계가 크게 되는 현상을 말한다.

4.2.5 룩셈브르그 효과(Luxemburg effect)★★

전리층의 한점을 주파수가 다른 2개의 전파가 통과할 때 두 전파간에 일어나는 간섭 현상으로, 복사전력이 강한쪽의 전파가 복사전력이 약한쪽의 전파를 변조시켜 복사 전력이 약한쪽의 전파를 수신하면 복사전력이 강한쪽의 전파가 혼입되어 들어오는 현상을 말한다. 이 현상은 룩셈브르그 방송국과 네덜란드의 페로뮨스타 방송국 사이에서 발견되었기 때문에 룩셈브르그 효과라 한다.

실전문제 1 주파수가 다른 2개의 전파가 같은 전리층의 한 점을 두전파가 지나갈 때 복사전력이 강한 쪽의 전파에 의하여 다른 쪽의 전파가 변조되어 강한 쪽의 전파가 혼입되는 현상을 무엇이라 하는가?

가. luxemburg effect　　나. control point
다. antipode effect　　라. magnetic storm

답 가

5 우주통신과 전파 잡음

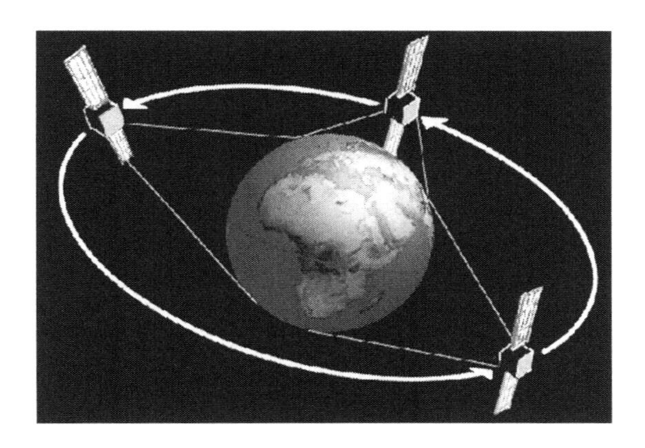

5.1 우주통신(space communication)

5.1.1 우주통신망의 형태

① 지구국과 우주국

② 우주국과 우주국

③ 우주국을 중계로 하는 지구국과 지구국간의 통신

5.1.2 우주통신의 전파의 창

※ 전파의 창(radio window)

우주통신에 사용되는 전파의 주파수는 대류권 및 전리층의 영향 등을 고려하여 상한주파수와 하한주파수의 범위를 정해 놓았는데 이를 전파의 창이라 하며 1~10[GHz] 주파수대를 말한다.

※ 전파의 창의 범위를 결정하는 요소

① 우주잡음의 영향

② 대류권의 영향

③ 전리층의 영향

④ 송・수신계의 문제(송신출력, 안테나 이득, 급전선 손실, 내부잡음 등)

⑤ 정보전송량의 문제

5.2 전파잡음(radio noise)

※ 발생원인에 따른 분류

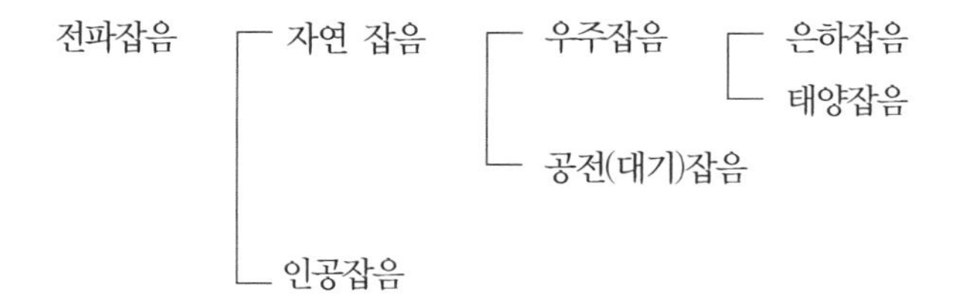

※ 잡음성질에 따른 분류

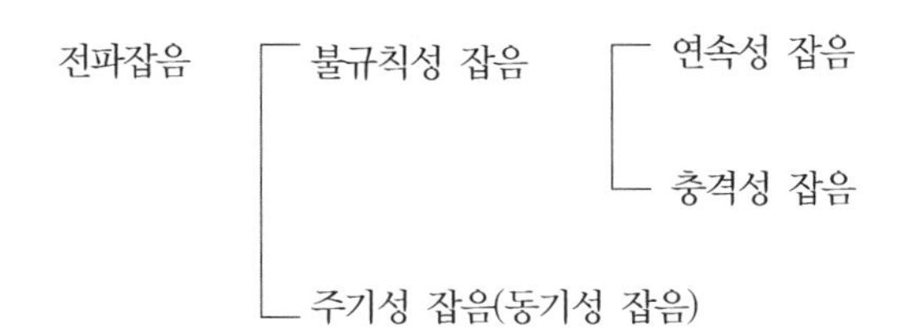

5.2.1 자연잡음(natural noise)

(1) 우주잡음

(2) 공전(空電)★★

대기 중의 자연현상에 의하여 발생하는 공중전기의 방전(뇌방전)에 따른 잡음을 말하며, 넓은 의미로는 강우, 강설, 풍진 등에 따른 방전현상에 의한 잡음도 포함된다.

※ 공전(空電)의 잡음 경감방법

① 지향성 안테나를 사용한다.

② 비접지 안테나를 사용한다.

③ 높은 주파수를 사용한다.

④ 송신기의 대역폭을 좁히고 선택도를 높인다.

⑤ 수신기에 잡음 억제회로를 넣는다.

⑥ 송신전력을 크게 하여 수신점의 S/N를 높게 한다.

① 공전의 종류

㉠ 클릭 (click)

㉡ 그라인더 (grinder)

㉢ 힛싱(hissing)

실전문제 1 다음 중 공전(空電)의 특징이 아닌 것은?

가. 주로 초단파 통신에 방해를 주며 200[GHz]이상에서는 문제가 되지 않는다.

나. 장파대의 공전은 겨울보다 여름에 자주 나타나며 강도도 크다.

다. 공전은 적도 부근에서 가장 격렬히 발생한다.

라. 단파대에서는 한밤중 전후에 최대이고 정오경에 최소가 된다.

해설

공전은 낙뢰에 의한 잡음으로 장·중파대에 주로 영향을 미친다. 낙뢰가 자주 발생하는 여름에 주로 나타나게 되며 적도부근에서 가장 격렬히 발생한다.

답 가

실전문제 2 공전(空電)의 잡음을 경감시키는 방법중 적당하지 않은 것은?

가. 지향성 안테나를 사용한다. 나. 수신전력을 증가시킨다.

다. 높은 주파수를 사용한다. 라. 비접지 안테나를 사용한다.

답 나

실전문제 3 다음 중 통신 위성의 특징이 아닌 것은?

가. 안정된 대용량의 통신 가능

나. 광범위한 지역에서 고정 및 이동 서비스 제공

다. 초기 투자비, 운용비 및 보수비가 통신거리와 무관

라. 전자파 방해에 강함

해설

위성통신의 특징

① 동보성
② 회선구성의 융통성
③ 전파손실 및 전파지연이 발생한다.
④ 신뢰성
⑤ 고속성
⑥ 광대역성
⑦ 광역성
⑧ 통신보안을 위한 시설이 필요하다.
⑨ 초기 투자비, 유지보수비가 통신거리와 무관하다.

답 라

실전문제 4 Smith chart를 사용하여 구할 수 없는 것은?

가. 실효전력 나. 반사계수

다. 전압정재파비 라. 정규화 임피던스

해설 Smith chart를 이용하여 반사계수, 전압 정재파비, 입력 임피던스, 부하 임피던스, 정규화 임피던스 등을 구할 수 있다.

답 가

핵심기출문제

주파수대에 따른 전파 전파 특성

1. 진공 중에서 주파수 3[MHz]의 파장은?

가. 100[m] 나. 50[m]
다. 30[m] 라. 15[m]

해설 $\lambda = \frac{C}{f} = \frac{3 \times 10^8}{3 \times 10^6} = 100[m]$

2. $\lambda/4$ 수직 안테나의 길이가 15[m]이면 전파의 주파수는?

가. 0.5[MHz] 나. 5[MHz]
다. 15[MHz] 라. 25[MHz]

해설

$l = \frac{\lambda}{4} = 15[m]$, $\therefore \lambda = 60[m]$ 이므로

$f = \frac{C}{\lambda} = \frac{3 \times 10^8}{60} = 5[MHz]$

3. 주파수 30[MHz]의 전파에 대한 1/4파장은 몇 [m]인가?

가. 1.5[m] 나. 2.5[m]
다. 3.5[m] 라. 4.5[m]

해설

$\lambda = \frac{C}{f} = \frac{3 \times 10^8}{30 \times 10^6} = 10[m]$,

$l = \frac{\lambda}{4} = \frac{10}{4} = 2.5[m]$

4. 지상파가 아닌 것은?

가. 지표파 나. 회절파
다. 전리층 반사파 라. 대지 반사파

해설 전파의 분류(전파 통로상의 분류)

① 지상파(직접파, 대지반사파, 지표파, 회절파)
② 공중파(대류권파-대류권 굴절파, 대류권 반사파, 대류권 산란파, 전리층파- 전리층 반사파, 전리층 산란파, 전리층 활행파)

5. 장파의 전파 특성에 대한 설명 중 틀린 것은?

가. 지표파는 파장이 길수록 감쇠가 크다.
나. 지표면의 도전율이 클수록 감쇠가 작다.
다. 해면상에서 먼거리까지 잘 전파된다.
라. 근거리는 지표에 의하여 장거리는 지표파와 전리층파에 의해서 통신이 행해진다.

해설 장파에서의 지표파 전파

① 지표파는 도전율이 클수록, 유전율이 작을수록 감쇠가 적다.
② 지표파는 낮은 주파수(긴 파장)일수록, 수직편파일수록 감쇠가 적다.
③ 해상에서는 감쇠가 적어 원거리까지 전파되나 건조지대에서는 감쇠가 많아 근거리밖에 전파하지 못한다.

6. 중파대 주파수의 전파에 관한 설명 중 틀린 표현은?

가. 지상파와 공간파에 의해 전파한다.
나. 주간의 전파 전파는 지상파가 주가 된다.
다. 야간에는 D층과 E층에 의한 감쇠가 없고 F층에서 반사된다.
라. 일몰 시 강한 페이딩이 일어난다.

해설

중파대 전파는 야간에는 D층이 소멸되고 E층 전자밀도의 저하로 감쇠가 적어져 E층 반사에 의해 전파되나 주간에는 제 1종 감쇠가 커 전리층 반사파가 존재하지 않는다.
F층 반사파는 단파대 통신의 특징이다.

7. 장 · 중파에서 주가 되는 전파는?

가. 직접파 나. 대지 반사파
다. 지표파 라. 회절파

해설

주파수대별 주요전파

① 장 · 중파대-지표파
② 단파대-전리층(F층) 반사파

정답 1. 가 2. 나 3. 나 4. 다 5. 가 6. 다 7. 다

핵심기출문제

③ 초단파대-대지 반사파, 직접파
④ 극초단파대 이상-직접파

8. 지표파의 주된 성질은 다음과 같다. 잘못 설명된 것은?

가. 대지의 도전율이 클수록 전파의 감쇠는 작다.
나. 수평편파 보다 수직편파의 쪽이 감쇠가 크다.
다. 지표로부터 높을수록 지표파 성분이 작아진다.
라. 장·중파대에서 유용하다.

9. 다음중 지표파와 관계없는 것은?

가. 주파수가 높을수록 감쇠가 심하다.
나. 지표파의 통달거리는 주파수 외에도 대지 도전율, 유전율에 대해서도 영향을 받는다.
다. 감쇠는 해수, 습지, 건지 순으로 커진다.
라. 수직편파 보다는 수평편파 쪽이 감쇠가 적다.

10. 지표파 전파의 특징 중 틀린 것은?

가. 지면도중의 凸凹에 별로 영향을 받지 않는다.
나. 대지의 도전율이 클수록 멀리 도달한다.
다. 주파수가 높을 수록 멀리까지 전파한다.
라. 수직편파가 잘 전파한다.

11. 다음은 지표파에 대한 설명이다. 잘못된 것은?

가. 전파는 평지에서 가장 잘 전파한다.
나. 유전율이 작을수록 감쇠가 적어진다.
다. 수평편파는 큰 감쇠를 받는다.
라. 장·중파대에서 감쇠가 적다.

12. 장·중파용 안테나의 특징 중 옳지 못한 것은?

가. 설치가 저렴하고 광대역성이다.
나. 안테나의 이득이 낮다.
다. 고유파장의 안테나를 얻기 어렵다.
라. 주로 수직편파에 의한 지표파를 이용하므로 접지가 필요하다.

해설 장·중파용 안테나의 특징
① 안테나 길이가 너무 길어서 고유파장의 안테나를 얻기 어렵다.
② 안테나 이득이 낮고 효율이 나쁘다.
③ 주로 수직편파에 의한 지표파를 이용하므로 접지가 필요하다.
④ 설치비가 비싸다.

13. 다음 중 지표파와 E층 반사파의 간섭에 의해 양청구역이 제한되는 방송파는?

가. 중파　　나. 단파
다. 초단파　　라. 마이크로파

14. 회절현상은 어느 때 심한가?

가. 출력이 적을 때　　나. 주파수가 높을 때
다. 출력이 클 때　　라. 파장이 길 때

해설
회절현상은 주파수가 낮을수록 즉, 파장이 길수록 심하다.

15. 전파의 회절현상에 대한 설명으로 적합하지 않는 것은?

가. 장파나 중파대에서 많이 일어난다.
나. 초단파대에서도 일어난다.
다. 전파 통로에 장애물이 있을 때 발생한다.
라. 주파수가 높을수록 심하다.

정답 8. 나　9. 라　10. 다　11. 가　12. 가　13. 가　14. 라　15. 라

16. 단파(HF)의 전파에 대한 특징을 설명한 아래 사항에서 틀린 것은?

가. 단파의 공간파는 전리층에서는 감쇠가 적다.
나. 단파의 지표파는 감쇠가 적으므로 원거리까지 전파된다.
다. 델린저 현상 및 자기람의 영향을 받는다.
라. 단파의 공간파는 전리층의 높이와 전자밀도 등에 따라 도달거리가 변화된다.

해설 단파대 통신의 특징

① 혼신의 영향을 받기 쉽다.
② 지향성이 예민한 송수신 안테나의 이용이 용이하다.
③ 전리층(F층) 반사파를 이용한 원거리 통신이 가능하다.(소전력으로 원거리 통신이 가능하다)
④ 전송용량이 적으며 전송품질이 불량하다. (페이딩, 델린저 현상, 자기람, 에코, 산란 등의 영향을 받는다.)
⑤ 불감지대가 생기며 산란파에 의한 약간의 전파가 수신되지만 불안정하다.
⑥ 전리층 전자밀도의 변화에 대비해 3~5개 정도의 통신주파수를 준비 해야 한다.

17. 장거리 통신에 가장 적합한 전파 방식은?

가. 회절파　　나. 지상파
다. 대륙전파　　라. 전리층파

18. HF대를 이용한 장거리 통신에 가장 적합한 전파 방식은?

가. 회절파　　나. 지상파
다. 대류전파　　라. 전리층파

19. 단파통신의 일반적인 특징이 아닌 것은?

가. 소전력으로 원거리 통신이 가능하다.
나. 공전의 방해가 크다.
다. 페이딩(fading)의 영향을 받는다.
라. 델린저 현상의 영향을 받는다.

20. 단파대의 불감지대에서 신호가 잡히는 현상으로 가장 적합한 원인은?

가. 회절파　　나. 산악회절파
다. 대류권 산란파　　라. 전리층 산란파

해설
단파대의 불감지대내에 산란파에 의한 약간의 전파가 수신되지만 불안정하다.

21. 초단파의 가시거리 내의 전파특성에 관한 설명 중 잘못된 것은?

가. 지표파는 감쇠가 크므로 이용이 불가능하다.
나. 직접파와 대지 반사파에 의하여 수신 전계가 정해진다.
다. 회절파에 의한 수신전계는 장해물과 Fresnel zone의 상대적 크기에 의해서 정해진다.
라. 신틸레이션, K형 및 덕트형 fading을 받으며, 해상 전파는 육상보다 안정하고 페이딩의 영향을 덜 받는다.

해설
해상 전파는 육상보다 불 안정하고 심한 페이딩이 발생한다

22. 다음 중 초단파 통신의 특징이 아닌 것은? (단, 중파 통신과 비교)

가. 라디오덕트에 의한 원거리 전파가 될 수 있다.
나. 광대역 전송이 가능하다.
다. 기생 진동의 발생이 적다.
라. 가시거리 내에서 전파 손실이 크다.

정답 16. 나　17. 라　18. 라　19. 나　20. 라　21. 라　22. 라

핵심기출문제

23. 초단파(VHF)의 통달 거리에 그다지 영향이 없는 것은?

가. 안테나의 높이　　나. 복사전력
다. 지형　　라. 공전

해설
초단파(VHF)대에서는 공전의 방해가 거의 없다.

24. 마이크로파의 전파 특성으로서 틀린 것은?

가. 직선거리에의 전파에 한한다.
나. 전파특성이 안정하다.
다. 기상의 영향을 받기 쉽다.
라. 전리층 반사파를 이용한다.

해설 마이크로파 통신의 특징
① 통신범위는 가시거리 이내이며 전파는 직접파를 이용한다. 따라서 장거리 통신을 하기 위해서는 도중에 몇 개의 중계소를 필요로 한다.
② 예민한 지향성과 고이득을 가진 안테나를 소형으로 만들 수 있다.
③ 전파손실이 적어 안정된 전파 특성을 나타낸다.
④ 광대역성이 가능하다.
⑤ S/N비를 크게 할 수 있다.
⑥ 외부잡음의 영향이 적다.
⑦ 전리층을 통과하여 전파한다.
⑧ PTP(Point To Point) 통신이 가능하다.
⑨ 회선 건설기간이 짧고 경비가 저렴하며 재해 등의 영향이 적다.

25. 다음 중 지상파에 의한 마이크로파(micro wave) 통신이 갖고 있는 단점은?

가. 광대역 통신이 불가능하다.
나. 외부 잡음의 영향을 많이 받는다.
다. 다중통신이 불가능하다.
라. 중계소를 많이 설치해야 한다.

26. 마이크로웨이브(microwave) 통신의 장점이 아닌 것은?

가. 광대역 통신이 가능하며 사용주파수의 범위가 넓다.
나. 외부잡음의 영향이 적고 PTP(point to point)통신이 가능하다.
다. 전리층을 통과하여 전파하며 중계기 없이도 원거리 통신이 가능하다.
라. 예민한 지향성과 고이득을 가진 안테나를 소형으로 만들 수 있다.

27. 다음 각 주파수대의 주요 전파중에서 틀린 것은?

가. 초단파대 - 직접파와 반사파
나. 마이크로파대 - 직접파와 전리층파
다. 장,중파대 - 지표파
라. 단파대 - 전리층파

해설 주파수대와 주요전파의 관계
① 장·중파대 - 지표파
② 단파대 - 전리층 반사파(F층)
③ 초단파대 - 직접파와 반사파
④ 마이크로파대 - 직접파

28. 다음 중 잘못된 것은?

가. 자유공간의 특성 임피던스는 E/H[Ω]이다.
나. 복사 전계가 원거리까지 전파한다.
다. 포인팅 전력은 $E^2/377\,[W]$ 이다.
라. 자유 공간에서는 전계와 자계는 직각이고 진행 방향은 자계 방향이다.

해설
자유 공간에서는 전계와 자계는 직각이고 진행 방향과도 각각 직각 방향이다.

정답 23. 라　24. 라　25. 라　26. 다　27. 나　28. 라

29. 다음 중 잘못 된 것은?

가. 자유공간의 고유임피던스 $Z_0 = \frac{E}{H}$이다.
나. 원거리에서는 복사전계가 정전계보다 크다.
다. 변위전류의 단위는 [A]이다.
라. 전계와 자계에 따라 진행하는 파를 전자파라 한다.

해설
변위전류의 단위는 $[A/m^2]$이다.

30. 전파에 관한 설명으로 맞는 것은?

가. 전파는 종파이다.
나. 매질의 종류에 관계없이 속도는 광속과 같다.
다. 군속도× 위상속도 = (광속도)2
라. 진행 방향에는 E및 H가 없고 직각인 방향에만 E와 H성분이 있는 경우를 구면파라고 한다.

해설 전파의 성질
① 전파는 횡파이며 평면파이다.
② 매질의 종류(유전율과 투자율)에 따라서 전파의 속도는 달라진다.
③ 군속도× 위상속도 = (광속도)2
④ 진행 방향에는 E및 H가 없고 직각인 방향에만 E와 H성분이 있는 경우를 평면파라고 한다.

31. 전파의 성질 중 잘못 설명된 것은?

가. 동위상인 경우에는 합성되고 역위상인 경우에는 상쇄된다.
나. 타원편파나 원편파는 구면파를 말한다.
다. 도전성을 가진 매질내에서는 감쇠가 크다.
라. 굴절율이 다른 매질의 경계면에서 굴절, 반사한다.

해설
도전성을 가진 매질 내에서는 감쇠가 적다.

32. 다음 중 전파의 특성에 관한 설명 중 틀린 것은?

가. 유전율이 커지면 파장은 길어진다.
나. 전계 벡터가 X축과 Y축으로 구성되어 크기가 같은 경우에는 원편파라고 한다.
다. 복사 전계의 크기는 거리에 반비례한다.
라. 전파의 주파수가 높을수록 직진성이 강하다.

33. 전파가 전파하는 도중 전파로에 전기적 성질이 변한 곳이 있으면, 그 지점에서 전파의 굴절작용이 생겨서 전파의 진행 방향이 변한다. 이 현상과 가장 관계 깊은 오차는?

가. 야간 오차　　나. 해안선 오차
다. 대척점 오차　　라. 편파 오차

지상파 전파

1. 전파통로에 의한 분류가 아닌 것은?

가. 직접파(direct wave)
나. 대지파(surface wave)
다. 대지 반사파(ground reflected wave)
라. 극초단파

해설
극초단파는 사용 주파수대에 따른 분류 방식이다.

2. 송신 공중선의 높이가 36[m]이고 수신 공중선의 높이가 25[m]일 때 기하학적 가시거리는?

가. 29.27[km]　　나. 39.27[km]
다. 49.27[km]　　라. 59.27[km]

정답 29. 다　30. 다　31. 다　32. 가　33. 나　지상파 전파 1. 라　2. 나

핵심기출문제

해설 직접파의 이론적 거리

$(d) = 3.57(\sqrt{h_1} + \sqrt{h_2})[\text{km}]$

$= 3.57(\sqrt{36} + \sqrt{25}) = 39.27[\text{km}]$

3. 초단파 통신에서 송,수신 안테나의 높이가 각각 36[m], 25[m]일 때 직접파의 가시거리는 얼마인가?

가. 30.57[km] 나. 45.21[km]
다. 52.44[km] 라. 57.14[km]

해설 직접파의 실제거리

$(d) = 4.11(\sqrt{h_1} + \sqrt{h_2})[\text{km}]$

$= 4.11(\sqrt{36} + \sqrt{25}) = 45.21[\text{km}]$

4. 송, 수신 안테나 길이가 각각 1m일때 직접파의 통달거리는?

가. 8.22(km) 나. 4.11(km)
다. 3.57(km) 라. 7.14(km)

해설

$d = 4.11(\sqrt{h_1} + \sqrt{h_2})[\text{km}]$

$= 4.11(\sqrt{1} + \sqrt{1}) = 8.22[\text{km}]$

5. 전파 투시도(profile map)에 관하여 옳지 못한 것은?

가. 전파 통로상에서 수평방향의 장애물에 관하여 살펴볼 때 사용한다.
나. 송수신점을 포함한 대지에 수직인 지형 단면도이다.
다. 전파 통로는 직선으로 본다.
라. 등가지구 반경계수 K를 고려하여 그린다.

해설

전파 투시도(profile map)은 전파 통로 상에서 수직방향의 장애물에 관하여 살펴볼 때 사용한다.

6. 지표파의 성질 중에서 옳은 것은?

가. 대지의 도전율이 클수록 유전율이 적을수록 전파의 감쇠가 크다.
나. 안테나의 지상고가 높을수록 지표파 성분이 많다.
다. 수평 편파보다 수직 편파쪽이 감쇠가 적다.
라. 주파수가 낮을수록 전파의 감쇠는 크다.

해설 대지가 지표파 전계강도에 미치는 영향

① 지표파의 전계 강도 E는(대지를 완전도체 평면으로 간주)

$$E = \frac{120\pi Ihe}{\lambda d}[V/m]$$

② 대지의 도전율이 작을수록, 유전율이 클수록 감쇠가 커진다.
③ 전계강도의 감쇠는 해수, 습지, 건지 순으로 커진다.
④ 전계강도가 큰 순서대로 나열하면 해상, 해안, 평야, 구릉, 산악, 시가지 순이다.
⑤ 주파수가 낮을수록 감쇠가 적다.
⑥ 수직편파 쪽이 수평편파 쪽보다 감쇠가 적다.

7. 장중파대에서 지표파 전파에 의해서 전파되는 전파 중 가장 많은 감쇠를 받는 매질은?

가. 해수 나. 담수
다. 습지 라. 건지

8. 전파의 회절 현상에 관한 사항 중 틀린 것은?

가. 주파수가 낮을수록 심하다.
나. 파장이 짧을수록 심하다.
다. 장,중파대에서 많이 일어난다.
라. 초단파대에서도 일어날 수 있다.

해설

전파의 회절현상은 주파수가 낮을수록 즉,파장이 길수록 커진다.

정답 3. 나 4. 가 5. 가 6. 다 7. 라 8. 나

9. 마이크로파 통신에서 회절 현상과 관련하여 옳지 않은 것은?

가. 수신점은 제 1Fresnel zone 이상에 두는 것이 좋다.

나. Clearance란 Knife edge와 전파 통로와의 간격을 말한다.

다. 장애물이 둥근 형태이수록 회절이 잘 된다.

라. 송·수신점간의 중앙에 산악이 있는 때에 산악 회절 이득은 최대가 된다.

해설
주파수가 낮을수록, 장애물의 끝이 뾰족한 형태일수록 회절이 심하게 일어난다.

10. 회절 현상에 대한 설명으로 틀린 것은?

가. 극초단파대에서도 일어난다.

나. 프레즈넬 존(Fresnel Zone)이 있으면 잘 일어난다.

다. 쐐기형 장애물(Knife edge)이 있으면 잘 일어난다.

라. 직접파에 의한 전계강도 보다도 더 크다.

11. 클리어런스(Clearance)란 무엇인가?

가. Knife edge과 Fresnel Zone과의 간격을 말한다.

나. Fresnel Zone과 회절 손실의 비를 말한다.

다. 제 1 Fresnel Zone과 제 2 Fresnel Zone과의 관계를 말한다.

라. Knife edge와 전파 통로와의 간격을 말한다.

해설
클리어런스란 knife edge의 정점과 전파통로와의 간격을 말한다.

12. Fresnel Zone의 넓이와 파장의 관계는?

가. 파장에 반비례한다.

나. 파장에 비례한다.

다. 파장의 자승에 반비례한다.

라. 파장의 자승에 비례한다.

해설
$F_1 = \sqrt{\lambda \frac{d_1 d_2}{d}}$ [m] ⇒ Fresnel Zone의 넓이는 $\sqrt{\lambda}$ 에 비례한다.

13. 프레넬(Fresnel) 타원체에 관한 설명중 옳지 않은 것은?

가. 구면 회절손실을 일으키는 영역의 해석에 관련된 것이다.

나. 직접파와 회절파가 간섭현상이 일어나는 영역이다.

다. VHF대 이상에서 전파의 직선통로와 곡선통로의 차이가 $\lambda/2$의 정수배인 점들의 궤적이다.

라. 전파통로상의 장애물이 적어도 제1 프레넬 영역(Fresnel Zone)을 가리지 않는 것이 통신에 유리하다.

대류권 전파

1. 대기의 3요소에 해당되지 않는 것은?

가. 기압　　나. 습도

다. 기온　　라. 압력

해설
기상 변화의 3요소는 온도, 습도, 기압이다.

정답 9. 다　10. 라　11. 라　12. 라　13. 가　대류권 전파 1. 라

핵심기출문제

2. 일반적인 수정 굴절률 식으로서 맞는 것은?

가. $M=(n+\frac{R}{h}-1)\times 10^3$

나. $M=(n+\frac{h}{R}-1)\times 10^3$

다. $M=(n+\frac{h}{R}-1)\times 10^6$

라. $M=(n+\frac{R}{h}-1)\times 10^6$

3. 지구등가 반경계수 K를 나타낸 식은?

가. $K=\frac{\text{전파통로의만곡을고려한지구반경}}{\text{지구의실제반경}}$

나. $K=\frac{\text{지구의실제반경}}{\text{전파통로의만곡을고려한지구반경}}$

다. K: 지구의 실제 반경, $\frac{1}{K}$:등가 반경 계수로 한다.

라. 표준 대기에서의 등가 반경 계수 $K=\frac{3}{4}$으로 잡는다.

해설 지구등가 반경계수

$K=\frac{\text{전파통로의만곡을고려한지구반경}(R)}{\text{지구의실제반경}(r)}$이다.

① 열대지방(저위도) : $K=\frac{4}{3}\sim\frac{3}{2}$

② 온대지방(중위도) : $K=\frac{4}{3}$

③ 한대지방(고위도) : $K=\frac{6}{5}\sim\frac{4}{3}$

4. 지구의 실제반경을 r, 등가반경을 R, 또 지구의 등가 반경계수를 K라 할 때 이들은 어떤 관계를 갖는가?

가. $R=K^2r$ 나. $R=Kr^2$

다. $R=\frac{r}{K}$ 라. $R=Kr$

5. 등가지구 반경계수 설명 중 틀린 것은?

가. 전파 투시도를 그릴 때 편리하다.

나. 온대지방에서 그 값이 4/3을 택한다.

다. 전파 가시거리를 생각할 때 만곡한 전파로를 직선으로 간주한다.

라. 기하학적 가시거리를 구할 때 사용한다.

해설

직접파의 기하학적 가시거리는 지구등가반경계수를 고려하지 않은 이론적 거리이다.

6. 다음 중 표준형 M곡선에 의한 것은?

가.

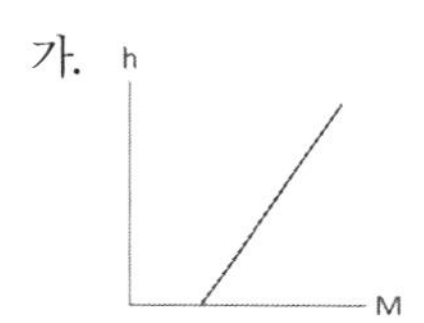

나.

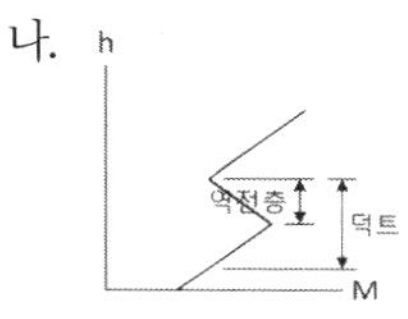

다.

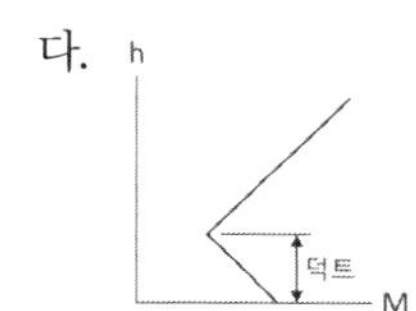

라.

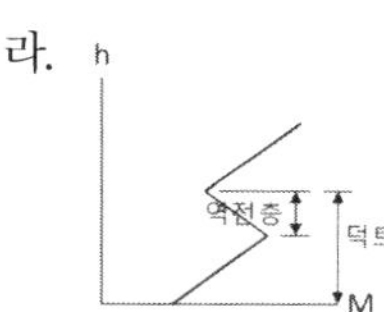

해설

㉮ 표준형 ㉯ 이지s형 ㉰ 접지형 ㉱ 접지s형

7. Radio duct의 발생 원인에 해당되지 않는 것은?

가. 주간 냉각에 의한 라디오 덕트

나. 전선의 역전층에 의한 라디오 덕트

다. 이류에 의한 라디오 덕트

라. 침강에 의한 라디오 덕트

해설 Radio duct의 발생 원인

① 야간 냉각에 의한 라디오 덕트
② 전선의 역전층에 의한 라디오 덕트
③ 이류에 의한 라디오 덕트
④ 침강에 의한 라디오 덕트
⑤ 대양상 덕트

정답 2. 다 3. 가 4. 라 5. 라 6. 가 7. 가

8. 초단파 통신에서 가시거리 외까지 전파가 전파되는 원인이 아닌 것은?

가. 전리층 산란파　　나. 굴절파
다. 산악 회절파　　라. 대류권 산란파

해설 초단파 통신에서 가시거리 외 전파의 종류

① 산악 회절파
② 대류권 산란파
③ 전리층(Es)에 의한 산란파
④ Radio duct에 의한 전파

9. VHF대 이상의 전파는 주로 가시거리 통신에만 이용되어 왔으나 초 가시거리에서도 수신이 가능한 경우가 있다. 그 전파통로로써 가장 적합한 것은?

가. 지표반사파
나. 스포라딕(sporadic)E층 전파
다. 대류권 산란파
라. 라디오 덕트

해설
초단파 통신에서 가시거리 외 전파의 종류에는 산악 회절파, 대류권 산란파, 전리층(Es)에 의한 산란파, Radio duct에 의한 전파등이 있을 수 있지만 가장 일반적인 경우는 대류권 산란파이다.

10. 초단파가 가시거리를 넘어서 이례적으로 멀리 전파하는 일이 있는데 그 원인이 아닌 것은?

가. 초굴절 또는 라디오 덕트에 의한 전파
나. 대류권 산란에 의한 전파
다. 산악회절파에 의한 전파
라. F층의 반사에 의한 전파

11. 서울에서 송신된 FM 방송신호가 부산에서 어떤 시간동안에만 일시적으로 수신되었다면 다음 중에서 어떤 경로의 전파일 가능성이 제일 높은가?

가. 라디오 덕트(radio duct) 전파
나. 전리층 반사파
다. 자기폭풍 전파
라. 산악회절이득 전파

12. 산악 회절 전파의 특징 중 잘못된 것은?

가. Fading이 적고 안정하다.
나. 지리적 제한을 받지 않는다.
다. 간편하고 시설 및 운영비의 점에서 유리하다.
라. 대류권 산란파 전파방식에서 조건을 잘 맞도록 하면 전파 손실이 적고 센 수신 전계가 얻어진다.

해설
산악 회절파는 지리적 제약을 받는다.

13. 대류권 산란 전파의 특징 중 잘못된 것은?

가. 지향성이 예민한 안테나가 필요하다.
나. 적당한 주파수는 200~3000[㎒]이다.
다. 다이버시티(Diversity)방식에 의해서 실용화가 가능하다.
라. 지리적 제한을 받지 않는다.

해설 대류권 산란 전파의 특징

① 초단파대 초가시거리 광대역 통신에 적합하다.
② distortion이 작고 안정도가 높다.
③ 시간적 공간적으로 큰 제약을 받지 않는다.
④ 지리적 제약을 받지 않는다.
⑤ 산란현상을 이용하여 통신하므로 기본 전파손실이 크다.
⑥ 따라서 대출력 송신기가 필요하다.
⑦ 너무 예민한 지향성 공중선을 사용해서는 안된다.
⑧ 대류권 산란파의 수신전력은 다음과 같다.
⑨ 수신전계가 산란파의 합이므로 짧은 주기의 fading이 발생하며 space diversity를 이용하여 방지할 수 있다.

정답 8. 나　9. 다　10. 라　11. 가　12. 나　13. 가

핵심기출문제

14. 대류권 산란파의 특징이 아닌 것은?

가. 지리적(대지)조건의 영향을 받지 않는다.
나. 가시거리외 통신이 가능하다.
다. 전파손실은 자유공간 전파에 비해 매우 크다.
라. 지향성이 예민한 공중선을 사용하여야 한다.

15. 대류권 산란파의 특징이 아닌 것은?

가. 기본 전파손실은 300㎞에서 약 180- 220 [㏈]이다.
나. 산란영역이 너무 크면 전파왜곡이 발생한다.
다. 적당한 주파수는 200-5000㎑이다.
라. 지리적 조건의 영향을 받지 않는다.

해설
대류권 산란 전파는 초단파대(30~300[㎒]) 초가시거리 광대역 통신에 적합하다.

16. 마이크로파대의 통신망에 있어서 실용상 특히 문제되는 페이딩(fading)은 어느 형인가?

가. K형　　나. 신틸레이션
다. 선택형　　라. 덕트(duct)형

해설 duct형 페이딩
전파통로상에 radio duct가 발생할 때 나타나는 페이딩으로 마이크로파대에서 실용상 문제가 되며 전계강도의 변동폭이 크다. duct형 페이딩은 크게 간섭형과 감쇠형으로 나누어지며 diversity 방식을 이용하여 방지할 수 있다.

17. 짧은 주기의 깊은 페이딩이 연속하여 일어나는 형으로 시계외 전파일 때 보이는 것은?

가. K형 페이딩
나. 감쇠형 페이딩
다. Scintillation형 페이딩
라. 산란형 페이딩

해설 산란형 페이딩
수신된 산란파가 다수 간섭파의 합성이기 때문에 발생되는 페이딩을 말하며 diversity 방식을 이용하여 방지할 수 있다.

18. 대기의 작은 기단군(氣團群), 난류 등에 의해 초가시거리 전파에서 가장 심하게 수반하는 페이딩(fading)은?

가. 감쇠형
나. K 형
다. 신틸레이션(scintillation)형
라. 산란파형

19. 비, 안개, 구름 등에 의한 흡수 또는 산란의 상태나 대기에서의 흡수 감쇠 등의 상태가 변화하기 때문에 일어나는 감쇠로서 10[㎓]의 주파수대에서 현저한 것은?

가. 감쇠형 페이딩　　나. 산란형 페이딩
다. 덕트형 페이딩　　라. 신틸레이션 페이딩

해설 감쇠형 페이딩
비,구름, 안개 및 대기에 의한 흡수 및 감쇠상태나 산란상태가 변화하기 때문에 발생하는 페이딩.

20. 신틸레이션 페이딩(Scintillation fading)에 대해서 잘못 설명한 것은?

가. 송수신점간의 거리가 클수록 변동 주기도 길어진다.
나. 전계강도는 2-3[dB]이하의 진폭으로 수초에서 수십초의 주기로 발생하여 불안정하다.
다. 원인은 대기중의 와류에 의해 유전율이 불규칙한 공기 뭉치를 발생하기 때문이다.
라. 동계보다 하계에 더 적게 발생한다.

정답 14. 라　15. 다　16. 라　17. 라　18. 라　19. 가　20. 라

해설 신틸레이션 페이딩(scintillation fading)

대기중의 와류에 의해 유전율이 불규칙한 공기뭉치가 발생하고 여기에 입사된 전파는 산란을 하게된다. 이러한 산란파와 직접파와의 간섭에 의해 발생하는 페이딩으로 다음과 같은 특징을 갖는다.

① 전계강도의 변화폭 : 2~3[dB]
② 주기가 빠르고 불규칙하다.
③ 송수신점간의 거리가 클수록 변동주기는 느려진다(길어진다)
④ 실제 통신에 있어서는 큰 문제가 되지 않는다.
⑤ 동계보다 하계에 더 많이 발생한다.
⑥ AGC, AVC를 이용하여 방지할 수 있다.

21. 다음 중 초단파대 이상에서 일어나는 페이딩이 아닌 것은?

가. 신틸레이션 페이딩 나. 덕트형 페이딩
다. 도약성 페이딩 라. K형 페이딩

해설
도약성 페이딩은 HF대 일어나는 fading이다.

22. 육상이동통신환경에서 가장 문제가 되는 페이딩은?

가. 신틸레이션 페이딩(scintillation fading)
나. 다중경로 페이딩(multipath fading)
다. 산란형 페이딩
라. 감쇠형 페이딩

전리층 전파

1. 주간에 전리현상을 활발하게 하여 전리층의 전자밀도가 크게 되는 원인은?

가. 자외선 나. 반사, 굴절
다. 자기장 라. 간섭

해설
전리층의 전자밀도는 자외선이 강할 수록 공기분자가 많을 수록 증가된다.

2. 주간은 중파대까지를 반사하거나 중파는 층내에서 감쇠한다. 장파는 반사되어 단파이상은 통과할 때 감쇠한다. 밤에는 장・중파를 잘 반사하는 층은?

가. D층 나. E층
다. Es층 라. F층

해설 E층의 특징

① 지상 100[km]~120[km]상공에 위치하며, 고도가 중간이고 전자밀도도 중간인 층이다.
② 주간:LF → 반사, MF → 감쇠, HF → 투과
야간:LF, MF → 반사, HF → 투과
③ 겨울보다 여름이 야간보다는 주간에 전자밀도가 높다.

3. 장・중파대에서 야간에 유용한 전리층파 전파는?

가. E층 반사파
나. F층 반사파
다. 스포래딕 E층 반사파
라. 전리층 산란파

4. 전리층 중에서 F층과 관계 없는 사항은?

가. 단파 통신은 주로 이 층을 이용한다.
나. 지상 약 200~400[km] 높이에 넓게 존재한다.
다. 주간 전자 밀도는 여름보다 겨울이 작다.
라. 이 층에서 반사되는 전파의 도약 거리는 매우 크므로 장거리 통신에 적합하다.

해설 F층의 특징

① 지상 200~400[km] 상공에 위치하며, 고도가 가장 높고 전자밀도가 높은 층이다.
② HF는 반사, VHF대는 투과 → HF통신에 이용(F층의 도약거리가 가장 크므로 단파대 전파가 원거리 통신에 사용되는 것이다.)
③ F층은 주간에 F1층(200~250km)과 F2층(250~400km)으로 구분되나 야간과 겨울에는 합해져 구분할 수 없게 된다.
④ 겨울의 전자밀도가 여름의 전자밀도보다 크다.

정답 21. 다 22. 나 **전리층 전파** 1. 가 2. 나 3. 가 4. 다

핵심기출문제

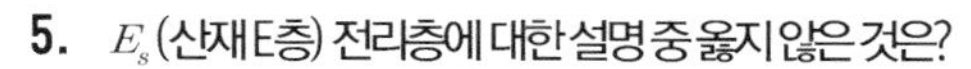

5. E_s(산재E층) 전리층에 대한 설명 중 옳지 않은 것은?

가. E_s층은 항상 존재한다.
나. E_s층의 출현은 장소에 따라 다르다.
다. E_s층은 태양의 흑점 주기와 별로 관계가 없는 것으로 알려져 있다.
라. E_s층은 E층과 거의 동일한 높이에서 생긴다.

해설 E_s(산재 E층)전리층

6~8월에 주간에 한하여 국지적으로 나타나며 초단파대 초가시거리 통신용으로 사용할 수 있으나 발생지역과 장소가 불규칙하므로 고정통신용으로는 이용할 수 없다.

6. 단파 통신에서는 야간에 있어서 주간보다 낮은 주파수를 사용하는데, 그 이유는?

가. E층의 흡수가 작아지기 때문
나. F층의 전자밀도가 커지기 때문
다. F층의 전자밀도가 작아지기 때문
라. 낮은 주파수 일수록 페이딩이 작기 때문

해설

단파 통신에서는 야간에 있어서 주간보다 F층의 전자밀도가 작아지기 때문에 사용주파수를 낮은 주파수를 사용한다.

7. 전리층에서 일어나는 현상이 아닌 것은?

가. 전파의 굴절　　나. 전파의 산란
다. 편파면의 회전　　라. 전파의 회절

해설

전파가 전리층을 지날 때 굴절현상, 산란현상, 편파면의 회전현상 등이 생긴다. 전리층에서 회절현상은 없다.

8. 지구 표면에서 상공으로 향하여 충격파를 발사하였더니 $\frac{2}{3}$[ms]후에 반사파를 감지하였다. 이때의 반사층의 높이는 얼마인가?

가. 50[km]　　나. 100[km]
다. 200[km]　　라. 400[km]

해설

전리층의 이론상 높이는

$$h' \doteqdot \frac{1}{2}Ct$$

$$= \frac{1}{2} \times 3 \times 10^8 \times \frac{2}{3} \times 10^{-3} = 100[\text{km}]$$ 이 된다.

(C(광속도)$=3 \times 10^8$[m/s], t : 직접파와 전리층 반사파의 시간차)

9. 지구 표면에서 상공으로 향하여 충격파를 발사 하였더니 5/3[ms]후에 반사파를 감지하였다. 이 때 반사층의 높이는 얼마인가?

가. 150[km]　　나. 200[km]
다. 250[km]　　라. 300[km]

해설 전리층의 이론상 높이

$$h' \doteqdot \frac{1}{2}Ct$$

$$= \frac{1}{2} \times 3 \times 10^8 \times \frac{5}{3} \times 10^{-3} = 250[\text{km}]$$ 이 된다.

10. 전리층의 높이를 측정하기 위하여 지상에서 수직으로 충격파를 발사한 후 1.6[ms]뒤에 반사파를 측정하였다면 반사층의 높이는 얼마인가?

가. 120[km]　　나. 240[km]
다. 300[km]　　라. 480[km]

해설 전리층의 이론상 높이는

$$h' \doteqdot \frac{1}{2}Ct = \frac{1}{2} \times 3 \times 10^8 \times 1.6 \times 10^{-3} = 240[\text{km}]$$

이 된다.

정답 5. 가　6. 다　7. 라　8. 나　9. 다　10. 나

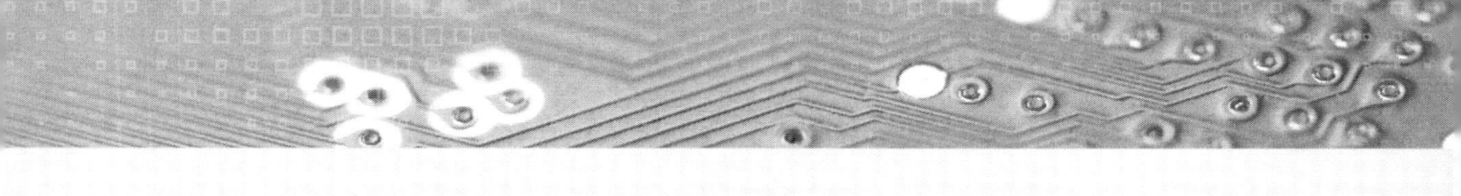

11. 전파를 공중에 발사하여 0.003초 후에 전리층으로부터 반사되어 왔을 때 전리층의 높이는 몇 [㎞]인가?

가. 300[㎞]　　나. 450[㎞]
다. 500[㎞]　　라. 550[㎞]

해설 전리층의 이론상 높이

$h' \doteqdot \frac{1}{2}Ct$

$= \frac{1}{2} \times 3 \times 10^8 \times 0.003 = 450[\text{km}]$이 된다.

12. 정할의 법칙으로 올바른 식은?

가. $f_c = f_0 \sin\theta$　　나. $f_c = f_0 \cos\theta$
다. $f_c = f_0 \sec\theta$　　라. $f_c = f_0 \tan\theta$

해설
같은 높이의 점에서 반사되는 전파의 주파수와 입사각의 관계를 나타내는 법칙을 정할법칙이라하며 $f_c = f_0 \sec\theta$ (f_0 : 수직으로 발사된 주파수, f_c : 사용주파수, θ : 두 주파수 사이각)같이 나타낸다.

13. 전리층의 굴절률을 나타내는 식은? (단, N:전자밀도[개/m³], h:전리층의 높이[m]이다.)

가. $n = \sqrt{1 - \frac{81N}{f^2}}$　　나. $n = \sqrt{1 + (\frac{N}{2h'})^2}$
다. $n = \sqrt{1 + \frac{81N}{f^2}}$　　라. $n = \sqrt{1 - (\frac{N}{2h'})^2}$

14. 전리층의 임계 주파수(critical frequency)에 관한 다음 설명 중 옳은 것은?

가. 전리층의 전자 밀도에 따라 다르다.
나. 모든 전리층은 각각의 임계 주파수를 갖는데 D층보다 E층, F층보다는 E층의 임계 주파수가 높다.
다. 어떤 전리층이 발사한 전파를 반사 시킬 수 있는 최고 주파수이다.
라. 임계 주파수 fc와 전리층의 전자밀도 N[개/㎤]사이에는 $fc = \sqrt{9}N$의 관계가 있다.

해설
모든 전리층은 각각의 임계 주파수를 갖는데 D층보다 E층, E층보다는 F층의 임계 주파수가 높다.

15. 전파가 전리층에 부딪쳤을 때 그 주파수 이상으로 되면 뚫고 나가는 주파수를 무엇이라 하는가?

가. 임계 주파수　　나. 자이로 주파수
다. 최고사용 주파수　　라. 최저사용 주파수

해설
임계주파수는 수직 입사파의 반사와 투과의 경계주파수로, 전리층에서 반사되는 가장 높은 주파수 및 전리층을 투과하는 주파수 중 가장 낮은 주파수를 의미하며 일반적으로 fo로 표시한다. 임계주파수는 다음과 같은 특징을 갖는다.
① 각 전리층마다 임계주파수는 다르다.
② 굴절률이 0 이 되는 주파수를 의미한다.
③ $f_o = 9\sqrt{N_{max}}$으로 전리층의 전자밀도만 알면 지상에서도 알 수 있다.

16. 전리층에서의 전자밀도를 N이라 할 때 전리층에 수직입사한 파의 임계 주파수(fc)는?

가. $9\sqrt{N}$　　나. $90\sqrt{N}$
다. $6\sqrt{N}$　　라. $60\sqrt{N}$

17. 전리층의 전자밀도가 N[개/㎥]일 때 임계주파수는?

가. $f_0 = 81\sqrt{N}$　　나. $f_0 = \frac{\sqrt{N}}{\cos\phi}$
다. $f_0 = \sqrt{9\cos\phi}$　　라. $f_0 = 9\sqrt{N}$

정답 11. 나　12. 다　13. 가　14. 나　15. 가　16. 가　17. 라

핵심기출문제

18. 전리층의 최대 전자 밀도 N_{max}가 9×10^{12} [개$/m^3$]일 때의 전리층에서 반사될수 있는 임계 주파수는?

가. 9[㎒]　　나. 18[㎒]
다. 27[㎒]　　라. 36[㎒]

해설 임계주파수

$f_0 = 9\sqrt{N_{max}} = 9\sqrt{9\times10^{12}} = 27$[㎒]이다.

19. 전리층의 제 1종 감쇠에 대하여 설명을 잘못 한 것은?

가. 전리층을 통과할 때의 감쇠를 말한다.
나. 주파수 f의 제곱에 비례한다.
다. 전자밀도 N에 거의 비례한다.
라. 평균 충돌 횟수 V에 거의 비례한다.

해설 제 1종 감쇠(α1)

① 정의: 전리층 반사파가 전리층을 통과(투과)할 때 받는 감쇠이다.
② 특징(제 1종 감쇠의 감쇠량은 단파인 경우에 다음과 같다.)
　㉠ 사용주파수의 자승에 반비례한다.
　㉡ 전자밀도에 비례한다.
　㉢ 평균 충돌횟수에 거의 비례한다. (대기압에 거의 비례한다.)
　㉣ 전리층을 비스듬히 통과할수록 크다.
　　입사각이 클수록 크다.
　　$\cos\Theta_0$에 반비례한다. (Θ_0는 입사각)
　㉤ 굴절률에 반비례한다.
　　이상을 식으로 표시하면 다음과 같이 된다.
　　$\alpha1 = K\frac{NVP}{f^2 n\cos\theta}$
　　여기서 α_1:제 1종 감쇠 량, K :상수, N : 전자밀도, V : 평균 충돌횟수, P : 대기압, n : 굴절률
③ 장, 중파의 경우는 위 관계가 그대로 적용되지는 않으며 야간보다는 주간에, 겨울보다는 여름에, 저위도 지방일수록, 정오경에 감쇠가 크다.

20. 단파대에서 다음 중 제 1종 감쇠의 설명으로 맞는 것은?

가. E층의 전자밀도가 클수록, 주파수가 낮을수록 크다.
나. E층의 전자밀도와 주파수가 클수록 크다.
다. E층의 전자밀도와 주파수가 낮을수록 크다.
라. E층의 전자밀도가 적을수록 주파수가 클수록 크다.

해설

제1종 감쇠는 전자밀도가 클수록, 주파수가 낮을수록 크다.

21. 전리층에서 전파가 입사할 때 받는 현상이 아닌 것은?

가. 전파의 산란　　나. 델린저 현상
다. 감쇠(흡수)현상　　라. 편파면의 회전

해설 델린져 현상(Dellinger effect)

태양면의 폭발에 의해 방출된 다량의 자외선국 D층 또는 E층의 전자밀도를 증가시켜 임계주파수를 상승시키거나 전리층 내의 감쇠를 증가시켜 단파통신에 있어 수신전계가 갑자기 저하하여 수신불능 상태로 되었다가 수분에서 수시간에 걸쳐 점차적으로 회복되는 현상으로 SWF(Short Wave Fade-out) 또는 소실현상이라 불리운다.

22. 단파통신의 일반적인 특징이 아닌 것은?

가. 소전력으로 원거리 통신이 가능하다.
나. 공전의 방해가 크다.
다. 페이딩(fading)의 영향을 받는다.
라. 델린저 현상의 영향을 받는다.

해설

주파수가 높을수록 공전의 방해는 적은 편이다.

정답 18. 다　19. 나　20. 가　21. 나　22. 나

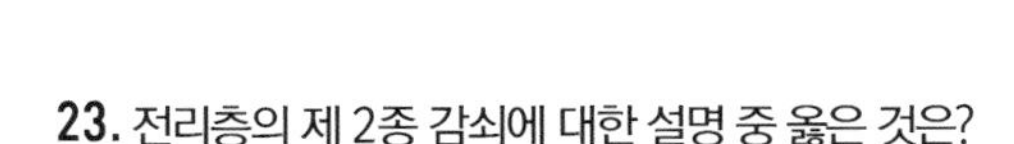

23. 전리층의 제 2종 감쇠에 대한 설명 중 옳은 것은?

가. 전리층에서 입사와 반사때에 받는 감쇠이다.
나. 평균 충돌 회수에 반비례한다.
다. 입사각에는 영향을 받지 않는다.
라. MUF 근처에서 최대로 된다.

해설 제 2종 감쇠(α_2)

① 정의: 전파가 전리층에서 반사될 때 받는 감쇠이다.
② 특징
　㉠ 사용주파수에 비례한다.
　㉡ 전자밀도에 비례한다.
　㉢ 평균 충돌횟수에 거의 비례한다. (대기압에 거의 비례한다.)
　㉣ 전리층을 비스듬히 입사할수록 작다.
　수직으로 입사할수록 크다.
　전리층에 깊숙히 들어갈수록 크다.
　이상을 식으로 표시하면 다음과 같이 된다.
　$\alpha_2 = f^2 V \cos\theta$

24. 전리층에서 반사될 때의 감쇠인 제2종 감쇠의 특징을 바르게 설명한 것은?

가. MUF 근처에서 감쇠가 최대로 되며, 파장이 길수록 심하다.
나. MUF 근처에서 감쇠가 최대로 되며, 파장이 짧을수록 심하다.
다. MUF 근처에서 감쇠가 최소로 되며, 파장이 길수록 심하다.
라. MUF 근처에서 감쇠가 최소로 되며, 파장이 짧을수록 심하다.

25. 전리층에서 단파대의 감쇠량과 관계 적은 것은?

가. 입사각　　　　나. 전파의 간섭
다. 평균충돌 회수　라. 전자밀도

26. 송・수신 점이 결정된 후 전리층 반사파로 통신할 수 있는 가장 높은 주파수에 해당하는 것은?

가. FOT　　　　나. LUF
다. MUF　　　　라. 임계주파수

해설 MUF(Maximum Usables Frequency)
최고 사용 주파수
송수신점이 정해져 있을 경우 전리층 반사파를 이용하여 수신하는 주파수 중 가장 높은 주파수를 말한다. (α1: 최소, α2: 최대)

$\therefore f_{MUF} = f_o \sqrt{1+(\frac{D}{2h})^2}$ [Hz],

$f_o = 9\sqrt{N_{max}}$ [Hz],D: 송수신간의 거리,h : 전리층의 이론상 높이

① MUF보다 높은 주파수는 전리층을 통과하여 수신점에 도달하지 못한다.
② MUF는 임계주파수 f_o, 입사각 θ_0, 송・수신점간의 거리 d, 전리층의 이론상 높이 h'에 의해 결정되며, 송신전력과는 무관하다.

27. MUF(Maximum Useable Frequency)는 무엇에 의하여 결정되는가?

가. 송・수신점 간의 거리와 전리층의 상태
나. 임계 주파수
다. 최저사용 주파수와 임계 주파수
라. 안테나의 높이와 전리층 상태

해설
MUF는 임계주파수, 입사각, 송・수신점간의 거리, 전리층의 이론상 높이에 의해 결정되며, 송신전력과는 무관하다.

28. 전리층의 임계주파수가 2[㎒]이고, 전리층의 높이는 100[㎞]일 때 송수신점간의 거리 500[㎞]에 대한 MUF는 대략 얼마인가?

가. 4.92[㎒]　　나. 5.12[㎒]
다. 5.38[㎒]　　라. 5.51[㎒]

정답 23. 다　24. 나　25. 나　26. 다　27. 가　28. 다

해설

$$f_{MUF} = f_o\sqrt{1+(\frac{D}{2h})^2}$$
$$= 2\times10^6\sqrt{1+(\frac{500\times10^3}{2\times100\times10^3})^2}$$
$$= 5.38[\text{Hz}]$$

29. 어떤 시각에서 F1층의 임계주파수가 6.5 [MHz]이고 송수신 점간의 거리 500[km] 일 때 F1층의 반사를 이용하여 전파되는 MUF는? (단 F1층의 겉보기 높이는 100[km]이다.)

가. 13.5 [MHz]　　나. 15.5 [MHz]
다. 17.5 [MHz]　　라. 19.5 [MHz]

해설

$$f_{MUF} = f_o\sqrt{1+(\frac{D}{2h})^2}$$
$$= 6.5\times10^6\sqrt{1+(\frac{500\times10^3}{2\times100\times10^3})^2}$$
$$= 17.5[\text{Hz}]$$

30. 전리층을 통과하는 주파수 중 가장 낮은 주파수를 무엇이라 하는가?

가. FOT(Frequency of Optimum Transmission)
나. MUF(Maximum Usable Frequency)
다. LUF(Lowest Usable Frequency)
라. 임계주파수(Critical Frequency)

해설
임계주파수는 수직 입사파의 반사와 투과의 경계주파수로, 전리층에서 반사되는 가장 높은 주파수 및 전리층을 투과하는 주파수 중 가장 낮은 주파수를 의미한다.

31. 최적 운용 주파수(FOT)와 사용가능 주파수(MUF)와의 관계로 맞는 것은?

가. FOT=MUF× 0.85　나. FOT=MUF× 0.75
다. FOT=MUF× 85　　라. FOT=MUF× 75

해설 FOT(Frequency of Optimum Transmission)
최적 운용 주파수
MUF 가까이에서는 제 2종 감쇠가 커지고(제 2종 감쇠는 주파수에 비례하므로), LUF 가까이에서는 제 1종 감쇠가 커지게 된다. 따라서 전리층 반사파를 이용하여 통신하는데 있어서는 MUF와 LUF 주파수를 사용하지 않고 MUF의 85%에 해당하는 주파수를 사용하는데 이 주파수를 FOT (Frequency of Optimum Transmission;최적 운용주파수)라 한다.
FOT = MUF × 0.85

32. 다음 중 최적 운용 주파수(FOT)를 결정하는 요인에 해당되지 않는 것은?

가. 전자밀도
나. 송・수신점간의 거리
다. 방위각
라. 송・수신 공중선의 이득

해설
최적 운용 주파수(FOT)의 결정요인은 MUF와 동일하므로 송・수신 공중선의 이득과는 무관하다.

33. 어느 송・수신소 사이의 MUF(maximum usable frequency)가 10[MHz]일 때 FOT (frequency of optimum transmission)는 얼마인가?

가. 5[MHz]　　나. 6.5[MHz]
다. 7.5[MHz]　　라. 8.5[MHz]

해설

$$FOT = 0.85\times f_{MUF}$$
$$= 0.85\times10\times10^6 = 8.5[\text{MHz}]$$

34. 전리층파는 송수신점에서의 어떤 거리 이상 떨어진 점에만 도달하고 송신점 부근에서는 전파되지 않는다. 이 때 전리층파가 도달하는 최소의 거리를 무엇이라 부르는가?

가. 불감지대(Skip Zone)

정답 29. 다　30. 라　31. 가　32. 라　33. 라　34. 라

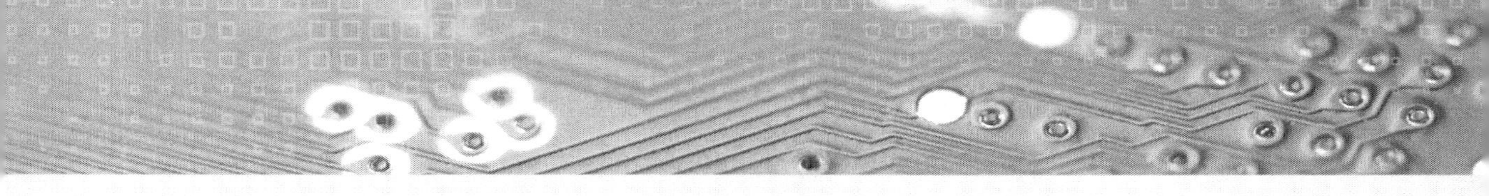

나. 프레즈넬 존(Fresnel Zone)
다. 블랑캇트 에리어(Branket Area)
라. 도약 거리(Skip Distance)

해설 도약거리(D)

전파의 송신점으로부터 전리층 최초 반사파가 도달하는 최소의 거리를 말한다.

$D = 2h\sqrt{(\frac{f}{f_0})^2 - 1}\,[m]$,

(h : 전리층 높이, f_0 : 임계주파수, f : 사용주파수)

35. 도약 거리를 나타내는 식은? (단, h: 최대 전자 밀도에서의 이론적인 높이[m], fo: 임계주파수[Hz], f: 사용 주파수[Hz]이다.)

가. $r = 2h\sqrt{(\frac{f}{fo})^2 - 1}$ 나. $r = h^2\sqrt{(\frac{f}{fo})^2 - 1}$

다. $r = 2h\sqrt{(\frac{fo}{f})^2 - 1}$ 라. $r = h^2\sqrt{(\frac{fo}{f})^2 - 1}$

36. 도약거리(Skin Distance)에 대한 설명으로 옳지 않은 것은?

가. 사용주파수/임계주파수가 클수록 크게 된다.
나. 사용주파수가 전리층의 임계주파수보다 높을 때에 생긴다.
다. 직접파의 도달지점에서 전리층 1회 반사지점까지의 거리를 말한다.
라. 전리층의 이론적인 높이에 비례한다.

37. 단파의 불감 지대 내에서 미약한 전파가 수신되는 경우는 무엇 때문인가?

가. 회절파 나. 전리층 산란파
다. 산악 회절파 라. 대류권파

해설

단파의 불감 지대 내에서 미약한 전파가 수신되는 경우는 전리층 산란파 때문이다.

38. 태양에서 발생하는 자외선의 돌발적 증가로 인하여 발생되는 전파방해는?

가. 공전
나. 델린저 현상(Dellinger phoenomena)
다. 자기람(Magnetic storm)
라. 에코(Echo)

해설 델린져 현상(Dellinger effect)

단파통신에 있어 수신전계가 갑자기 저하하여 수신불능 상태로 되었다가 수분에서 수시간에 걸쳐 점차적으로 회복되는 현상으로 SWF(Short Wave Fade-out) 또는 소실현상이라 불리운다.

① 원인: 태양면의 폭발에 의해 방출된 다량의 자외선국 D층 또는 E층의 전자밀도를 증가시켜 임계주파수를 상승시키거나 전리층 내의 감쇠를 증가시키기 때문이다.
② 발생구역과 시간: 주간에 저위도 지방에서 발생한다.
③ 상황:돌발적으로 발생하여 10분 또는 수십분 계속되다가 고위도 지방부터 차차 회복된다.
④ 통신에 주는 영향: 1.5~20(MHz) 정도의 단파통신에 영향을 주며 낮은 주파수쪽이 영향을 많이 받는다.
⑤ 전리층에 주는 영향: D층과 E층의 전자밀도는 증가되나 F층의 전자밀도의 증가는 거의 인정되지 않는다.
⑥ 출현주기: 빈발성(돌발성)이 있으며 태양폭발이 선행되는 수도 있지만 불확실하다. 명확한 주기성은 없으나 보통 27일과 54일을 발생주기로 인정하고 있다.

39. 델린저 현상(dellinger effect)을 가장 강하게 받는 전파대는?

가. 장파 나. 단파
다. 초단파 라. 극초단파

정답 35. 가 36. 다 37. 나 38. 나 39. 나

핵심기출문제

40. 다음중 델린저 현상과 관계없는 사항은?

가. 태양의 방사표면에서 돌연 자외선이 증가하여 이 현상이 발생한다.
나. 이 현상이 발생하면 최소한 2~3일 정도 통신을 못한다.
다. 출현주기는 빈번하며 보통 27일(자전주기) 발생 주기로 주기성이 있는 것으로 믿어왔으나 명확한 주기성은 없다.
라. D 또는 E층의 전자밀도가 증가한다.

41. 델린저(Dellinger)현상의 특징이 아닌 것은?

가. 야간에만 나타난다.
나. 태양면의 폭발에 기인한다.
다. 단파통신에 주로 영향을 준다.
라. 주파수를 높게 선정하여 극복한다.

42. 델린저 현상에 관한 설명으로 옳은 것은?

가. 주간의 구역만 영향을 받는다.
나. 30[MHz]이상의 주파수가 영향을 많이 받는다.
다. F층은 전자밀도가 현저히 증가한다.
라. 발생주기가 규칙적이다.

43. 태양의 폭발로 인하여 발생하는 강력한 자외선 방출에 의해 D, E 층의 전자 밀도가 급격히 증가하여 전파의 감쇠가 심하게 발생하는 현상은?

가. 페이딩　　나. 자기폭풍
다. 델린저 현상　　라. 공전

44. 태양의 폭발에 의하여 방출되는 하전 입자가 지구 자장의 작용으로 고위도 지방에 집결하며 전리층을 교란하기 때문에 발생하는 현상은?

가. 델린저 현상　　나. 공전
다. 대척점 효과　　라. 자기람

해설 자기람(Magnetic Storm ;자기폭풍)

태양활동에 따라 방출된 하전미립자가 지구로 날라와서 지구자계에 현저한 혼란을 일으키고, 극지방에 강한 전리층 교란을 일으키는 자기현상을 폭풍 또는 전리층 교란이라 한다.

① 원인: 태양폭발에 의해 방출된 하전 미립자군이 지구 가까이 도달되면, 지구자계의 작용으로 굴절되어 극지방 상공에 집결하게 되고 이것을 감싸는 환전류를 형성해서 극광을 나타내며 전리층을 교란시키기 때문이다.
② 발생구역과 시간: 주야 구분없이 지구전역에서 발생한다.(특히 고위도 지방에서 심하다.)
③ 상황: 느린 속도로 발생하나 지속시간은 비교적 길어 1~2일 때로는 수일동안 계속된다.
④ 통신에 주는 영향: 20[MHz] 이상의 높은 주파수의 전파에 영향이 심하며 전파통로가 극지방을 통과할 때는 더 큰 영향을 받는다.
⑤ 전리층에 주는 영향: F2층의 임계주파수를 저하시키고 높이는 높아지게 되며 흡수도 증가한다. 또는 MUF와 LUF의 폭이 좁아지며 없어지기도 한다.
⑥ 출현주기: 빈발성(돌발성)이 적으며 태양폭발이 선행되기 때문에 미리 예측할 수 있다.

45. 중위도 지방(한국)에서는 태양폭발이 관측된 후 얼마 후에 자기람이 발생하는가?

가. 수분 후
나. 수십분 후
다. 수시간~수십시간 후
라. 수일 후

정답 40. 나　41. 가　42. 가　43. 다　44. 라　45. 다

46. 자기람과 델린저 현상에 대한 방지대책으로 옳은 것은?

가. 자기람 및 델린저 현상에 대하여 모두 주파수를 높게 한다.
나. 자기람 및 델린저 현상에 대하여 모두 주파수를 낮게 한다.
다. 자기람은 주파수를 낮게 하고 델린저 현상은 주파수를 높게 선택한다.
라. 자기람은 주파수를 높게 하고 델린저 현상은 주파수를 낮게 한다.

해설
자기람 현상은 높은 주파수에 영향이 심하므로 주파수를 낮게하고, 델린저 현상은 낮은 주파수에 영향이 심하므로 주파수를 높여준다.

47. 다음 중 틀린 것은?

가. 델린저(Dellinger)현상은 단파통신에서 수신불량을 일으키는 현상의 하나이다.
나. 전리층을 이용한 단파통신에서 주간에는 야간보다 낮은 주파수를 사용한다.
다. 장파통신에서 지표파의 감쇠는 주파수가 낮을수록 작다.
라. 주로 장파는 E층에서, 단파는 F층에서 반사한다.

해설
전리층을 이용한 단파통신에서 야간에는 주간보다 낮은 주파수를 사용한다.

48. 수직공중선에서 발사된 수직편파가 지구자계의 영향을 받는 전리층에서 반사되면 어떠 한 편파가 되는가?

가. 수직편파　　나. 타원편파
다. 원편파　　라. 수평편파

해설
수직공중선에서 발사된 수직편파가 지구자계의 영향을 받는 전리층에서 반사되면 타원형 편파가 된다.

49. 송신소에서 발사된 전파가 둘 또는 그 이상의 통로를 걸쳐서 수신 지점에서 도달하면 그 각각의 통로차에 의하여 도달시간도 달라진다. 이 도달 시간차를 무엇이라 하는가?

가. 페이딩　　나. 에코
다. 공전　　라. 대척점효과

해설
전파가 둘 이상의 서로 다른 전파통로를 거쳐 수신되는 경우, 이들 전파의 도달 시간이 달라지므로써 동일특성의 신호가 일정시간 간격으로 수회 되풀이 되는데 이를 echo 라 한다.

50. 지상파와 공간파가 간섭을 일으키면 어떤 현상이 일어나는가?

가. 델린저(Dellinger) 현상
나. 에코(echo)현상
다. 소실(fade-out)현상
라. 페이딩(fading)현상

해설
지상파와 공간파가 간섭을 일으키면 편파가 섞여 fading 현상이 생기는데 이를 근거리 fading라 한다.

51. 다음 중 페이딩의 종류가 아닌 것은?

가. 도약성 페이딩　　나. 흡수성 페이딩
다. 편파성 페이딩　　라. 자기성 페이딩

해설 단파대의 페이딩의 종류
① 간섭성 페이딩
② 도약성 페이딩
③ 흡수성 페이딩
④ 편파성 페이딩
⑤ 선택성 페이딩 등

정답 46. 다　47. 나　48. 나　49. 나　50. 라　51. 라

핵심기출문제

52. 단파대에서 심하며 지구자계의 영향을 받는 페이딩은?

가. 편파성 페이딩　　나. 선택성 페이딩
다. 간섭성 페이딩　　라. 흡수성 페이딩

해설 편파성 페이딩

① 발생원인 : 직선편파로 방사된 전파가 전리층에서 반사될 때 지구자계의 영향을 받아 타원편파가 되며, 이러한 타원편파는 편파면의 크기가 회전하면서 변화하기 때문에 이러한 전파를 수신하면 수신 전계강도가 시시각각으로 변화하는 페이딩이 발생하게 되며 이러한 페이딩을 편파성 페이딩이라 한다.
② 방지대책 : 편파 합성수신법(polarization diversity) 사용.

53. 동시에 둘 이상의 주파수를 전파시켰을 때 페이딩이 동기하여 동시에 일어나지 않고 따로 일어나는 것은?

가. 동기성 페이딩　　나. 선택성 페이딩
다. 감쇠형 페이딩　　라. 덕트형 페이딩

해설 선택성 페이딩

① 발생원인 : 전리층에서 전파가 받는 감쇠는 주파수와 밀접한 관계를 가지고 있으므로, 반송파와 측파대가 받는 감쇠의 정도가 다르므로써 생기거나 또는 전리층이 변동하였을 때 각 주파수 성분마다 받는 감쇠의 정도가 다르기 때문에 발생하는 페이딩으로 이러한 페이딩을 선택성 페이딩이라 한다.
② 방지대책 : 주파수 합성수신법(frequency diversity)

54. 다음은 페이딩 방지책을 연결한 것이다. 잘못 된 것은?

가. 선택성 페이딩 - 주파수 다이버시티
나. 간섭성 페이딩 - 편파 다이버시티
다. Skip 페이딩 - 주파수 다이버시티
라. 흡수성 페이딩 - AGC

해설 페이딩과 경감책

① 선택성 페이딩 - 주파수 합성법
② 간섭성 페이딩 - 주파수 합성법, 공간합성법
③ 도약성(Skip) 페이딩 - 주파수 합성법, 공간(space) 합성법
④ 흡수성 페이딩 - AGC
⑤ 편파성 페이딩 - 편파 다이버시티

55. 전리층 전자밀도의 불규칙적인 변동에 의해 생기는 페이딩(fading)은?

가. 간섭성 페이딩　　나. 편파성 페이딩
다. 도약성 페이딩　　라. 선택성 페이딩

56. 다음은 페이딩 방지책을 연결한 것이다. 이 중 잘못 된 것은?

가. 편파성 페이딩 - 편파 다이버시티
나. 흡수성 페이딩 - MUSA방식
다. 간섭성 페이딩 - Space 다이버시티
라. 선택성 페이딩 - 주파수 다이버시티

57. 흡수성 페이딩(fading)을 방지하는데 적당한 방법은?

가. 주파수 다이버시티를 사용한다.
나. 수신기에 AGC 회로를 부가한다.
다. 서로 수직으로 놓인 안테나를 합성하여 사용한다.
라. 공간 다이버시티와 주파수 다이버시티를 합성하여 사용한다.

58. 두 개 이상의 안테나를 서로 떨어진 곳에 설치하고 출력을 합성하여 페이딩을 방지하는 방식은?

가. 주파수 다이버시티 나. 공간 다이버시티
다. 편파 다이버시티　　라. 변조 다이버시티

정답 52. 가　53. 나　54. 나　55. 다　56. 나　57. 나　58. 나

59. 단파의 무선전화 통신에서 페이딩(fading)의 영향을 경감시키는 방법 중 거리가 먼 것은?

가. 수신기내에 AGC회로를 장치한다.
나. 주파수 합성 수신법을 이용한다.
다. 공간 합성 수신법을 이용한다.
라. 비접지 안테나를 이용한다.

60. 지구 자계의 영향에 의해 전리층이 부등방성의 매질로 됨에 따라서 전파 현상이 생겨서 편파성 페이딩의 원인으로 되어 전파에 의해 방위 측정 등을 할 때 생기는 오차는?

가. 편파 오차　　나. 해안선 오차
다. 야간 오차　　라. 대척점 오차

우주통신과 전파 잡음

1. 우주 통신에 해당되지 않는 것은?

가. 우주국과 우주국
나. 우주국과 지구국
다. 우주국을 중계로 하는 두 지구국
라. 지구국과 지구국

해설 우주 통신 형태에서 전송경로에 따른 분류
① 지구국과 우주국
② 우주국과 우주국
③ 우주국을 중계로 하는 두 지구국

2. 정지위성의 경우는 적도면상의 궤도에 어떻게 쏘아 올리면 양극 지방을 제외한 전 세계를 포위하는 통신망이 가능한가?

가. 2개의 위성을 180°의 간격으로 쏘아 올린다.
나. 3개의 위성을 120°의 간격으로 쏘아 올린다.
다. 4개의 위성을 90°의 간격으로 쏘아 올린다.
라. 5개의 위성을 74°의 간격으로 쏘아 올린다.

해설
정지위성의 경우는 적도면상의 궤도에 3개의 위성을 120°의 간격으로 쏘아 올리면 양극 지방을 제외한 전 세계를 포위하는 통신망이 가능하다.

3. 우주 통신에 있어서 상한과 하한을 결정하는 적당한 주파수대의 범위는?

가. 반알렌대　　나. 도파관창
다. 도플러내　　라. 전파의 창

해설 전파의 창(radio window)
우주통신에 사용되는 전파의 주파수는 대류권 및 전리층의 영향 등을 고려하여 상한주파수와 하한 주파수의 범위를 정해 놓았는데 이를 전파의 창이라 하며 1~10[GHz] 주파수대를 말한다.

4. 전파의 창(Radio window)의 범위를 결정하는 중요한 요소가 아닌 것은?

가. 전리층의 영향
나. 대류권의 영향
다. 도플러 효과의 영향
라.우주 잡음의 영향

해설 전파의 창의 범위를 결정하는 요소
① 우주잡음의 영향
② 대류권의 영향
③ 전리층의 영향
④ 송 · 수신계의 문제(송신출력, 안테나 이득, 급전선 손실 등)
⑤ 정보전송량의 문제

정답 59. 라　60. 다　우주통신과 전파 잡음 1. 라　2. 나　3. 라　4. 다

핵심기출문제

5. 인공위성 또는 우주 비행체는 매우 빠른 속도로 운동하고 있으므로 전파 발진원의 이동에 따라서 수신 주파수가 변화한다. 이것을 무엇이라고 하는가?

가. 패러데이회전　　나. 플라즈마층
다. 도플러 효과　　라. 전파의 지연시간

해설
이동체의 발진원의 속도에 따라 수신 주파수가 변동하는 현상을 도플러 효과라 한다.

6. 잡음 발생 원인별 분류에 해당하지 않는 것은?

가. 대기 잡음　　나. 우주 잡음
다. 태양 잡음　　라. 충격성 잡음

해설 발생원인에 따른 분류

전파잡음
- 자연잡음
  - 우주잡음
    - 은하잡음
    - 태양잡음
  - 공전(대기)잡음
- 인공잡음

잡음성질에 따른 분류

전파잡음
- 불규칙성 잡음
  - 연속성 잡음
  - 충격성 잡음
- 주기성 잡음(동기성 잡음)

7. 다음 중 공전(空電)의 특징이 아닌 것은?

가. 주로 초단파 통신에 방해를 주며 200[GHz] 이상에서는 문제가 되지 않는다.
나. 장파대의 공전은 겨울보다 여름에 자주 나타나며 강도도 크다.
다. 공전은 적도 부근에서 가장 격렬히 발생한다.
라. 단파대에서는 한밤중 전후에 최대이고 정오경에 최소가 된다.

해설
공전은 장파대에서 단파대에 걸쳐 넓게 나타나지만, 주로 장파에서 심하고 단파에 갈수록 감쇠하며 초단파대에서는 거의 영향이 없다.

8. 공전의 경감 대책으로 맞지 않는 것은?

가. 대역폭을 좁게하여 선택도를 좋게 한다.
나. 송신 출력을 증가 시킨다.
다. 수신기에 억제회로를 삽입한다.
라. 사용 주파수를 낮춘다.

해설 공전의 경감책
① 대역폭을 좁게하여 수신기의 선택도를 좋게 한다.
② 송신 출력을 증가 시킨다.
③ 수신기에 억제회로를 삽입한다.
④ 사용 주파수를 높인다.
⑤ 지향성 공중선을 사용한다.
⑥ 비접지 공중선을 사용한다.

9. 공전(空電)의 잡음을 경감시키는 방법 중 적당하지 않는 것은?

가. 지향성 안테나를 사용한다.
나. 수신기의 수신대역폭을 넓게 하여 수신 전력을 증가시킨다.
다. 높은 주파수를 사용한다.
라. 비접지 안테나를 사용한다.

10. 공전(空電)의 잡음을 경감시키는 방법중 적당하지 않은 것은?

가. 지향성 안테나를 사용한다.
나. 수신전력을 증가시킨다.
다. 높은 주파수를 사용한다.
라. 비접지 안테나를 사용한다.

정답 5. 다　6. 라　7. 가　8. 라　9. 나　10. 나

11. 다음 중 공전잡음이 아닌 것은?

가. Hissing　　나. Click

다. Grinder　　라. Outbrust

해설 공전의 종류

① 클릭(click)
- ㉠ 짧고 날카로운 음이 혼입되는 충격성 잡음
- ㉡ 비교적 근거리에서 약하게 일어나는 뇌방전에 기인
- ㉢ 큰 수신장애를 일으키지는 않음

② 그라인더 (grinder)
- ㉠ 긴 연속음이 혼입되는 연속성 잡음
- ㉡ 원거리에서 강하게 일어나는 뇌방전에 기인
- ㉢ 큰 수신장애를 일으킴

③ 힛싱(hissing) : 수신출력에 "슈우슈우"하는 소리가 나타나는 연속성 잡음.

정답 11. 라

| 참고도서 |

- 박승환외 1, '최신 정보전송공학', 21세기사
- 김장권외 2, '정보통신기기', 복두출판사
- 이영춘, '무선통신기기', 공간아트
- 유재문외 3, '마이크로파 공학입문', 학문사
- 김한기외 2, '안테나공학', 21세기사

저자 약력

박승환

현) 을지대학교 의료공학과 교수

무선통신기기&안테나공학(개론)

1판 1쇄 발행 2015년 10월 10일
1판 4쇄 발행 2021년 08월 12일
저 자 박승환
발 행 인 이범만
발 행 처 **21세기사** (제406-00015호)
경기도 파주시 산남로 72-16 (10882)
Tel. 031-942-7861 Fax. 031-942-7864
E-mail : 21cbook@naver.com
Home-page : www.21cbook.co.kr
ISBN 978-89-8468-558-1

정가 30,000원